농기계
정비 기능사
응시에서부터 합격으로 가는 길

▌ 한눈에 알아보는 **출제비율** ────────────── ▌

▌ 한눈에 확인하는 **출제기준(필기,실기)** ────── ▌

▌ 한눈에 살펴보는 **필기응시절차** ─────────── ▌

▌ **CBT**(컴퓨터 이용 시험) 필기 자격 시험 체험하기 ──── ▌

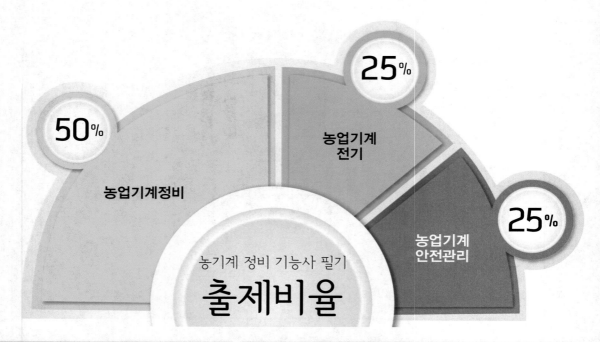

50% 농업기계정비

25% 농업기계 전기

25% 농업기계 안전관리

농기계 정비 기능사 필기 **출제비율**

PART 1 농업기계의 이해와 경영합리화 PART 2 농작업 기계 PART 5 주요 농업기계 　　= 20문항	PART 3 농업기계 기관(엔진) 　　= 10문항 PART 4 농업기계 전기 　　= 15문항	PART 6 안전관리 일반 PART 7 도로교통법 　　= 15문항

학습법!

1 자신이 가장 쉽게 접근할 수 있는 단원부터 공략하라!

2 안전관리를 공략하라! 15문항, 즉 25점을 확보할 수 있다!

3 처음 공부하는 분들은 최근 기출문제를 여러번 익혀 출제유형을 파악하라!

4 이론, 예상문제를 한번 더 확인하고 자신의 방식대로 공부하라!

농기계 정비 기능사

적용기간 : 2021.1.1. ~ 2024.12.31.

▶ 직무내용 : 농업용기관 및 트랙터(경운기, 관리기 포함), 콤바인, 이앙기, 양수기, 방제기 등과 같은 농업기계를 분해, 검사, 수리, 조정, 조립, 정비, 안전관리 등의 직무를 수행

필기검정방법	객관식	문제수	60	시험시간	1시간

농업 기계 정비	1. 농업기계기관 정비	1. 내연기관의 기초지식　　　　2. 내연기관의 효율과 성능 3. 기관의 주요부 구조와 기능 및 정비　4. 기관의 압축계통 점검 및 정비 5. 피스톤 및 크랭크장치 정비　　6. 밸브장치 구조 및 정비 7. 냉각장치 구조 및 정비　　　8. 윤활장치 구조 및 정비 9. 디젤 및 가솔린기관의 연료장치 정비
	2. 트랙터 정비 (경운기, 관리기 포함)	1. 동력전달장치 구조 및 정비　　2. 주클러치 구조 및 정비 3. 조향장치 구조 및 정비　　　4. 차축 및 주행장치 정비 5. 변속장치 구조 및 정비　　　6. 전 차륜장치 구조 및 정비 7. 제동장치 구조 및 정비　　　8. 유압장치 구조 및 정비 9. 차동장치 구조 및 정비　　　10. PTO장치 구조 및 정비 11. 작업기 장착장치 구조 정비
	3. 콤바인 및 건조기 정비	1. 콤바인 구조와 정비 2. 건조기 구조와 정비
	4. 기타작업기계 정비	1. 부속작업기 정비(쟁기, 로터리, 파종기, 모우어, 베일러) 2. 기타작업기계의 구조와 기능 이해 3. 병충해 방제기계 구조 및 정비 4. 이앙기 및 파종기계 구조와 정비
농업 기계 전기	1. 기초전기지식	1. 직류와 교류 2. 전기저항 3. 전류, 전압 및 전력
	2. 축전지	1. 축전지의 구조 2. 충전과 방전 3. 축전지의 관리
	3. 기동장치	1. 전동기의 원리와 종류 2. 발전기의 원리와 종류
	4. 점화장치	1. 점화플러그 2. 점화코일 3. 거버너
	5. 등화장치	1. 빛, 에너지 2. 등화장치의 구조 및 종류
	6. 전기 · 전자장치	1. 전기 · 전자장치의 구조 및 종류　2. 전기 · 전자장치의 사용 및 취급
농업 기계 안전 관리	1. 안전기준	1. 안전관리의 정의 및 목적 2. 안전사고 원인과 사고방지 3. 안전관리의 조직 4. 산업안전 보건법
	2. 기계 및 기기에 대한 안전	1. 농업기계의 안전 2. 동력기계의안전 3. 운반기계의 안전 4. 농작업의 안전
	3. 공구에 대한 안전	1. 수공구의 안전 2. 전동공구의 안전
	4. 전기 및 위험물의 안전	1. 전기의 안전 2. 가스의 안전 3. 위험물의 안전
	5. 안전보호구에 관한 사항	1. 작업복장 및 작업안전 2. 보호구 및 보호표시

농기계 정비 기능사

적용기간 : 2021.1.1. ~ 2024.12.31.

▶ **직무내용** : 농업용기관 및 트랙터(경운기, 관리기 포함), 콤바인, 이앙기, 양수기, 방제기 등과 같은 농업기계를 분해, 검사, 수리, 조정, 조립, 정비, 안전관리 등의 직무를 수행.

▶ **수행준거** : 1. 농업용기관 및 트랙터를 분해, 검사, 수리, 조정, 조립, 정비 등의 업무를 할 수 있다.
　　　　　　　 2. 콤바인을 분해, 검사, 수리, 조정, 조립, 정비 등의 업무를 할 수 있다.
　　　　　　　 3. 재배관리기를 분해, 검사, 수리, 조정, 조립, 정비 등의 업무를 할 수 있다.

실기검정방법	작업형	시험시간	3시간

농업기계정비작업	1. 농업용기관 정비 작업하기	1. 기관점검 및 성능시험을 할 수 있다. 2. 연료장치를 정비할 수 있다. 3. 윤활 및 냉각장치를 정비할 수 있다. 4. 조속장치를 정비할 수 있다. 5. 실린더 블록 및 크랭크실을 정비할 수 있다. 6. 피스톤 및 커넥팅 로드를 정비할 수 있다. 7. 실린더 헤드부 및 밸브장치를 정비할 수 있다. 8. 크랭크 축 및 캠축을 정비할 수 있다.	
	2. 트랙터(경운기, 관리기 포함) 정비 작업하기	1. 주 클러치를 정비할 수 있다. 3. 차축 및 바퀴를 정비할 수 있다. 5. 브레이크 계통을 정비할 수 있다. 7. 경운 작업기를 정비할 수 있다. 9. 전기·전자장치를 정비할 수 있다.	2. 차동장치를 정비할 수 있다. 4. 조향장치를 정비할 수 있다. 6. 변속기를 정비할 수 있다. 8. 유압장치를 정비할 수 있다.
	3. 콤바인 정비 작업하기	1. 예취부를 정비할 수 있어야 한다. 3. 탈곡, 선별부를 정비할 수 있어야 한다. 5. 주행부를 정비할 수 있어야 한다. 7. 전기·전자장치를 정비할 수 있다.	2. 전처리부를 정비할 수 있어야 한다. 4. 곡물 이송부를 정비할 수 있어야 한다. 6. 후처리 장치를 정비할 수 있다.
	4. 재배관리기계 정비 작업하기	1. 이앙기를 정비할 수 있다. 3. 동력 예취기를 정비할 수 있다. 5. 양수기를 정비할 수 있다.	2. 관리기를 정비할 수 있다. 4. 동력 분무기를 정비할 수 있다. 6. 전기·전자장치를 정비할 수 있다.
농업용기계안전관리	1. 안전수칙 확인하기	1. 기계류의 사용과 관리에 대한 일반산업 안전 규정과 법규를 수집하고 파악할 수 있다. 2. 각종 농업용기계의 사용과 정비에 대한 안전 수칙에 의거 작업을 할 수 있다. 3. 산업 안전 관리 법규 및 관련 요구사항에 따라 작업장 내의 안전을 위한 기준을 설정할 수 있다. 4. 설정된 안전 기준을 정기, 수시로 확인하여 보완 할 수 있다. 5. 작업설비 및 작업장, 인원에 대한 사전 점검표를 작성하고 작업 시작 전, 점검을 수행할 수 있다.	
	2. 안전장치 확인하기	1. 산업안전 관리 법규, 농업용기계 안전장치 부착에 대한 규정·법규에 의거하여 필요한 작업장, 근로자의 안전관리 목적의 안전장치와 농업용기계의 안전장치 부착에 대한 정보를 활용해 안전한 작업을 할 수 있다. 2. 확인된 정보를 바탕으로 안전을 위한 기준을 설정할 수 있다. 3. 설정된 기준에 따라 안전장치의 이상 유무에 대한 사전 점검표를 작성하고 작업 시작 전, 수시, 정기 점검을 수행할 수 있다. 4. 관련 법규에 따라 안전장치 설치, 관리와 관련된 요구 문서를 작성·시행·보관 할 수 있다.	

한눈에 살펴보는 필기응시절차

1. 시험일정확인
기능사검정 시행일정은 큐넷 홈페이지를 참고합니다.

2. 원서접수
| 큐넷 홈페이지(www.q-net.or.kr)에 접속하여 로그인 합니다.
| 원서접수를 클릭하면 [자격선택] 창이 나타납니다. 접수하기를 클릭합니다.
| [종목선택] 창에서 응시종목을 [농기계정비기능사]로 선택하고 [다음] 버튼을 클릭합니다. 간단한 설문 창이 나타나고 다음을 클릭하면 [응시유형] 창에서 [장애여부]를 선택하고 [다음] 버튼을 클릭합니다.
| [장소선택] [시험일자] [입실시간] 등등 확인 후 선택하고 접수하기를 클릭한 후 결제를 합니다.

3. 필기시험 응시 (유의사항)
| 신분증은 반드시 지참해야 하며, 필기구도 지참합니다.
| 시험장에 주차장 시설이 거의 없으므로 가급적 대중 교통을 이용합니다.
| 시험 20분 전부터 입실이 가능합니다.
| CBT 방식(컴퓨터 시험)으로 시행합니다.
| 공학용 계산기 지침 시 감독관이 리셋 후 사용 가능 합니다.
| 문제풀이용 연습지는 해당 시험장에서 제공하므로 시험 전 감독관에 요청합니다.

4. 합격자 발표 및 실기시험 접수
| 합격자 발표 : 합격 여부는 필기시험 후 큐넷 홈페이지에서 조회 가능합니다.
| 실기시험 접수 : 큐넷 홈페이지에서 접속할 수 있습니다.

기타 사항은 큐넷 홈페이지(www.q-net.or.kr)를 접속하거나
1644-8000에 문의해주시기 바랍니다.

CBT 필기 자격 시험 체험하기
컴퓨터 이용 시험

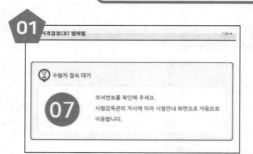

좌석번호를 확인하고 대기

수험자(본인)의 정보를 확인

안내사항을 확인

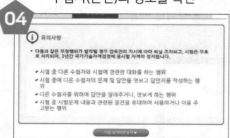

유의사항을 확인

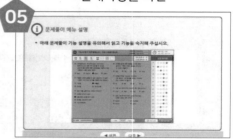

문제풀이 메뉴를 확인하고 숙지

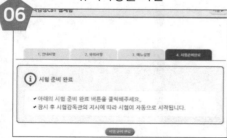

시험 준비 완료를 클릭

문제풀이

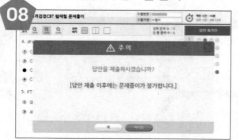

시험문제를 다 풀고 하단 답안 제출을 클릭

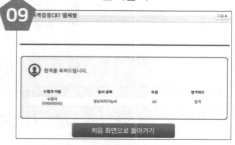

합격여부를 확인한 후 처음화면으로

Craftsman Aagricultural Machinery Maintenance

농기계
정비
기능사

필기

GoldenBell
www.gbbook.co.kr

머리말 preface

　4차 산업의 눈앞에서도 절대 주식(主食)은 호도할 수 없는 현실이기에, 농자천하지대본(農者天下之大本)의 마음을 담아 이 교재를 집필하였습니다.

　필자는 다년간 교육 일선에서 농업기계 관련 강의와 실습을 병행하고 있습니다. 초보자가 알기 쉬운 방법을 찾기 위해 고심하던 중, 2017년부터 **농기계 정비 기능사** 출제기준이 변경됨에 따라, 새로운 필기시험 항목에 맞도록 운전&정비 통합 문제집을 편성 한 바 있습니다. 그리고 2018년 겨울, 새로운 문제들을 대거 추가하고, 운전과 정비를 분리한 **농기계 정비 기능사**를 새롭게 선보이려 합니다.

　농기계 정비 기능사 교재는 6개 파트로 구성하였으며, 각 파트마다 요점정리와 예상문제를 실었습니다. 예상문제는 해설을 달았고, 정답은 해당 페이지 아래에 배치함으로써 신속하게 정·오답을 알 수 있게 하였습니다. 초심자들의 이해를 돕기 위해 다양한 이미지 자료들을 수록하였으며, 신설된 안전사고 예방 및 안전 관리 일반 문제들도 엄선 수록하였습니다. 또한 책의 뒷부분에는 기출문제를 배치하여, 수험생 여러분들이 시험을 보기 전 마지막 준비를 도와 드립니다.

　수험생 여러분들의 합격을 기원합니다.

　저는 앞으로도 개정을 거듭하여 묵묵히 현업에 종사하는 분들에게 길잡이가 되도록 노력하겠습니다.

2019년 새해를 맞이하며

강진석

차례 contents

! 부록 - 안전사고 예방

Q 부록 - 과년도 기출문제 모음

PART 1

농업기계의 이해와 경영합리화

농업기계의 이해와 경영합리화

01 농업기계

1 농업기계란?

① 농산물을 생산하기 위해 농작업을 수행하는 기계

② 농림축산물의 생산 및 생산 후 처리 작업과 생산시설의 환경 제어 및 자동화 등에 사용되는 기계, 설비 및 부속 기자재

2 농업기계의 목적

① 토지 생산성 향상

② 단위 노동 시간당 생산량 향상(노동생산성 향상)

③ 농업인의 중노동에서 해방

④ 인건비 절감으로 농가 소득 증대

3 농업기계의 범위

① 주행형 기계 : 트랙터, 동력 경운기, 이앙기, 콤바인, 관리기, 운반차 등

② 시설 농업용 기계 : 시설하우스의 구조, 각종 자동화 장비 및 설비

③ 소형 건설기계 : 소형 굴삭기, 로더 등

④ 각종 작업기 : 쟁기, 로타베이터(로타리), 해로우, 트레일러, 축산기계 등

4 농업기계의 조건

기술적, 경제적 합리성과 취급성, 안정성, 감가상각비 등이 요구된다.

① 자연환경에 직접 노출되어 사용되므로 환경에 대한 적응성이 높아야 한다.

② 농업을 하고자하는 사람이면 누구나 사용할 수 있도록 간단하면서 안전해야 한다.

③ 내구성이 좋아야 한다.

④ 유지, 관리가 쉽고 편리해야 한다.

Tip

자주식 : 자기(기계) 스스로 주행을 하면서 작업을 할 수 있는 방식의 기계

5 농업기계의 분류

① **농업 동력원 :** 엔진, 전동기, 트랙터, 관리기 등

② **농작업기 :** 포장용 농작업기(field machinery), 농산기계

③ **자주식 작업기 :** 이앙기, 콤바인, 바인더, 관리기 등

6 농작업기의 부착형태

① **견인식 :** 작업기를 동력원에 연결하여 견인하는 형태(트레일러)

② **장착식 :** 동력원의 3점 링크에 작업기를 장착하여 작업기의 상하를 조정할 수 있는 형태 (로터베이터(로터리), 땅속작물수확기, 제초기 등)

③ **반장착식 :** 동력원이 작업기의 일부 하중을 받쳐주고 나머지 하중은 작업기에 부착된 차 륜이 지지하는 형태(베일러)

④ **자주식 :** 동력원과 일체가 되어 있는 형태(콤바인, 이앙기, 바인더 등)

02 농기계 운영(경영)

1 경영의 목적

기계에 소요되는 비용 산출, 투자에 대한 효과분석, 적합한 기계의 종류와 크기 선정, 대체 시기, 이용과 유지관리 등을 통한 효율적인 관리로 농가의 경영비를 절감하는데 목적이 있다.

2 구입시 고려사항

① **기계의 형식 :** 제작연도, 기능, 크기, 성능 등

② **기계의 구입가격**

③ **기계의 품질 :** 작업기의 호환성, 편리성, 쾌적함, 안전

④ **기계 운영비**

⑤ **기계의 정비성(A/S포함)**

Tip

농지의 경사지가 15°이상이 될 경우 작업의 방법을 변경 하여, 농업기계의 기울기가 15°이하가 되도록 작업해야 전복사고를 예방할 수 있다.

3 포장능률

효율을 100%로 보았을 때의 작업 가능 면적(이론 작업 면적)이다.

$$A = \frac{SW}{10}$$

A = 이론적 작업면적
S = 작업속도(km/h)
W = 작업기의 작업폭(m)

4 유효 포장능률

작업기가 실제 작업할 수 있는 단위 시간당 작업 면적이다.

$$A_e = \frac{1}{10}\epsilon_f SW$$

A_e = 작업기의 유효포장능률(ha/h)
ϵ_f = 포장효율(소수)
S = 작업속도(km/h)
W = 작업폭(m)

5 부담면적

① 농업기계의 작업능률과 사용 적기, 부담면적, 각종 효율(포장효율, 실작업 시간율, 작업 가능 일수율)등을 추정하고, 이 모든 것을 고려한 면적이다.

② 농업기계를 구입할 때에는 꼭 이 부분을 검토하고 구입해야 한다.

$$A = \frac{1}{10}\epsilon_f\epsilon_u\epsilon_d SWUD$$

A = 부담면적(ha) U = 작업시간
S = 작업속도(km/h) ϵ_f = 포장효율(소수)
W = 작업폭(m) ϵ_u = 실작업 시간율(소수)
D = 작업적기 일수 ϵ_d = 작업가능 일수율(소수)

6 농업기계 이용비

기계의 이용 시간이 짧아지면 단위시간당 이용비가 증가하기 때문에 경영의 손실이 발생할 수 있다.

(1) 이용비의 종류(내구연한 10년 트랙터 기준)

① 고정비 : 이용시간에 관계없이 소요되는 비용(구입가격의 15% 내외)
   ex) 감가상각비(9%), 이자(2%), 차고비(1%), 보험료(1%) 등
② 변동비 : 기계의 이용시간에 비례하여 소요되는 비용(구입가격의 7% 내외)
   ex) 연료비, 윤활유비, 관리비, 수리비, 소모성 부품, 노임 등

(2) 감가상각비

시간이 지남에 따라 마모, 노후화 등으로 인하여 떨어지는 기계의 가치를 말한다.

① **직선법** : 내구연한동안 등분하여 일정하게 떨어지는 가치

$$D_s = \frac{P_i - P_s}{L}$$

P_i = 기계의 구입가격(원)
P_s = 기계의 폐기 가격(원)
L = 내구연한(년)

② **감쇠 평형법** : 매년 잔존 가치의 일정 비율을 감가 상각비로 결정하는 방법

$$D_d = B_{j-1} - B_j$$
$$B_{j-1} = P_i(1 - \frac{x}{L})^{j-1}$$
$$B_j = P_i(1 - \frac{x}{L})^j$$

B_{j-1} = j년째 연초의 잔존가치
B_j = j년째 연말의 잔존가치
P_i = 기계의 구입 가격
L = 내구 연한

③ **연수 가산법** : 내구 연한이 지난 후 기계의 잔존가치를 0으로 결정하는 방법

$$D_y = \frac{(L-j)+1}{\sum L} P_i$$

7 농업기계의 합리적인 이용

(1) 경영 면적의 확대

단위면적당 고정비를 감소시키고 경영면적을 확대해야 한다.

(2) 이용 기술의 향상

① 농업기계에 대한 운전 기술은 작업능률과 정도를 향상시킬 수 있는 방법이다.
② 정비 기술은 내구성을 높이고 이용비를 절감할 수 있는 방법이다.
③ 농기계는 활용 기간이 짧기 때문에 장기보관 시 철저히 관리한다.
④ 경영일지를 작성하여 평가하고 손실을 줄일 수 있는 방법을 찾는다.

(3) 안전한 이용

① 인체의 특징과 생활습관을 고려하여 설계되어야 한다.(제조업체)
② 운전자의 안전운전(안전수칙 준수)
③ 안전장치 설치(회전체, 돌기부, 틈새 등 위험부분의 접촉이 일어나지 않게 해야함)
④ 환경정비(농로, 진입로, 경사지 등 포장을 정비)

출제 예상 문제

01 농업기계화의 목적이라고 할 수 없는 것은?

① 과중한 노동으로부터 해방
② 생산 비용의 증대
③ 토지 생산성의 향상
④ 노동 생산성의 향상

해설 농업기계화의 목적은 과중한 노동으로부터 해방, 토지 생산성의 향상, 노동 생산성의 향상, 생산비용의 절감 등이 있다.

02 농업기계의 구비조건이 아닌 것은?

① 자연환경에 직접 노출되어 사용되므로 환경에 대한 적응성이 높아야 한다.
② 내구성이 떨어져야한다.
③ 누구나 사용할 수 있도록 간단하면서 안전해야 한다.
④ 유지, 관리가 쉽고 편리해야 한다.

해설 내구성이 좋아야 생산성 향상에 도움이 된다.

03 자주식 기계에 해당되지 않는 것은?

① 로터베이터   ② 이앙기
③ 콤바인   ④ 바인더

해설 자주식이란 기계에 주행장치가 있어 주행을 하면서 작업을 할 수 있는 방식의 기계이며, 로터베이터는 정지 작업기에 해당된다.

04 농기계 이용경비를 산출할 때 윤활유 비용은 보통 연료비의 몇 %범위로 추정하는가?

① 2~5%   ② 10~15%
③ 25~30%   ④ 35~50%

해설 일반적으로 윤활유 비용은 연료비의 10~15% 범위로 추정한다.

05 농용기관의 장기보관 시 조치 사항 중 맞지 않은 것은?

① 흡·배기 밸브는 완전히 열린 상태로 보관한다.
② 기관, 트랜스미션 케이스의 윤활유를 점검 보충한다.
③ 냉각수를 완전히 비워둔다.
④ 가솔린 기관의 연료를 완전히 비워둔다.

해설 흡·배기 밸브는 완전히 닫힌 상태로 보관을 해야만 밸브 스프링의 장력을 유지할 수 있다.

06 농업기계로써 갖춰야 할 조건이 아닌 것은?

① 자연환경에 직접 노출되어 사용되므로 환경에 대한 적응성이 좋아야 한다.
② 내구성이 좋아야 한다.
③ 연료 소비율이 높아야 한다.
④ 누구나 사용할 수 있도록 간단하면서 안전해야 한다.

해설 연료소비율이 높으면 일당 연료를 많이 소비한다는 뜻이다. 즉 연료소비율이 낮은 조건을 갖추어야 한다.

07 자주식 농업기계가 아닌 것은?

① 이앙기   ② 콤바인
③ 관리기   ④ 엔진

해설 **자주식** : 기계가 주행을 하면서 작업을 할 수 있는 방식

Answer   1.② 2.② 3.① 4.② 5.① 6.③ 7.④

08 농작업기의 부착형태가 아닌 것은?

① 견인식
② 장착식
③ 반장착식
④ 연결식

> **해설** 농작업기 부착형태는 견인식, 반장착식, 장착식 등이 있다.

09 트랙터의 작업기 3점 링크 부착형태의 부착 방식은?

① 견인식
② 장착식
③ 반장착식
④ 자주식

> **해설** 3점을 연결하여 트랙터에 장착, 사용하는 작업기로 이런 형태를 장착식이라고 한다. 반장착식은 베일러 연결, 견인식은 트레일러 연결이 대표적이다.

10 다음 중 고정비에 해당하는 것은?

① 연료비
② 윤활유비
③ 차고지
④ 노임

> **해설** • 고정비 : 이용시간에 관계없이 소요되는 비용(기계구입비용의 15% 정도)
> • 변동비 : 사용시간에 따라 소요되는 비용

11 작업적기를 36일, 적기내의 작업불능 일수를 8일, 작업기 1대의 시간당 포장 작업량을 0.5ha, 1일 작업 가능 시간을 8시간, 실 작업율을 70%라 하면 작업기 1대의 작업적기 내 작업면적은 몇 ha인가?

① 68.4
② 78.4
③ 88.4
④ 98.4

> **해설** 작업적기 실작업일수 = 36－8=28일
> 작업기 1대의 작업량=0.5ha×8시간=4ha
> 실작업율=70%
> 작업면적(유효포장율)=28일×4ha/일×0.7
>   =78.4ha

12 농업기계를 트럭에 적재 또는 경사지 작업 시 안전한 경사도는?

① 15°이하
② 20°이하
③ 30°이하
④ 40°이하

> **해설** 트랙터는 무게중심이 바퀴 축 중심보다 위쪽에 위치하기 때문에 전복위험이 크므로 경사지 15°이하에서 사용해야 안전하다.

13 포장기계가 갖추어야할 설계요건을 설명한 사항 중 잘못 된 것은?

① 작업 목적에 적합해야 한다.
② 충분한 내구성을 가져야 한다.
③ 작업능률이 커야 한다.
④ 기계의 중량은 최대로 커야 한다.

> **해설** 기계의 중량은 용도에 따라 무거워야할 때도 있지만(도로에서 견인력 향상을 위해), 대체적으로 가벼운 것이 유리하다.(연약지에서 침하를 적게 할 때)

14 농기계의 가장 합리적인 이용 방법은?

① 단위면적당 고정비를 감소시키고 경영면적을 확대한다.
② 단위면적당 변동비를 증대시키고 경영면적을 축소한다.
③ 단위면적당 고정비를 증대시키고 경영면적을 확대한다.
④ 단위면적당 변동비를 감소시키고 경영면적을 확대한다.

> **해설** 가장 합리적인 이용방법은 단위면적당 변동비, 고정비는 감소시키고 경영면적은 확대해야 한다.

Answer **8.**④ **9.**② **10.**③ **11.**② **12.**① **13.**④ **14.**①

MEMO

PART 2

농작업 기계

01 경운(耕耘)의 의미

작물이 잘 자랄 수 있도록 토양의 상태를 경토로 준비하는 것을 경운이라고 한다. 경운은 1차 경운과 2차 경운으로 구별된다.

1 경운의 목적

① 뿌리의 활착을 촉진시킨다.
② 잡초 발생을 억제한다.
③ 작물의 생육을 촉진할 수 있는 환경을 개선한다.
④ 잔류물을 지하로 매몰하고, 매몰된 잔류물은 부식과 단립화를 촉진하여 지력을 좋게 한다.
⑤ 경토의 유실을 최소화할 수 있다.

2 경운의 구분

① 1차경 : 토양을 경기, 반전하는 작업
② 2차경 : 쇄토, 정지하는 작업
③ 최소경운 : 경운에 소요되는 비용과 에너지를 최소화하고 토양의 유실을 방지하기 위한 경운 방법
  • 기계에 의한 토양다짐을 최소화 할 수 있다.
  • 수분 유지가 우수하다.
  • 투입 에너지와 소요 노동력을 줄일 수 있다.
  • 토양유실이 감소된다.
④ 무경운 : 경운하지 않고 작물을 재배하는 방법

Tip

경반은 시간이 경과됨에 따라 다짐이 일어나기 때문에 3년 이상이 되면 심경을 해주어야 하며, 비닐하우스, 시설하우스의 토양에는 염류 집적현상이 발생하게 되는데 이를 해결할 수 있는 방법 또한 심경 또는 심토파쇄를 하는 것이다.

02 경운작업기

1 경운작업기의 종류

① 쟁기(경기)작업 : 쟁기 또는 플라우로 굳어진 흙을 절삭, 반전 파괴하여 큰 덩어리로 파쇄하는 작업(1차경)

② 쇄토작업 : 로터리(로터베이터), 해로우 등을 사용하여 쟁기 작업된 흙을 다시 작은 덩어리로 파쇄하는 작업(2차경)

③ 균평작업 : 배토판, 디스크 해로우 등을 사용하여 지면을 평탄하게 하는 작업

④ 심토파쇄직업 : 심토파쇄기를 사용하여 경반층을 파쇄하는 작업

⑤ 두둑작업 : 리스터를 사용하여 두둑을 만드는 작업 (휴립작업)

⑥ 고랑 작업 : 트랜처를 이용하여 고랑을 만든 작업

Tip

3점 링크, 3점 히치, 3점 연결 등 모두 같은 용어로 트랙터에 작업기를 연결하는 방식이다. 상부링크(Top 링크)와 2개의 하부링크(Low링크)로 구성되어 작업기를 부착하는데 사용된다. 부착 방법은 하부링크의 왼쪽을 연결, 하부링크의 오른쪽 연결, 마지막으로 상부링크를 연결하고 구동력이 필요할 경우에는 P.T.O의 동력을 전달 할 수 있는 유니버설조인트 순서로 연결한다.

2 경운작업기의 분류

① 견인식 : 플라우, 쟁기, 디스크 플라우, 디스크 해로우등

② 구동식 : 로터리, 로터베이터, 해로우등

③ 견인구동식 : 플라우, 로터리

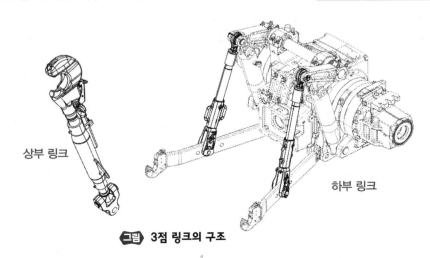

상부 링크

하부 링크

그림 3점 링크의 구조

03 경기작업기(쟁기)

1 쟁기의 3요소

① 보습 : 토양에 처음 접촉하는 부위로 등폭형, 부등폭형, 삼각형의 모양의 금속판으로 되어 있으며 흡입각에 맞게 경토를 절단하고 발토판으로 끌어 올리는 작용을 한다.

② 발토판(몰드보드) : 보습에서 절단된 흙을 파쇄하고 반전하는 역할을 한다.
- 원통형 발토판
- 타원주형 발토판
- 나선형 발토판
- 반나선형 발토판

③ 지측판(landside) : 안정된 경심과 경폭을 유지하는 역할을 한다. 바닥쇠라고도 한다.

2 경기작업 저항의 종류

① 보습 또는 보습날에 의한 역토 절단 저항
② 발토판 위에서 역토의 가속도에 의한 관성 저항
③ 역조의 절단 및 비틀림에 의한 변형 저항
④ 발토판과 역조 사이의 마찰 저항
⑤ 토양 반력에 의한 바닥쇠의 저면 및 측면의 마찰 저항
⑥ 지지륜의 구름 저항

이랑쟁기

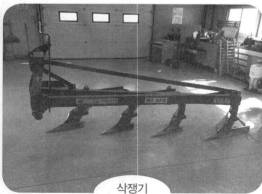

삭쟁기

그림 쟁기의 종류

04 정지작업기(쇄토작업)

쇄토와 균평 또는 쇄토와 고랑을 만들기를 동시에 수행할 수 있도록 만들어진 기계이다.

1 쇄토기(정지작업기)의 종류

① 쇄토기
② 균평기
③ 진압기
④ 두둑 및 고랑 만드는 기계

작두형 날

2 경운날의 종류

① 작두형 날 : 경운축에 수직으로 연결되는 머리가 짧고
곧으며, 앞 끝 부분이 좌우로 휘어진 형태로 경운기, 관
리기에 사용된다. 흙을 자르면서 쇄토하는 형태이다.

② L자형 날 : L자형으로 80~90° 굽은 형태로 트랙터에
사용된다. 흙을 큰힘으로 충격을 가하여 파쇄하는
형태이다.

③ 보통형 날 : 좌우 어느쪽으로도 휘지 않고 끝 부분의 단
면이 작아지는 형태로 마르고 단단한 토양에 사용한다.

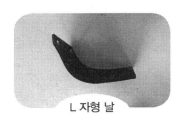

L 자형 날

L 자형 날

그림 경운날의 종류

05 중경용 기계

1 중경의 목적

중경이란 작물의 생장조건 개선을 목적으로 실시하는 작물 및 포장관리 작업을 말하며, 토
양 상태의 개선, 토양의 수분 유지, 잡초 제거 등을 통하여 생장 조건을 개선할 수 있다.

2 작업의 종류

① 중경작업 : 이랑 및 작물의 포기 사이를 경운, 쇄토하여 토양의 통기성과 투수성을 촉진시키고 잡초 발생을 억제하여 작물의 생장 환경을 개선하는 작업

② 제초작업 : 잡초를 제거하는 작업으로써 잡초를 뽑거나 뿌리를 잘라 고사시키는 작업

③ 배토작업 : 작물의 줄기 밑부분을 흙으로 돋우어 주는 작업

  ① 뿌리의 지지력을 강화   ② 도복(쓰러짐) 방지

  ③ 이랑의 잡초를 제거하는 효과

06 파종기(씨앗을 심는 기계)

1 파종법

① 산파 : 종자를 흩어뿌리는 방식

② 조파 : 종자를 간격이 일정한 줄에 연속적으로 파종하는 방식 (동시에 시비가능)

③ 점파 : 일정 간격의 줄에 일정 간격으로 한알 또는 몇 개의 종자를 파종하는 방식 (옥수수)

Tip

파종기가 한번에 한줄을 심으면 1조식, 2줄을 심으면 2조식이라고 한다.

2 산파기

종자를 살포하는 방식의 파종기로 비료를 살포할 때도 사용이 가능하다. 동력살분무기가 산파기에 속한다.

3 조파기의 구성요소

① 호퍼 : 종자를 부어 종자배출장치에 들어가기 전에 종자가 모여 있는 곳(깔대기 모양의 통)

② 종자배출장치 : 규정된 양의 종자를 종자도관으로 유도하는 장치

● 롤러식 : 원통표면에 같은 간격으로 종자가 들어갈 수 있는 오목한 반구형의 구멍 또는 홈을 파고 롤러가 회전함에 따라 종자를 배출하는 방식

● 원판식 : 원주 또는 안쪽에 종자가 들어가 홈을 설치하고, 원판이 회전함에 따라 홈에 담긴 종자를 이동하여 자체 무게로 배출되도록 하는 방식

- 벨트식 : 호퍼 밑에 구멍을 낸 벨트를 설치하고 벨트가 회전함에 따라 구멍에 들어간 종자를 배출하는 방식

③ **종자도관** : 종자 배출장치에서 배출된 종자를 파종 골까지 안내하는 관

④ **구절기** : 종자가 떨어질 골을 파는 장치 – 삽형, 호우형, 구두형, 단판형, 복원판형

⑤ **복토기** : 종자도관에서 전달된 종자가 구절기가 파놓은 골에 들어간 후 흙을 덮어주는 장치

⑥ **진압륜(진압기)** : 복토된 흙을 다질 때 사용되는 바퀴

그림 **파종기**

4 점파기의 구성요소

점파기는 종자를 일정한 간격으로 한알 또는 몇 알씩 파종하는 작업기이다.

① **종자배출장치**

② **종자판** : 수평으로 회전하며 판 둘레의 구멍을 통하여 종자를 배출한다.

③ **차단장치** : 필요 이상의 종자가 종자판 구멍으로 유입되는 것을 차단하기 위한 장치

④ **떨어뜨림 장치** : 구멍 속의 종자를 배출시키기 위한 장치

5 감자파종기의 형태

씨감자를 하나씩 일정한 가격으로 파종하는 점파
식 파종기이다.

① 엘리베이터형 반자동식

② 종자판형 반자동식

③ 픽커힐 전자동식

④ 픽커힐

그림 **감자파종기**

07 이식기(모종을 옮겨심는 기계)

1 이식 작업

(1) 이식기란?

채소 등과 같은 작물의 모종을 토양으로 옮겨 심는 작업을 하는 데 이용한다.

(2) 이식작업의 장점

① 솎아내기 관리가 용이하다.
② 제초작업 등이 용이하다.
③ 제식거리를 일정하게 할 수 있다.

그림 이식기

2 이앙기

(1) 이앙기 모의 크기

모의 크기는 엽령으로 나눌 수 있다. 벼 이앙 모의 경우 엽령이 2.5정도 이하의 것을 치묘, 그 이상인 것을 중묘, 이보다 큰 것을 성묘라고 한다.

(2) 이앙 육묘 상자

플라스틱을 소재로 사용하고 상자의 크기는 안쪽 길이 580mm, 폭 280mm, 깊이 30mm이며, 바깥쪽 길이는 650mm이다.

(3) 파종기

육묘상자에는 필요한 양의 종자를 균일하게 파종해야 한다. 최근 사용되는 형태는 롤러형 종자 배출 장치이며, 상토, 관수, 파종, 복토작업이 일관화된 파종기를 많이 사용한다.

(4) 이앙기의 구조

엔진(기관), 플로트, 차륜, 모탑제대, 식부장치, 각종 조절 레버 등이 있다.
① 엔진(기관) : 보행용 이앙기의 기관은 2~3kw정도의 출력을 사용하고 승용이앙기는 3~5kw를 사용하였으나 최근 승용이앙기 중 8조식의 경우에는 15kw이상의 기관을 사용하기도 한다.

② 차륜(바퀴) : 경반에 의해 기체를 지지해주면 구동하는 장치, 무논(물논)상태에서 작업을 하기 때문에 견인력을 좋게 하기 위해 물칼퀴 형태로 되어 있다.

③ 플로트(식부깊이 조절장치) : 경반인 지면에 의해 지지하는 역할을 하며 식부깊이 조절레버를 조작하면 플로트가 상하로 이동하면서 식부깊이를 조절할 수 있다.

④ 식부장치 : 모를 심는 장치이다.

⑤ 묘떼기량 조절레버 : 묘떼기량 조절레버를 움직이면 식부장치는 일정하게 회전하고 모탑제대를 조절하여 묘떼는 양을 조절하게 된다.

⑥ 횡이송 장치 : 간헐적 운동에 의한 이송과 연속운동에 의한 이송을 한다.

⑦ 종이송 장치 : 모의 자체 무게에 의하여 이루어짐

> **Tip**
>
> **식부날의 형태 :** 절단식, 젓가락식, 통날식, 판날식, 종이포트묘 용, 틀묘 용 등이 있다.

(5) 동력전달 장치

동력원인 엔진에서 모든 동력을 지원해주는 역할을 한다.

① 주행장치로의 동력 전달

② 유압장치로의 동력 전달

③ 식부부로의 동력 전달

 이앙기

08 관개용 기계(물을 공급하는 기계)

부족한 물을 인위적으로 공급하는 것을 관개라고하며, 관개용 기계로는 양수기, 스프링클러 등이 있다.

1 펌프의 종류

(1) 원심펌프

① 원심펌프의 구조

● 회전차 : 여러 개의 깃이 회전하며, 깃의 수는 보통 4~8매로 둥근 형태로 되어 있다.

- **안내깃** : 회전차에서 전달되는 물을 와류실로 유도하여 속도 에너지 얻게 해주는 장치
- **와류실** : 송출관쪽으로 보내는 나선형 동체
- **흡입관** : 흡입수면에 놓이는 관
- **풋밸브** : 액체를 흡입할 때는 열리고 액체가 흐르지 않을 때는 닫히는 체크밸브의 형태
- **송출관** : 와류실과 송출구로 전달해주는 수송관

② 원심펌프의 종류

- **볼류트펌프** : 스크류형으로 되어 있는 방과 프로펠러로 되어 있는 가장 간단한 형태이다. 프로펠러를 고속으로 회전시켜 원심력을 발생시켜 물을 송출하는 형태의 펌프이다.
- **터빈펌프** : 원심펌프의 일종으로 안내날개가 달린 펌프

(2) 축류 펌프와 사류펌프

① **축류펌프** : 회전하는 회전차 깃의 양력에 의해 액체를 앞쪽으로 펌핑하는 힘을 발생시킴
- 액체의 흐름이 축과 평행한 방향으로 일어나며 프로펠러 펌프라고도 한다.
- 가동날개식과 고정날개식의 두 종류가 있다.
- 양수량이 변화하여도 축동력은 일정하다.
- 높은 효율을 유지한다.
- 원심펌프에 비하여 가볍고 형태도 간단하다.

② **사류펌프** : 원심펌프와 축류펌프의 중간형식임
- 외관은 축류펌프에 가까우나 케이싱의 회전차 부분이 약간 부풀어오른 형태가 특징이다.
- 양정이 10m까지 가능하다.
- 원심펌프에 비항 경량이고 가격이 싸다.

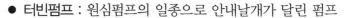

수동력 : 원동기에 의하여 펌프를 운전하는데 필요한 동력

$$Lw = \frac{rHQ}{75 \times 60}\,(\text{ps}) = \frac{rHQ}{102 \times 60}\,(\text{Kw})$$

Lw = 수동력
Q = 유량, m^3/min
H = 전양정, m
r = 비중량, kg/m^3

(3) 왕복펌프

흡입밸브와 배출밸브를 장치한 실린더 속을 피스톤 또는 플랜저를 왕복 운동시켜 송수하는 형태의 펌프

① 피스톤형 : 피스톤의 왕복운동에 의하여 양수하는 것
- 단동펌프 : 피스톤이 왕복운동을 하지만 한쪽 방향으로만 양수하는 형태
- 복동펌프 : 피스톤이 왕복운동을 할때 양쪽 방향으로 양수하는 형태

② 플랜저형 : 피스톤은 커넥팅로드로 연결이 되는 형태로 되지만 플랜저형은 굵은 봉의 형상이 왕복운동을 하면서 양수하는 형태

(4) 회전펌프

① 회전펌프 : 흡입구와 배출구를 갖는 밀폐된 용기와 로터 사이의 빈자리에 액체를 포함시켜, 로터의 회전에 따라서 액체를 배출시키는 형태

② 기어펌프
- 내접기어펌프 : 하나기어는 큰 원의 형태로 안쪽에 치차가(기어) 있고, 로터와 연결된 작은 기어가 서로 맞물려 돌아갈 때 액체 케이싱과 치차 사이에 들어가서 배출구 쪽으로 밀어내는 형태의 펌프
- 외접기어펌프 : 한 쌍의 치차를 로터로 회전하는 펌프(동일한 기어형태를 맞물림)

③ 베인펌프 : 배인은 깃(날개)이라는 뜻으로 케이싱 내의 흡입구와 배출구 사이에 캠을 마련하고 회전차(깃)을 이용하여 자흡작용과 송액작용을 할 수 있는 펌프

(5) 펌프의 동력과 효율

① 양정 : 흡수면과 양수면과의 수직 거리
② 수동력(수마력) : 펌프에 의하여 액체에 공급되는 동력, 유량과 양정, 액체의 비중량과 비례

$$L_w = \frac{\gamma H Q}{102 \times 60} (\text{KW})$$

L_w = 수동력 H = 전양정(m)
Q = 유량(m^3/min) γ = 비중량(kg/m^3)

③ 효율
- 체적효율 : 행정 체적부피와 흡인된 액체의 부피에 상당하는 비율
- 수력효율 : 펌프내에서 생기는 수력 손실
- 기계효율 : 동력이 전달되면서 나타나는 다양한 마찰력에 의한 손실

② 스프링클러(살수기)

물을 양수하여 파이프에 송수하고 노즐로 살수하는 장치이다.

(1) 살수기의 구성요소

① 펌프 : 동력을 전달받아 액체의 압력을 발생시키는 장치

② 원동기 : 펌프를 회전시킬 수 있는 동력을 발생시키는 장치

③ 배관 : 펌프가 일정압력으로 밀어줄때 액체를 전달해주는 장치

④ 노즐 : 압력의 차이를 발생시켜 액체를 비산시켜주는 장치

그림 스프링클러

(2) 스프링클러의 배치

① 바람이 없는 경우 : 살수 지름의 65%

② 바람이 3m/sec : 살수 지름의 60%

③ 바람이 3~4m/sec : 살수 지름의 50%

④ 바람이 4m/sec이상 : 살수 지름의 22~30%

09 분무기(농약을 뿌리는 기계)

분무기란 액체상의 농약에 압력을 가하여 액체를 목표물에 전달하는 기계이다.

① 분무기의 종류

(1) 인력분무기

사람의 힘으로 조작하여 약액을 분무하는 기계(분무기)

① 약액 전달 과정 : 흡입관 → 펌프 → 약액탱크 → (가압된 약제를 노즐로 보내는) 호스 → 분무관 → 노즐

② 인력분무기의 종류 : 어깨걸이식, 배낭식, 배부자동식

(2) 동력분무기

동력을 이용하여 분무 약제를 가압하여 살포하는 기계(분무기)

① 약액 전달 과정 : 펌프 → 공기실 → 압력조절장치 → 노즐로 보내는 호스 → 분무관 → 노즐
                                 └→ 여수량 약액통

② 동력 분무기의 종류

- **붐분무기** : 진행방향에서 수직한 긴 붐에 여러 개의 노즐을 설치하여 넓은 면적을 살포하는 장치(승용관리기, 트랙터에 부착하여 활용함)
- **동력 살분무기** : 송풍기에서 나오는 고속의 기류를 이용하여 약액을 미립화시키고, 송풍에 의하여 아주 작은 입자를 공중으로 날게하는 장치(미스트기라고도 함)
- **연무기** : 공중위생용으로 널리사용되며 살출제와 살균제의 살포에 많이 사용된다.
- **공기운반분무기(SS기)** : 흔히 Speed Sprayer라고 하며 과수원에서 널리 사용된다.

Tip

동력 살분무기 형태 : 충돌판식, 충돌망 부착 와류노즐식, 공기 분사식, 충돌 프로펠러식, 공기충동식

2 노즐

(1) 노즐이란?

분무기와 연무기에서 액체를 미립화하거나 분사하는 기능을 하는 부품

(2) 노즐의 종류

① **선형 노즐 종류** : 선형노즐, 균형선형노즐, 쌍성형 노즐, 편심선형노즐
② **원추형 노즐 종류** : 원추공형노즐, 원추실형노즐, 강우노즐, 총포노즐
③ **기타 노즐 종류** : 범람노즐(활면노즐, 전향판노즐), 직사 노즐

그림 동력분무기

10 살포기와 퇴비살포기

1 살포기

비료나 종자 같은 고체상의 입자나 분말을 살포하는 기계이다. 그 종류는 다음과 같다.

① 원심 살포기 : 회전하는 원판 위에 분제를 공급하여 분제가 원심력을 받으면서 원판 위에 있는 안내 깃을 따라 이동하다가 비산하도록 하는 형태

② 낙하 살포기 : 줄 간격을 일정하게 만들고 대상 낙하 살포하는 방식으로 살포 폭에 균일하게 뿌릴 수 있는 형태

그림 비료 살포기

③ 붐 살포기 : 긴 붐에 여러개의 분두를 설치하고 중앙에 있는 강력한 송풍기의 힘으로 살포하는 형태

2 퇴비 살포기

① 퇴비 살포기란 : 논 밭에서 퇴비를 운반하여 살포하는 기계

② 퇴비 살포기의 구성 : 운반 트레일러, 퇴비상자, 퇴비이송장치, 비이터, 동력전동장치, 살포장치 등

③ 살포날(비이터)의 형태 : 칼날형, 나선형, 이빨형, 막대형

그림 퇴비 살포기

11 수확작업기(콤바인)

작물을 베는 작업에서 탈곡, 정선까지 행해지는 일련의 작업을 수확작업이라고 한다.

1 예취장치

(1) 예취장치란? 작물을 베어 주는 장치를 말한다.

(2) 예취장치의 종류

① 왕복식 예취장치 : 예취장치에서 가장 많이 사용되는 형태로 아래 칼날은 고정이며 윗 칼날을 크랭크장치를 이용하여 왕복하면서 작물을 베는 형태

② 회전식 예취장치 : 회전축을 중심으로 직선형, 곡선형, 완전 원판형, 톱날형, 유성 회전형, 별날형의 형태로 작물을 베는 형태

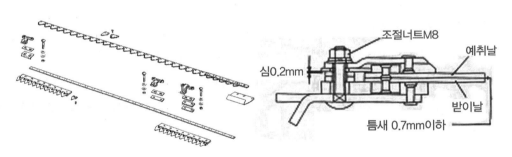

그림 콤바인 예취부

2 전처리장치

(1) 전처리장치란?

작물을 벨 때 도복된 작물은 일으켜 세우고, 절단부에 무리한 부하를 주거나, 작물을 쓰러뜨리지 않고 절단할 때 사용하는 장치. 즉, 예취작업 전에 행해져야 하는 작업을 하게 된다.

(2) 전처리 장치의 종류

① 디바이더 : 분초기라고도 하며, 수확기가 통과하면서 한 행정으로 일을 하는 작업 폭을 결정해 주고 미예취부를 분리시키는 역할을 한다.

② 걷어올림장치(Pick-up Device) : 체인에 플라스틱을 연결하여 만든 돌기를 부착하여 예

취장치 앞쪽에 설치되어 있으며 수평면과 65~80°의 각도로 경사진 체인 케이스 속에서 회전한다. 예취가 잘될 수 있도록 작물을 정확히 세워주는 기능을 한다.

③ 리일(reel) : 작물의 절단시 작물 윗쪽을 받아서 완전한 절단이 가능하도록 하는 일, 도복된 작물을 걷어올리는 일, 절단한 줄기를 가지런히 반송장치에 인계하는 일을 수행한다.

3 탈곡장치

(1) 탈곡장치란?

곡립을 이삭에서 분리하여 곡립, 부서진 줄기와 잎, 기타 혼합물로 이루어지는 탈곡물에서 곡물을 분리하는 장치이다.

(2) 탈곡장치의 구성

고속으로 회전하는 원통형 또는 원추형의 급동과 고정된 원호형의 수망으로 이루어져 있다.

(3) 탈곡 장치의 구비조건

① 탈곡이 깨끗하게 이루어지며 탈곡된 곡립이 가능한 많이 분리되어야 한다.

② 곡립이 파손되거나 탈부되는 일이 적은 것이 좋다.

③ 탈곡 물량의 소요 동력이 작고, 작물의 종류, 상태, 양에 쉽게 적응할 수 있는 것이 좋다.

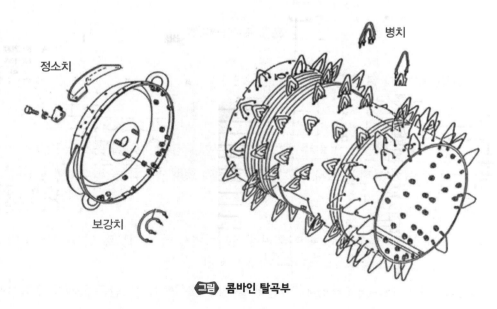

그림 콤바인 탈곡부

(4) 급치 급동식 탈곡장치

① 급치 급동식 탈곡장치 : 급동, 수망, 급치와 절치 등으로 구성되어 있다.
② 급치의 종류
- 정소치(제1종 급치) : 폭이 넓은 급치로 큰 흡입각을 갖도록 설치한다.
- 보강치(제2종 급치) : 정소치 다음에 배열되어 정소치에서 탈립되지 않은 것을 탈립시키는 급치
- 병치(제3종 급치) : 탈립을 하기 위하여 두 가지 이상의 것을 한 곳에 나란히 설치하는 형태의 급치

4 선별장치

(1) 선별장치란?

탈곡실에서 배출된 짚 속에는 분리되지 않은 곡립이 있는데 이를 곡물만 분리하는 장치를 선별장치라고 한다.

(2) 선별 방법

① 공기 선별 방식
- 송풍팬의 의한 방법
- 흡인 팬에 의한 방법
- 송풍과 흡입팬을 병용하는 방법
② 진동 선별 방식
- 송풍팬과 요동체를 병용하는 방식
- 송풍팬과 요동체와 흡인팬을 병용하는 방식
③ 곡립의 크기에 따른 선별(구멍체 선별) : 곡립의 크기는 길이, 폭, 두께로 구분한다.
- 장방향 구멍체 이용한 곡립 선별
- 원 구멍체에 의한 곡립 선별
④ 기류에 의한 선별
- 송풍기의 분류
- 기체가 축방향으로 유동하는 축류식
- 회전차에 들어온 공기가 회전차와 함께 회전하면서 나타나는 원심력을 이용하는 원심식
- 위의 두가지 특성을 이용한 사류식

5 반송장치

① 스크류 켄베이어방식(나사반송기, 오우거(auger)) : 수평, 경사, 수직으로 반송할 수 있는 구조로 간단하고 신뢰성이 높은 반송기이다.

② 버킷 엘리베이터 : 곡물을 수직방향으로 끌어 올리는데 사용되는 형태, 탈곡기, 선별기, 건조기, 사료 가공기계 등에 사용되며, 평벨트에 버킷을 고정한 구조로 되어 있다.

③ 드로우어 : 회전하는 날개에 의하여 곡립을 목적지까지 회전력에 의해 전달하는 방식이다. 단, 반송 높이와 반송 거리에는 제한이 있다.

보통형 콤바인   자탈형 콤바인

그림 콤바인

12 목초 수확기계

1 목초의 수확작업 체계

예취 → 압쇄 → 반전 → 집초 → 끌어올림 → 세절 → 결속 → 끌어올림 → 운반 → 건조 → 반송 → 보관

2 목초 예취기의 종류

① 왕복식 모워 : 칼날 받침판이 고정되고 절단날이 좌우로 왕복하며 절단하는 모워

② 로터리 모워 : 고속으로 회전하는 칼날을 이용하여 목초를 절단하는 예취기

③ 프레일 모워 : 수평축에 프레일(frail) 예취날을 장착하고, 이를 고속으로 회전시켜 목초를 전방으로 밀면서 절단하는 모워

3 사료 수확기(forage harvester)

사일리지의 원료가 되는 목초를 예취하고 세절하여 이를 풍력으로 불어 올려 운반차에 적재하는 목초 수확기이다.

① **프레일형** : 프레일 모워를 부착하고 절단된 목초를 세절하여 고속으로 회전시켜 운반차에 적재하는 형태의 수확기

② **모워바형** : 어태치먼트를 교환할 수 있는 부분과 세단된 목초를 불어 올리기 위한 본체가 결합된 형태

그림 **모워**　　　　　　그림 **사료작물수확기**

4 헤이 컨디셔너

① 예취한 목초의 자연건조를 촉진하기 위하여 줄기를 압착하는 등 건조가 용이한 상태로 목초를 처리하는 기계

② **장점** : 건조시간 단축, 줄기와 잎의 건조 차이를 감소, 과건조에 의한 잎의 손실을 감소

③ **사용작물** : 알팔파, 수단글래스 등 줄기가 굵은 목초

④ **건초 조제에 사용되는 기계**
- **헤이테더** : 목초의 반전을 주목적으로 함
- **헤이레이크** : 집초를 주목적으로 함

건초를 만드는 과정 : 반전 → 확산 → 집초열 반전 → 집초

그림 **헤이레이크**

5 헤이 베일러

① 건초를 압축하여 묶는 기계

② 헤이 베일러의 종류 : 각형(사각형)베일러, 원통인 라운드 베일러

③ 각형(사각형)베일러(플런저형 베일러)

- 사각형으로 건초를 묶는 기계
- 플런저 베일러의 주요부분은 목초를 끌어올리는 장치, 압축실 입구까지 운반하는 장치, 목초를 왕복 플런저로 압축하는 장치, 목초의 압축 밀도를 조절하는 장치, 베일의 길이를 조절하는 장치, 결속장치로 되어 있으며 결속하는 순서도 이와 같다.

④ 라운드 베일러(원형베일러)

- 원통형으로 건초를 묶는 기계
- 걷어올림 원통, 압축장치, 송입롤러, 성형벨트, 노끈 매는 장치로 구성되어 있다.

그림 베일러   그림 랩 피복기

6 사료 절단기

① 목초, 볏짚, 옥수수줄기 등과 같은 줄기를 세단하는데 사용되는 기계를 사료 절단기라고 한다.

② 사료절단기의 종류 : 플라이휠형, 원통형

③ 플라이휠형 : 회전날은 반경 방향으로 플라이휠에 부착하며, 회전날은 보통 2~6개로 구성된다. 회전날은 직선날과 곡선날이 있으며 직선날은 날이 두꺼워 옥수수 줄기 등을 절단하는데 적합하고, 곡선날은 날이 얇아 풀을 절단하는데 적합하다.

④ 원통형 : 나선형날은 보통 2~6개가 부착되어 있으며, 절단된 재료를 높은 곳으로 불어 올리기 위하여 송풍기를 부착하는 경우도 있다.

01 경운작업의 일반적인 목적으로 틀린 것은?

① 뿌리 내릴 자리와 파종할 자리에 알맞은 흙의 구조를 마련함
② 잡초를 제거하고 불필요하게 과밀한 작물을 제거함
③ 흙과 비료 또는 농약을 잘 분리하는 효과가 있음
④ 등고선 경운이나 지표의 피복물을 적절히 설치하여 토양의 침식을 방지함

해설 경운작업은 흙과 비료 또는 농약을 잘 섞어주는 역할을 한다.

02 다음 중 경운작업의 목적이 아닌 것은?

① 뿌리내릴 자리와 파종할 자리에 알맞은 흙의 구조를 마련해 준다.
② 잡초를 제거하고 불필요하게 과밀한 작물을 솎아 준다.
③ 작물 잔유물 등 유기물의 부식과 단립화를 방지한다.
④ 작물의 이식, 관개, 배수, 수확 등에 알맞은 토양의 표면을 조성한다.

해설 중복되는 내용이므로 꼭 기억해야 한다.

03 2차경은 1차경이 실시된 다음에 시행하는 경운작업이다. 다음 중 2차경이 아닌 것은?

① 파종작업
② 쇄토작업
③ 균평작업
④ 중경제초작업

해설 1차경이란 딱딱한 토양을 쟁기로 갈아주는 작업이며 2차경은 쇄토하고 평탄하게 해주는 작업이다. 파종작업은 씨앗을 심는 작업으로 경운작업에 해당되지 않는다.

04 최소경운방법의 장점이 아닌 것은?

① 에너지를 절약한다.
② 토양수분을 보전한다.
③ 경운 장소 내에서 기계주행을 최소화한다.
④ 제초작업을 도모한다.

해설 **최소경운** : 경운에 소요되는 비용과 에너지를 최소화하고 토양의 유실을 방지하기 위한 경운 방법

05 다음 중 농업기계가 아닌 것은?

① 플라이어
② 스피드 스프레이어
③ 범용 트랙터
④ 동력 살분무기

해설 플라이어는 농업기계가 아니고 수공구이다.

06 다음 중 농작업기가 아닌 것은?

① 트랙터　　　② 동력 분무기
③ 콤바인　　　④ 이앙기

해설 동력 분무기는 농약을 살포하는 작업을 하고 콤바인은 벼를 베는 작업을 한다. 이앙기는 이앙작업을 하지만 트랙터는 부착기를 부착하여 활용해야 하므로 트랙터라고 하지 농작업기라고는 하지 않는다.

07 양수기에 사용되는 윤활제는?

① 엔진오일
② 기어오일
③ 그리스
④ 유압오일

해설 양수기에서는 윤활제로 그리스를 사용한다. 엔진오일은 엔진에 활용, 기어오일은 미션부 또는 기어부에 활용, 유압오일은 유압 펌프에 의해 작업기를 움직이고자 할 때 각각 사용한다.

Answer　　**1.**③　**2.**③　**3.**①　**4.**④　**5.**①　**6.**①　**7.**③

08 다음 중 회전 구동력을 얻어서 경운작업을 수행하는 구동형 경운기의 구동방식으로 가장 널리 이용되는 것은?

① 로터리식　　② 크랭크식
③ 스크루 식　　④ 스로틀 식

> **해설** 회전 구동력으로 경운작업을 하는 경운기의 구동방식은 로터리식이다.

09 로터리 작업기의 경운피치와 작업속도, 로터리의 회전속도 및 동일 수직면 내에 있는 경운날의 수와의 관계를 설명한 것이다. 바른 것은?

① 회전속도와 작업속도가 일정하면 경운피치는 경운날의 수에 비례한다.
② 경운날의 수와 회전속도가 일정하면 작업속도가 빠를수록 경운피치는 작다.
③ 작업속도와 경운날의 수가 일정하면 회전속도가 빠를수록 경운피치는 작다.
④ 경운피치는 작업속도와 회전속도에 비례한다.

> **해설** 경운 피치 : 경운날이 회전할 때 첫 번째 날이 바닥의 흙을 자르고 두 번째 날이 흙을 자르게 되는데 그때의 거리를 경운 피치라고 한다.

10 정지 작업기인 로터리의 구동 방식이 아닌 것은?

① 측방구동식
② 복합구동식
③ 중앙구동식
④ 분할구동식

> **해설** 복합구동식은 존재하지 않는다.

11 압력이 142psi(lb/in²)는 몇 kg/cm² 인가?

① 1　　　　　　② 5
③ 8　　　　　　④ 10

> **해설** psi는 Pound per Square Inch의 약자이다.
> 1pound=0.453592kg이고 1inch=2.54cm이다.
> 단위를 환산하는 문제이다.
> $$1psi = \frac{0.453592kg}{2.54^2 cm^2} = \frac{0.453592kg}{6.4516cm^2} = 0.070306kg/cm^2$$
> $$142psi = 142 \times 0.070306 ≒ 9.98358kg/cm^2$$

12 다음 중 관리기의 주 클러치의 형식은?

① 건식 단판식 원판 마찰클러치
② V벨트 클러치
③ 건식 다판식 원판 마찰클러치
④ 원뿔 마찰클러치

> **해설** 관리기의 동력전달을 위하여 엔진에서 주행을 위한 트랜스미션으로 동력이 전달될 때는 V벨트를 이용하고 벨트의 장력의 여부에 동력을 제어한다.

13 경운기계에 관한 설명 중 틀린 것은?

① 스프링 해로우는 자갈이나 뿌리가 많은 토양의 쇄토기로 적합하다.
② 스파이크 해로우는 작용각이 클수록 작용 깊이가 증가한다.
③ 쇄토의 원리에는 절단, 충격, 압쇄, 관입 등이 있다.
④ 원판 경운은 경운, 쇄토 등에 사용된다.

> **해설** 스파이크 해로우는 작용각이 클수록 부하가 증가하므로 작용 깊이는 감소한다.

14 다음 중 동력 경운기용 로터리의 경심조절은 무엇으로 하는가?

① 미륜
② 로터리 칼날
③ 경운기 앞 웨이트
④ 갈이 축과 갈이칼 장착 폭

> **해설** 경심 조절은 미륜으로 조절한다.

15 우리나라에서 휴대용 예취기에 가장 많이 사용되는 엔진은?

① 공랭식 가솔린 기관
② 수랭식 가솔린 기관
③ 공랭식 디젤 기관
④ 수랭식 디젤 기관

해설 휴대용 예취기(배부식 예취기)는 가벼워야 하므로 공랭식 가솔린 기관을 사용한다. 무게를 순서대로 나열하면, 공랭식 가솔린기관 〈 공랭식 디젤기관 〈 수랭식 가솔린기관 〈 수랭식 디젤기관

16 대형 4륜트랙터용 로터베이터에 사용되는 경운날은?

① 작두형 날
② 특수날
③ 보통날
④ L자형 날

해설 작두형 날은 경운기에서 사용되며 소형트랙터는 L자형, 대형트랙터는 특수 날을 사용한다.
※ 특수날은 L자형과 거의 비슷하나 90°보다는 작게 꺾여 있는 형태이므로 더 깊은 경운이 가능

17 경운기 로터리에 사용되고 있는 경운날은?

① 작두형 날
② 특수 날
③ 보통 날
④ L자형 날

해설 경운기 로터리의 경운날은 작두형 날을 사용한다.

18 동력경운기의 표준 경폭은?

① 쟁기 10cm, 로터리 30cm
② 쟁기 20cm, 로터리 60cm
③ 쟁기 30cm, 로터리 70cm
④ 쟁기 40cm, 로터리 80cm

해설 쟁기의 표준경폭은 20cm, 로터리는 60cm로 하는 것이 일반적이다.

19 플라우에서 직접 토양을 절삭하는 부분은?

① 보습(share)
② 발토판(moldboard)
③ 지측판(landside)
④ 결합판(frog)

해설 • 보습 : 토양을 절삭하는 기능
• 몰드보드 : 절삭한 토양을 반전하는 기능
• 지측판 : 측압 등 다양한 힘의 작용에도 경심과 경폭을 일정하게 유지해 주는 기능

20 다음 중 쟁기에서 마모가 가장 잘 되는 부품은?

① 원판   ② 발토판
③ 보습   ④ 지측판

해설 어느 기계를 사용하느냐에 따라 약간의 차이는 있으나 이 질문에서는 트랙터의 경우이다. 트랙터에 쟁기를 부착할 경우에는 보습이 가장 마모가 큰 반면, 경운기용 쟁기는 지측판이 가장 마모가 심하다.

21 트랙터 몰드보드 플라우의 3대 구성요소가 아닌 것은?

① 보습
② 바닥쇠
③ 콜터
④ 몰드보드

해설 콜터 및 앞쟁기는 쟁기의 보조장치이다.

22 몰드보드 플라우의 구조에서 날 끝이 흙속으로 파고들며 수평 절단하는 것은?

① 보습
② 바닥쇠
③ 발토판
④ L자형 빔

해설 • 보습 : 뒤집고자 하는 밑단의 흙을 절단하고 이를 발 토판(몰드보드)까지 올리는 작용
• 발토판 : 역토를 파쇄하고 반전하는 역할

23 플라우의 부분 중 지측판의 역할로 맞는 것은?

① 흙의 반전 작용
② 플라우 자체의 안정유지
③ 경폭의 조정
④ 절삭작용

해설 지측판(바닥쇠) : 안정된 경심과 경폭을 유지하는 역할

24 트랙터에 쟁기를 부착하는 순서가 올바른 것은?

① 오른쪽 하부링크 – 상부링크 – 왼쪽 하부링크
② 왼쪽 하부링크 – 상부링크 – 오른쪽 하부링크
③ 상부링크 – 왼쪽 하부링크 – 오른쪽 하부링크
④ 왼쪽 하부링크 – 오른쪽 하부링크 – 상부링크

해설 트랙터의 작업기를 부착하는 순서는 작업기 쪽으로 트랙터를 천천히 후진하여 하부링크에 위치를 맞추고 하부링크 중 왼쪽을 먼저 부착하고 오른쪽을 부착한다. 그 이유는 과거 트랙터는 오른쪽에만 상하를 조절할 수 있는 레버가 있었기 때문이다. 왼쪽, 오른쪽 하부링크의 연결 후 상부링크를 연결한다. 로터베이터는 이·파정 후 마지막에 유니버설 조인트까지 부착하여 사용한다.(최근 하부링크는 좌우조절장치를 모두 갖춘 트랙터도 있다.)

25 경운기용 쟁기 중 이체의 밑 부분으로서 토양을 반전할 때 나타나는 측압에 견디고 쟁기의 안정을 유지하는 기능을 담당하는 것은?

① 히치
② 바닥쇠(지측판)
③ 보습
④ 볏

해설 • 보습 : 토양을 절삭하는 기능
• 몰드보드 : 절삭한 토양을 반전하는 기능
• 바닥쇠(지측판) : 측압 등 다양한 힘의 작용에도 경심과 경폭을 일정하게 유지해 주는 기능

26 트랙터용 플라우의 구조와 기능에 대한 설명으로 틀린 것은?

① 플라우 장착의 3점은 보습 끝, 보습날개, 몰드보드 끝을 말한다.
② 원판형 콜터는 토양을 수직으로 절단한다.
③ 지측판은 플라우의 진행방향을 유지하여 준다.
④ 수평 및 수직 흡인은 경심, 경폭 및 진행방향을 일정하게 유지하는 작용을 한다.

해설 장착의 3점은 3점 링크를 이야기 하면 상부링크 1개, 하부링크 2개로 구성된다.

27 관리기용 두둑성형기(휴립기)의 작업방법 설명 중 틀린 것은?

① 두둑 작업은 천천히 전진하면서 작업한다.
② 미륜을 떼어내고 두둑 성형판을 장착한다.
③ 서로 다른 나선형의 경운날을 좌우가 대칭되도록 로터리에 부착한다.
④ 두둑의 모양과 크기에 따라 두둑 성형판을 조절해 주어야 한다.

해설 두둑 작업은 천천히 후진하면서 작업을 해야 한다.

28 관리기에서 구굴기의 사용 용도와 가장 거리가 먼 것은?

① 농수로 및 배수로 작업
② 두둑성형 및 비닐피복작업
③ 딸기, 채소 재배 등의 두둑 작업
④ 전작물(밭작물)의 복토 및 북주기 작업

해설 구굴기란 작물을 심거나 시비를 위한 골(고랑)을 파는 작업기이다. 그러므로 두둑성형 및 비닐피복작업을 할 수 없으며, 두둑성형과 비닐피복작업을 동시에 하기 위해서는 휴립피복기를 사용해야 한다.

Answer　23.②　24.④　25.②　26.①　27.①　28.②

29 관리기 부속 작업기 중 비닐 피복의 각종 차륜의 작동 순서로 올바른 것은?

① 철차륜 - 배토판 - 디스크 차륜 - 스펀지 차륜

② 철차륜 - 배토판 - 스펀지 차륜 - 디스크 차륜

③ 디스크 차륜 - 배토판 - 스펀지 차륜 - 철차륜

④ 배토판 - 철차륜 - 디스크 차륜 - 스펀지 차륜

해설 구동륜이 철차륜을 지나면 배토판으로 흙을 모아주고 비닐을 덮기 위한 스펀지 차륜이 작동을 한다. 최종적으로 디스크 차륜은 바닥에 깔려져 있는 비닐을 흙으로 덮어주는 기능을 한다.

30 관리기의 취급 및 보관 시 주의사항으로 틀린 것은?

① 연료 급유 시 엔진을 정지한다.

② 실내 운전 중이나 시설하우스내의 작업 시에는 환기에 주의한다.

③ 장기간 보관 시 압축 하사점 위치에 보관한다.

④ 전기 시동식은 배터리(-)선을 분리한다.

해설 장기간 보관 시 압축 상사점 위치에 보관하고 연료인 가솔린(휘발유)는 빼서 보관한다.

31 보행관리기로 할 수 없는 작업은?

① 경운 쇄토작업　　② 비닐피복작업

③ 배토작업　　　　④ 수도작 탈곡작업

해설 수도작 탈곡작업은 콤바인이 할 수 있는 작업이다.

32 파종기가 구비하여야 할 주요장치가 아닌 것은?

① 구절장치　　　　② 종배장치

③ 복토장치　　　　④ 배토장치

해설 파종기의 주요장치 : 호퍼(종자보관함), 종배장치(종자배출장치), 구절기(씨앗이 떨어질 자리를 파주는 장치), 복토장치(씨앗을 흙으로 덮어주는 장치), 진압기(공극이 있는 땅을 눌러주는 장치)

33 한 줄에 일정한 간격으로 1~3개의 종자를 파종하는 방법으로 옥수수, 콩류 등의 종자 파종에 적합한 파종법은?

① 점파　　　　　　② 산파

③ 연파　　　　　　④ 조파

해설 • 산파 : 종자를 흩어 뿌리는 방식
• 조파 : 종자를 간격이 일정한 줄에 연속적으로 파종하는 방식
• 점파 : 일정 간격의 줄에 일정 간격으로 한 알 또는 몇 개의 종자를 파종하는 방식

34 파종기에 시비장치를 부착하여 파종과 동시에 시비작업을 할 수 있는 파종기는?

① 조파기

② 점파기

③ 산파기

④ 흠파기

해설 시비작업은 일반적으로 조파기 형태의 파종기와 동시에 사용하는 것이 일반적이다.

35 격자형의 묘상자에 사토를 넣고 파종, 복토하여 육묘한 것으로 모를 틀에서 밀어내어 이식하는 것은?

① 조파묘

② 산파묘

③ 매트묘

④ 송이 포트묘

해설 • 조파묘 : 과거 이앙기의 형태로 사각형의 격자모양 상자에 사토를 넣고 파종, 복토하여 육묘하는 모종 방법
• 산파묘 : 사각형의 판위에 사토를 넣고 골고루 뿌려 파종하고 복토하여 육묘하는 모종방법

Answer　　29.②　30.③　31.④　32.④　33.①　34.①　35.①

36 조파기와 점파기의 3가지 주요부가 아닌 것은?

① 종자배출 장치
② 구절장치
③ 교반 장치
④ 복토장치

해설 조파기의 주요부는 호퍼, 종자배출장치, 구절기, 복토기, 진압기이다.

37 조파기를 구성하는 장치가 아닌 것은?

① 쇄토기
② 구절기
③ 복토기
④ 진압바퀴

해설 조파기는 호퍼, 종배장치, 구절기, 복토기, 진압바퀴 등으로 구성되어 있다.

38 감자 파종기의 종자 공급방식에 해당되지 않는 것은?

① 엘리베이터형 반자동식
② 종자판형 반자동식
③ 픽커힐 전자동식
④ 콘베이어식

해설 감자 파종기의 형태에는 엘리베이터형 반자동식, 종자판형 반자동식, 픽커힐, 픽커힐 전자동식 등이 있다.

39 다음 중 파종기의 구조에 해당되지 않는 것은?

① 복토기
② 식부암
③ 진압바퀴
④ 종자배출장치

해설 조파기의 주요부는 호퍼, 종자배출장치, 구절기, 복토기, 진압기이다. 식부암은 이앙기에 해당되는 부품이다.

40 다음 중 시비기를 장착하여 파종과 시비 작업을 동시에 할 수 있는 것은?

① 산파기
② 조파기
③ 점파기
④ 혼파기

해설 파종과 시비작업을 동시에 할 수 있는 기종은 시비파종기 또는 복합 파종기라고 한다. 하지만 이런 형태로 작업을 할 수 있는 기계는 조파기가 적합하다.

41 이앙작업 시 고정되어 조절하기 어려운 것은?

① 작업속도
② 식부 조간거리
③ 주간 거리
④ 식부날 회전속도

해설 이앙기는 조간거리는 30cm내외로 고정되어 있다.

42 다음 중 보행형 산파이앙기에서 식부깊이 조정방법으로 알맞은 것은?

① 주행속도를 조절
② 플로트의 높낮이 조절
③ 묘탑재대 높이의 조절
④ 묘탑재대의 이송 속도를 조절

해설 식부깊이는 플로트의 높낮이 조절로 하지만 묘떼기량은 모탑재대의 높이 조절로 한다.

43 4조식 이앙기로 작업할 때 결주가 생기는 원인이 아닌 것은?

① 분리침이 마모되었다.
② 파종량이 불균일하다.
③ 세로이송 롤러가 작동불량이다.
④ 주간 간격이 좁다.

해설 결주란 심어지지 않는 것을 말한다. 주간 간격이 좁다는 것은 묘 사이를 좁게 심는다는 의미 이므로 결주의 발생 원인이 아니다.

44 보행 이앙기의 식부 본수 및 식부 깊이 조절에 대한 설명 중 잘못된 것은?

① 묘 탱크 전판을 위로 올리면 식부본수는 적어진다.
② 스윙 핸들로 식부깊이를 조절한다.
③ 연한 토양에는 식부 깊이를 낮게 조정한다.
④ 플로트를 표준위치 보다 높게 하면 식부는 깊어진다.

해설 스윙 핸들은 조향을 위한 장치이다.

45 기계 이앙 시 유압장치는 어느 위치에 놓는가?

① 완전히 내린다.   ② 1/2 내린다.
③ 1/2 올린다.   ④ 완전히 올린다.

해설 이앙 시에는 유압으로 식부부를 하향 조정해야 하므로 완전히 내린다.

46 이앙기 식입 포오크와 분리침 끝의 간격은?

① 0.1~0.5mm   ② 0.7~2mm
③ 5~7mm   ④ 10~12mm

해설 이앙기 식입 포오크와 분리침 끝의 간격은 0.1~0.5mm로 한다.

47 다음은 동력 수도 이앙기의 식부 본수 조절 방법이다. 횡이송 조절 방법에 대한 설명 중 맞는 것은?

① 묘를 분리할 때 상하쪽을 많게 또는 적게 하는 방법에 따라 본수가 달라진다.
② 묘 탑재판이 좌우로 움직이는 속도에 따라 분리침 작동 횟수가 달라진다.
③ 분리침의 길이를 조절하여 묘의 상하 폭을 조절하는 방법에 따라 본수가 달라진다.
④ 묘를 분리할 때 길이 폭을 적게 하고 많게 하는 방법에 따라 본수가 달라진다.

해설 횡이송 조절은 묘 탑재판이 좌우로 움직이는 속도에 따라 분리침 작동 횟수를 다르게 하는 조절 장치이다.

48 이앙기에서 모가 일정한 깊이로 심어지게 하고 기체침하를 방지하는 구성요소는 무엇인가?

① 식부암   ② 사이더 마커
③ 더스트 실   ④ 플로우트

해설 • 식부암 : 모를 심기위해 식부침을 회전시키는 장치
• 사이더 마커 : 일정하게 이앙하기 위하여 전진 후 회전하여 돌아오기 위한 기준선을 그려주는 장치
• 더스트 실 : 식부암에서 식부포오크를 통하여 물이 들어가는 것을 방지해주는 부품

49 이앙기의 식부장치에서 많이 볼 수 있는 링크는?

① 4절 링크   ② 6절 링크
③ 8절 링크   ④ 10절 링크

해설 4절 링크를 사용한다.

50 동력 이앙기에서 유압장치가 작동되지 않을 때의 점검사항과 관계가 없는 것은?

① 유압케이블 레버의 점검
② 유압 펌프의 점검
③ 체인케이스의 점검
④ 센서 로드의 점검

해설 체인케이스는 유압장치가 아닌 변속기의 일종으로 동력을 전달해 주는 장치이다.

51 기계 이앙기는 모의 종류에 따라 여러 형식으로 구분되는데 다음 중 해당되지 않는 형식은?

① 줄묘식   ② 산파식
③ 조파식   ④ 원심식

해설 원심식은 원심력에 의해 흩어 뿌리는 방식이다.

Answer   **44.**②   **45.**①   **46.**①   **47.**②   **48.**④   **49.**①   **50.**③   **51.**④

52 이앙기에서 모가 심어지는 개수(묘취량)를 조절하는데 이용되는 부위는?

① 플로트 높이
② 주간 조절
③ 탑재판의 높낮이
④ 조향클러치

해설 • 플로트의 높이조절 : 식부깊이를 조절
• 주간 조절 : 식부침이 묘를 하나심고 그 다음 심을 때의 거리 조절
• 탑재판의 높낮이 : 탑재판은 묘를 올려놓고 일정하게 회전하는 식부암의 식부침에 의해 묘를 떼어내게 되므로 심어지는 모의 개수를 조절
• 조향클러치 : 이앙기가 회전을 해야 할 경우 원하는 방향으로 회전시켜주는 기능

53 양수기에 사용되는 윤활제는?

① 엔진오일
② 기어오일
③ 그리스
④ 유압오일

해설 양수기는 그리스를 윤활제로 사용한다.

54 스프링클러는 다음 중 어느 작업을 하는 농업 기계인가?

① 경기 작업
② 탈곡작업
③ 방제작업
④ 관수작업

해설 스프링클러는 물을 공급하는 장치이므로 관수작업에 사용한다.

55 양수 작업 중 발열이 심한 경우 점검할 부분이 아닌 것은?

① 주유구
② 풋 밸브
③ 그리스 컵
④ V벨트

해설 풋 밸브는 양수기 내에 역류를 방지하기 위한 부분으로 발열과는 무관하다.

56 다음 펌프의 운전 중 수격 작용이 생기고 있을 때 그 대책이 아닌 것은?

① 관내의 유속을 증가시킬 것
② 급격히 밸브를 폐쇄하지 말 것
③ 관내의 유속을 낮게할 것
④ 조압수조(surge tank)를 관로에 붙일 것

해설 방수관의 밸브를 갑자기 개폐함으로써 생기는 압력이 발생하는 작용을 수격작용이라고 한다.

57 어떤 양수 장치에 의하여 공동현상이 일어나고 있을 때 조치사항이 아닌 것은?

① 물의 누설을 많이 시킨다.
② 펌프의 설치 위치를 낮춘다.
③ 펌프의 회전수를 적게 한다.
④ 펌프의 흡입관을 크게 한다.

해설 공동현상(캐비테이션)은 액체가 흘러갈 때 관내에 마찰과 액체의 속도가 빨라지면서 액체가 관내에서 소용돌이치는 현상이다.

58 원심펌프의 장점을 설명한 것 중 틀린 것은?

① 구조가 간단하고 취급이 용이하며, 고장이 적다.
② 물속에 흙과 같은 불순물이 있어도 양수에 지장이 없다.
③ 성능과 효율이 비교적 좋은 편이다.
④ 전동기와 직결하여 사용할 수 없다.

해설 원심펌프는 전동기와 직결하여 사용할 수 있고, 전동기와 직결하여 사용할 수 없는 것은 단점이다.

59 수차나 펌프 등 운전 시 일어나는 캐비테이션의 방지책이 아닌 것은?

① 곡관을 적게 한다.
② 회전수를 느리게 한다.
③ 흡입관을 짧게 한다.
④ 흡입관을 굵게 한다.

해설 캐비테이션은 빠른 속도로 흡인되는 액체가 관내에서 빠른 속도로 이동하면서 발생하기 때문에 흡입관을 굵게 해 예방할 수 있으며 흡입관을 짧게 하는 것은 예방책이 아니다.

60 원심펌프의 취급상 유의점으로 알맞은 것은?

① 장기 보관 시 원심펌프 내의 물은 여름철 에만 빼낸다.
② 장시간 공회전 운전을 실시하여 펌프의 가 동상태를 점검한다.
③ 전동기로 운전할 경우 갑자기 정전이 되었 을 때는 스위치를 끊는다.
④ 정지 시에는 먼저 원동기를 정지시키고 뒤 에 토출밸브를 닫는다.

61 양수기를 수리할 때 그랜드 패킹의 조임을 어 느 정도 조정해야 가장 적당한가?

① 양수작업 시 물이 새지 않는 정도
② 양수작업 시 물이 1분당 1~2 방울 새는 정도
③ 양수작업 시 물이 1분당 5~6 방울 새는 정도
④ 양수작업 시 물이 1분당 15 방울 이상 새 는 정도

해설 그랜드 패킹에서 물방울이 1분당 5방울 정도 떨어지 는 것이 적당하다.

62 원심펌프의 주요장치가 아닌 것은?

① 회전차　　　② 와류실
③ 풋 밸브　　　④ 피스톤

해설 〈원심펌프의 주요장치〉
• **회전차** : 여러 개의 깃으로 회전하며, 깃의 수는 보통 4~8매로 둥근 형태로 되어 있다.
• **안내깃** : 회전차에서 전달되는 물을 와류실로 유도 하여 속도 에너지를 얻게 해주는 장치
• **와류실** : 송출관 쪽으로 보내는 나선형 동체
• **흡인관** : 흡입수면에 놓이는 관
• **풋 밸브** : 액체를 흡입할 때는 열리고 액체가 흐르지 않을 때는 닫히는 체크밸브의 형태
• **송출관** : 와류실과 송출구로 전달해주는 수송관

63 원심펌프에 해당 되는 것은?

① 축류 펌프
② 사류 펌프
③ 볼류트 펌프
④ 왕복펌프

해설 원심펌프는 볼류트 펌프와 터빈펌프가 있다.

64 동력분무기의 공기실이 하는 가장 주된 역할 은?

① 흡입압력을 일정하게 유지하여 준다.
② 약액의 흡입량을 일정하게 유지하여 준다.
③ 약액의 배출량을 일정하게 유지한다.
④ 약액 속에 공기를 혼입시킨다.

해설 동력분무기에 일정한 압력을 유지하기 때문에 배출량 을 일정하게 유지한다.

65 원심펌프의 그랜드 패킹 부분에는 어느 정도 의 누수가 적당하다고 보는가?

① 1분당 5방울 정도
② 1분당 10방울 정도
③ 1분당 15방울 정도
④ 가는 물방울이 계속해서 누수 되어야 함

해설 그랜드 패킹에서 물방울이 1분당 5방울 정도 떨어지 는 것이 적당하다.

66 동력분무기의 주요 구조와 관계가 없는 것 은?

① 플랜저 펌프
② 송풍기
③ 공기실
④ 압력조절장치

해설 송풍기는 동력분무기에 해당되지 않는 부품이다. 고 동력 살분무기에 해당된다.

67 동력분무기 노즐의 배출량이 30L/min 노즐의 유효 살포 폭이 10m, 10a 당 살포량이 167L/10a 일 경우 노즐의 살포작업 속도는?

① 0.1m/s   ② 0.2m/s

③ 0.3m/s   ④ 0.4m/s

해설 ① 10a당 살포시 시간 $= \dfrac{167l/10a}{30l/min} = 5$분34초

∴ 334초

② $10a = 1,000\text{m}^2 = 10\text{m} \times x$

∴ $x = 100\text{m}$

∴ 속도$(v) = \dfrac{100\text{m}}{334\text{초}} = 0.2994\text{m/s}$ ∴ 0.3m/s

68 분무기의 장점 중 틀린 것은?

① 음향이나 진동이 비교적 적고 내구성이 좋다.
② 구조가 복잡하나 취급수리가 용이하다.
③ 액체 이용의 장점을 갖는다.
④ 배관장치로 대면적에 설치하면 고정적이나 고능률의 시설이 된다.

69 2ton의 중량물을 4초 사이에 10m 이동시키는데 몇 마력이 소요되는가?

① 약 36.7ps   ② 약 46.7ps

③ 약 56.7ps   ④ 약 66.7ps

해설 $1ps = 75\text{kg}_f\cdot\text{m/s}$

∴ $L(ps) = \dfrac{2,000\text{kg} \times 10\text{m}}{4 \times 75} = 66.66667\text{ps}$

70 동력분무기 취급 시 상용 압력은 몇 kg/㎠인가?

① 2~5kg/㎠
② 12~15kg/㎠
③ 20~25kg/㎠
④ 36~40kg/㎠

해설 정확한 치수보다는 20~25kg/㎠에 가까운 치수를 선택해야 한다.

71 동력 분무기 분무작업 중에 여수량은 액제 흡입량에 몇%가 유지되도록 하는가?

① 0~5%   ② 10~20%

③ 25~30%   ④ 35~40%

해설 여수량이란 분무하고 남은 잔량을 여수량이라고 하면 흡입량의 10~20% 유지해야한다.

72 동력분무기에서 약액이 일정하게 분사되게 유지해주는 것은?

① 펌프와 실린더   ② 공기실
③ 노즐   ④ 밸브

해설 약액이 일정하게 분사되는 것은 일정한 압력을 유지시켜주는 공기실이 있기 때문이다.

73 동력 분무기 운전 중 주의사항이다. 맞지 않은 것은?

① 압력조절 레버를 위로 올려 무압 상태에서 엔진을 시동한다.
② 운전 초기에 이상 음이 들리면 즉시 엔진을 멈추고 점검한다.
③ 압력조절 레버를 내리고 소요압력을 적당히 조절하여 사용한다.
④ 분무작업을 시작했을 때 압력이 내려가면 이상이 있으므로 엔진을 멈추고 점검한다.

해설 분무작업을 시작했을 때 압력이 순간적으로 내려가므로 엔진을 멈추지 않고 상태를 점검한다.

74 다음 중 동력 살분무기의 리드 밸브 점검으로 가장 양호한 것은?

① 리드판은 몸체와 적당한 간극이 있어야 한다.
② 리드판의 끝부분이 15°각으로 굽어야 한다.
③ 리드판의 끝부분이 45°각으로 굽어야 한다.
④ 리드판은 몸체와 완전히 밀착되어야 한다.

Answer   **67.**③   **68.**②   **69.**④   **70.**③   **71.**②   **72.**②   **73.**④   **74.**④

75 동력분무기의 여수호스에서 기포가 나올 때의 원인과 거리가 먼 것은?

① 토출 호스 너트의 풀림
② V패킹의 마멸
③ 흡입 호스의 손상
④ 흡입 호스 너트의 풀림

76 동력살분무기의 살포작업 방법 중 틀린 것은?

① 분관을 좌우로 흔들면서 작업한다.
② 한곳에 많이 살포하지 않도록 한다.
③ 살포는 바람을 안고 한다.
④ 분구 높이는 작물 위 30cm정도로 한다.

해설 약제 살포작업 시에는 바람을 등지고 작업을 해야 안전하다.

77 스피드스프레이어(SS기, 고성능 동력분무기)의 덤프나 리프트가 작동하지 않을 때에 확인해야 할 것은?

① 유압오일의 양
② 엔진오일의 양
③ 분무기오일의 양
④ 마스터 실린더 오일의 양

해설 덤프나 리프트는 유압시스템에 의해 움직임으로 유압오일의 양을 점검해야 한다.

78 국내에서 사용되고 있는 동력살분무기 사용 시 적정 회전수는?

① 1,000~2,000rpm
② 3,000~4,000rpm
③ 5,000~6,000rpm
④ 7,000~8,000rpm

해설 동력살분무기는 가솔린기관으로 회전수가 빨라야 약제를 멀리 살포할 수 있으며, 적정회전수는 7,000~8,000rpm이다.

79 동력살분무기에 사용되는 윤활장치의 종류는?

① 비산식
② 압송식
③ 비산압송식
④ 혼합식

해설 동력살분무기는 배부식(등에 메는 방식)이므로 엔진의 무게가 가벼워야하기 때문에 연료와 윤활유를 혼합하여 사용하는 혼합식을 사용한다. 비율은 기종에 따라 다르나 일반적으로 25(가솔린):1(2사이클 엔진오일)로 한다.

80 미스트기의 살포방법 중 독성이 높은 약제를 살포할 경우 가장 적합한 작업방법은?

① 전진법
② 횡보법
③ 후진법
④ 대각선법

해설 미스트기는 분제나 약제를 살포하는 기계로 바람을 등지고 바람 방향으로 후진하면서 살포하는 것이 가장 안전하고 적합한 작업방법이다.

81 농약 살포기가 갖춰야 할 조건으로서 맞지 않는 것은?

① 도달성과 부착율
② 균일성과 분산성
③ 피복면적비
④ 노력의 절감과 살포 능력

해설 균일성은 있어야 하나 분산성은 좋으면 안 된다.

82 약제 살포 시 안전 작업 방법으로 틀린 것은?

① 반드시 보호 마스크를 착용한다.
② 살포 중에는 풍향이나 전향 방향에 주의한다.
③ 안전한 방제복을 착용하고 작업 전 호스의 접합부분을 점검한다.
④ 작업 후에는 잔류 약액이나 기계를 씻은 물을 아무데나 버린다.

Answer **75.**① **76.**③ **77.**① **78.**④ **79.**④ **80.**③ **81.**② **82.**④

83 동력살분무기의 살포방법이 아닌 것은?

① 전진법   ② 왕복법
③ 후진법   ④ 횡보법

해설 〈동력살분무기의 살포방법〉
- **전진법** : 앞으로 전진하면서 지그재그 방식으로 살포하는 방식
- **후진법** : 뒤로 후진하면서 지그재그 방식으로 살포하는 방식
- **횡보법** : 평으로 이동하면서 좌우로 살포하는 방식 (중복되는 부분이 발생)

84 스피드 스프레이어 방제기에서 분두의 최대 살포각도로 알맞은 것은?

① 120°   ② 180°
③ 270°   ④ 360°

해설 흔히 SS기(speed sprayer)라고하며 여러 개의 노즐을 180°로 구성되어 분사하기 때문에 최대살포각도는 180°이다.

85 병해충 방제기구가 아닌 것은?

① 스피드스프레이어
② 절단기
③ 미스트기
④ 토양소독기

해설 절단기는 병해충 방제기구에 포함되지 않는다.

86 어린 밭작물용 스프링 쿨러의 취급요령으로 적당치 않은 것은?

① 토출된 물이 지표에서 흐르지 않아야 한다.
② 수압을 낮게 하여 분사되는 물방울을 크게 한다.
③ 노즐의 회전속도에 차이가 많을 때에는 조절해야 한다.
④ 수압이 너무 높으면 바람과 증발에 의한 손실이 커진다.

해설 수압을 낮게 할 경우 스프링클러가 정상적으로 회전하지 않을 수 있으며 회전을 하지 않게 되면 노즐 끝부분에서 물이 집중될 수 있다.

87 자탈형 콤바인의 주요장치가 아닌 것은?

① 반송장치   ② 식부장치
③ 탈곡장치   ④ 선별장치

해설 콤바인의 주요장치는 주행부, 전처리부, 반송부, 탈곡부, 선별부, 볏짚처리부로 나뉜다.

88 바인더 예취칼날 간격을 적게 조정하려면?

① 조정심을 뺀다.
② 조정심을 더한다.
③ 조정볼트를 푼다.
④ 조정볼트를 조인다.

해설 예취칼날의 조정심을 빼면 간격은 좁아지고 넣으면 간격이 넓어진다.

89 다음은 바인더의 장기간 보관요령이다. 틀린 것은?

① 연료탱크내의 가솔린을 가득 채워 둔다.
② 기관의 윤활유를 새것으로 교환한다.
③ 각 클러치 레버는 "끊음"쪽으로 둔다.
④ 기관을 압축 위치에서 중지시킨다.

해설 가솔린 기관을 장기간 보관할 때에는 연료를 모두 제거하여 보관한다.

90 동력 탈곡기에 사용되는 곡물 반송장치가 아닌 것은?

① 스크루 컨베이어   ② 스로어
③ 벨트 컨베이어   ④ 버킷 엘리베이터

해설 동력 탈곡기는 동력으로 급동(扱胴)을 회전시키며 탈곡물질을 공급하여 탈곡하는 기계로서, 탈곡물질 공급 방식에 따라 수급식, 자동공급식, 투입식의 세 종류가 있다.

Answer   83.②   84.②   85.②   86.②   87.②   88.①   89.①   90.③

91 곡물에 금이 가거나 파열이 생기는 등의 물리적 손상을 방지하기 위한 건조방법이 아닌 것은?

① 건조 온도를 낮춘다.
② 가열된 곡물을 신속히 식힌다.
③ 일정량의 수분을 서서히 제거한다.
④ 건조온도가 높은 때는 습도가 높은 공기를 사용한다.

> **해설** 곡물은 열을 받은 후 천천히 식히면 건조의 효과가 있으나 급격한 온도차이가 발생하면 곡물이 파열될 수 있다.

92 곡물의 함수율을 측정하는 방법은 크게 직접적인 방법과 간접적인 방법이 있다. 다음 중 직접적인 방법에 속하지 않는 것은?

① 진공오븐법
② 공기오븐법
③ 전기저항법
④ 증류법

93 다음은 벼 도정작업 체계를 표시한 것이다. 일반적인 작업 체계로 가장 적합한 것은?

① 정선과정 → 현미분리과정 → 탈부과정 → 정백과정 → 계량 및 포장
② 정선과정 → 탈부과정 → 현미분리과정 → 정백과정 → 계량 및 포장
③ 탈부과정 → 정선과정 → 현미분리과정 → 정백과정 → 계량 및 포장
④ 탈부과정 → 현미분리과정 → 정선과정 → 정백과정 → 계량 및 포장

> **해설** **도정과정** : 정선과정 → 탈부과정 → 현미분리과정 → 정백과정 → 계량 및 포장

94 곡물의 건조요인에 대한 설명 중 잘못된 것은?

① 건조속도가 너무 빠르면 동할이 발생할 가능성이 높다.
② 송풍량은 건조시간에 크게 영향을 주지 못한다.
③ 곡물 층이 두꺼우면 불균일하게 건조된다.
④ 건조온도는 동할에 가장 큰 영향을 주므로 적절한 건조온도의 설정이 중요하다.

> **해설** 곡물의 건조요인은 송풍량, 온도, 습도이다.

95 함수율과 관련된 설명 중 틀린 것은?

① 함수율표시법에는 습량기준함수율과 건량기준함수율이 있다.
② 습량기준함수율이란 물질 내에 포함되어 있는 수분을 그 물질의 총무게로 나눈 값을 백분율로 표현한 것이다.
③ 어떤 물질의 함수율이 증가되고 있다는 것은 그 물질내의 수분함량이 감소된다고 말할 수 있다.
④ 함수율을 측정하는 방법으로는 오븐법, 증류법, 전기저항법, 유전법 등을 사용한다.

96 곡물의 건량 기준 함수율 산출식으로 옳은 것은?

① (시료의 무게/시료의 총무게)×100
② (시료에 포함된 수분의 무게/시료의 수분무게)×100
③ (시료에 포함된 수분의 무게/ 시료의 무게)×100
④ (시료의 총무게/ 시료에 포함된 수분의 무게)×100

97 건조기 설치 시 유의사항이 아닌 것은?

① 통풍이 잘 되는 곳에 설치한다.
② 기체의 사방은 수평이 되도록 설치한다.
③ 버너의 방향은 벽면과 1m 이하로 떨어지게 설치한다.
④ 곡물의 투입과 배출작업 공간을 고려하여 설치한다.

해설 버너의 방향은 벽면과 1m 이상 떨어지게 설치한다.

98 미곡종합처리장의 곡물 반입 시설장치에 속하지 않는 것은?

① 호퍼 스케일
② 트럭 스케일
③ 정미기
④ 대기용 컨테이너

해설 미곡종합처리장의 곡물반입 시설 장치는 투입호퍼, 트랙, 컨베이어, 원료정선기, 계량설비, 수분측정기, 시료채취기 등으로 구성되어 있으며, 정미기는 가공설비에 포함된다.

99 벼의 총 무게가 100g이고 수분이 20g 완전 건조된 무게가 80g이다. 습량기준 함수율은?

① 80%
② 25%
③ 20%
④ 15%

해설 함수율(%) = $\dfrac{수분의 무게}{총무게} \times 100 = \dfrac{20}{100} \times 100$
= 20%

100 횡류 연속식 건조기의 최대 소요기간은?

① 2일 ② 3일
③ 4일 ④ 5일

해설 횡류 건조기는 곡물이 수직 방향으로 유하하는 동안에 열풍이 곡물 층을 수평으로 통과하면서 건조하는 형태의 건조기로 최대 5일이 걸린다.

101 건조기 안전 사용 요령으로 틀린 것은?

① 운전 중에 덮개를 열어, 회전하는 부분이 원활하게 돌아가는지 확인한다.
② 인화성 물질을 멀리하고, 만일의 경우에 대비하여 소화기를 설치한다.
③ 연료호스 또는 파이프의 막힘, 연결부의 누유상태를 수시로 점검한다.
④ 전원 전압을 반드시 확인한다.

해설 운전 중 덮개를 열게 되면 위험요인이 되므로 주의해야 한다.

102 벨트 컨베이어의 특징 설명으로 틀린 것은?

① 재료의 연속적 이송이 가능
② 재료의 수직이동이 가능
③ 수평 및 경사 이동에 적합
④ 표면 마찰계수가 큰 물질을 이송하는데 적합

해설 컨베이어는 수평, 경사, 연속적 작업이 가능하나 수직 방향 이동은 불가능하다. 수직방향의 이동은 엘리베이터를 이용한다.

103 목초 수확기계의 일종인 헤이 레이크는 어떤 작업을 수행하는가?

① 목초의 절단
② 목초의 묶음
③ 목초의 집초
④ 목초의 압쇄

해설 • 헤이레이크 : 목초의 집초
• 헤이베일러 : 목초의 묶음
• 휠 커터 : 목초의 절단
• 헤이 컨디셔너 : 목초를 압쇄시키는 기계

Answer **97.**③ **98.**③ **99.**③ **100.**④ **101.**① **102.**② **103.**③

104 로터리 모워의 특징을 잘못 설명한 것은?

① 도복상태의 목초를 예취하기가 불가능하다.
② 구조가 간단하고 취급과 조작이 용이하다.
③ 지면이 평탄하지 않은 곳에서의 작업은 위험하다.
④ 고속으로 회전하는 칼날을 이용하여 목초를 절단한다.

해설 로터리 모워를 지면에 가깝게 하고 작업을 한다면 도복 상태의 목초도 예취가 가능하다.

105 트랙터로 견인하면서 줄로 모여진 건초를 운반차에 싣는 작업기는?

① 헤이 로우더
② 헤이 베일러
③ 헤이 레이크
④ 헤이 테더

해설 • 헤이레이크 : 목초의 집초
• 헤이베일러 : 목초의 묶음
• 휠 커터 : 목초의 절단
• 헤이 컨디셔너 : 목초를 압쇄시키는 기계

106 목초 수확용 예취기의 일반적인 규격 표시 방법은?

① 예취의 폭
② 예취날의 높이
③ 예취날의 수
④ 예취기의 무게

해설 목초를 예취기(자르는 기계)는 폭을 규격으로 표시한다.

107 다음 중에서 목초로 엔실리지를 만들 때 사용하는 기계는?

① 헤이 레이크 ② 포리지 하베스터
③ 헤이 컨디셔너 ④ 모워

해설 • 포리지 하베스터 : 목초로 엔실리지를 만들 때 사용하는 기계
• 헤이 레이크 : 목초를 집초할 때 사용하는 기계
• 헤이 컨디셔너 : 목초를 압쇄할 때 사용하는 기계
• 모워 : 풀을 벨 때 사용하는 기계

108 다음 관리기의 작업기 중에서 후진을 하며 작업을 하여야 하는 것은?

① 제초파쇄기
② 중경제초기
③ 비닐 피복기
④ 심경용 구굴기

해설 관기기의 작업기 중 휴립작업(두둑 만들기)와 비닐피복 작업은 후진으로 작업해야 한다.

109 2행정 가솔린기관을 사용하는 동력 예초기에서 연료와 엔진오일의 혼합비로 가장 적당한 것은?

① 5 : 1
② 15 : 1
③ 25 : 1
④ 35 : 1

해설 2행정 가솔린기관은 동력예초기에 사용되는데 연료과 엔진오일은 25 : 1의 비율로 혼합하여 사용하며, 엔진톱 등은 혼합비가 다르므로 주의해야 한다.

110 다음 중 트랙터 동력취출장치(P.T.O)와 연결되지 않는 작업기는?

① 모워(mower)
② 쟁기(plow)
③ 로터리(rotary)
④ 브로드캐스터(broadcaster)

해설 쟁기작업은 동력취출장치가 필요 없고 견인력만 필요하다.

111 벨트의 걸이 방법에 관한 사항이다. 틀린 것은?

① 바로 걸이에 있어서는 아래쪽이 항상 인장 측이 되게 해야 한다.

② 엇걸이는 바로 걸기의 경우보다 접촉각이 크다.

③ 벨트의 수명은 엇걸기가 길다.

③ 안내차를 두어 벨트가 벗겨지지 않게 할 수 있다.

해설 엇걸기를 하게 되면 풀리와의 접촉각이 넓어지므로 마찰이 커져 수명은 단축된다.

112 스키드가 부착된 로터베이터의 작업 시 지면에서 스키드의 높이로 적당한 것은?

① 10mm

② 25mm

③ 60mm

④ 100mm

해설 스키드는 로터베이터 작업 시 쇄토 깊이 조정에 사용되만 25mm 높이로 조정하는 것이 적당하다.

113 2행정 가솔린 기관을 사용하는 동력예초기에서 연료와 엔진오일의 혼합비로 가장 적당한 것은?

① 5 : 1

② 15 : 1

③ 25 : 1

④ 35 : 1

해설 우리나라에서 사용하고 있는 2행정 가솔린 기관의 배부식 동력 예초기는 연료와 2행정 엔진오일을 25:1로 혼합하여 사용한다.

114 동력예취기 사용 전·후 주의할 사항 중 틀린 것은?

① 시동 전 커터날 체결 볼트가 잠겨 있는지 점검할 것

② 커터날은 사용 후 기름걸레로 닦은 후 습기가 없는 것에 보관할 것

③ 에어클리너 스펀지는 90시간 사용 후 비눗물로 세척하여 끼울 것

④ 상기 보관 시 피스톤이 상사점에 있도록 할 것

해설 에어클리너 스펀지는 사용 후 비눗물로 세척하기보다 석유, 경유로 세척하여 완전히 건조시킨 후 조립하여 사용한다.

PART 3

농업기계 기관
(엔진)

01 내연기관의 일반

1 내연기관이란?

연료의 연소에 의해 발생하는 열에너지를 기계적인 일로 변환하는 장치이고, 작동유체로서 연료의 연소가스를 이용한다. 현재 농업용 동력원으로서 이용되는 기관은 피스톤, 크랭크 기구를 갖는 왕복동형 내연기관이 거의 대부분이다.

2 내연기관의 분류

(1) 기계적 구조에 의한 분류

① 사이클 : 실린더내에서 피스톤의 흡입, 압축, 팽창, 배기행정의 과정을 거쳐 처음의 상태로 환원되어 순환하는 과정

② 4행정 사이클 : 크랭크축이 2회전할때 피스톤은 흡입, 압축, 팽창(폭발), 배기의 4행정을 하여 1사이클을 완성하는 기관

③ 2행정 사이클 : 크랭크축이 1회전으로 1사이클을 완성하는 기관으로 흡입 및 배기를 위한 독립적인 행정은 없다.

2사이클의 장점(4사이클의 단점)	2사이클의 단점(4사이클의 장점)
• 매회전마다. 폭발이 일어나므로 출력이 2배 (실제 1.7~1.8배) • 밸브장치가 없으므로 구조가 간단하다. • 왕복운동부분의 관성력이 완화된다. • 밸브장치가 없으므로 연료캠의 위상만 바꾸면 역회전이 가능하다. • 매회전마다 폭발이 일어나므로 회전력이 균일하다.	• 흡·배기 밸브가 동시에 열려 있는 시간이 길기 때문에 체적 효율이 낮다. • 소음이 크다. • 연료 및 윤활유 소비량이 많다. • 흡배기 때문에 피스톤 링의 파손이 많다. • 저속과 고속에서 역화가 일어난다. • 유효행정이 짧아 효율이 낮다.

(2) 점화방식에 의한 분류

① 전기점화(불꽃 점화) : 가솔린 기관과 LPG(LPI)기관의 점화방식

② 압축착화(자기착화) : 디젤기관의 점화방식

(3) 실린더 배열에 의한 분류

① 일렬수직으로 설치한 직렬형

② 직렬형 실린더 2조를 V형으로 배열시킨 V형

③ V형 기관을 펴서 양쪽 실린더 블록이 수평면 상에 있는 수평 대향형

④ 실린더가 공통의 중심선상에서 방사선 모양으로 배열된 성형(방사형)

(4) 실린더 안지름과 행정비율에 의한 분류

① 장행정 기관 : 실린더 안지름 보다 피스톤 행정의 길이가 큰 형식(농업기계와 건설기계에서 주로 사용)

② 정방형 기관 : 실린더 안지름과 피스톤 행정의 길이가 똑같은 형식

③ 단행정 기관 : 실린더 안지름이 피스톤 행정의 길이보다 큰 형식(자동차에서 주로 사용)

(5) 작동방식에 의한 분류

① 피스톤형(왕복운동형 또는 용적형) : 가솔린, 디젤, 가스기관

② 회전운동형(유동형) : 로터리 기관, 가스터빈

③ 분사추진형 : 제트기관, 로켓기관

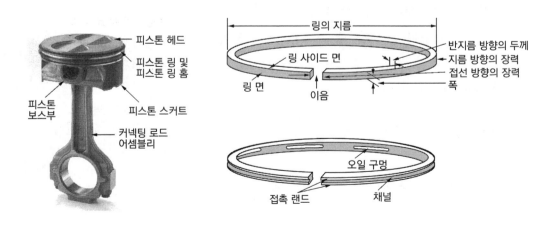

그림 피스톤, 피스톤링, 커넥팅로드

(6) 냉각방식에 의한 분류

① 공랭식 : 내연기관에서 발생되는 열을 외부의 공기를 이용하여 냉각시키는 방식

- 특징
  - 구조가 간단하고 마력당 중량이 가볍다.
  - 정상온도에 도달하는 시간이 짧다.
  - 냉각수의 동결 및 누출에 대한 우려가 없다.
  - 기후·운전상태 등에 따라 기관의 온도가 변화하기 쉽다.
  - 냉각이 균일하지 못하다.

Tip

공랭식의 형식
- 자연 통풍방식
- 강제 통풍방식

② 수랭식 : 내연기관에서 발생되는 열을 물자켓을 두고 펌프를 이용하여 냉각수를 순환시키는 방식

- 종류
  - **자연순환방식** : 물의 대류작용을 이용한 것으로 고성능 기관에는 부적합하다.
  - **강제순환방식** : 물펌프를 이용하여 물 자켓내에 냉각수를 강제 순환시키는 방식
  - **압력순환방식** : 냉각계통을 밀폐시키고, 냉각수가 가열·팽창할 때의 압력이 냉각수에 압력을 가하여 비등점을 높여 비등에 의한 손실을 줄일 수 있는 방식
  - **밀봉 압력방식** : 냉각수 팽창압력과 동일한 크기의 보조 물탱크를 두고 냉각수가 팽창할 때 외부로 유출되지 않도록 하는 방식

- 라디에이터(방열기)
  - **구비조건** : 단위면적당 방열량이 클 것, 공기 흐름 저항이 작을 것, 냉각수의 유동이 용이할 것, 가볍고 적으며 강도가 클 것
  - **라디에이터 코어 막힘율**

Tip

수랭식의 주요 구조
- 물자켓
- 물펌프
- 냉각팬
- 구동벨트(팬벨트)
- 라디에이터(방열기)
- 수온조절기

$$라디에이터\ 코어\ 막힘율 = \frac{신품용량 - 사은품용량}{신품용량} \times 100$$

- 수온조절기(Thermostat) : 실린더 헤드 물자켓 출구에 설치되어 냉각수 온도를 알맞게 조절하는 기구
  - 수온조절기의 종류 : 바이메탈형, 벨로즈형, 펠릿형

③ 부동액

● **종류** : 메탄올(알코올), 에틸렌글리콜, 글리세린 등

● 에틸렌글리콜의 특징

　• 비등점(198℃)이 높고, 불연성이다.

　• 응고점이 낮다.

　• 누출되면 고질상태의 물질을 만든다.

　• 금속을 부식시키고 팽창계수가 크다.

● 구비조건

　• 물보다 비등점이 높고, 응고점은 낮을 것

　• 휘발성이 없으며, 팽창계수가 적을 것

　• 물과 혼합이 잘될 것

　• 내식성이 크고, 침전물이 없을 것

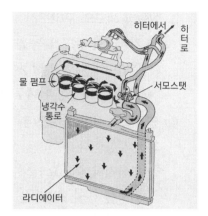

그림 냉각수 흐름도

02 내연기관의 구조

1 내연기관의 주요구조와 기능

(1) 실린더

실린더 내에서 피스톤이 왕복운동을 하면서 열에너지를 기계적인 에너지로 바꾸어 동력을 발생시키는 공간이자 부품이다. 수랭식 기관은 실린더를 물자켓으로 직접 둘러 싸고 있는 방식과 간접적으로 둘러 싸고 있는 방식이 있다. 공랭식은 냉각핀이 감싸고 있는 구조로 되어 있다.

(2) 실린더 헤드

실린더 블록과 가스켓, 실린더 헤드 순서로 되어 조립되어 있으며, 실린더와 함께 연소실을 형성한다. 헤드부는 기관의 머리역할을 하기 때문에 중요한 부위이다. 적정한 시기에 맞는 행정을 지시하고 연료 분사, 불꽃점화장치 등 주요 구성품들이 같이 결합이 되어 있다.

그림 실린더 헤드

① 실린더 헤드의 구비조건

- 기계적인 강도가 높을 것
- 열전도성이 클 것
- 열변형에 대한 안정성이 있을것
- 열팽창성이 작을것
- 가볍고, 내식성과 내구성이 클 것

② 연소실 : 실린더 헤드에 의해 형성되며, 혼합가스의 연소와 연소가스의 팽창이 시작이 되는 부분이다.

- 화염전파에 소요되는 시간이 짧을 것
- 연소실 내의 표면적을 최소화시킬 것
- 가열되기 쉬운 돌출부분이 없을 것
- 압출행정에서 와류가 일어나도록 할 것
- 밸브 및 밸브구멍에 충분한 면적을 주어서 흡·배기작용이 원활하게 할 것
- 배기가스에 유해성분이 적을 것
- 출력 및 열효율이 높을 것
- 노크를 일으키지 않을 것

그림 연소실의 종류

③ 헤드 가스켓

실린더 헤드와 실린더 블록의 접합면 사이에 끼워져 양쪽 면을 밀착시키고 압축 가스, 냉각수 및 기관오일이 누출되는 것을 방지하기 위하여 사용되며 재질은 일반적으로 석면계열의 물질이다.

(3) 피스톤

연소가스의 압력을 받고 측면부에서 변동하는 측압을 받으면서 크랭크축에 의해 실린더 내를 왕복운동을 하는 부품

① 피스톤의 구성품 : 피스톤, 피스톤링, 피스톤핀, 스냅링

② **피스톤의 구조** : 피스톤 헤드, 링지대(링홈, 링홈과 홈 사이를 랜드, 피스톤 스커트, 보스부)

③ **피스톤의 구비조건**

- 고온·고압에서 견딜 것
- 열 전도성이 클 것
- 열팽창률이 적을 것
- 무게가 가벼울 것
- 피스톤 상호간의 무게 차이가 적을 것

④ **피스톤 링의 작용**

- 기밀유지
- 오일제거 작용
- 열전도작용

⑤ **피스톤 핀의 설치 방법**

- **고정식** : 피스톤 핀을 피스톤 보스에 볼트로 고정하는 방식
- **반부동식** : 피스톤 핀을 커넥팅로드 소단부로 고정하는 방식
- **전부동식** : 피스톤 보스, 커넥팅로드 소단부 등 어느 부분에도 고정하지 않는 방식

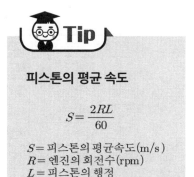

Tip

피스톤의 평균 속도

$$S = \frac{2RL}{60}$$

S = 피스톤의 평균속도(m/s)
R = 엔진의 회전수(rpm)
L = 피스톤의 행정

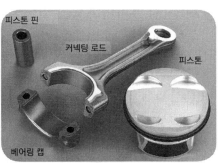

그림 피스톤

(4) 커넥팅 로드

피스톤 핀과 크랭크 축을 연결하여 피스톤에 가해지는 폭발력을 크랭크축에 전달하는 부품으로 큰 변동하중을 받기 때문에 경량화가 되어야 한다.

① **커넥팅 로드의 구성품** : 커넥팅 로드, 피스톤 핀, 부싱, 조립볼트

② **커넥팅 로드의 구조** : 소단부, 본체, 대단부

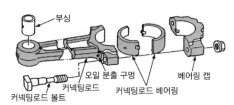

그림 커넥팅 로드

(5) 크랭크축

각 실린더의 피스톤이 왕복운동을 회전 운동으로 바꾸기 위한 축이다.

① **크랭크 축의 구성** : 커넥팅로드의 대단부와 연결되는 크랭크 핀, 메일베어링에 지지되는 크랭크 저널, 이 양축을 연결하는 크랭크 암평형을 잡아주는 평형추 등으로 구성

② **직렬 4기통의 점화 순서** : 좌수식 1-3-4-2, 우수식 1-2-4-3

③ **직렬 6기통의 점화 순서** : 좌수식 1-4-2-6-3-5, 우수식 1-5-3-6-2-4

직렬 4기통(좌수식)의 점화 순서 맞추기

	1번 실린더	2번 실린더	3번 실린더	4번 실린더
같은시기 다른행정	폭발	배기	압축	흡입
	배기	흡입	폭발	압축
	흡입	압축	배기	폭발
	압축	폭발	흡입	배기

예) 3번 실린더가 폭발을 할 때 1번 실린더의 행정은? 배기

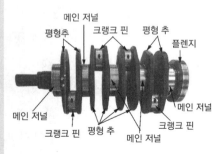

그림 크랭크 축

(6) 플라이 휠

내연기관의 피스톤이 받는 가스압력과 왕복운동부분의 관성력에 의해 토크변동이 발생하는데 이 토크 변동에 의해 회전속도가 균일하지 못하므로 속도변화를 실용상 지장이 없도록 감소시키기 위하여 설치한 장치이다.

(7) 크랭크 실

크랭크축과 크랭크 축을 지지하는 메인베어링과 캠축이 설치되고, 크랭크실 상부에는 실린더가 장착되어 있다. 크랭크실 하부에는 윤활유를 넣는 오일팬이 있다. 중량에 의해 압축력, 폭발에 의한 인장력, 측방등도 작용하므로 튼튼하고 강도가 높은 주물을 이용한다.

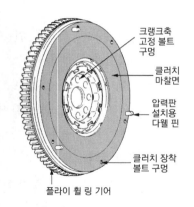

그림 플라이 휠

2 밸브 및 캠축 구동장치

(1) 밸브 기구의 개요

① 4행정 기관은 폭발행정에 필요한 혼합기체를 실린더 내에 흡입하고 연소가스를 배출하기 위하여 연소실에 밸브를 두며, 이 밸브의 개폐하는 기구를 밸브 기구라고 한다.

② 밸브 기구의 구성품 : 캠축, 밸브 리프터(태핏), 푸시로드, 로커암 축 어셈블리, 밸브 등

③ 밸브의 형태 : I-헤드(OHV), OHC형

● I-헤드(OHV) : 캠축, 밸브 리프터(태핏), 푸시로드, 로커암축 어셈블리, 밸브로 구성

- 흡·배기밸브 모두 실린더 헤드에 설치되어 밸브 리프터(태핏)와 밸브 사이에 푸시로드 와 로커 암 축 어셈블리의 두 부품이 더 설치되어 밸브를 구동하는 형식
- OHC형 : 캠축을 실린더 헤드 위에 설치하고 캠이 직접 로커 암을 구동하는 형식
  - 흡입효율을 향상시킬 수 있다.
  - 허용 최고 회전속도를 높일수 있다.
  - 연소효율을 높일 수 있다.
  - 응답성능이 향상된다.

④ 캠축의 구동방식
- 기어구동방식
- 체인구동방식
- 벨트구동방식

(2) 흡·배기 밸브

① 밸브의 구비조건
- 높은 온도에서 견딜 수 있을 것
- 밸브 헤드 부분의 열전도성이 클 것
- 높은 온도에서의 장력과 충격에 대한 저항력이 클 것
- 무게가 가볍고, 내구성이 클 것

② 밸브의 구조 : 흡·배기 밸브는 밸브의 헤드, 밸브 마친, 밸브 면, 밸브 스템 등으로 구성
- 밸브간극을 두는 이유는 로커암과 밸브 스템 사이에 열팽창 때문

> **Tip**
>
> **오버랩(over lap)** : 흡기밸브 와 배기밸브가 동시에 열려 있는 기간

그림 흡·배기 밸브

03 기관의 성능

1 도시(지시)마력

실린더 내에서의 폭발압력을 측정한 마력(이론적 출력)을 말한다.

(1) 4행정 사이클 기관의 도시마력

$$I_{ps} = \frac{P_{mi} \times A \times L \times R \times Z}{75 \times 60 \times 2} = \frac{P_{mi} \times V \times R}{900}$$

I_{ps} = 도시마력
P_{mi} = 도시평균 유효압력
A = 실린더 단면적
L = 피스톤 행정
R = 회전속도
V = 행정체적(배기량)
Z = 실린더 수

(2) 2행정 사이클 기관의 도시마력

$$I_{ps} = \frac{P_{mi} \times A \times L \times R \times Z}{75 \times 60} = \frac{P_{mi} \times V \times R}{450}$$

I_{ps} = 도시마력
P_{mi} = 도시평균 유효압력
A = 실린더 단면적
L = 피스톤 행정
R = 회전속도
V = 행정체적(배기량)
Z = 실린더 수

2 제동(축)마력

크랭크축에서 동력계로 측정한 마력이며, 실제기관의 출력으로 이용할 수 있다.

(1) 4행정 사이클 기관의 제동마력

$$B_{ps} = \frac{P_{mb} \times A \times L \times R \times Z}{9000} = \frac{P_{mb} \times V \times R}{900}$$

B_{ps} = 제동마력
P_{mb} = 제동평균 유효압력
A = 실린더 단면적
L = 피스톤 행정
R = 회전속도
Z = 실린더 수
V = 행정체적(배기량)

(2) 2행정 사이클 기관의 제동마력

$$B_{ps} = \frac{P_{mb} \times A \times L \times R \times Z}{4500} = \frac{P_{mb} \times V \times R}{450}$$

B_{ps} = 제동마력
P_{mb} = 제동평균 유효압력
A = 실린더 단면적
L = 피스톤 행정
R = 회전속도
Z = 실린더 수
V = 행정체적(배기량)

3 회전력(토크)과 마력의 관계

(1) 마력(PS)

$$B_{ps} = \frac{W_b}{75 \times 60} = \frac{T \times R}{716}$$

rB_{ps} = 제동마력(PS)
W_b = 크랭크축의 일량($kg_f \cdot m/min$)
T = 회전력($kg_f \cdot m$)
R = 회전속도(rpm)

(2) 전력

$$B_{kW} = \frac{W_b}{102 \times 60} = \frac{T \times R}{974}$$

B_{kw} = 제동마력(kW)
W_b = 크랭크축의 일량($kg_f \cdot m/min$)
T = 회전력($kg_f \cdot m$)
R = 회전속도(rpm)

04 기관의 연료

1 원유의 정제 순서

원유 ▶ LPG(-42~-1℃)   ▶ 휘발유(30~180℃)   ▶ 등유(170~250℃)
　　 ▶ 경유(240~350℃)   ▶ 윤활유(350℃이상)

2 가솔린(휘발유)

(1) 가솔린의 조건

① 발열량이 클 것　　　　　　② 불붙는 온도(인화점)가 적당할 것
③ 인체에 무해할 것　　　　　④ 취급이 용이할 것
⑤ 연소 후 탄소 등 유해 화합물을 남기지 말 것
⑥ 온도에 관계없이 유동성이 좋을 것 ⑦ 연소속도가 빠르고 자기 발화온도가 높을 것

(2) 옥탄가

연료의 내폭성을 나타내는 수치

$$옥탄가 = \frac{이소옥탄}{이소옥탄 + 노말헵탄} \times 100$$

(3) 가솔린 기관의 연소과정

실린더 내에서 연료의 연소는 매우 짧은 시간에 이루어지나 그 과정은 점화 ▶ 화염전파 ▶ 후연소의 3단계로 나누어진다.

(4) 가솔린 기관의 노크 방지방법

① 화염의 전파거리를 짧게 하는 연소실 형상을 사용한다.

② 자연 발화온도가 높은 연료를 사용한다.

③ 동일 압축비에서 혼합가스의 온도를 낮추는 연소실 형상을 사용한다.

④ 연소속도가 빠른 연료를 사용한다.

⑤ 점화시기를 낮춘다.

⑥ 고 옥탄가의 연료를 사용한다.

⑦ 퇴적된 카본을 떼어낸다.

⑧ 혼합가스를 농후하게 한다.

(5) 가솔린 연료 장치

① **기화기** : 일정비율의 연료와 공기를 혼합하여 혼합기체를 만드는 장치

② **기화기의 구성품** : 벤추리, 메인노즐, 플로트실, 플로트, 니들밸브, 쵸크밸브, 교축밸브, 에어브리드, 공운전 노즐, 조속노즐 등으로 구성

③ **분사방식** : 연속분사, 정시분사

● **연속분사** : 흡기관내 연속분사와 흡기공내 연속 분사

● **정시분사** : 흡기공내 정시분사와 실린더 내 정시 분사

(6) 전기점화 장치

① **점화방식** : 마그네트 점화, 축전지 점화

② 농업용의 가솔린 기관은 대부분 마그네트 점화방식을 체택하여 활용한다.

③ **점화플러그** : 2차 코일에서 발생한 고전류를 중앙전극으로 통하여 접지전극과의 틈새에서 불꽃을 일으켜 혼합기를 점화하는 역할을 함

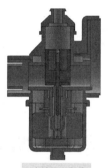

아이들 상태

중속 상태

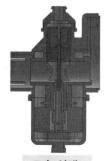

고속 상태

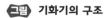
그림 **기화기의 구조**

③ 디젤(경유)

(1) 디젤의 구비조건

① 착화성이 좋을 것   ② 세탄가가 높을 것

③ 불순물이 없을 것   ④ 황함유량이 적을 것

⑤ 점도가 적당할 것   ⑥ 발열량이 클 것

(2) 세탄가

연료의 착화성은 세탄가로 표시한다.

$$세탄가 = \frac{세탄}{세탄 + \alpha \, 메틸나프탈린} \times 100$$

(3) 디젤기관의 연소과정

착화지연 기간 ▶ 화염전파 기간 ▶ 직접연소 기간 ▶ 후 연소 기간

의 4단계로 연소한다.

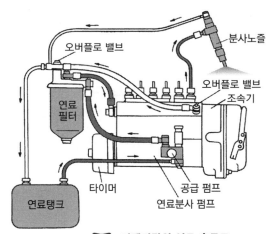

그림 디젤기관의 연료 흐름도

(4) 디젤 기관의 노크 방지 방법

① 착화성이 좋은연료를 사용하여 착화지연 기간을 짧게 한다.

② 압축비를 높여 압축온도와 압력을 높인다.

③ 분사개시 때 연료분사량을 적게하여 급격한 압력상승을 억제한다.

④ 흡입공기에 와류를 준다.

⑤ 분사시기를 알맞게 조정한다.

⑥ 기관의 온도 및 회전 속도를 높인다.

디젤 기관의 장점 (가솔린 기관의 단점)	디젤 기관의 단점 (가솔린 기관의 장점)
• 압축비가 높기 때문에 열효율이 높다. • 고장이 자주 일어나는 전기점화 장치나 기화기 장치가 없어 고장이 적다. • 저질 연료를 사용할 수 있으므로 연료비가 적게 든다. • 연료의 인화점이 높기 때문에 화재의 위험성이 적고 안전성이 높다. • 저속에서 회전력이 크다. • 대형, 대출력이 가능하다.	• 마력당 중량이 무겁다. • 소음과 진동이 크다. • 평균 유효압력이 낮다. • 정밀가공이 필요하다. • 추운계절에 시동이 어렵다. • 단위 배기량당 출력이 작다. • 배기가스의 유독성이 많다.

(5) 디젤 연료장치

① **연료 공급펌프** : 연료를 흡입·가압한 다음 분사펌프로 공급해 주며 연료 계통의 공기빼기 작업등에 사용하는 프라이밍 펌프가 있다.

② **연료 여과기** : 연료 내의 먼지나 수분을 제거 분리한다.

③ **연료 분사펌프** : 연료 공급펌프에서 공급된 연료를 펌프에 의해 고압으로 변화시켜 고압관으로 연료를 전달하는 역할을 한다.

④ **딜리버리 밸브** : 분사 펌프에서 압력이 가해진 연료를 분사노즐로 압송하는 밸브이며, 연료의 역류와 후적을 방지하고 고압 파이프 내에 잔압을 유지한다.

⑤ **조속기(거버너)** : 기관의 회전속도 및 부하에 따라 연료 분사량을 조정해주는 장치

⑥ **분사노즐** : 분사펌프에서 보내진 고압의 연료를 미세한 안개모양으로 연소실 내에 분사하는 부품

   ● **분사노즐의 종류** : 개방형 노즐, 밀폐형 노즐(구멍형, 핀틀형, 스로틀형)

⑦ 디젤기관의 시동보조장치

   ● 감압장치

   ● 예열장치 : 예열플러그 방식, 흡기가열 방식

(6) 디젤기관 연소실 종류

① 직접분사실식 장점 및 단점

직접분사실식의 장점	직접분사실식의 단점
• 연소실이 간단해 냉각손실이 적다. • 기관 시동이 용이하다. • 열효율이 높고, 연료소비율이 적다.	• 분사압력이 높아 연료장치의 수명이 짧다. • 사용연료의 변화에 민감하다. • 노크 발생이 쉽다.

② 예연소실식 장점 및 단점

예연소실식의 장점	예연소실식의 단점
• 분사압력이 낮아 연료장치의 수명이 길다. • 사용 연료 변화에 둔감하다. • 운전 상태가 정숙하고 노크 발생이 적다.	• 연소식 표면적 대 체적비가 커 냉각손실이 크다. • 겨울철 시동시 예열플러그가 필요하다. • 큰 출력의 기동전동기가 필요하다. • 구조가 복잡하고, 연료소비율이 비교적 크다.

③ 와류실식 장점 및 단점

와류실식의 장점	와류실식의 단점
• 압축행정에서 발생하는 강한 와류를 이용하므로 회전속도 및 평균 유효압력이 높다. • 분사압력이 비교적 낮다. • 회전속도 범위가 넓고, 운전이 원활하다. • 연료 소비율이 비교적 적다.	• 실린더 헤드의 구조가 복잡하다. • 연소실 표면적에 대한 체적비가 커 열효율이 낮다. • 저속에서 노크 발생이 크다. • 겨울철에 시동에서 예열플로그가 필요하다.

(7) 배출가스

① 엔진에서 배출되는 가스

- 배기가스 : 주성분은 수증기와 이산화탄소이며, 이 외에 일산화 탄소, 탄화수소, 질산화물, 탄소입자 등이 있으며, 이 중에서 일산화 탄소, 질소산화물, 탄화수소 등이 유해물질이다.
- 블로바이가스 : 실린더와 피스톤 간극에서 크랭크 케이스로 빠져 나오는 가스를 말하며, 조성은 70~95%정도가 미연소 가스인 탄화수소이고, 나머지가 연소가스 및 부분 산화된 혼합가스이다.
- 연료증발 가스 : 연로증발 가스는 연료 장치에서 연료가 증발하여 대기중으로 방출되는 가스이며, 주성분은 탄화수소이다.

② 배기가스의 유독성 및 발생농도

- 일산화탄소
- • 불완전 연소할 때 다량 발생한다.
- • 혼합가스가 농후할 때 발생량이 증가된다.
- • 촉매 변환기에 의해 이산화탄소로 전환이 가능하다.
- • 일산화탄소를 흡입하면 인체의 혈액 속에 있는 헤모글로빈과 결합하기 때문에 수족마비, 정신 분열 등을 일으킨다.

● 탄화수소 : 농도가 낮은 탄화수소는 호흡기 계통에 자극을 줄 정도이지만 심하면 점막이나 눈을 자극하게 된다.

● 탄화수소의 발생원인

• 농후한 연료로 인한 불완전 연소할 때 발생한다.

• 화염전파 후 연소실내의 냉각작용으로 타다 남은 혼합가스이다.

• 희박한 혼합가스에서 점화 실화로 인해 발생한다.

● 질소산화물 : 질소산화물은 기관의 연소실 안이 고온 고압이고 공기과잉일 때 주로 발생되는 가스로 광화학 스모그의 원인이 된다.

● 질소산화물 발생원인

• 질소는 잘 산화하지 않으나 고온고압 및 전기 불꽃등이 존재하는 곳에서는 산화하여 질소산화물을 발생시킨다.

• 연소온도가 2000℃이상인 고온연소에서는 급격히 증가한다.

• 질소산화물은 이론공연비 부근에서 최댓값을 나타내며, 이론 공연비보다 농후해지거나 희박해지면 발생률이 낮아진다.

05 윤활장치

1 윤활유

마찰면에 유막을 형성하여 마찰, 마모를 감소시키고 원활한 운동을 하게 한다.

(1) 윤활유의 작용

① 마찰 감소 및 마멸 방지 작용　　② 기밀유지 작용

③ 냉각(열전도) 작용　　　　　　　④ 세척(청정) 작용

⑤ 응력분산(충격완화) 작용　　　　⑥ 부식방지(방청) 작용

(2) 윤활유의 구비조건

① 점도지수가 높고, 점도가 적당할 것　　② 인화점 및 발화점이 높을 것

③ 유막을 형성할 것　　　　　　　　　　④ 응고점이 낮을 것

⑤ 비중과 점도가 적당할 것　　　　　　　⑥ 열과 산에 대해 안정성이 있을 것

⑦ 카본생성이 적고, 기포발생에 대한 저항력이 클 것

(3) 윤활유의 분류

① SAE(미국의 자동차 협회) : SAE 기준에 의한 분류는 점도에 따라 분류한다.

　예) SAE 30

② API(미국의 석유 협회) : API 기준에 의한 분류는 운전 상태의 가혹도에 따라 분류한다.

　예) 가솔린(ML, MM, MS), 디젤(DG, DM, DS)

점도지수 : 윤활유가 온도변화에 따라 점도가 변화하는 것을 말하며, 점도지수가 클수록 점도 변화가 적다. 그리고 윤활유의 가장 중요한 성질은 점도이다.

(4) 윤활장치의 구성부품

① 오일팬(크랭크 케이스) : 윤활유의 조장과 냉각작용을 하며, 내부에 섬프가 있어 기관이 기울어졌을 때에도 윤활유가 충분히 고여 있게 하며, 또 배플은 급정지할 때 윤활유가 부족해지는 것을 방지한다.

② 펌프 스트레이너 : 오일 팬 내의 윤활유를 오일펌프로 유도해 주며, 1차 여과작용을 한다.

③ 오일 펌프 : 오일 팬 내의 오일을 흡입 가압하여 각 윤활부분으로 공급하는 장치이며, 종류에 따라 펌프의 종류는 기어 펌프, 플랜저 펌프, 베인 펌프, 로터리 펌프 등이 사용된다.

④ 오일 여과기 : 윤활유 속의 금속분말, 카본, 수분, 먼지 등의 불순물을 여과하는 역할을 하며, 여과방식에는 전류식, 분류식, 샨트식 등이 있다.

● **전류식** : 오일펌프에서 공급된 윤활유 전부를 여과기를 통하여 여과시킨 후 윤활부분으로 공급하는 방식

● **분류식** : 오일펌프에서 공급된 윤활유 일부는 여과하지 않은 상태로 윤활부분으로 공급하고, 나머지 윤활유는 여과기로 여과시킨 후 오일 팬으로 되돌려 보내는 방식

● **샨트식** : 오일펌프에 공급된 윤활유 일부는 여과되지 않은 상태로 윤활부분에 공급되고, 나머지 윤활유는 여과기에서 여과된 후 윤활부분으로 보내는 방식

⑤ 유압 조절밸브(릴리프 밸브) : 윤활회로 내의 유압이 규정값 이상으로 상승하는 것을 방지하며, 유압이 높아지는 원인과 낮아지는 원인은 다음과 같다.

● **유압이 높아지는 원인**

　• 기관의 온도가 낮아 점도가 높아졌다.　• 윤활회로에 막힘이 있다.

　• 유압조절 밸브 스프링 장력이 크다.

● **유압이 낮아지는 원인**

　• 오일간극이 과다하다.　　• 오일펌프의 마모 또는 윤활회로에서 누출이 있다.

　• 윤활유 점도가 낮다.　　• 윤활유 양이 부족하다.

⑥ 유압 경고등 : 윤활계통에 고장이 있으면 점등되는 방식이다.

● 기관이 회전중에 유압경고등이 꺼지지 않는 원인

• 기관 오일량이 부족하다.

• 유압스위치와 램프사이 배선이 접지 또는 단락되었다.

• 유압이 낮다.

• 유압스위치가 불량하다.

⑦ 크랭크 케이스 환기장치(에어브리더)

• 자연 환기방식과 강제 환기방식이 있다.

• 오일의 열화를 방지한다.

• 대기의 오염방지와 관계한다.

(5) 기관의 오일점검 방법

① 기관이 수평선 상태에서 점검한다.

② 오일 양을 점검할 때는 시동을 끈 상태에서 한다.

③ 계절 및 기관에 알맞은 오일을 사용한다.

④ 오일은 정기적으로 점검, 교환한다.

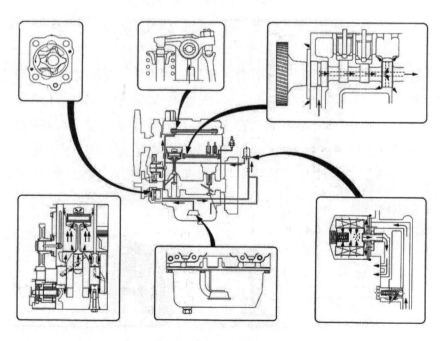

그림 기관의 오일 호름도

06 시간별 점검사항

1 일상 점검

① 각부의 변형, 손상, 오염정도

② 타이어의 공기압, 마모정도 손상여부 확인

③ 차체각부의 손상, 볼트의 풀림 여부 확인

④ 냉각수, 엔진오일, 연료량 등 누유 점검

⑤ 에어크리너의 오염상태

2 50시간 점검

① 미션오일, 엔진오일, 앞차축오일 교환

② 유압오일필터 교환

③ 유압, 연료파이프류, 취부볼트 풀림 점검

④ 그리스 주입, 클러치 하우징 물빼기

⑤ 팬벨트 장력상태 손상확인

⑥ 밸브 간격 점검 및 조정

3 100시간 점검

① 연료필터의 세척 및 엘리먼트의 교환

② 배터리 전해액 비중 점검 및 충전

③ 전기배선 점검

④ 엔진의 에어브리더 점검

4 200시간 점검

① 50시간, 100시간 점검사항 중복 확인

07 기관의 명칭

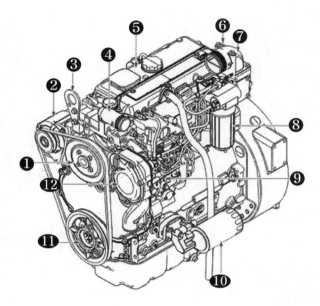

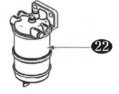

1. 풀리
2. 알터네이터
3. 프론트 리프팅
4. 수분 배출구
5. 밸브장치 커버
6. 리어 리프팅
7. 흡기구
8. 2차 연료 필터
9. 연료 분사펌프
10. 오일필터
11. 크랭크축 풀리
12. 워터펌프
13. 플라이휠
14. 플라이휠 하우징
15. 오 일 주입구 캡
16. 배기 매니폴더
17. 터보챠저
18. 오일 게이지
19. 오일팬
20. 시동모터
21. 오일배출 플러그
22. 1차 연료필터

출제 예상 문제

01 실린더 헤드에 균열이 생기는 원인이 아닌 것은?

① 가스켓의 재질 불량
② 냉각수 동결
③ 기관 과열 시 냉각수의 급보충
④ 외부에 대한 헤드의 직접적인 충격

> **해설** 실린더 헤드는 주물로 이루어져 있으면 냉각수로 둘러 쌓여 있으므로 냉각수의 동결로 인한 부피 팽창에 의해 균열이 발생할 수 있으며, 기관의 과열 시 냉각수를 급하게 보충할 시에도 유리가 깨지듯이 균열이 생길 수 있다. 또한 외부에 대한 직접적인 충격에도 균열 파손될 수 있다.

02 공랭식 가솔린 기관의 실린더 내가 카본으로 가득 차 있는 이유는?

① 윤활유의 희석이 많아서
② 윤활유의 희석이 적어서
③ 회전을 낮게 사용해서
④ 과부하가 되어서

> **해설** 공랭식 가솔린 기관 중 윤활유와 희석을 해서 사용하는 기관의 경유 윤활유가 많이 희석되었을 경우 불완전 연소에 의해 카본이 많이 발생할 수 있다.

03 엔진의 배기량을 계산하는데 관계되는 요소가 아닌 것은?

① 실린더 지름
② 실린더 수
③ 엔진 회전수
④ 행정

> **해설** 배기량은 실린더의 부피와 동일하므로 실린더의 부피를 구하기 위해서는 실린더의 지름, 실린더의 수, 행정에 관한 자료들이 필요하다.

04 원동기의 압축비란?

① 행정 용적/ 연소실 용적
② 연소실 용적/행정용적
③ (연소실용적+행정용적)/연소실용적
④ 연소실용적+행정용적)/행정용적

> **해설** 압축비$(\epsilon) = \dfrac{(연소실 용적 + 행정용적)}{연소실 용적}$

05 실린더 내경이 92mm, 행정이 95mm인 단기통 기관의 배기량은 약 몇 cc인가?

① 452 　　　② 632
③ 655 　　　④ 683

> **해설** 배기량$(cc) = \dfrac{\pi d^2}{4}$(실린더 면적)$\times S$(행정)
> $= \dfrac{\pi \times 9.2^2}{4} \times 9.5 = 632 cc$

06 실린더의 최대 마멸량은 어느 곳에서 측정하는가?

① B.D.C부근
② 윗부분의 턱이 생긴 부분
③ 실린더 중간
④ 실린더 아래 부분

> **해설** 실린더가 왕복운동을 할 때 가장 큰 힘을 받고 피스톤링의 확장이 가장 많이 되는 곳은 윗부분의 턱이 생긴 부분이다.

07 실린더 마멸의 3대 요인과 관계없는 것은?

① 금속간의 직접 접촉
② 흡입되는 공기속의 이물질
③ 연소 생성물
④ 연료

해설 실린더의 마멸은 연료에 의해서는 거의 발생하지 않지만 금속의 접촉, 흡입 공기의 이물질, 연소 생성물에 의해서는 마모 또는 스크래치가 생길 수 있다.

08 가솔린 기관의 총 배기량이 1,400cc이고 연소실 체적이 200cc라면, 이 기관의 압축비는 얼마인가?

① 6 ② 8
③ 9 ④ 10

해설 압축비 $= \dfrac{\text{배기량} + \text{연소실 체적}}{\text{연소실 체적}}$

$= \dfrac{1400 + 200}{200} = 8$

09 일반적인 디젤 기관의 압축비는?

① 25~30:1 ② 16~23:1
③ 7~10:1 ④ 5~6:1

해설 가솔린기관의 압축비는 8~12이며, 디젤의 압축비는 가솔린의 약 2배 정도 된다.

10 실린더의 전용면적이 490cc이고 압축비가 8인 가솔린기관에서 연소실체적은 약 몇 cc 인가?

① 70 ② 420
③ 429 ④ 490

해설 압축비 $= \dfrac{\text{연소실체적} + \text{배기량}}{\text{연소실체적}} = \dfrac{490 + x}{x} = 8$

$8x = 490 + x \rightarrow 7x = 490$

$\therefore x = 70cc$

11 원동기의 압축비란?

① 행정 용적/연소실 용적
② 연소실 용적/행정 용적
③ (연소실 용적+행정 용적)/연소실 용적
④ (연소실 용적+행정용적)/행정 용적

12 실린더(Cylinder)에서 측압(드러스트)이라 하는 것은 다음 중 어느 것 인가?

① 압축행정에서 피스톤의 상승을 방해하는 압력
② 피스톤이 실린더 벽을 섭동할 때 실린더 쪽에 가해지는 압력
③ 배기행정에서 피스톤의 상승을 방해하는 압력
④ 피스톤이 상사점에 도달할 때 일어나는 마찰

13 실린더의 냉각작용 불량으로 오는 문제점이 아닌 것은?

① 연소의 불완전
② 열효율의 저하
③ 실린더 마모의 촉진
④ 자켓 내 전해 부식 촉진

해설 물자켓 내의 전해 부식 촉진은 냉각작용의 불량이 아니라 냉각수의 성분에 의해 결정될 수 있다.

14 실린더 헤드 볼트를 조일 때 마지막으로 사용하는 공구는?

① 토크렌치
② 소켓렌치
③ 오픈엔드렌치(스패너)
④ 조정렌치(몽키)

해설 실린더 헤드부를 마지막으로 조일 때는 정확한 회전력으로 힘을 가해야하기 때문에 토크렌치를 사용해야 한다.

15 연소실 내로 윤활유가 침투하는 원인이 될 수 없는 것은?

① 링을 교환할 때 역으로 설치한 경우
② 밸브스템과 가이드의 간격이 넓은 경우
③ 습식 에어크리너의 유면이 높은 경우
④ 밸브와 밸브 시이트 사이에 밀착이 나쁜 경우

해설 밸브와 밸브 시이트 사이에 밀착이 나쁜 경우에는 압축 압력이 낮아져 출력이 저하될 수 있다.

16 4실린더 기관의 안지름이 100mm, 행정이 100mm, 회전수가 2000rpm일 때 분당 총 배기량은?

① 1,256,000㎤/min ② 2,512,000㎤/min

③ 3,140,000㎤/min ④ 4,230,000㎤/min

해설 분당 배기량(cc)
=(실린더 면적 × 행정×회전수÷2) × 실린더수
(4행정이기 때문에)

$$= \frac{10^2\pi}{4} \times 10 \times \frac{2000}{2} \times 4실린더$$
$$= 3,140,000cc/min$$

17 압축가스가 실린더에서 크랭크실로 새는 경우에 해당되지 않는 것은?

① 피스톤링이 파손되었거나 마멸되었을 때
② 피스톤 링이 홈에 고착되었을 때
③ 밸브의 밀착 상태가 불량하게 되었을 때
④ 실린더 라이너가 마멸되었을 때

해설 압축가스의 누설은 실린더와 피스톤링의 간격에 의해 발생하므로 밸브와는 무관하다.

18 보링의 종류에 해당되지 않는 것은?

① 수세식 보링
② 타격식 보링
③ 충격식 보링
④ 회전식 보링

19 피스톤이 내려가면서 강한 선회운동을 하는 공기가 분출되어 연료와 착화연소되고 완전 연소 시킬 수 있는 연소실은?

① 직접분사식
② 와류실식
③ 예연소실식
④ 공기실식

해설 와류실식은 흡입되는 공기를 강하게 선회시켜 공기를 분출시켜 연료와 착화연소 될 수 있도록 하여 완전연소를 유도한다.

20 다음 중 단기통 경운기 엔진의 실린더와 피스톤을 교환할 때 반드시 검사하지 않아도 되는 것은?

① 피스톤의 무게
② 피스톤의 실린더 간극
③ 링 홈 간극과 사이드 간극
④ 피스톤핀과 커넥팅로드 부싱의 간극

해설 피스톤을 교환할 때는 실린더 간극, 사이드 간극, 부싱의 간극 등을 확인한다.

21 어떤 4기통 트랙터기관의 점화순서가 1-3-4-2이다. 3번 실린더가 압축행정을 할 때 2번 실린더는 어떤 행정을 하는가?

① 흡입 ② 압축
③ 폭발 ④ 배기

해설

실린더	1번	2번	3번	4번
같은시기 다른행정	폭발	배기	압축	흡입
	배기	흡입	폭발	압축
	흡입	압축	배기	폭발
	압축	폭발	흡입	배기

22 4행정 기관에서 동력을 발생하는 행정은?

① 흡기행정 ② 압축행정
③ 팽창행정 ④ 배기행정

해설 기관에서 동력을 발생하는 행정은 팽창행정 또는 폭발행정이라고 한다.

23 실린더헤드 가스켓이 손상되었을 때 일어나는 현상으로 가장 적합한 것은?

① 엔진 오일의 압력이 높아진다.
② 피스톤링의 작동이 느려진다.
③ 압축압력과 폭발압력이 낮아진다.
④ 피스톤이 가벼워진다.

해설 실린더 헤드 가스켓이 파손되면 압축압력이 낮아지고 폭발압력 또한 낮아진다.

24 기관의 피스톤이 실린더 내에서 운동할 때 측압을 받는 부분은?

① 스커트 부분
② 헤드부분
③ 핀 보스 부분
④ 랜드 부분

해설 기관의 피스톤이 실린더에서 왕복운동을 하면서 큰 힘을 받고 피스톤 핀을 중심으로 뒤쪽으로 힘을 받게 되는데 그 부분이 스커트 부분이다.

25 기관에서 실린더 마모가 가장 큰 부분은?

① 실린더 아랫부분
② 실린더 위부분
③ 실린더 중간부분
④ 일정하지 않다.

해설 마찰이 심한 부분일수록 마모가 심하다. 그러므로 피스톤링이 왕복을 하는 윗부분이 마모가 심하다.

26 내연기관의 총 배기량을 구하는 식은?

① 압축비×실린더 수
② 실린더의 단면적×행정×실린더 수
③ 실린더의 지름×행정×압축비
④ 실린더의 단면적×압축비×실린더 수

해설 배기량은 실린더가 한 사이클의 행정을 할 때 배기되는 부피이다. 그러므로 실린더의 단면적 × 행정 × 실린더 수로 계산한다.

27 농용기관 정비 시 경합금 피스톤핀을 피스톤에서 분해 조립할 때 다음 중 가장 적합한 방법은?

① 해머로 타격한다.
② 치공구를 사용한다.
③ 프레스를 이용한다.
④ 피스톤을 가열한 후 조립한다.

해설 피스톤을 가열한 후 조립하는 것이 좋다.

28 트랙터 엔진 분해 시 커넥팅로드 조합에서 피스톤을 떼어내기 전에 해야 할 작업은?

① 오일팬 제거
② 피스톤 헤드 제거
③ 리지리머 작업
④ 피스톤링 탈거

해설 피스톤을 떼어내기 전의 작업은 피스톤링의 탈거 후 작업을 진행해야한다.

29 4기통 4사이클 기관의 행정이 5cm이고, 회전수가 2400rpm이라면, 피스톤의 평균속도는(m/sec)?

① 5   ② 4   ③ 3   ④ 2

해설 $V(평균속도) = \dfrac{5cm \times 2400rpm \times 2}{100cm \times 60초} = 4m/sec$

평균 속도는 기통수와는 무관하다.

30 기관분해 조립 시 피스톤 링을 끼울 때만 사용하는 공구는?

① 리지 리머
② 피스톤링 콤프레셔
③ 프라스틱 해머
④ 피스톤링 익스팬더

해설 피스톤링을 끼울 때에는 링을 확장시킬 수 있는 피스톤링 익스팬더를 활용하고 피스톤 링을 모두 끼워 놓고 실린더에 넣어 크랭크축과 연결할 때에는 피스톤링 콤프레셔를 활용한다.

31 피스톤 링에 대한 설명으로 틀린 것은?

① 압축가스가 새는 것을 막아준다.
② 엔진오일을 실린더 벽에서 긁어내린다.
③ 압축 링과 인장 링이 있다.
④ 실린더 헤드 쪽에 있는 것이 압축 링이다.

해설 피스톤링은 압축 링과 오일 링이 있으며, 압축 링은 압축가스가 새는 것을 막아주고 오일 링은 실린더 벽에 유막을 형성하기 위해 엔진오일을 실린더 벽에서 긁어내리는 역할을 한다. 압축 링은 실린더 헤드 쪽, 오일링은 크랭크축 쪽에 존재한다.

32 측압(드러스트)를 받는 피스톤의 부분은 다음 중 어느 것 인가?

① 피스톤 헤드
② 링지대
③ 보스부 직각방향
④ 보스부분

33 기관의 피스톤 핀의 연결 방법 설명으로 맞는 것은?

① 전부동식 : 핀을 피스톤 보스에 고정한다.
② 고정식 : 핀을 스냅 링으로 고정한다.
③ 요동식 : 핀을 보스에 고정한다.
④ 반부동식 : 핀을 커넥팅 로드 소단부에 고정한다.

> **해설** 〈피스톤 핀의 연결 방법〉
> • **고정식** : 피스톤 핀을 피스톤에 고정시키는 것
> • **반 부동식** : 피스톤 핀을 커넥팅 로드에 고정시키는 것
> • **전부동식** : 피스톤 핀을 어느 부분에도 고정시키지 않고 핀의 양쪽 끝은 스냅 링으로 단지 핀의 이탈을 방지하는 것으로 고속기관에 많이 사용된다.

34 엔진의 실린더와 피스톤을 교환할 때 검사하지 않아도 되는 것은?

① 링 홈 간극과 사이드 간극
② 피스톤과 실린더 간극
③ 피스톤 핀과 커넥팅 로드 부싱의 간극
④ 피스톤의 무게

35 4행정 기관에서 엔진이 4000rpm으로 회전할 때 분사펌프의 회전수는?

① 4000rpm ② 2000rpm
③ 8000rpm ④ 1000rpm

> **해설** 4행정기관은 크랭크축이 2회전할 때 한 사이클 완성하므로 분사펌프나 캠축은 1회전을 하게 된다. 그러므로 엔진의 회전수의 1/2만큼 회전한다.

36 동력행정 때 얻은 운동에너지를 저장하여 각행정 때 공급하여 회전을 원활하게 하는 것은?

① 클러치 면판
② 플라이 휠
③ 저속기어
④ 클러치 압력판

> **해설** 플라이 휠은 폭발행정에서 얻은 에너지를 축적하여 다른 행정을 할 때 무게의 관성을 이용하여 회전을 원활하게 하고 맥동을 감소시키는 역할을 한다.

37 플라이 휠 링기어와 물려 함께 회전하는 것은?

① 발전기
② 기동모터
③ 배전기
④ 연료펌프

> **해설** 플라이휠의 링기어와 스타트모터(기동모터)의 피니언기어가 함께 맞물려 돌아가면서 엔진의 시동을 걸게 해주는 역할을 한다.

38 점화플러그의 자기 청정온도는?

① 300~370℃
② 400~470℃
③ 500~870℃
④ 900~970℃

> **해설** 점화플러그의 청정온도는 500~870℃이다.

39 V-벨트의 종류에 해당되지 않는 것은?

① N형
② A형
③ B형
④ M형

> **해설** V-벨트의 종류에는 M, A, B, C, D, E형의 6종류가 있다.

Answer 32.③ 33.④ 34.④ 35.② 36.② 37.② 38.③ 39.①

40 내연 기관의 전기점화 방식에서 불꽃을 일으키는 1차 유도전류를 일시적으로 흡수 저장시키는 역할을 하는 것은?

① 진각장치
② 단속기
③ 콘덴서
④ 배전기

> **해설** 콘덴서 : 유도전류를 일시적으로 흡수 저장하는 장치

41 점화플러그 불꽃이 정상일 때의 색깔은?

① 파란색 불꽃
② 노란색 불꽃
③ 빨간색 불꽃
④ 흰색 불꽃

42 다음 중 점화플러그에 요구되는 특징으로 틀린 것은?

① 급격한 온도변화에 견딜 것
② 고온, 고압에 충분히 견딜 것
③ 고전압에 대한 충분한 도전성
④ 사용조건에 변화에 따르는 오손, 과열, 소손 등에 견딜 것

> **해설** 고전압이 외부로 전달이 되면 감전사고로 이어질 수 있기 때문에 절연성이 있어야 한다.

43 등유기관의 마그네트 취급방법 중 틀린 것은?

① 자석을 강하게 때리거나 진동시키기 말아야 한다.
② 마그네트는 항상 깨끗하게 유지하여야 한다.
③ 운전 중 마그네트 뚜껑을 열어 기름걸레로 가끔 닦아 준다.
④ 마그네트 보관 장소는 건조한 곳이라야 한다.

> **해설** 마그네트는 전기장치로 전기가 발생되는 부분으로 기름이 묻게 되면 화재로 이어질 수 있다.

44 다음은 점화플러그의 실화 및 불꽃이 약해지는 원인이다. 옳지 않은 것은?

① 자기 청정온도의 저하
② 열값이 작은 플러그의 사용
③ 전극 부위에 탄소부착
④ 열방산 통로가 긴 플러그의 사용

45 단기통 실린더의 전기불꽃 발생 점화장치로 이용되는 것은?

① 마그네트 발전기
② 축전지
③ 양수발전기
④ 전동발전기

> **해설** 전기불꽃 발생 점화장치로 마그네트 발전기를 활용한다.

46 점화장치에 단속기를 두는 이유는?

① 농기계에 사용하는 전류가 직류이기 때문에
② 점화코일의 과열을 방지하기 위하여
③ 점화타이밍을 정확히 맞추기 위해서
④ 캠각을 변화시켜주기 위해서

> **해설** 점화장치에 단속기를 두는 이유는 전류가 직류이기 때문이다.

47 농업용 엔진의 전기장치에서 1차 코일에 발생한 전류는 무엇에 의해서 2차 코일에 높은 전압이 발생되는가?

① 콘덴서
② 단속기
③ 점화플러그
④ 점화코일

> **해설** 엔진의 전기장치에서 1차 코일에 발생한 전류는 단속기에 의해 2차 코일에 높은 전압을 발생 시킬 수 있도록 되어 있다.

Answer   40.③   41.①   42.③   43.③   44.④   45.①   46.①   47.②

48 농기계 사용 전 난기운전을 충분히 해야 하는 이유가 아닌 것은?

① 농기계를 정상적인 온도로 올리기 위해
② 엔진의 사용 전 이상 유무를 확인하기 위해
③ 엔진 각 부에 윤활을 위해
④ 기어의 빠짐 등 변속기의 고장 유무를 확인하기 위해

해설 난기운전(예열운전)은 농기계를 정상적인 온도로 올리고, 엔진의 사용 전 이상 유무를 확인하고, 엔진 각부에 윤활을 위한 작업이다.

49 내연기관 취급 시 발생하기 쉬운 사고들 중 조작자 부상의 원인이 될 수 있는 것은?

① 운동 부분 및 동력 전달 장치와의 접촉
② 전기계통의 접지불량
③ 배기가스의 흡입
④ 운전 중 연료보급

해설 조작자의 부상원인이 될 수 있는 것은 운동 부분 및 동력전달 장치와의 접촉에 의해 발생할 수 있다.

50 다음 중 농용 엔진의 점화불량 원인이 아닌 것은?

① 영구자석의 자력이 강할 때
② 축전지가 불량할 때
③ 점화플러그 불꽃 간격에 탄소, 물 및 기름이 있을 때
④ 발전기의 절연상태가 불량할 때

해설 점화장치는 영구자석의 자력에 의해 고전압이 발생되므로 자력이 강하면 더 효과적인 점화를 할 수 있다.

51 다음 중 조기점화의 원인과 가장 거리가 먼 것은?

① 과열된 밸브
② 점화플러그의 전극
③ 퇴적된 카본
④ 냉각된 밸브

해설 냉각된 밸브는 정상적으로 동작을 할 수 있다.

52 기관에서 점화 플러그의 간극은 보통 얼마인가?

① 0.6~0.9mm
② 0.1~0.5mm
③ 1.1~1.4mm
④ 1.5~1.8mm

해설 점화플러그의 간극은 0.6~1.0mm사이 값을 가져야 한다.

53 다목적 관리기 점화플러그는 수시로 분해하여 전극 부위의 그을음을 청소하고 간격을 점검해야 한다. 다음 중 다목적 관리기의 점화 플러그 간극으로 옳은 것은?

① 0.01~0.02mm
② 0.1~0.2mm
③ 0.3~0.4mm
④ 0.6~0.8mm

해설 점화플러그의 간극은 0.6~0.9mm로 하는 것이 일반적이다.

54 단속기 접점 간극이 규정보다 클 때 맞는 것은?

① 점화시기가 빨라진다.
② 캠 각이 커진다.
③ 코일에 흐르는 1차 전류가 많아진다.
④ 점화시기가 늦어진다.

해설 간극이 큼으로 점화시기가 빨라지고 분사압력이 낮아질 수 있다.

Answer 48.④ 49.① 50.① 51.④ 52.① 53.④ 54.①

55 엔진의 회전수를 부하에 관계없이 일정하게 유지해주는 장치는?

① 소음기
② 기화기
③ 조속기
④ 진각기

해설 조속기는 연료의양을 조절하여 부하가 걸리더라도 엔진의 회전수를 일정하게 유지시켜주는 역할한다.

56 다음 중 부동액 주성분으로 가장 많이 사용되는 것은?

① 그리스
② 메탄올
③ 글리세린
④ 에틸렌 글리콜

해설 부동액은 메탄올, 글리세린, 에틸렌 글리콜, 알콜 등으로 구성되는데 가장 많이 사용되는 것은 에틸렌 글리콜이다.

57 부동액이 아닌 것은?

① 그리스
② 알코올
③ 글리세린
③ 에틸렌 글리콜

해설 그리스는 윤활제이다.

58 다음 중 라디에이터의 코어 막힘율(%)의 계산공식은?

① (신품−검사품)/신품×100
② (신품−검사품)/검사품×100
③ (검사품−신품)/신품×100
④ (검사품−신품)/검사품×100

59 냉각장치에서 냉각수의 비점(비등점)을 올리기 위한 것은?

① 물 자켓
② 라디에이터
③ 진공식 캡
④ 압력식 캡

해설 냉각수의 비점을 올리기 위해서는 압력식 캡을 사용한다.

60 라디에이터 캡의 스프링이 파손되었을 때 가장 먼저 나타나는 현상은?

① 냉각수 비등점이 낮아진다.
② 냉각수 순환이 불량해진다.
③ 냉각수 순환이 빨리 진다.
④ 냉각수 비등점이 높아진다.

해설 라디에이터 캡의 스프링은 압력밸브용이기 때문에 파손되었을 때는 비등점이 낮아진다.

61 냉각장치에서 냉각수의 비등점을 올리기 위한 것으로 맞는 것은?

① 진공식 캡　　② 압력식 캡
③ 라디에이터　　④ 물 자켓

해설 라디에이터에 사용되는 압력식 캡은 비등점을 올려주는 기능을 한다.

62 냉각계통에 대한 설명으로 틀린 것은?

① 실린더 물 자켓에 물때가 끼면 과열의 원인이 된다.
② 방열기 속의 냉각수 온도는 아래 부분이 높다.
③ 팬벨트의 장력이 약하면 엔진 과열의 원인이 된다.
④ 냉각수 펌프의 실에 이상이 생기면 누수의 원인이 된다.

해설 냉각기관의 물은 자연의 대류현상에 의해 온도가 높으면 위로 낮으면 아래로 내려가게 된다.

Answer 55.③ 56.④ 57.① 58.① 59.④ 60.① 61.② 62.②

63 압력식 라디에이터 캡의 규정압력은 보통 게이지 압력은 얼마 정도인가?

① 0.20~0.09kg/㎠
② 0.2~0.9kg/㎠
③ 1.2~1.9kg/㎠
④ 2.2~2.9kg/㎠

64 압력식 라디에이터 캡에 대한 설명으로 적합한 것은?

① 냉각장치 내부압력이 규정보다 낮을 때 공기 밸브는 열린다.
② 냉각장치 내부압력이 규정보다 높을 때 진공밸브는 열린다.
③ 냉각장치 내부압력이 부압이 되면 진공 밸브는 열린다.
④ 냉각장치 내부압력이 부압이 되면 공기 밸브는 열린다.

해설 냉각장치 압력이 규정보다 높으면 공기 밸브가 열리고 부압상태이면 진공 밸브가 열린다.

65 기관의 냉각장치에 해당되지 않는 부품은?

① 수온조절기
② 릴리프 밸브
③ 방열기
④ 팬 및 벨트

해설 릴리프 밸브는 유압장치로 일정한 압력을 유지할 수 있도록 해주는 장치이다.

66 트랙터 냉각장치의 물재킷에서 밀려나온 물을 냉각시키는 곳은?

① 워터펌프
② 냉각팬
③ 라디에이터
④ 서머스탯

해설 물재킷은 엔진을 둘러싸고 있는 공간을 말한다. 엔진 오일 온도가 70~80℃이상이면 펌프에 의해 라디에이터에 있는 물을 물재킷으로 보내고 물재킷에서 밀려나온 물은 라디에이터에서 냉각시킨다.

67 다음 중 압력식 라디에이터 캡을 사용하는 라디에이터 내부의 게이지압력과 냉각수 온도로 가장 적당한 것은?

① 압력 : 0.3~0.9kgf/㎠, 온도 : 110~120℃
② 압력 : 0.3~0.9kgf/㎠, 온도 : 80~90℃
③ 압력 : 3.0~9.0kgf/㎠, 온도 : 110~120℃
④ 압력 : 30.~9.0kgf/㎠, 온도 : 90~100℃

해설 압력식 라디에이터캡을 사용하는 라디에이터 내부의 압력게이지압력은 낮게 하여 비등점을 낮추고 온도는 110~120℃로 한다.

68 기관의 냉각수 온도를 일정하게 유지하기 위하여 자동적으로 작동하는 밸브에 의해 수온을 자동으로 조절하는 장치는?

① 냉각팬
② 물 펌프
③ 서모스탯
④ 라디에이터 캡

해설 서모스탯은 냉각수의 온도변화에 따라 수축과 팽창을 하면서 밸브에 의한 수온을 자동으로 조절하는 장치이다. 냉각팬은 엔진에서 고온의 냉각수가 라디에이터에 공급이 되면 외부 찬 공기를 이용하여 냉각수의 온도를 낮춰주는 역할을 한다. 물 펌프는 냉각수를 순환시켜줄 때 압력을 가하여 원활히 엔진을 냉각시켜주기 위한 장치이다. 라디에이터 캡은 냉각수의 비등점을 조절해주기 위한 장치이다.

69 농업기계 매일 점검 사항에 해당되는 것은?

① 연료 및 윤활유 점검
② 밸브의 간극 조정
③ 기화기의 청소
④ 소음기 청소

해설 매일 점검사항은 일상점검과 같은 사항으로 연료, 윤활유, 냉각수 등을 확인해야 한다.

Answer 63.② 64.③ 65.② 66.③ 67.① 68.③ 69.①

70 냉각수에 관한 설명으로 맞는 것은?

① 운행 후 라디에이터 캡을 바로 열어 냉각수 양을 측정한다.
② 냉각수를 일시적으로 보충할 때는 설탕물을 넣는다.
③ 냉각수 색깔이 검정색에 가까우면 정상이다.
④ 냉각수는 겨울 뿐만 아니라 상시 보충하고 부족함이 없는지 점검한다.

해설 운행 후 라디에이터 캡을 바로 열면 화상을 입게 되므로 절대 해서는 안 된다. 냉각수 부족 시에는 언제나 보충해야 한다.

71 라디에이터 세척법 중 해당되지 않는 것은?

① 수돗물에 의핸 방법
② 세척제에 의한 방법
③ 유압에 의한 세척법
④ 물재킷 세척법

해설 라디에이터는 냉각수에 의해 세척해야 하므로 유압에 의한 세척법은 적합하지 않다.

72 기관을 분해할 때에 최초로 실시하는 것은?

① 냉각수 제거
② 연료 배출
③ 소음기 제거
④ 연료탱크 제거

해설 기관을 분해, 냉각수 제거, 엔진오일 등을 우선 제거한다.

73 워터 펌프(water pump)의 역할로 맞는 것은?

① 바람을 일으켜 냉각을 돕는다.
② 라디에이터의 온도를 상승시킨다.
③ 엔진 내에서 냉각수를 순환시킨다.
④ 엔진을 정상적인 온도로 유지시킨다.

해설 워터펌프(water pump)는 냉각수를 순환시켜줄 때 압력을 가하여 원활히 엔진을 냉각시켜주기 위한 장치이다.

74 기관의 냉각장치에서 라디에이터 내부 압력이 대기압보다 낮게 되면 열리는 라디에이터 캡의 밸브는?

① 서모스탯
② 압력
③ 진공
④ 바이패스

해설 라디에이터 캡은 진공밸브를 사용한다.

75 냉각장치 중 수랭식의 종류에 해당되지 않는 것은?

① 자연 순환방식
② 압력 순환방식
③ 강제 순환방식
④ 강제 통풍방식

해설 〈수랭식의 냉각장치의 종류〉
• **자연순환방식** : 물의 대류작용을 이용한 것으로 고성능 기관에는 부적합
• **압력순환방식** : 냉각계통을 밀폐시키고, 냉각수가 가열 팽창할때의 압력이 냉각수에 압력을 가하여 비등점을 높여 비등에 의한 손실을 줄일 수 있는 방식
• **강제순환방식** : 물펌프를 이용하여 물 자켓 내에 냉각수를 강제 순환시키는 방식
• **밀봉압력방식** : 냉각수 팽창압력과 동일한 크기의 보조 물탱크를 두고 냉각수가 팽창할 때 외부로 유출되지 않도록 하는 방식

76 수랭식 냉각장치의 주요 구성품이 아닌 것은?

① 물펌프
② 냉각팬
③ 라디에이터
④ 방열판

해설 수랭식 장치의 주요 구성품으로는 물자켓, 물펌프, 냉각팬, 구동벨트(팬벨트), 라디에이터(방열기), 수온조절기 등이 있다.

77 수랭식 디젤 경운기 변속기 내부에 장치되어 있는 축들은 어떠한 베어링으로 지지되어 있는가?

① 롤러 베어링
② 메탈 베어링
③ 볼 베어링
④ 테이퍼 롤러 베어링

해설 경운기 변속기 내부에 장착되어 있는 축들은 모두 볼 베어링으로 구성되어 있다.

78 다음 중 습식 라이너와 비교한 건식라이너의 장점인 것은?

① 냉각효과가 좋다
② 냉각수가 실린더 내로 들어올 염려가 없다.
③ 열로 인한 실린더의 변형이 적다.
④ 냉각수 통로의 청소가 용이하다.

해설 건식라이너는 냉각수가 들어가지 않기 때문에 냉각수가 실린더 내로 들어오지 않는다.

79 다음 중 캠 각이란?

① 접점이 열려있는 동안에 캠이 회전한 각도를 말한다.
② 접점이 닫혀있는 동안에 캠이 회전한 각도를 말한다.
③ 접점이 열리는 순간을 말한다.
④ 접점이 닫히는 순간을 말한다.

해설 캠 각은 접점이 닫혀있는 동안에 캠이 회전한 각도를 말한다.

80 캠 각에 대한 설명으로 옳은 것은?

① 접점이 열려있는 동안에 캠이 회전한 각도를 말한다.
② 접점이 닫혀있는 동안에 캠이 회전한 각도를 말한다.
③ 접점이 열리는 순간을 말한다.
④ 접점이 닫히는 순간을 말한다.

81 캠 앵글(Cam Angle)이란?

① 유도불꽃 기간에 캠이 회전한 각도
② 용량불꽃 기간에 캠이 회전한 각도
③ 접점이 열려 있는 동안 회전한 각도
④ 접점이 닫혀있는 동안 캠이 회전한 각도

해설 캠 앵글이란 접점이 닫혀있는 동안 캠이 회전하는 각도이다.

82 기관 밸브의 점검사항으로 다음 중 가장 관계가 적은 것은?

① 밸브면의 마멸 및 소손
② 밸브 헤드의 카본의 부착상태
③ 마아진의 두께
④ 밸브면의 접촉상태

해설 일반적으로 밸브의 외관에 관련된 상태나 밸브 면을 점검하며 밸브 헤드의 카본의 부착상태는 내시경 또는 헤드를 분해해야만 가능한 작업이다.

83 밸브 오버랩(over lap)이란 무엇인가?

① 상사점 부근에서 흡배기 밸브가 동시에 닫혀있는 상태
② 하사점 부근에서 흡배기 밸브가 동시에 닫혀 있는 상태
③ 상사점 부근에서 흡배기 밸브가 동시에 열려 있는 상태
④ 하사점 부근에서 흡배기 밸브가 동시에 열려 있는 상태

해설 밸브 오버랩이란 상사점 부근에서 흡배기 밸브가 동시에 열려 있는 상태

84 밸브스프링의 설치 길이가 기준에 비해 2mm이상 큰 경우의 원인과 대책 중 틀린 것은?

① 밸브 스프링 밑에 심을 넣어 스프링 장력을 보완한다.
② 밸브시트의 침하가 심하다.
③ 밸브의 웨이스의 심한 마모로 마진이 작아진다.
④ 밸브시트와 밸브를 교환한다.

Answer **78.**② **79.**② **80.**② **81.**④ **82.**② **83.**③ **84.**①

85 크랭크 축 베어링 저널의 표준값이 58mm, 최소 측정값이 57.755mm일 때 수정값은?

① 55.75mm

② 57.25mm

③ 57.50mm

④ 57.20mm

해설 수정값 = 최소측정값 – 수정절삭량
수정절삭량
50mm이상은 0.2mm, 50mm이하는 0.15mm
∴ 수정값 ≒ 57.755 − 0.2
= 57.555mm
≒ 57.5mm

86 커넥팅 로드 대단부 베어링이 헐거워졌다. 그 결과는 어떻게 나타날까?

① 유압이 높아진다.

② 노킹이 잘 일어난다.

③ 엔진 소음이 심해진다.

④ 크랭크 케이스 불로우 바이가 심해진다.

해설 커넥팅 로드는 피스톤의 큰 폭발력을 크랭크축에 전달해주는 역할을 하기 때문에 순간적으로 큰 힘을 전달하게 되므로 엔진 자체에 소음이 발생될 수 있다.

87 폭발행정 때 얻은 에너지를 저축하였다가 압축, 배기, 흡입 등의 행정 시에 공급하여 회전을 원활하게 하고 맥동을 감소시키는 역할을 하는 것은?

① 조속기(Governor)

② 기화기(carburetter)

③ 플라이 휠(fly wheel)

④ 배기다기관(Muffler)

해설 플라이 휠은 폭발행정에서 얻은 에너지를 축적하여 다른 행정을 할 때 무게의 관성을 이용하여 회전을 원활하게 하고 맥동을 감소시키는 역할을 한다.

88 다음 중 가스 흐름의 관성을 유효하게 이용하기 위하여 흡배기 밸브를 동시에 열어주는 시기를 의미하는 용어는?

① 블로우 바이(blow by)

② 밸브 서징(valve surging)

③ 블로오 다운(blow-down)

④ 밸브 오버랩(valve over lap)

해설 4행정기관의 행정중 배기 후 흡입으로 행정이 바뀔 때 흡배기 밸브가 동시에 열리게 되는데 이런 현상을 밸브의 오버랩이라고 한다.

89 기관 밸브의 점검 항목이 아닌 것은?

① 밸브의 크기

② 면의 접촉상태

③ 마멸 및 소손

④ 밸브 마진 두께

해설 밸브의 크기는 점검 항목에 해당되지 않는다.

90 4행정 기관에 대한 2행정 기관의 단점 중 틀린 것은?

① 연료, 윤활유 소비량이 많다.

② 냉각이 곤란하다.

③ 기계효율이 낮다.

④ 왕복운동 부분의 관성이 작다.

해설 2행정의 장점은 크랭크축의 1회전에 한번 폭발을 하므로 왕복운동 관성이 작다.

91 흡배기 밸브에서 가이드를 설치하는 이유에 적합한 것은?

① 밸브를 견고하게 하기 위해서

② 밸브 휨을 방지하기 위해서

③ 밸브의 스프링 파손을 방지하기 위해서

④ 로커암을 보호하기 위해서

Answer   85.③   86.③   87.③   88.④   89.①   90.④   91.②

92 밸브 서어징 현상에 의한 설명으로 옳은 것은?

① 고속운전 시 기관의 압축압력이 불균일하다.
② 점화플러그의 과열로 조기점화가 일어난다.
③ 기관노킹의 원인이 된다.
④ 저속운전 시 정상적인 가동이 불가능하다.

해설 밸브 서어징 현상 : 고속 운전 시 기관의 압축압력이 불균일할 때 발생하는 현상

93 예열플러그의 고장 원인에 해당되지 않는 것은?

① 엔진이 과열이 되었을 때
② 예열플러그를 규정 토크로 조였을 때
③ 예열시간이 길었을 때
④ 정격이 아닌 예열플러그를 사용하였을 때

해설 예열플러그를 규정 토크로 조이면 고장이 발생하지 않는다.

94 기관이 부하에 따라 자동적으로 분사량을 가감하여 최고 회전속도를 제어하는 것은?

① 플런저 펌프
② 캠축
③ 거버너
④ 타이머

해설 플런저 펌프는 분사압력을 만들어주는 펌프, 캠축은 분사시기에 맞도록 조정해 주는 축, 타이머 분사시기를 맞춰주는 장치

95 농업기계의 회전능력을 나타내는 것은?

① 효율
② 연료소비율
③ 출력
④ 토크

96 단속기 암 스프링 장력이 약하면 엔진에 미치는 영향은?

① 단속기 암 스프링 장력이 약하면 고속운전에서 실화의 원인이 되기 쉽다.
② 단속기 암 스프링 장력이 약하면 러빙블록이 미끄러지기 때문에 러빙블록이나 캠의 마멸이 촉진된다.
③ 단속기 암 스프링 장력이 약하면 1차 회로를 빨리 차단하기 때문에 2차 코일에 유도되는 전압이 높게 된다.
④ 단속기 암 스프링의 장력이 약하면 저속운전에서 더욱 실화의 원인이 되기 쉽다.

해설 단속기 암 스프링 장력이 약해지면 고속운전 시 정상적으로 연료가 분사되지 않아 실화의 원인이 된다.

97 내연기관 성능에서 지시마력이란?

① 엔진의 동력을 발전기, 냉각기 등에서 제거하고 엔진 정격 속도에서 전달 할 수 있는 능력
② 엔진 동력을 전달할 때 공회전 상태에서 마찰을 일으키는 마력
③ 엔진 실린더 내에서 연소압력에 의해 발생되는 마력
④ 연료소모에 의해 측정되는 최대의 출력

해설 • 지시마력(도시마력) : 실린더 내에서의 폭발압력을 측정한 마력(이론적 출력)
• 제동(축)마력 : 크랭크축에서 동력계로 측정한 마력이며, 실제기관의 출력으로 이용할 수 있다.

98 기관 실린더 지름이 40cm, 행정 60cm, 회전수가 120rpm, 평균 유효압력이 5kgf/cm²인, 복동 증기기관의 기계효율이 85%일 때 유효마력 약 몇 ps인가?

① 85   ② 171
③ 201   ④ 236

해설 제동마력을 구하는 방법으로 계산하면 된다.

$$I_{ps} = \frac{P_{mi} \times A \times L \times R \times Z}{75 \times 60 \times 2} \times 기계효율$$

$$= \frac{P_{mi} \times V \times R}{900} \times 기계효율$$

$$= \frac{5 \times \dfrac{40^2 \times \pi}{4} \times 60 \times 120 \times 0.85}{75 \times 60 \times 2 \times 1000000} = 171PS$$

I_{ps} = 유효마력 P_{mi} = 유효압력
A = 실린더 단면적 L = 피스톤 행정
R = 회전속도 V = 행정체적(배기량)
Z = 실린더 수

99 다음 중에서 농업기계의 운전, 점검 및 보관 방법으로 옳은 것은?

① 시동을 켜고 엔진 오일의 양과 냉각수를 점검하였다.
② 트랙터에 승차할 때 오른쪽(브레이크 페달 쪽)으로 승차하였다.
③ 가솔린 기관은 연료를 모두 빼고, 디젤 기관은 가득 채운 후 보관한다.
④ 작업 도중 연료를 공급할 때에 기관을 저속 공회전하여 연료를 보충한다.

해설 시동을 켜고 엔진오일의 양과 냉각수를 점검할시 엔진오일의 양은 정확히 측정하기 힘들며, 냉각수는 온도의 상승에 의해 워터펌프가 회전할 수 있으므로 위험하다. 트랙터에 승차할 때는 왼쪽으로 승차하며 작업도중 연료를 공급할 때에는 기관을 끄고 연료를 보충한다.

100 내연기관의 토크와 회전수를 측정한 결과가 각각 18N·m와 2000rpm이였다. 이 엔진의 출력(PS)은?

① 0.67
② 3.77
③ 36.05
④ 50.27

해설 $T(토크) = 716.2 \times r \dfrac{H(ps)}{N(회전수)}$

$H(ps) = \dfrac{18(T) \times 2000(N)}{716.2} = 50.265ps$

101 다음 중 내연기관의 열효율을 향상시키기 위한 방법으로 가장 적합한 것은?

① 흡기관의 유동 저항을 크게 한다.
② 흡기관 온도를 높게 한다.
③ 배기 압력을 낮게 한다.
④ 흡기관 압력을 감소시킨다.

해설 내연기관의 열효율을 향상시키기 위한 방법으로는 흡기관의 유동저항을 작게 하고 흡기 온도를 높게 하며 흡기관의 압력을 상승시킨다. 또한 배기가 원활히 이루어지도록 하기 위해 배기 압력을 높여주어야 한다.

102 기관의 출력을 측정하기 위하여 마찰 동력계를 사용하여 회전속도 2000rpm, 제동 하중은 20kg으로 측정되었으며 제동 팔의 길이는 2m일 때, 이 기관의 제동마력은 약 몇 ps인가?

① 55.9
② 82.1
③ 111.7
④ 164.3

해설 $T(토크) = 20kg \times 2m$

$= 716.2 \times \dfrac{H(ps)}{N(회전수)} = 40kg\,m$

$H(ps) = \dfrac{40 \times 2000}{716.2} = 111.7ps$

103 엔진의 회전수가 1800rpm, 엔진 쪽 풀리 지름이 21cm일 때 작업기의 회전수를 600rpm으로 맞추려면 작업기 쪽 풀리의 지름은 몇 cm로 하여야 하는가?

① 7
② 21
③ 63
④ 84

해설 $N \times d \times \pi = 1800 \times 21 \times \pi = 600 \times x \times \pi$
$x = 63cm$

104 연소이론에 맞지 않는 것은?

① 인화점이 낮을수록 착화점이 낮다.
② 인화점이 높을수록 위험성이 크다.
③ 연소범위가 넓을수록 위험성이 크다.
④ 착화온도가 낮을수록 위험성이 크다.

Answer   **99.**③   **100.**④   **101.**②   **102.**③   **103.**③   **104.**②

해설 • 인화점 : 열을 가했을 때 점화가 되는 온도
• 착화점 : 불을 가까이 가져다 댔을 때 점화가 되는 온도

105 옥탄가(Octane Number)와 가장 관계가 깊은 것은?

① 연료의 순도
② 연료의 노크성
③ 연료의 휘발성
④ 연료의 착화성

해설 가솔린기관에서 노크의 발생을 감소시키기 위해 이소옥탄의 비율을 나타낸 숫자를 옥탄가라고 한다.

106 가솔린 엔진에서 노킹 발생 시의 현상을 나타낸 것이다. 틀린 것은?

① 기관의 출력이 떨어진다.
② 최고압력이 높아진다.
③ 배기가스색이 흑색이 된다.
④ 연소실 내의 온도가 하강한다.

해설 가솔린 엔진의 노킹은 기관의 출력이 떨어지고 최고압력이 높아진다. 배기가스 색은 흑색으로 변하고 연소실 내의 온도는 상승한다.

107 가솔린의 조건으로 옳지 않은 것은?

① 발열량이 클 것
② 불붙는 온도가 높을 것
③ 인체에 무해할 것
④ 온도에 관계없이 유동성이 좋을 것

해설 불붙는 온도는 적당해야 한다.

108 가솔린 기관의 연소과정이 해당되지 않는 것은?

① 점화   ② 화염전파
③ 후연소   ④ 자연연소

해설 가솔린 기관의 연소과정 : 점화 → 화염전파 → 후연소

109 가솔린 기관의 노크에 대한 설명이다. 노크 방지책이 아닌 것은?

① 엔진이 과열되지 않게 한다.
② 점화시기를 낮춘다.
③ 세탄가가 높은 연료를 사용한다.
④ 연소실내의 카본을 제거한다.

해설 가솔린 기관의 노크를 방지하기 위해서는 옥탄가가 높은 연료를 사용해야 한다. 세탄가는 디젤기관의 노크를 방지하기 위한 연료이다.

110 옥탄가를 구하기 위한 식으로 맞는 것은?

① $옥탄가 = \dfrac{이소옥탄}{이소옥탄 + 노말헵탄} \times 100$

② $옥탄가 = \dfrac{노말헵탄}{이소옥탄} \times 100$

③ $옥탄가 = \dfrac{이소옥탄}{노말헵탄} \times 100$

④ $옥탄가 = \dfrac{이소옥탄 + 노말헵탄}{이소옥탄} \times 100$

111 가솔린 기관에 이용되는 기본 사이클은?

① 오토사이클
② 디젤 사이클
③ 카르노 사이클
④ 사바테 사이클

해설 가솔린 기관의 기본 사이클은 오토(Otto)사이클이다. 정적 사이클이라고 한다.

112 가솔린 기관의 노크 방지방법이 아닌 것은?

① 화염의 전파거리를 짧게 하는 연소실 형상을 사용한다.
② 자연 발화온도가 높은 연료를 사용한다.
③ 연소속도가 느린 연료를 사용한다.
④ 점화시기를 늦춘다.

해설 연소속도가 빠른 연료를 사용해야 한다.

Answer 105.② 106.④ 107.② 108.④ 109.③ 110.① 111.① 112.③

113 가솔린 기관의 연료장치는?

① 기화기
② 연료펌프
③ 인젝션 펌프
④ 히터

해설 가솔린기관의 연료장치로는 기화기이다.

114 가솔린 기관에서 점화시기 조정과 관계없는 것은?

① 기환의 회전속도
② 옥탄가
③ 기관의 부하
④ 세탄가

해설 세탄가는 디젤 기관의 노크현상과 관련된 사항이다.

115 농용엔진(가솔린) 작동 시 발생하는 배기가스에 포함된 가스 중 인체에 해가 없는 것은?

① CO_2 ② CO
③ NO_2 ④ SO_2

해설 CO_2는 구조가 안정적이기 때문에 인체에 해가 거의 없지만 CO는 호흡기로 들어오면 인체에 있는 산소를 흡수하여 산소농도를 떨어트려 해를 끼치게 된다. 또한 질소산화물인 NO_2폐기종, 기관지염 등 호흡기 질환이 원인이 된다. SO_2도 폐렴, 기관지염 등 호흡기에 영향을 준다.

116 가솔린 기관에서 초크레버를 과도하게 닫았을 때 일어나는 현상으로 가장 알맞은 것은?

① 조기점화
② 노킹현상
③ 희박한 공연비
④ 농후한 공연비

해설 초크레버를 과도하게 닫게 되면 피스톤이 하강 시 적은 공기를 흡입하고 과도한 연료를 공급하기 때문에 농후한 공연비가 된다.

117 기화기식 가솔린 기관을 시동할 때 농후한 혼합비를 만드는데 사용되는 장치는?

① 초크밸브
② 에어브리더
③ 조속기
④ 스로틀 밸브

해설 시동 시에는 혼합비가 농후(연료를 많이)해야하므로 이때 초크밸브를 사용하여 혼합비를 조정한다.

118 기화기 유면의 높이가 높아지면 어떠한 현상이 있는가?

① 혼합가스가 희박하다.
② 오버플로우 파이프로 연료가 넘쳐흐른다.
③ 기관 작동이 양호하다.
④ 유면이 높아져도 이상 없다.

해설 유면이 높아지면 오버플로우 파이프로 연료가 넘쳐흐른다.

119 기화기에 설치된 스로틀 밸브의 역할을 가장 바르게 설명한 것은?

① 연료의 무화촉진
② 기관의 출력조정
③ 연료의 온도조절
④ 공기흡입량 조절

해설 스로틀 밸브는 연료와 공기의 양을 조절해주는 장치로 기관의 출력을 조정한다.

120 가솔린기관에서 초크레버를 과도하게 닫았을 때 일어나는 현상으로 가장 알맞은 것은?

① 조기점화
② 노킹현상
③ 희박한 공연비
④ 농후한 공연비

Answer   113.①   114.④   115.①   116.④   117.①   118.②   119.②   120.④

해설 초크레버는 공기의 양에 따라 연료를 끌어 올리는 작용을 하게 되는데 과도하게 닫을 경우에는 농후한 공연비가 되어 불완전 연소된 가스가 발생할 수 있다.

121 2행정기관에서 배기 행정 초기에 배기가스가 자체압력으로 배출되는 현상은?

① 블로우다운 현상
② 블로우바이 현상
③ 오버랩 현상
④ 베이퍼록 현상

해설
• **블로우바이** : 피스톤링 또는 실린더의 마모에 의해 크랭크실 안쪽으로 폭발압력이 유입되는 현상
• **오버랩** : 4행정기관의 흡배기 밸브가 동시에 열리는 시기
• **베이퍼록** : 연료에 발생되는 압력에 의해 기포가 발생되어 압력전달이 불안정하게 되는 현상

122 엔진의 압축행정과 팽창행정에서 실린더와 피스톤의 간극으로부터 크랭크 케이스에 빠져나오는 현상은?

① 블로우다운
② 블로우백
③ 블로우바이
④ 베이퍼록

123 2행정 기관에 대한 설명 중 틀린 것은?

① 피스톤이 상향하면 실린더내의 혼합 가스는 압축되고 크랭크실안의 압력은 높아지고 흡기밸브는 닫힌다.
② 피스톤이 하향하면 폭발가스는 배기공을 통해 배출되고 크랭크실의 혼합기는 연소실로 들어간다.
③ 윤활장치가 없기 때문에 연료와 윤활유를 혼합해서 사용한다.
④ 점화 플러그에 의해 상사점 조금 전에 점화가 된다.

124 가솔린 기관의 기화기에서 연료가 너무 많이 흡입되어 시동이 불량할 때의 고장 원인이 아닌 것은?

① 니들 밸브와 시트 사이에 오물이 낌
② 제트 니들의 위치 불량
③ 유면이 너무 낮음
④ 플로트 파손

해설 기화기에서 연료를 보관하고 적정한 유면을 유지하는 장치는 챔버이다. 챔버에서 연료를 흡입시킬 때 챔버의 바닥면에 가까이에서 연료를 흡입하기 때문에 유면이 낮아도 공급은 원활하다.

125 플라이 휠의 기능을 맞게 설명한 것은?

① 기관의 동력을 증가 시킨다.
② 기관의 회전을 고르게 한다.
③ 기관의 가속을 빠르게 한다.
④ 연료 소모량을 감소시킨다.

126 예초기용 2사이클 가솔린 기관에서 연료와 오일의 혼합비로 적당한 것은?

① 15 : 1
② 25 : 1
③ 35 : 1
④ 45 : 1

해설 예초기용 2사이클 가솔린 기관은 연료와 2사이클 오일의 혼합비는 25 : 1로 한다.

127 공랭식 기관을 탑재한 기관의 일상점검 내용과 거리가 먼 것은?

① 각부의 볼트, 너트의 이완상태 점검
② 엔진 오일량 및 누유 점검
③ 냉각수량 점검
④ 연료량 점검

해설 공랭식 기관이기 때문에 냉각수는 없으며 점검할 필요가 없다.

128 가솔린 기관에 있는 기화기의 기능을 맞게 설명한 것은?

① 기간에 생긴 수분을 수집 배출하는 장치
② 연소된 연료를 수집 배출하는 장치
③ 적당한 밀도의 윤활유를 공급하는 장치
④ 적당한 혼합비의 혼합기를 공급하는 장치

해설 기화기는 베르누이의 원리를 이용하여 공기와 연료의 적당한 혼합비를 맞춰주는 혼합기이다.

129 4행정 기관에서 동력을 발생하는 행정은?

① 흡기행정　　② 압축행정
③ 팽창행정　　④ 배기행정

해설 4행정기관은 흡입 → 압축 → 폭발(팽창) → 배기 순서의 사이클을 이루며 동력을 발생시키는 행정은 폭발(팽창)행정이다.

130 4행정 불꽃점화기관의 흡입행정에 관한 사항으로 옳은 것은?

① 피스톤이 하사점에서 상사점으로 이동한다.
② 배기밸브가 열리고 흡기밸브가 닫힌다.
③ 공기만 흡인한다.
④ 혼합기체가 연소실로 유입된다.

해설 피스톤이 하사점에서 상사점으로 이동할 때에는 배기 행정이나 압축행정이다. 배기밸브가 열리고 흡기 밸브가 닫히는 시기는 배기행정이다. 공기만 흡인하는 것은 디젤 기관의 흡입행정에 해당된다.

131 가솔린 기관과 디젤 기관의 겨울철 장기보관 방법 중 연료의 배출 유무를 설명한 내용이 바른 것은?

① 가솔린 기관은 가득 채우고 디젤 기관은 모두 배출시킨다.
② 가솔린 기관은 모두 배출시키고 디젤 기관은 가득 채운다.
③ 가솔린 기관, 디젤 기관 모두 가득 채운다.
④ 가솔린 기관, 디젤 기관 모두 배출 시킨다.

해설 가솔린 기관의 연료는 모두 배출시키고 디젤 기관의 연료는 가득 채운다.

132 가솔린 기관에서 압축된 혼합기는 무엇에 의해 점화되는가?

① 분사노즐　　② 압축가스
③ 점화플러그　　④ 분사펌프

해설 가솔린 기관은 전기점화에 의해 엔진이 구동되며 전기점화를 위해 필요한 부품은 점화플러그이다.

133 가솔린 기관에 사용되는 기화기의 크기를 결정하는데 고려하여야 할 사항이 아닌 것은?

① 실린더의 체적
② 실린더의 압축비
③ 실린더의 수
④ 기관의 회전속도

134 기화기에 설치된 스로틀 밸브의 역할을 가장 바르게 설명한 것은?

① 연료의 무화 촉진
② 혼합기의 량을 조정
③ 연료의 온도 조정
④ 연료의 유면 높이 조정

해설 스로틀 밸브의 흡입되는 공기의 양을 조절하여 공기의 흐름을 조절하여 흡입되는 연료의 양을 조절하기 때문에 가장 적합한 것은 혼합기의 량을 조정하는 것이 적합하다.

135 가솔린 기관에서 연료계통의 베이퍼 록은 무엇 때문에 일어나는가?

① 연료 파이프 내에서 생긴 기체
② 너무 농도가 짙은 혼합기
③ 연료 펌프막의 파손
④ 먼지로 막힌 기화기

Answer　128.④　129.③　130.④　131.②　132.③　133.②　134.②　135.①

해설 베이퍼 록은 압력 또는 유속이 빠를 경우 연료가 공급이 될 때 연료인 액체 사이에 기포가 발생하는 현상이므로 가솔린 기관의 경우 연료가 공급되는 파이프 내에 생긴 기체에 의해 발생될 수 있다.

136 다음 보기에서 가솔린 기관에만 설치된 부품을 모두 선택한 것은?

(1) 마그네트	(2) 연료분사펌프
(3) 기화기	(4) 예열플러그
(5) 점화플러그	

① (1), (2), (3)
② (1), (3), (5)
③ (2), (3), (4)
④ (2), (3), (5)

해설 가솔린기관에 설치된 부품은 마그네트, 기화기, 점화 플러그가 있고 연료분사펌프와 예열 플러그는 디젤 기관에 설치되는 부품이다.

137 기관의 압축압력의 점검은 어느 상태에서 해야 하는가?

① 기관을 시동시키기 전에
② 기관이 작동되고 있을 때
③ 기관의 장기 보관 전에
④ 기관을 난기 운전 후에

해설 압축압력의 점검 전에는 기관을 예열 후에 실시해야 한다.

138 디젤 기관에서 과급기의 역할이 아닌 것은?

① 기관 출력증대
② 연료소비의 증대
③ 흡기 효율 향상
④ 연소 효율 증대

해설 디젤 기관의 과급기는 공기의 양을 과다 투입시켜 기관의 출력과 흡기 효율, 연소 효율을 증대시키는 기능을 한다.

139 디젤 기관에서 노크가 일어나기 쉬운 회전 범위는?

① 저속
② 중속
③ 고속
④ 초고속

해설 디젤 기관의 노크는 저온, 저속에서 많이 발생한다.

140 디젤 기관의 직접분사식은 연소실에 직접 분사하는 형식으로 연료분사압력은 보통 얼마인가?

① 50~100kgf/㎠
② 100~150kgf/㎠
③ 150~200kgf/㎠
④ 200~300kgf/㎠

해설 디젤 기관의 직접분사식의 연료분사압력은 200kg/㎠이상 이어야 한다.

141 다음 중 연료 분사 압력이 가장 높은 디젤 기관의 연소실 형식은?

① 공기실식
② 와류실식
③ 직접분사식
④ 예연소실식

해설 공기실식, 와류실식, 예연소실의 연료 분사 압력은 150~200kg/㎠ 이하이다. 직접분사식의 연료 분사 압력은 200kg/㎠ 이상이다.

142 연료 분사노즐의 효율을 시험할 때 검사하지 않는 것은?

① 분사상태
② 분사시간
③ 후적유무
④ 분사개시압력

해설 **연료 분사노즐의 효율 시험 목록** : 분사상태(분사각, 분사형태), 분사후적 유무, 분사개시압력 등을 확인해야 한다.

143 연료분사 노즐에 붙은 카본을 제거하기 위해 가장 적합한 것은?

① 줄   ② 나무조각
③ 브러쉬   ④ 사포

해설 줄, 브러쉬, 사포는 노즐의 작은 구멍을 마모시킬 수 있으므로 사용해서는 안 된다.

144 디젤 연료 분사 펌프에서 연료가 압송되지 않은 원인은?

① 연소실 패킹이 없거나 손상되었을 때
② 플랜저가 마멸되었거나 동작이 불량할 때
③ 실린더 라이너가 마멸되었을 때
④ 흡기, 배기의 밸브 조정이 불량할 때

해설 플랜저는 연료가 분사가 될 수 있도록 압력을 발생시켜주는 장치이므로 이 장치가 마멸되면 연료 압송이 되지 않는다.

145 다음은 디젤 기관 노크에 대한 설명이다. 잘못된 것은?

① 연료의 세탄가는 노크에 견디는 성질의 척도이다.
② 연소 후기에 발생하며 항상 어느 정도 존재할 수밖에 없다.
③ 연료의 착화지연이 길수록 발생하기 쉽다.
④ 보통점도를 갖는 연료의 물리적 착화지연은 화학적인 것보다 짧다.

해설 디젤 기관의 노크에 견디는 성질을 세탄가라고 하고 연소 초기에 발생한다. 보통 점도를 갖는 연료의 물리적 착화지연은 화학적인 것보다 짧게 작용한다.

146 디젤 기관의 연료분사노즐의 종류에 속하지 않는 것은?

① 단공형 노즐
② 핀틀형 노즐
③ 상시형 노즐
④ 스로틀형 노즐

해설 스로틀형 노즐은 가솔린기관에서 사용하는 방식이다.

147 디젤 기관에 사용되는 보쉬(Bosh)형 연료분사 펌프의 작동과정을 설명한 것 중 틀린 것은?

① 캠의 회전에 의한 플랜저 운동
② 플랜저의 하강 행정에 의한 연료 흡입
③ 토출밸브를 통해 연료를 분사관으로 배출
④ 조정 래크로 토출 밸브 스프링을 조절하여 분사량 조절

해설 디젤 기관에 사용되는 보쉬형 연료분사 펌프는 플랜저가 왕복 운동함으로써 동작이 되는 형태로 하강하면 연료를 흡입하고 상승하면 분사시켜 토출 밸브를 통해 연료를 분사관으로 배출하여 노즐에서 분사하게 된다.

148 디젤 기관에서 노킹이 유발된다. 방지책으로 맞지 않는 것은?

① 세탄가가 높은 연료를 사용한다.
② 분사시기를 조정한다.
③ 노즐의 분무 상태를 검사 후 불량하면 수리한다.
④ 압축압력을 낮춘다.

해설 디젤 기관의 노킹을 방지하기 위해서는 압축압력을 높여야 한다.

149 디젤 엔진에서 연료 연과기를 필요로 하는 까닭은?

① 실린더의 마모를 방지한다.
② 실린더의 먼지가 들어가는 것만 방지한다.
③ 피스톤 상부를 깨끗하게 한다.
④ 분사장치의 손상을 방지하고 기능을 양호하게 한다.

해설 디젤연료 여과기는 수분을 제거하고 연료외의 이물질을 제거하여 분사장치의 손상을 방지하고 기관이 원활이 동작할 수 있도록 한다.

Answer   143.②   144.②   145.②   146.④   147.④   148.④   149.④

150 농용 디젤엔진에서 프라이밍이란?

① 점화시기의 조정을 말한다.
② 연료공급을 위한 공기 빼기를 말한다.
③ 압축압력을 배출하는 것을 말한다.
④ 대기압 상태로 만드는 것을 말한다.

해설 프라이밍이란 연료가 떨어지거나 연료 공급 장치에 공기가 들어가 연료를 전달하는 압력이 감소하여 정상적으로 연료를 공급하지 못해 시동이 안 걸리는 경우 투입된 공기를 제거하는 것을 말한다.

151 디젤 기관의 시동 전 취급과 운전 중의 주의사항 중 틀린 것은?

① 냉각수의 교환에 주의한다.
② 시동 직후 연료 노즐의 분사조절나사를 많이 풀어 스프링 작동을 강하게 한다.
③ 최초 5분 동안 무부하 상태로 운전한다.
④ 조속레버를 사용해서 회전수를 조정한다.

해설 시동 전에는 냉각수 교환에 주의해야하고 수동 시동 시 시동핸들에 주의하여 시동해야 한다. 운전 중에는 난기운전을 하여 엔진이 정상적으로 동작하는지를 확인하고 운전 중에는 조속레버를 사용하여 엔진의 회전수를 조정한다.

152 디젤 엔진의 분사시기가 빠르다. 다음 중 정비방법으로 적합한 것은?

① 분사펌프 내의 플런저 스프링을 1개 더 넣는다.
② 분시노즐의 압력을 높게 한다.
③ 분사노즐의 압력 조절판을 0.1mm 1장 줄인다.
④ 분사펌프 설치부의 동판을 0.3mm 1장 더 넣는다.

해설 분사펌프와 고정설치대 사이에 동판을 하나 넣으면 캠축의 의해 분사펌프 압력을 발생시키는 시간을 지연시킬 수 있다.

153 디젤 기관 트랙터의 시동회로가 회전하지 않을 때 그 원인으로 틀린 것은?

① 축전지가 방전되어 있을 때
② 연료분사 펌프에 연료가 공급되지 않을 때
③ 배터리는 정상이나 전동기까지 공급되지 않을 때
④ 전기는 공급되나 시동 전동기 자체의 고장으로 움직이지 않을 때

해설 시동모터가 회전하지 않는 것은 전기장치의 문제이지, 연료분사 펌프에 연료가 공급되지 않는 것과는 무관하다.

154 연료분사 노즐의 분사압력이 규정값 보다 7kg/㎠가 낮다. 정상이 되게 조정하는 방법은?

① 고압파이프를 교환한다.
② 분사노즐내의 공기를 빼고 스로틀을 조금 닫는다.
③ 분사노즐 고정 너트를 완전히 조인다.
④ 압력 조절판을 0.1mm짜리 1장을 더 놓는다.

155 디젤 기관의 분사시기 확인 시험에서 잠시 제거하여야 할 부품은?

① 배출밸브(딜리버리 밸브)
② 노즐 스프링
③ 노즐 홀더
④ 가압핀

해설 분사시기 확인 시험에서 딜리버리 밸브를 제거해야 한다.

156 기관에서 출력저하의 원인이 아닌 것은?

① 분사시기 늦음　② 배기계통 막힘
③ 흡기계통 막힘　④ 압력계 작동이상

해설 기관에 출력과 연관이 있는 것은 분사시기, 배기계통 막힘, 흡기계통 막힘 등이 해당된다.

157 디젤 기관에서 시동이 잘 안 되는 원인으로 맞는 것은?

① 연료계통에 공기가 차있는 경우
② 냉각수를 경수로 사용할 때
③ 스파크 플러그의 불꽃이 약할 때
④ 클러치가 과다하게 마모되었을 때

해설 디젤기관은 압축착화에 의해 시동이 되며 공기의 압축된 상태에서 연료가 분사되어 폭발을 일으킨다. 높은 압력으로 연료를 분사시켜야 함으로 연료계통에 공기가 들어 있을 경우 정상적으로 연료가 공급되지 않으므로 시동이 되지 않는다. 또한 흡입되는 공기의 온도가 낮을 경우에 시동이 안 될 수 있다.

158 디젤엔진의 연료탱크에서 분사노즐까지 연료의 공급순서로 맞는 것은?

① 연료탱크 → 연료 공급펌프 → 분사펌프 → 연료필터 → 분사노즐
② 연료탱크 → 연료필터 → 분사펌프 → 연료공급펌프 → 분사노즐
③ 연료탱크 → 연료공급펌프 → 연료필터 → 분사펌프 → 분사노즐
④ 연료탱크 → 분사펌프 → 연료필터 → 연료공급펌프 → 분사노즐

159 디젤 기관의 장점으로 맞는 것은?

① 저속 시 진동이 크다.
② 소음이 크다.
③ 가솔린 기관보다 엔진 각 부분의 구조가 튼튼하고 무겁다.
④ 가솔린 기관보다 연료 소비율이 적다.

160 베이퍼 록(Vapor Lock)현상은 어느 부분에서 생기는가?

① 냉각 계통
② 전기 계통
③ 윤활 계통
④ 연료 계통

161 압축 점화기관의 시동방법으로 옳지 않은 것은?

① 조속레버를 시동위치에 두고 연료 콕을 열어준다.
② 시동 직전 공회전을 5~10회 정도 실시한다.
③ 시동 전 엔진오일을 점검하여 보충한다.
④ 시동 후 공회전을 실시하면 기계수명이 짧아지므로 난기운전은 하지 않는다.

해설 디젤 기관은 기계의 수명을 연장시키기 위하여 난기운전을 하는 것이 좋다.

162 직접분사식 엔진의 장점 중 틀린 것은?

① 구조가 간단하므로 열효율이 높다.
② 연료의 분사 압력이 낮다.
③ 실린더 헤드의 구조가 간단하다.
④ 냉각에 의한 열 소실이 적다.

해설 직접분사식은 분사 압력이 $200kgf/cm^2$ 이상에서 분사가 되므로 고압이다.

163 디젤(경유)의 구비조건으로 옳지 않은 것은?

① 착화성이 좋을 것
② 세탄가가 낮을 것
③ 불순물이 없을 것
④ 황 함유량이 적을 것

해설 세탄가가 높아야 한다.

164 트랙터 디젤 기관에서 연료장치 공기빼기 순서가 바른 것은?

① 공급펌프 → 연료여과기 → 분사펌프
② 공급펌프 → 분사펌프 → 연료여과기
③ 연료여과기 → 공급펌프 → 분사펌프
④ 연료여과기 → 분사펌프 → 공급펌프

해설 공기빼기 작업은 연료가 공급되는 순서대로 진행을 해야 한다.
• 트랙터 : 공급펌프 → 연료여과기 → 분사펌프 → 고압관
• 경운기 : 연료여과기 → 분사펌프 → 고압관

Answer 157.① 158.③ 159.④ 160.④ 161.④ 162.② 163.② 164.①

165 세탄가의 올바른 표현방식은?

① $세탄가 = \dfrac{세탄 + \alpha메틸나프탈린}{세탄} \times 100$

② $세탄가 = \dfrac{세탄}{\alpha메틸나프탈린} \times 100$

③ $세탄가 = \dfrac{세탄}{세탄 + \alpha메틸나프탈린} \times 100$

④ $세탄가 = \dfrac{세탄}{세탄 + 메틸나프탈린} \times 100$

166 디젤 기관의 노크 방지 방법이 아닌 것은?

① 착화성이 좋은 연료를 사용하여 착화지연 기간을 짧게 한다.
② 압축비를 높여 압축온도와 압력을 높인다.
③ 흡입공기에 와류를 준다.
④ 기관의 온도 및 회전속도를 낮춘다.

해설 디젤 기관의 노크를 방지하기위해서는 기관의 온도 및 회전속도를 높인다.

167 농용 디젤엔진에서 프라이밍이란?

① 점화시기의 조정을 말한다.
② 연료 공급을 위한 공기빼기를 말한다.
③ 압축압력을 배출하는 것을 말한다.
④ 대기압 상태로 만드는 것을 말한다.

해설 프라이밍이란 연료가 공급되는 통로에 공기를 빼주는 작업을 말한다.

168 디젤 기관이 이상폭발을 할 때의 원인이 아닌 것은?

① 흡입밸브의 작동불량
② 배기밸브의 작동 불량
③ 부하의 과대
④ 혼합가스 부족

해설 디젤 기관에 부하가 크게 걸리게 되면 엔진의 출력이 저하되고 엔진의 소리가 저하되기 때문에 이상 폭발이 발생하지 않는다.

169 2행정기관과 4행정 기관의 비교이다. 옳지 않은 것은?

① 배기량이 동일한 기관에서 4행정 기관은 2행정 기관보다 연료 소비율이 적다.
② 4행정 기관은 2행정 기관에 비해 각행정이 확실히 구분되며 작용이 확실하다.
③ 2행정 기관은 4행정기관에 비해 윤활유의 소비량이 적다.
④ 2행정 기관의 피스톤링은 4행정 기관의 것에 비해 마멸되기 쉽다.

해설 2행정기관은 4행정기관보다 윤활유의 소비량이 많다.

170 4사이클 기관에서 크랭크 축 1회전에 캠축은 몇 회전하는가?

① 2회전   ② $\dfrac{1}{2}$회전
③ 1회전   ④ 4회전

해설 4사이클 기관은 크랭크축 2회전에 캠축은 1회전하므로 크랭크축 1회전을 하게 되면 캠축은 $\dfrac{1}{2}$ 회전한다.

171 4행정 기관이 4사이클을 마쳤을 때 크랭크 축은 몇 회전하는가?

① 2회전   ② 4회전
③ 6회전   ④ 8회전

해설 4행정기관은 1사이클을 할 경우 크랭크축은 2회전을 하게 된다.

172 4행정 기관에 대한 2행정 기관의 단점 중 틀린 것은?

① 연료, 윤활유 소비량이 많다.
② 냉각이 곤란하다.
③ 기계효율이 낮다.
④ 왕복 운동 부분의 관성이 작다.

해설 같은 배기량일 경우에는 2행정 기관이 관성이 크다. 관성이 크면 더 큰 힘을 발휘하므로 장점이 된다.

173 가솔린 기관과 비교한 디젤 기관의 단점이 아닌 것은?

① 소음이 크다.

② rpm이 높다

③ 진동이 크다.

④ 마력당 무게가 무겁다.

해설 rpm이 높은 것은 가솔린 기관이다.

174 가솔린기관에 비해 디젤 기관의 장점이다. 가장 거리가 먼 것은?

① 열효율이 높다.

② 소음과 진동이 적다.

③ 연료의 인화점이 높다.

④ 전기, 전자 점화장치가 없다.

해설 디젤 기관은 소음과 진동이 크기 때문에 단점이다.

175 배기가스 색이 흰색인 경우는?

① 불완전 연소가 일어나고 있다.

② 엔진오일이 함께 연소되고 있다.

③ 유사 휘발유가 섞인 연료를 사용하고 있다.

④ 냉각수와 함께 연소되고 있다.

해설 배기가스의 색은 무색이거나 매우 엷은 자주색이 정상이다. 검은색은 불완전 연소가 일어나고 있는 경우이고, 흰색은 엔진오일이 함께 연소되는 경우이므로 점검이 필요하다.

176 배기가스가 정상일 때 색깔은?(단 연료는 무연이다.)

① 백색

② 흑색

③ 청백색

④ 무색

해설 배기가스가 백색 또는 청백색일 때는 엔진오일이 과잉 공급될 때이며, 흑색일 때에는 과도한 연료가 공급이 된 상태이다. 정상적인 상태에서는 무색이다.

177 연료 중 대기오염 발생이 많은 순으로 배열한 것은?

① 전기, LPG, 휘발유

② LPG, 휘발유, 전기

③ 휘발유, LPG, 전기

④ LPG, 전기, 휘발유

해설 휘발유, LPG, 전기 연료의 순서로 대기오염 발생률이 많다.

178 기관오일을 보충하거나 교환할 때의 주의 사항 중 옳지 않은 것은?

① 기관에 알맞은 오일을 선택한다.

② 동일 등급의 오일을 사용한다.

③ 경비절감을 위하여 재생오일을 사용한다.

④ 단번에 다량의 오일을 넣지 않고, 몇 번에 나누어 오일양을 점검하면서 주입한다.

해설 기관오일이라는 것은 엔진오일을 말한다. 오일 교환 시에는 가솔린, 디젤 엔진을 구분하여 알맞은 오일을 선택하고 동일한 등급의 오일을 사용해야 한다. 엔진 오일 주유 시에도 사용 매뉴얼 보다 적게 채운 후 조금씩 나누어 오일양을 점검하면서 주입해야 한다.

179 엔진의 윤활유 교환 시기는?

① 엔진 시동 전에 교환한다.

② 엔진 가동 후 윤활유가 완전히 식은 후 교환한다.

③ 엔진 가동 후 윤활유가 데워져 있는 상태에 교환한다.

④ 어느 때 라도 상관없다.

해설 엔진오일은 점도에 의해 엔진에서 잔량이 남아 있을 수 있으므로, 엔진을 가동하여 온도를 높여 점도를 떨어뜨린 후 교환해야 한다.

180 다음 중 윤활유의 작용이 아닌 것은?

① 윤활, 냉각작용
② 밀봉, 부식작용
③ 청정, 소음완화 작용
④ 완충, 응력분산작용

해설 윤활유의 작용은 윤활, 냉각작용, 방청작용, 밀봉, 청정, 소음완환작용, 완충작용, 응력분산 작용 등을 한다.

181 윤활유 청정기 형식에서 급유펌프로 나온 오일의 일부만을 여과하고 나머지는 그대로 윤활부에 급유하도록 한 방식은?

① 전류식
② 분류식
③ 샨트식
④ 자력식

해설 급유펌프로 나온 오일의 일부는 여과하고 나머지는 윤활부에 급유하는 방식으로 윤활유를 걸려주는 방식은 분류식이다.

182 가솔린 기관용 윤활유가 아닌 것은?

① M.L
② M.M
③ M.S
④ D.G

해설 예제로 제시된 목록은 API 기준에 의해 가솔린에 사용되는 윤활유를 열거하였으나 D.G는 디젤 기관의 윤활유 종류이다.

183 겨울철에 기관오일을 교환하려고 한다. 다음 중 어느 것으로 교환하면 가장 좋은가?

① SAE 90
② SAE 40
③ SAE 30
④ SAE 20

해설 겨울철에는 온도가 낮기 때문에 오일의 점도가 높아진다. 그러므로 점도가 낮은 SAE 20을 사용해야 한다. 요즘은 사계절용이 나오기 때문에 구분해서 사용할 필요는 없다.

184 다음 중 엔진오일이 많이 소비되는 원인이 아닌 것은?

① 피스톤링의 마모가 심할 때
② 실린더의 마모가 심할 때
③ 기관의 압축압력이 높을 때
④ 밸브가이드의 마모가 심할 때

해설 기관의 압축압력이 높으면 실린더의 유면을 적게 만들고 폭발 연소 시 엔진오일의 소비를 줄일 수 있으나 마찰이 심하므로 적정히 피스톤 링과 실린더를 사용해야 한다.

185 오일의 소비가 과대하게 되는 원인은?

① 마멸된 베어링과 피스톤링
② 엔진의 과열
③ 기능 약한 라디에이터
④ 적당치 않은 점화

해설 오일의 소비가 과대하게 되는 원인 중 가장 큰 영향을 미치는 것은 마멸된 베어링과 마멸된 피스톤링에 의해 발생한다.

186 엔진에서 오일의 온도가 상승되는 원인이 아닌 것은?

① 과부하 상태에서 연속작업
② 오일 냉각기의 불량
③ 오일의 점도가 부적당할 때
④ 유량의 과다

187 엔진오일에 대한 설명으로 맞는 것은?

① 엔진을 시동한 상태에서 점검한다.
② 겨울보다 여름에 점도가 높은 오일을 사용한다.
③ 엔진오일에는 거품이 많이 들어있는 것이 좋다.
④ 엔진오일 순환상태는 오일레벨 게이지로 확인한다.

해설 겨울보다 여름에 점도가 높은 오일을 사용해야 한다.

Answer **180.**② **181.**② **182.**④ **183.**④ **184.**③ **185.**① **186.**④ **187.**②

188 엔진오일에 냉각수가 섞여 있으면 오일의 색깔은?

① 우유색
② 푸른색
③ 붉은색
④ 검은색

해설 크랭크축의 회전에 의해 물과 기름이 섞이게 되면 우유색깔로 변색이 된다.

189 농업기계에 사용되는 변속기, 차동장치용 윤활유로 가장 적합한 것은?

① SAE 90
② SAE 30
③ SAE 40
④ 그리스

해설 변속기 오일은 기어오일이 주입되며 점도가 높은 윤활유를 사용한다.

190 디젤 기관의 윤활유 압력이 낮은 원인이 아닌 것은?

① 점도지수가 높은 오일을 사용했다.
② 윤활유의 양이 부족하다.
③ 오일펌프가 과대 마모되었다.
④ 윤활유 압력 릴리프 밸브가 열린 채 고착되었다.

해설 점도지수는 오일이 온도 변화에 따라 점도가 변하는 것을 수치로 나타낸 것이다.

191 기관오일을 보충하거나 교환할 때의 주의 사항 중 옳지 않은 것은?

① 기관에 알맞은 오일을 선택한다.
② 동일 등급의 오일을 사용한다.
③ 경비절감을 위하여 재생오일을 사용한다.
④ 단번에 다량의 오일을 넣지 않고, 몇 번에 나누어 오일 량을 점검하면서 주입한다.

192 다음 중 기관에서 윤활유 소비가 과대한 원인에 해당되는 것은?

① 피스톤링의 마멸
② 라디에이터의 기능약화
③ 기관의 과열
④ 조기점화

해설 피스톤링의 마멸이 심할 경우 윤활유 소비가 늘어날 수 있다.

193 기관에서 윤활유 소비가 과대한 원인에 해당되는 것은?

① 피스톤링의 마멸
② 라디에이터의 기능약화
③ 기관의 과열
④ 조기점화

해설 기관이 정상적으로 동작할 때 윤활유는 조금씩 연소되어 소비를 한다. 피스톤링의 마멸, 실린더의 마멸 등에 의해 윤활유의 소비가 과대해 질 수 있다.

194 디젤 기관에서 50시간 마다 점검해야하는 것은?

① 윤활유 여과기 청소
② 연료분사 시기 및 분사조정
③ 연료 탱크의 세척
④ 피스톤 헤드부 청소

해설 50시간 마다 윤활유 여과기 청소를 해줘야 한다.

195 농용기관의 장기 보관 시 조치사항 중 맞지 않은 것은?

① 흡·배기밸브는 완전히 열린 상태로 보관한다.
② 기관, 트랜스미션 케이스의 윤활유를 점검 보충한다.
③ 냉각수를 완전히 비워둔다.
④ 연료를 완전히 비워둔다.

해설 흡·배기 밸브는 완전히 닫힌 상태로 보관해야한다. 이유는 밸브를 잡아주는 스프링의 장력이 감소되는 것을 막아주기 위함이다.

196 다음 중 크랭크핀 베어링 간극의 측정 방법에 해당하지 않는 것은?

① 마이크로 미터와 텔레스코핑 게이지
② 플라스틱 게이지
③ 인주와 광명단
④ 실납과 마이크로미터

해설 크랭크핀 베어링 간극의 측정을 위해 마이크로미터, 실납, 플라스틱 게이지, 인주, 광명단이 필요하다. 마이크로미터와 텔레스코핑 게이지는 실린더의 마모량을 측정할 때 활용한다.

197 매일 점검사항에 해당되는 것은?

① 연료, 냉각수, 윤활유
② 냉각수, 플러그, 연료
③ 냉각수, 윤활유, 거버너
④ 윤활유, 점화코일

해설 〈일상 점검 항목〉
- 각부의 변형, 손상, 오염정도
- 타이어의 공기압, 마모정도 손상여부 확인
- 차체각부의 손상, 볼트의 풀림 여부 확인
- 냉각수, 엔진오일, 연료량 등 누유 점검
- 에어클리너의 오염상태

198 실린더 지름이 100mm, 행정은 150mm, 도시평균 유효압력은 700Kpa, 기관 회전수가 1500rpm, 실린더 수가 4개인 4사이클 가솔린기관의 도시마력은?

① 10.3kw
② 40.4kw
③ 56.0kw
④ 259.0kw

해설

$$I_{ps}(\text{마력으로 계산시}) = \frac{P_{mi} \times A \times L \times R \times Z}{75 \times 60 \times 2}$$
$$= \frac{P_{mi} \times V \times R \times 4}{900}$$

※ $700Kpa = 700,000 N/\text{m}^2$
$$= \frac{700,000}{9.8 \times 10,000} = 7.143 kg/\text{cm}^2$$

$$= \frac{7.143 kg/\text{cm}^2 \times \frac{10^2 \times \pi}{4}\text{cm}^2 \times 15cm \times 1500}{75 \times 60 \times 2 \times 100}$$
$$= 56.07255ps$$

$56.07255ps \fallingdotseq 41.23kw$

$I_{ps} =$ 유효마력　　　　$P_{mi} =$ 유효압력(kg/cm^2)
$A =$ 실린더 단면적(cm^2)　$L =$ 피스톤 행정(cm)
$R =$ 회전속도(rpm)　　$V =$ 행정체적(cc)
$Z =$ 실린더 수

$$I_{kw} = \frac{P_{mi} \times A \times L \times R \times Z}{1,000 \times 60 \times 2}$$
$$= \frac{700,000 N/\text{m}^2 \times \frac{0.1^2 \times \pi}{4} \times 0.15 \times 1500}{1,000 \times 60 \times 2}$$
$$= 41.2125kw$$

$I_{kw} =$ 유효마력　　　　$P_{mi} =$ 유효압력(pa)
$A =$ 실린더 단면적(m^2)　$L =$ 피스톤 행정(m)
$R =$ 회전속도(rpm)　　$Z =$ 실린더 수

MEMO

PART 4

농업기계 전기

농업기계 전기

01 전기 기초

1 기초전기

(1) 옴의 법칙

$$E(V) = IR, \quad I = \frac{E(V)}{R} \quad R = \frac{E(V)}{I}$$

$E(V) =$ 전압(V)
$R =$ 저항(Ω)
$I =$ 전류(A)

- 도체에 흐르는 전류는 전압에 정비례하고 저항에 반비례 한다.
  - 전압이 높을수록 전류는 커진다.
  - 저항이 낮을수록 전류는 커진다.
  - 전압이 높을수록 저항은 커진다.
  - 전류가 낮을수록 저항은 커진다.

Tip

도체 : 전기가 잘 통하는 물체(전자의 이동이 가능한 물체)

(2) 전자

① 원자를 구성하는 요소로 전기가 흐르기 위해서는 전자의 이동이 있어야 한다.

② 전자의 흐름 : (−)에서 (+)로 이동한다.

③ 전기의 용량을 전하라고 하며, 단위는 C(쿨롱)을 사용한다.
  - $1(C) = 6.2 \times 10^{18}$

(3) 전압(E)

① 도선을 연결했을 때 전류가 흐르게 되는데 높은 쪽에서 낮은 쪽으로 흐르는 전위 차(전기의 압력)을 말한다.(양전하와 음전하의 에너지 차이)

② +1C의 전하를 옮기는데 1J의 일이 필요하다. 두점 사이의 전위차를 1볼트(V)

③ 단위는 볼트(V)이고 E로 표시한다.

(4) 전류(A)

① 수많은 전자의 이동과 이동의 정도를 전류라 한다.

② 전류의 세기는 단위시간당 통과하는 전자량으로 표현한다.

③ 단위는 암페어(A)이고 I로 표시한다.

④ 전류의 3대작용: 발열작용, 화학작용, 자기작용

(5) 저항(Ω)

① 도체에서 전류의 흐름을 방해하는 양을 저항이라 한다.

② 저항의 크기는 물질의 재질, 형태, 단면적, 길이 등에 따라 달라진다.

③ 단위는 옴(Ω)이고 R로 표시한다.

④ 특성

- 도체에 온도가 올라가면 저항값은 커진다.
- 도체의 길이가 길어지면 저항값은 커진다.
- 도체의 지름이 커지면 저항값은 작아진다.

저항이 가장 작은 금속
은 → 동 → 금 → 알루
미늄 → 텅스텐 → 아연
→ 철·니켈 → 납 …순서

⑤ 저항의 연결방법

- **직렬연결** : 저항의 직렬연결이란 몇 개의 저항을 한줄로 연결한 것이다.
  - 어느 저항에서나 똑같은 전류가 흐르나 전압은 나누어져 흐른다.
  - 직렬연결의 합성저항 : $R = R_1 + R_2 + R_3 + \cdots + R_n$
- **병렬연결** : 저항을 나누어 연결한 것이다.
  - 똑같은 전압이 흐르나 전류가 나누어져 흐른다.
  - 병렬연결의 합성저항 : $\dfrac{1}{R} = \dfrac{1}{R_1} + \dfrac{1}{R_2} + \dfrac{1}{R_3} \cdots + \dfrac{1}{R_n}$

⑥ 키르히호프의 법칙

- **제1법칙** : 회로 내의 어떤 한 점에 유입한 전류의 총합과 유출한 전류의 총합은 같다.
- **제2법칙** : 임의의 폐회로에 있어서 기전력의 총합과 저항에 의한 전압강하의 총합은 같다.

⑦ **전력** : 단위시간당 전기장치에 공급되는 전기 에너지, 또는 단위시간 동안 다른 형태의 에너지로 변환되는 전기에너지

$$P = EI, \quad P = I^2R, \quad P = \dfrac{E^2}{R}$$

P: 전력, E: 전압, I: 전류, R: 저항

02 전기 부품

1 전선

도체는 명주, 비닐, 무명 등의 절연물로 절연되어 있다.

(1) 전선의 색깔

R	적색	L	청색
Gr	회색	G	녹색
O	오렌지색	Br	갈색
W	백색	B	검정색
Y	노란색	P	보라색
Lg	연두색	BW	검정바탕에 백색줄

(2) 단선식 배선

작은 전류가 흐르는 회로에 사용되며 부하의 한 끝을 프레임이나 차체에 접지하는 방식이며, 접촉이 불량하거나 큰 전류가 흐를 때 전압이 강하된다.

(3) 복선식 배선

전조등 회로와 같이 큰 전류가 흐르는 회로에 사용하면 접지 쪽에서도 전선을 사용하는 방식이다.

2 다이오드

한쪽으로만 전기가 흘러가는 반도체로서 정류작용과 역류방지 역할을 하는 장치이다.

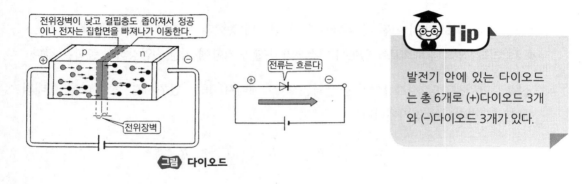

전위장벽이 낮고 결핍층도 좁아져서 정공이나 전자는 집합면을 빠져나가 이동한다.

전류는 흐른다.

전위장벽

그림 다이오드

Tip

발전기 안에 있는 다이오드는 총 6개로 (+)다이오드 3개와 (–)다이오드 3개가 있다.

① 발광다이오드 : 전류가 흐르면 빛이 발생되는 다이오드

② 포토다이오드 : 빛을 받으면 전기가 흐르는 다이오드

③ 제네다이오드 : 일정 전압 이상이면 순간적으로 전기가 흐르는 다이오드

3 트랜지스터

베이스, 컬렉터, 이미터 3개의 단자로 구성되어 있으며, 스위치 작용과 증폭작용을 한다.

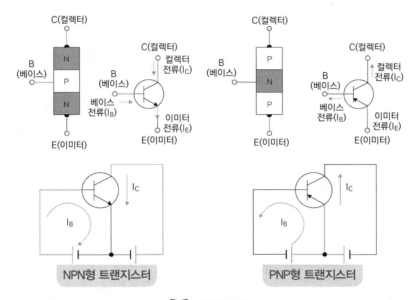

그림 트랜지스터

4 서미스터

온도에 따라 저항값이 변화하는 특성을 이용하는 장치이다.

5 반도체

① 도체와 부도체의 중간적 성질을 가진 물질이다.

② 온도, 전압 그리고 그 상관관계에 의해 도체 또는 부도체로서의 기능을 발휘한다.

③ 반도체의 종류에 따라 빛, 열, 자력등의 다양한 반응을 나타내는 것들이 있다.(소형이고 내부전력 손실이 극히 적다.)

④ 예열시간을 요하지 않고 기계적으로 강하고 수명이 길다.

⑤ 단점으로는 정격값 이상 되면 파괴되기 쉽다.

Tip

반도체 재료 :
실리콘(Si),
게르마늄(Ge)

6 축전기(condenser)

● 역할 : 방전으로 인해 공급되지 못하는 전압을 공급해 주는 역할을 한다.

• 정전용량은 가해지는 전압에 정비례한다.   • 상대하는 금속판의 면적에 정비례한다.

• 절연체의 절연도에 정비례한다.   • 금속판 사이의 거리에 반비례한다.

7 퓨즈

● 역할 : 기계 또는 전기장치를 보호하기 위한 안전장치의
역할을 한다.

• 회로에 직렬로 접속시킨다.

• 기동전동기에 회로에는 사용하지 않는다.

• 재질은 납+주석+카드늄 등의 합금이다.

그림 퓨즈

8 릴레이

● 역할 : 입력된 일정값에 도달하였을 때 작동하여 회로의 개폐를 조절하는 장치

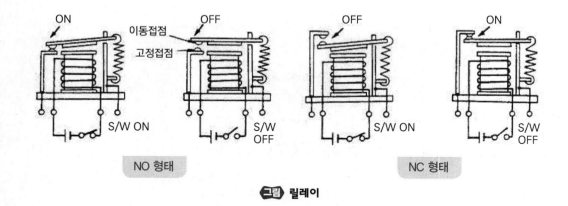

그림 릴레이

03 전기의 형태

1 직류전기(D.C)

일정한 방향과 일정한 양의 전류가 흐르는 것을 직류라고 한다. 공급전력의 전압이 일정하면 전류도 일정하게 유지된다.

2 교류전기(A.C)

일반가정에서 사용하는 전구에 흐르는 전기와 같이 크기와 방향이 시간의 경과에 따라 주기적으로 바뀌는 전류이다. 1초 동안에 진행되는 사이클의 수를 주파수라고 하며 이를 표시하는 단위로는 Hz(헤르츠)라고 한다. 우리나라에서 사용하는 주파수는 60Hz이지만, 일본과 일부 유럽 지역은 50Hz를 사용한다.

Tip

농업기계 발전기는 교류를 생성하지만 교류를 직류로 변환시키는 정류기를 가지고 있기 때문에 실제로 농기계의 각종 전기장치에는 직류가 공급이된다.

맥류 : 직류 전류에 교류 전류가 겹친 전류

04 축전지(Battery)

1 축전지의 기능

① 시동장치에 전기적 부하를 담당한다.
② 발전기가 고장일 때 전원으로 작동한다.
③ 발전기 출력과 부하와의 불균형을 조정한다.

2 축전지의 구조

① 14개의 극판이 셀당 2개의 극판(+극판, -극판)으로 설치되어 여섯 쌍의 단자와 연결된 극판 2개로 구성되어 있다.
② 셀당 2.1V의 전압이 발생한다. (2.1V×6개셀=12.6V)

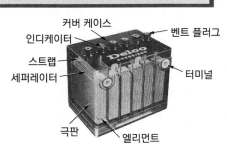

커버 케이스
인디케이터
벤트 플러그
스트랩
세퍼레이터
터미널
극판
엘리먼트

그림 축전지

Tip

방전종지 전압은 셀당 1.75V이다. 즉, 배터리의 전압이 10.5V이하는 방전이다.

③ 전해액

    ㉠ 묽은 황산을 사용하며, 20℃에서의 표준비중은 1.280이다.

    ㉡ 전해액을 만들 때에는 반드시 증류수에 황산을 부어 사용한다.

    ㉢ 전해액 온도가 상승하면 비중이 높아지고, 온도가 낮아지면 비중은 작아지는데 온도 1℃변화에 비중은 0.0007이 변한다.

$$S_{20} = St + 0.0007(t - 20)$$

S_{20} : 표준 온도 20℃로 환산한 비중
St : t℃에서 실제측정한 비중
t : 측정할 때 전해액 온도

- 전해액을 만들 때는 질그릇을 사용한다.

- 배터리 전해액은 극판 위 10~13mm정도로 보충한다.

3 축전지 용량

  완전 충전된 축전지를 일정한 전류로 연속 방전하여 단자 전압이 규정의 방전종지 전압이 될 때까지 사용하는 전기적 용량을 말한다.

    AH(암페어시 용량) = A(일정 방전 전류) × H(방전종지 전압까지의 연속 방전 시간)

(1) 축전지의 크기를 결정하는 요소 : 극판의 면적, 극판의 수, 전해액의 양

(2) 축전지 연결에 따른 전압과 용량의 변화

  ① **직렬연결** : 같은 용량, 같은 전압의 축전지 2개를 직렬로 연결((+)단자와 (−)단자의 연결)하면 전압은 2배가 되고, 용량은 한 개일때와 같다.

  ② **병렬연결** : 같은 용량, 같은 전압의 축전지 2개를 병렬로 연결((+)단자는 (+)단자와 (−)단자는 (−)단자에 연결)하면 용량은 2배이고 전압은 변화가 없다.

4 납산축전지의 충방전 작용

(1) 방전될 때의 화학작용

  ① 양극판 : 과산화납(PbO_2) → 황산납($PbSO_4$)

  ② 음극판 : 해면상납(Pb) → 황산납($PbSO_4$)

  ③ 전해액 : 묽은 황산(H_2SO_4) → 물(H_2O)

(2) 충전될 때의 화학작용

① 양극판 : 황산납($PbSO_4$) → 과산화납(PbO_2)

② 음극판 : 황산납($PbSO_4$) → 해면상납(Pb)

③ 전해액 : 물(H_2O) → 묽은 황산(H_2SO_4)

(3) 축전지 충전방법

① 정전류 충전 : 충전 시작에서 끝까지 일정한 전류로 충전하는 방법

② 정전압 충전 : 충전 시작에서 끝까지 일정한 전압으로 충전하는 방법

③ 단별전류 충전 : 충전 중 전류를 단계적으로 감소시키는 방법

④ 급속충전 : 축전지 용량의 50% 전류로 충전하는 것

(4) 충전시 주의사항

① 반드시 환기 장치를 한다(수소가스 발생하기 때문).

② 플러그를 모두 연다(기포 발생).

③ 축전지 전해액 온도가 45℃ 넘지 않게 한다(폭발 위험).

④ 과충전 하지 않도록 한다(브리지현상 발생).

⑤ 암모니아수나 탄산소다를 준비해 둔다(세척용).

5 축전지의 종류

(1) 납산 축전지

① 양극판이 과산화납(PbO_2), 음극판은 해면상납(Pb), 전해액은 묽은 황산(H_2SO_4)로 구성

② 납산 축전지의 장·단점

납산 축전지의 장점	납산 축전지의 단점
• 화학반응이 상온에서 발생하므로 위험성이 적다. • 신뢰성이 크다. • 비교적 가격이 싸다.	• 충전시간이 길고, 수명이 짧다. • 에너지 밀도가 비교적 적은 편이다.

(2) 알칼리 축전지

① 알칼리 축전지는 니켈-철 축전지와 니켈-카드뮴 축전지가 있다.

② 알칼리 축전지의 장·단점

알칼리 축전지의 장점	알칼리 축전지의 단점
• 과충전, 과방전 등 가혹한 조건에 잘 견딘다. • 고율방전 성능이 매우 우수하다. • 출력밀도가 크다. • 충전시간이 짧고, 수명이 매우 길다.	• 자원상 대량공급이 어렵고, 에너지 밀도가 낮다. • 전극으로 사용하는 금속의 값이 매우 비싸다.

(3) MF 축전지(무정비 축전지)

① MF 축전지 : 격자를 저안티몬 합금이나 납-칼슘 합금을 사용하여 전해액의 감소나 자기 방전량을 줄일 수 있는 축전지

② MF 축전지의 특징

• 증류수를 점검하거나 보충하지 않아도 된다.
• 자기방전 비율이 매우 낮다.
• 장기간 보관이 가능하다.
• 전해액의 증류수를 보충하지 않아도 되는 방법으로는 전기 분해할 때 발생하는 산소와 수소가스를 다시 증류수로 환원시키는 촉매 마개를 사용하고 있다.

05 전기 장치

1 시동장치

(1) 기동전동기의 원리

플레밍의 왼손법칙을 이용하여 왼손의 엄지, 인지, 중지를 서로 직각이 되게 펴고 인지를 자력선의 방향으로, 중지를 전류의 방향에 일치시키면 도체에는 엄지의 방향으로 전자력이 작용한다.

플레밍의 왼손법칙 원리 **활용 장치** : 기동전동기, 전류계, 전압계 등

(2) 기동전동기의 종류와 특징

① 직권전동기 : 전기자 코일과 계자 코일이 직렬로 접속된 형태의 전동기
• 기동 회전력이 크며, 전동기의 회전력은 전기자의 전류에 비례한다.
• 부하를 크게 하면 회전속도가 낮아지고, 회전력은 커지며, 회전속도의 변화가 크다.

- 전기자 전류는 역기전력에 반비례하고 역기전력은 회전속도에 비례한다.
- 축전지 용량이 적어지면 기동전동기의 출력은 감소된다.
- 같은 용량의 축전지라 하더라도 기온이 낮으면 전동기 출력은 감소된다.
- 기관오일의 점도가 높으면 요구되는 구동 회전력도 증가된다.

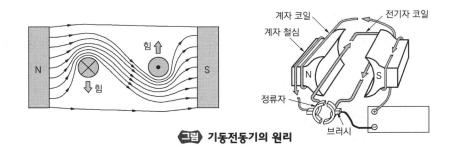

그림 **기동전동기의 원리**

② 분권 전동기 : 전기자 코일과 계자코일이 병렬로 접속된 형태의 전동기
③ 복권 전동기 : 전기자 코일과 계자코일이 직·병렬로 접속된 형태의 전동기

(3) 기동전동기의 구조와 기능

① 회전운동을 하는 부분

- **전기자(Armature)** : 전기자는 축, 철심, 전기자 코일 등으로 구성되어 있다.
- **정류자(commutator)** : 정류자는 기동전동기의 전기자 코일에 항상 일정한 방향으로 전류가 흐르도록 하기 위해 설치한 것

② 고정된 부분

- **계철과 계자철심** : 계철은 자력선의 통로와 기동전동기의 틀이 되는 부분이며, 계자철심은 계자코일에 전기가 흐르면 전자석이 되며, 자속을 잘 통하게 하고, 계자코일을 유지한다.
- **계자코일** : 계자코일은 계자철심에 감겨져 자력을 발생시키는 것이며, 계자코일에 흐르는 전류와 정류자 코일에 흐르는 전류의 크기는 같다.

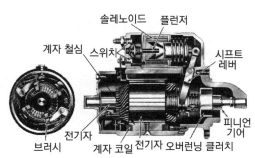

그림 **기동전동기**

- **브러시와 브러시 홀더** : 브러시는 정류자를 통하여 전기자 코일에 전류를 출입시키는 일을 하며, 일반적으로 4개가 설치된다. 스프링 장력은 스프링 저울로 측정하며, 0.5~1.0kg/㎠이다.

2 충전장치

(1) 자계와 자력선

① **자계** : 자력선이 존재하는 영역

② **자속** : 자력선의 방향과 직각이 되는 단위면적 1㎠에 통과하는 전체의 자력선을 말하며 단위로는 Wb를 사용한다.

③ **자기유도** : 자석이 아닌 물체가 자계 내에서 자기력의 영향을 받아 자성을 띠는 현상

그림 전자기 유도작용

④ **자기 히스테리시스현상** : 자화된 철편에서 외부자력을 제거한 후에도 자기가 잔류하는 현상

(2) 전자력의 세기

① 전자석은 전류의 방향을 바꾸면 자극도 반대가 된다.

② 전자석의 자력은 전류가 일정한 경우 코일의 권수와 공급전류에 비례하여 커진다.

③ 전자력의 크기는 자계내의 도선의 길이에 비례, 자계의 세기와 도선에 흐르는 전류에 비례한다.

④ 자력의 크기는 도선이 자계의 자력선과 직각이 될 때에 최대가 된다.

(3) 전자유도 작용

자기장 내에 도체를 놓고 그 도체를 움직이면 그 도체에 전압이 유도되는 현상

(4) 유도기전력의 방향

① **렌츠의 법칙** : 유도기전력은 코일 내의 자속 변화를 방해하는 방향으로 생긴다는 법칙

② **플레밍의 오른손 법칙** : 오른손 엄지, 인지, 중지를 서로 직각이 되게 펴고, 인지를 자력선의 방향에, 엄지를 도체의 운동방향에 일치 시키면 중지에 유도 기전력의 방향이 표시된다. (발전기의 원리)

③ **발전기 기전력**

• 로터코일을 통해 흐르는 여자 전류가 크면 기전력은 커진다.

- 로터코일의 회전속도가 빠르면 빠를수록 기전력 또한 커진다.
- 코일의 권수가 많고, 도선의 길이가 길면 기전력은 커진다.
- 자극의 수가 많아지면 여자되는 시간이 짧아져 기전력이 커진다.

(5) 교류(A.C) 충전장치

① 교류발전기의 특징

- 소형, 경량이다.
- 저속에서도 충전이 가능하다.
- 속도변화에 따른 적용 범위가 넓다.
- 출력이 크고, 고속회전에 잘 견딘다.
- 다이오드를 사용하기 때문에 정류 특성이 좋다.
- 컷아웃 릴레이 및 전류제한기를 필요로 하지 않는다.(전압조정기만 사용한다.)

② 교류발전기의 구조

- **스테이터** : 스테이터는 독립된 3개의 코일이 감겨져 있고 여기에서 3상 교류가 유기된다.
- **로터** : 로터 코일에 여자전류가 흐르면 N극과 S극이 형성되어 자화되며, 로터가 회전함에 따라 스테이터 코일의 자력선을 차단하므로 전압이 유기된다.
- **정류기** : 교류발전기에서 실리콘 다이오드를 정류기로 사용하며, 교류발전기에서 다이오드의 기능은 스테이터 코일에서 발생한 교류를 직류로 정류하여, 외부로 공급하고, 또 축전지에서 발전기로 전류가 역류하는 것을 방지한다.(과열을 방지하기 위해 엔드 프레임에 히트 싱크를 둔다.)

③ 교류 발전기의 작동

- 점화스위치 ON상태에서는 타여자 방식으로 로터 철심이 자화된다.
- 기관이 시동되면 스테이터 코일에서 발생한 교류는 실리콘 다이오드에 의해 정류된다.
- 기관 공전상태에도 발전이 가능하다.
- 기관 회전속도가 1000rpm이상이면 스테이터 코일에서 발생한 전류가 여자 다이오드를 통하여 로터 코일에 공급된다.

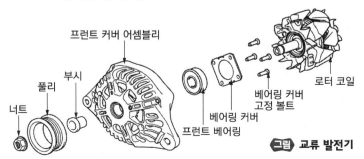

그림 교류 발전기

3 점화장치

연소실 안에 압축된 혼합기를 전기 불꽃으로 적절한 시기에 점화하여 연소시키는 장치

(1) 점화회로의 작동

① 자기유도작용(1차회로) : 코일에 흐르는 전류를 간섭하면 코일에 유도전압이 발생하는 작용

② 상호유도작용(2차회로) : 하나의 전기회로에 자력선의 변화가 생겼을 때 그 변화를 방해하려고 다른 전기회로에 기전력이 발생하는 작용

(2) 점화 스위치 : 축전지로부터 전원을 차단 또는 연결시키는 일종의 단속기

(3) 점화코일

① 점화코일은 12V의 저압 전류(1차 전류)를 배전기의 포인트의 단속으로 인하여 15,000~20,000V의 고압 전류(2차 전류)로 변전시키는 일종의 변압기

② 1차 코일에서는 자기유도작용과 2차 코일에서는 상호 유도작용을 이용

(4) 배전기의 구조

점화코일에서 송전된 고압전류를 점화순서에 따라 각 실린더에 전달해 주는 역할을 한다.

① 단속부 : 점화플러그에 불꽃을 튀게 하기 위하여 고전압을 발생시키기 위한 회로차단기

② 진각장치 : 점화플러그의 점화시기를 자동적으로 조절하는 장치

(5) 단속기 접점

접점이 닫혀 있을때는 점화1차 코일에 전류를 흘려 자력선을 일으키며 열릴 때는 1차 전류를 차단하여 2차 코일에 전압을 발생시킴

진각장치의 구성품 : 포인트, 콘덴서, 로우더 진각장치

(6) 축전기(콘덴서)

단속기 접점과 병렬로 연결되어 은박지와 절연지를 감아 케이스에 들어가 있으며, 접점이 열리면 1차 코일에 유기된 전류를 흡수하고 접점이 닫히면 다음과 같이 된다.

① 1차 코일에 전류의 흐름을 빠르게 한다.

② 접점의 소손을 방지하는 역할을 한다.

③ 2차 전압의 상승 역할을 한다.

단속기를 두는 이유는 전류가 직류이기 때문이다.

(7) 점화 진각기구

기관의 회전속도가 빨라짐에 따라 점화시기도 빠르게 맞추어 주는 장치

① **원심 진각기구** : 기관의 회전속도가 빨라짐에 따라 원심력에 의하여 원심추가 밖으로 벌어진다. 이 움직인 양만큼 단속기 접점의 열리는 시기가 빨라진다.

② **진공식 진각기구** : 흡기 매니폴드의 진공도에 따라 작용되며 기관의 부하가 걸린 정도에 따라 진각을 한다.

③ **옥탄 셀랙터** : 엔진연료의 옥탄가에 따라 점화 진각을 맞추어 놓은 것으로 조정기를 돌려 진각, 지연방향으로 점화시기를 조정한다.

(8) 고압 케이블

점화코일의 2차 단자와 배전기 캡의 중심단자를 연결하는 선과, 배전기의 플러그 단자와 점화 플러그를 연결한 고압의 절연전선(저항은 약10kΩ)

(9) 점화 플러그(스파크 플러그)

배전기와 연결된 고압케이블을 통해 고전압전류를 받아 압축된 혼합기에 불꽃을 튀겨 동력을 얻게 하는 일을 한다.

① **점화 플러그의 구성**
- 전극, 절연체, 셀
- 간극 : 0.7~1.0mm

② 플러그는 기관이 운전되는 동안 적당한 온도(450~600℃)를 유지하고 있어야 한다.

③ 고압축비 고속회전에는 냉형 플러그를 사용한다.

④ 800℃이상의 온도는 조기점화의 원인이 되기도 한다.

⑤ 저압축비 저속회전에는 열형 플러그를 사용한다.

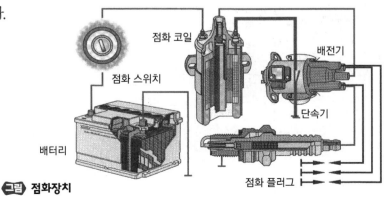

그림 점화장치

4 등화장치

(1) 조명의 용어

① 광도 : 빛의 세기 단위는 칸델라(cd)

② 조도 : 빛의 밝기 단위 룩스(lux)

(2) 전조등(헤드라이트)

① 시일드 빔 : 1개의 전구로 일체형임

② 세미 시일드빔 : 전구를 별개로 설치하는 형식

③ 할로겐 전조등

- 할로겐 사이클로 흑화 현상이 없어 수명 말기까지 밝기가 변하지 않는다.

- 색 온도가 높아 밝은 백색광을 얻을 수 있다.

- 교행용 필라멘트 아래의 차광판에 의해 눈부심이 적다.

- 전구의 효율이 높아 밝다.

(3) 등화장치의 종류

① 전조등 : 일몰시 안전주행을 위한 조명

② 안개등 : 안개 속에서 안전 주행을 위한 조명

③ 후진등 : 중장비가 후진할 때 점등되는 조명

④ 계기등 : 야간에 계기판의 조명을 위한 등

⑤ 방향지시등 : 기체의 좌우회전을 표시

⑥ 제동등 : 발로 브레이크를 걸고 있음을 표시

⑦ 차고등 : 차의 높이를 표시

⑧ 차폭등 : 차의 폭을 표시

⑨ 미등 : 차의 후면을 표시

⑩ 유압등 : 유압이 규정 이하로 내려가면 점등된다.

⑪ 충전등 : 축전기가 충전되지 않으면 점등된다.

⑫ 연료등 : 연료가 규정이하로 되면 점등된다.

(4) 등화장치의 고장원인

① 전조등의 조도가 부족한 원인

- 전구의 설치 위치가 바르지 않았을 때
- 전구의 장시간 사용에 의한 열화
- 전조등 설치부 스프링의 피로
- 렌즈 안팎에 물방울이 맺혔을 때
- 반사경이 흐려졌을 때

② 좌우 방향지시등의 점멸회수가 다르거나 한쪽만 작동될 때의 원인

- 전구의 용량이 다를 때
- 접지가 불량할때
- 전구 하나가 단선되었을 때

③ 좌우방향지시등의 점멸이 느린 경우의 원인

- 전구의 용량이 규정보다 작을 경우
- 축전지 용량이 저하되었을 때
- 플래시 유닛에 결함이 있을 경우

④ 좌우 방향지시등의 점멸이 빠른 경우의 원인

- 전구의 용량이 규정보다 크다.

01 200V의 전압을 가하여 5A의 전류를 흐르는 도체의 저항은?

① 500Ω　　　　② 20Ω
③ 0.05Ω　　　　④ 40Ω

해설 옴의 법칙으로 풀면 된다.

$$R = \frac{E}{I} = \frac{200}{5} = 40Ω$$

02 다음과 같이 저항 10Ω 저항 4개를 연결하였을 때 합성저항은?

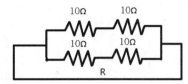

① 10Ω　　　　② 15Ω
③ 20Ω　　　　④ 25Ω

해설 직렬로 연결된 두 개 저항을 병렬연결로 보고 해석하면 된다.

$$\frac{1}{R_t} = \frac{1}{R_1} + \frac{1}{R_2}$$
$$R_1 = 10 + 10 = 20Ω, \ R_2 = 10 + 10 = 20Ω$$
$$\frac{1}{R_t} = \frac{1}{20} + \frac{1}{20} = \frac{1}{10}, \ R_t = 10Ω$$

03 100V 전압에서 2A의 전류가 흐르는 전열기를 5시간 사용하였을 때의 소비전력량(kWh)은?

① 1kWh　　　　② 2kWh
③ 3kWh　　　　④ 10kWh

해설
$$P(kW \cdot h) = IVh = \frac{2A \times 100V}{1000} \times 5시간$$
$$= 1,000Wh = 1kW \cdot h$$

04 24V의 축전지에 R1=3Ω, R2=4Ω, R3=5Ω의 저항을 직렬로 접속하였을 때 흐르는 전류의 세기는 얼마인가?

① 24A　　　　② 12A
③ 6A　　　　④ 2A

해설 직렬연결의 합성저항은 모두 더한다. R=3+4+5=12Ω

$$I = \frac{E}{R} = \frac{24}{12} = 2A$$

05 트랙터용 12V 발전기의 발전 전류가 30A이면 이 발전기의 저항은?

① 0.5Ω
② 0.4Ω
③ 0.3Ω
④ 0.2Ω

해설 옴의 법칙

$$I(A) = \frac{E(V)}{R(Ω)}, \ R(Ω) = \frac{E(V)}{I(A)} = \frac{12V}{30A} = 0.4Ω$$

06 3기통 디젤 엔진의 예열플러그 회로는 직렬로 연결되어 있으며, 전원은 12V이다. 이때 예열플러그 1개당의 저항이 1/10Ω이면 이 예열플러그에 흐르는 전류는?

① 50A
② 20A
③ 30A
④ 40A

해설 전압은 일정하게 12V가 공급이 되면 3기통이기 때문에 전체 저항은 3/10Ω이 된다. 옴의 법칙을 이용하여 아래 식과 같이 계산한다.

$$I = \frac{V}{R} = \frac{12}{\frac{3}{10}} = 40A$$

07 12V, 60Ah 배터리로 12V 전구 2개를 사용하였더니 암메터에 나타나는 지시값이 7.5A였다. 이 전구는 몇W용인가?

① 5W

② 25W

③ 45W

④ 65W

해설 전구 하나에 소모되는 전력량을 구하는 것이다.

$$W_t = 12V \times 7.5A = 90W$$

$$W = \frac{W_t}{2} = 45W$$

08 축전지 연결 방법에서 같은 극끼리 연결하는 방법은?

① 병렬연결

② 직병렬 연결

③ 직렬연결

④ 복합 연결

09 R_1, R_2의 저항을 병렬로 접속할 때 합성저항은?

① $R_1 + R_2$

② $R_1 + R_2 / R_1 \times R_2$

③ $R_1 \times R_2 / R_1 + R_2$

④ $1 / R_1 + R_2$

해설 병렬연결 시 합성저항(Rt)

$$\frac{1}{R_t} = \frac{1}{R_1} + \frac{1}{R_2} = \frac{R_2 + R_1}{R_1 \times R_2}$$

$$\therefore R_t = \frac{R_1 \times R_2}{R_1 + R_2}$$

10 다음 그림에서 합성저항 값은?

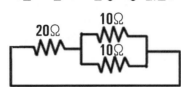

① 10Ω

② 15Ω

③ 20Ω

④ 25Ω

해설 직렬연결 시 $Ra + Rb + Rc \cdots = Rt$

병렬연결 시

$$Rt = \frac{1}{Ra} + \frac{1}{Rb} + \frac{1}{Rc} \cdots + \frac{1}{Rn}$$

$$R_1 = 20 \quad \frac{1}{R_2} = \frac{1}{10} + \frac{1}{10} = \frac{2}{10} = \frac{1}{5} \Rightarrow R_2 = 5$$

$$\therefore Rt = R_1 + R_2 = 25$$

11 100V, 500W의 전열기를 80V에서 사용하면 소비전력은 몇W인가?

① 245

② 320

③ 400

④ 600

해설 $P = I(A) \times E(V) = \frac{E(V)}{R(\Omega)} \times E(V) = \frac{E(V)^2}{R(\Omega)}$

$$500W = \frac{100^2}{R(\Omega)} \Rightarrow R(\Omega) = \frac{10,000}{500} = 20\Omega$$

동일한 전열기에 전압만 변경되므로 저항은 20Ω으로 일정함.

$$P = I(A) \times E(V) = \frac{E(V)}{R(\Omega)} \times E(V) = \frac{E(V)^2}{R(\Omega)}$$

$$P = \frac{E(V)^2}{R(\Omega)} \Rightarrow P = \frac{80^2}{20} = \frac{6,400}{20} = 320W$$

12 70Ah용량의 축전지를 7A로 계속 사용하면 몇 시간동안 사용할 수 있는가?

① 1

② 10

③ 77

④ 490

해설 1Ah는 1A의 전류를 1시간 사용할 수 있는 용량을 말한다.

$$70Ah = 7A \times 10h \quad \therefore 10시간$$

13 100V의 전압에서 1A의 전류가 흐르는 전구를 10시간 사용하였다면 전구에서 소비되는 전력량(Wh)은?

① 60000

② 1000

③ 100

④ 10

해설 전력량$(Wh) = I(A) \times E(V) \times h$

$= 1A \times 100V \times 10h$

$= 1000Wh$

14 축전지의 용량이 240Ah라면, 이 축전지에 부하를 연결하여 12A의 전류를 흘리면 몇 시간 동안 사용이 가능한가?

① 10   ② 20

③ 30   ④ 40

해설 1Ah는 1A의 전류를 1시간 사용할 수 있는 용량을 말한다.

$240Ah = 12A \times 20h$ ∴ 20시간

15 70Ah용량의 축전지를 7A로 계속 사용하면 몇 시간 동안 사용할 수 있는가?

① 1시간

② 10시간

③ 77시간

④ 490시간

해설 용량(Ah)=사용전류(A)×시간(h)=7A×10h=70Ah

16 5Ω의 저항이 3개, 7Ω의 저항이 5개, 100Ω의 저항이 1개 있다. 이들을 모두 직렬로 접속할 때 합성저항은?

① 150Ω

② 200Ω

③ 350Ω

④ 300Ω

해설 직렬연결은 전압과 저항은 모두 더하면 된다.

$Rt = Ra + Rb + \cdots + Rn$

$Rt = 5\Omega \times 3 + 7\Omega \times 5 + 100\Omega \times 1 = 150\Omega$

17 1쿨롱의 전기가 저장되는 콘덴서의 용량은?

① 1V

② 1A

③ 1Ω

④ 1F

해설 1C(쿨롱)의 전하를 저장하고 있는 콘덴서의 용량은 1F(페럿)이다.

18 다음 중 콘덴서의 절연도를 측정할 수 있는 시험으로 적합한 것은?

① 용량시험   ② 누설시험

③ 고주파시험   ④ 직렬시험

해설 콘덴서는 전하의 저장하며 필요시 사용하는 부품으로 용량시험을 해야 한다.

19 6Ω과 3Ω의 저항을 직렬로 접속할 경우는 병렬로 접속할 경우의 몇 배의 저항이 되는가?

① 2   ② 4.5

③ 6.5   ④ 9

해설 직렬연결시 합성저항

$Rt = Ra + Rb = 6 + 3 = 9\Omega$

병렬연결시 합성저항

$\frac{1}{Rt} = \frac{1}{Ra} + \frac{1}{Rb} = \frac{1}{6} + \frac{1}{3} = \frac{1}{6} + \frac{2}{6} = \frac{3}{6} = \frac{1}{2}$

직렬연결 시 합성저항은 9Ω이고 병렬연결 시 2Ω이므로 4.5배이다.

20 저항의 직렬회로에서 전압강하의 합과 같은 것은?

① 전류

② 저항

③ 전원의 전압

④ 분기회로의 전압

해설 저항의 직렬회로에서 전압강하는 전원의 전압과 같다.

21 3Ω, 10Ω, 15Ω의 저항 3개를 병렬로 접속할 때의 합성저항은?

① 2Ω   ② 6Ω

③ 8Ω   ④ 28Ω

해설 $\frac{1}{R_t} = \frac{1}{R_a} + \frac{1}{R_b} + \frac{1}{R_c} = \frac{1}{3} + \frac{1}{10} + \frac{1}{15}$

$= \frac{10}{30} + \frac{3}{30} + \frac{2}{30} = \frac{15}{30} = \frac{1}{2}$ $R_t = 2\Omega$

Answer   14.②   15.②   16.①   17.④   18.①   19.②   20.③   21.①

22 6V 납 축전지 4개로 24V의 기동전동기에 연결하려면?

① 직렬로 한다.　　② 병렬로 한다.

③ 직·병렬로 한다.　④ 사용할 수 없다.

해설 직렬로 연결해야 한다.

23 축전기와 단속기의 연결방법은?

① 직렬접속　　　　② 병렬접속

③ 직병렬 접속　　　④ Y결선

24 동선의 온도가 상승하면 저항은?

① 일정하다.　　　　② 커진다.

③ 작아진다.　　　　④ 아무변화가 없다.

해설 저항은 온도가 상승하면 저항은 커지고, 선의 두께가 굵어지면 저항은 작아진다. 또한 선의 길이가 길어지면 저항은 커진다.

25 고유저항이 작은 물질부터 순서대로 배열된 것은?

① 은, 동, 알루미늄, 니켈

② 은, 동 니켈, 알루미늄

③ 동, 은, 니켈, 알루미늄

④ 동, 은, 알루미늄, 니켈

해설 고유저항의 순서 "은 < 동 < 금 < 알루미늄 < 니켈" 이다.

26 점화장치 중 점화코일의 온도가 상승하면 코일내의 저항값은 어떻게 변화하는가?

① 저항이 증가한다.

② 저항이 감소한다.

③ 저항이 증가하다가 감소한다.

④ 저항값은 변하지 않고 일정하다.

해설 온도가 상승하면 저항값은 커진다.

27 매초 2C의 전하가 이동할 때 도체 내에 흐르는 전류는?

① 0.5A　　　　　　② 1A

③ 1.5A　　　　　　④ 2A

해설 매초 1C의 전하가 이동하는 것을 1A(암페어)라고 한다. 그러므로 초당 2C의 전하가 이동하면 2A(암페어)가 된다.

28 2[V]의 기전력으로 20[J]의 일을 할 때 이동한 전기량은?

① 10[C]

② 0.1[C]

③ 40[C]

④ 2400[C]

해설 일(J)=전압(V)×전하량(C)

전하량(C)=일(J)/전압(V)

=20J/2V=10C

29 어떤 도체를 t초 동안 Q(C)의 전기량이 이동하며 이때 흐르는 전류I(A)는?

① $I = \dfrac{t}{Q}$

② $I = \dfrac{Q}{t}$

③ $I = Q \times t$

④ $I = \dfrac{Q}{t^2}$

30 도체내의 임의 한 점을 매초 2C(쿨롱)의 전기량이 통과할 때 도체 내에 흐르는 전류의 세기는?

① 0.5[A]

② 1[A]

③ 1.5[A]

④ 2[A]

해설 1초에 1C(쿨롱)의 전기량이 통과할 때 1A의 전류가 흐른다. 위에서는 1초에 2C의 전기량이 통과하기 때문에 2A가 된다.

Answer　**22.**①　**23.**②　**24.**②　**25.**①　**26.**①　**27.**④　**28.**①　**29.**②　**30.**④

31 다음 중 전기저항이 가장 큰 전구는?

① 12V용 6W
② 12V용 12W
③ 12V용 24W
④ 12V용 36W

> 해설 전력(W)=I×V=A×12 = 6 → I=0.5A →
> $R = \dfrac{E}{I} = \dfrac{12}{0.5} = 24\Omega$
> 전력(W)=I×V=A×12=36 → I=3A →
> $R = \dfrac{E}{I} = \dfrac{12}{3} = 4\Omega$

32 전자를 설명한 것이다. 틀린 것은?

① 원자를 구성하는 요소이다.
② 전기가 흐리기 위해서 전자의 이동이 있어야 한다.
③ 전자의 흐름은 (+)에서 (−)로 이동한다.
④ 전기 용량은 전하라고 표현하고 단위는 C(쿨롱)을 사용한다.

> 해설 전자의 흐름은 (−)에서 (+)로 이동한다.

33 전압을 설명한 것이다. 옳지 않은 것은?

① 높은 쪽에서 낮은 쪽으로 흐르는 전위차를 말한다.
② +1C의 전하를 옮기는데 1KJ의 일이 필요하다.
③ 단위는 V를 사용한다.
④ 양전하와 음전하의 에너지 차이다.

> 해설 +1C의 전하를 옮기는데 1J의 일이 필요하다.

34 전류의 설명이다. 옳지 않은 것은?

① 수많은 전자의 이동의 정도를 전류라고 한다.
② 단위는 암페어(A)를 사용한다.
③ 단위 시간당 통과하는 전자량으로 표현한다.
④ 전하가 옮겨지는 강도를 말한다.

> 해설 전하가 옮겨지는데 필요한 에너지는 볼트(V)이다.

35 전류의 3대 작용이 아닌 것은?

① 발열작용
② 화학작용
③ 자기작용
④ 물리작용

> 해설 전류의 3대작용은 발열작용, 화학작용, 자기작용이다.

36 전류를 흐르게 하는 능력을 무엇이라고 하는가?

① 전기량   ② 저항
③ 기전력   ④ 중성전하

37 저항의 설명이다. 옳지 않은 것은?

① 도체에서 전류의 흐름을 원활하게 하는 정도
② 저항의 크기는 물질의 재질, 형태, 단면적, 길이 등에 따라 달라진다.
③ 단위는 옴(Ω)을 사용한다.
④ 저항은 온도의 변화와는 상관이 없다.

> 해설 저항은 온도가 올라가면 저항값은 커진다.

38 물질이 자유전자의 이동으로 양전기나 음전기를 띠게 되는 현상을 무엇이라고 하는가?

① 접지   ② 전기량
③ 대전   ④ 중성자

39 어떤 전선의 길이를 A배, 단면적을 B배로 하면 전기저항은?

① (B/A)
② (A×B)
③ (A/B)
④ (A×B/2)

> 해설 저항은 길이에 비례하고 단면적에 반비례한다. 그러므로 A/B로 표현할 수 있다.

Answer 31.① 32.③ 33.② 34.④ 35.④ 36.③ 37.④ 38.③ 39.③

40 0.02A는 몇 μA인가?

① 2×10^{-4} μA
② 2×10^{4} μA
③ 2×10^{-6} μA
④ 2×10^{8} μA

해설 μA는 10^{-6}A을 의미하며 0.02A이므로 2×10^{-4}이 된다.

41 100Ah 축전지는 300A의 전기를 얼마동안 발생시킬 수 있는가?

① 5분
② 15분
③ 10분
④ 20분

해설 전기량(Ah)=전류×시간=300A×t
100Ah = 300A×t
$t = \dfrac{100}{300} \times 60분(1시간) = 20분$

42 축전지의 용량이 240[Ah]라면, 이 축전지에 부하를 연결하여 12[A]의 전류를 흘리면 몇 시간 동안 사용이 가능한가?

① 10시간
② 20시간
③ 30시간
④ 40시간

해설 축전지 용량[Ah]=축전지 부하[A]×시간(h)
240[Ah]=12[A]×20[h]

43 도체 내 임의의 한 점을 매초 2쿨롱의 전기량이 통과할 때 도체 내에 흐르는 전류의 세기는?

① 0.5A
② 1A
③ 1.5A
④ 2A

해설 1초 동안 1쿨롱의 전기량이 통과하면 1A이다. 1초 동안 2쿨롱의 전기량이 통과하면 2A이다.

44 1C의 전기량이 이동할 때, 1J의 일을 하면?

① 전위차가 1V이다.
② 전류가 1A흐른다.
③ 저항이 1Ω이다.
④ 전력이 1W이다.

45 120Ω의 저항 4개를 연결하여 얻을 수 있는 가장 적은 저항값은 얼마인가?

① 30Ω
② 20Ω
③ 12Ω
④ 6Ω

해설 저항을 직렬연결할 때 합성저항은 480Ω이지만 병렬연결하면 30Ω이 된다.

46 전기장치에서 가장 빠른 스위치 작용을 할 수 있는 소자는?

① 트랜지스터
② 다이오드
③ SCR(사이리스터)
④ 릴레이

해설 • 트랜지스터 : 스위치 작용과 증폭작용을 한다.
• 다이오드 : 한쪽으로만 전기가 흐르도록 하는 반도체
• 릴레이 : 입력이 설정값에 도달했을 때 작동하는 스위치

47 다음 중 전기 계통을 점검 및 정비할 때 필요하지 않은 부분은?

① 점화코일
② 리테이너
③ 콘덴서
④ 점화플러그

해설 리테이너는 베어링에서 볼이나 롤이 일정한 간격을 유지할 수 있도록 축을 고정시키며 오일의 누유를 방지하는 부품이다.

Answer 40.① 41.④ 42.② 43.④ 44.① 45.① 46.③ 47.②

48 다음 중 자기작용과 가장 거리가 먼 것은?

① 전동기   ② 발전기
③ 콘덴서   ④ 2차 코일

해설 콘덴서는 대전을 이용한 장치이다.

49 헤드라이트의 3요소는?

① 필라멘트, 반사경, 렌즈
② 필라멘트, 반사경, 스위치
③ 필라멘트, 축전기, 스위치
④ 필라멘트, 확산기, 스위치

50 물질의 고유저항을 무엇이라고 하는가?

① 전저항
② 부분저항
③ 내부저항
④ 비저항

해설 물질의 고유저항은 비저항이라고 한다.

51 다음 중 퓨즈블링크의 설명으로 옳은 것은?

① 아주 미세한 전류가 흐르는데 사용한다.
② 여러 개의 퓨즈를 한군데로 모아서 연결한 것이다.
③ 전류가 역류하는 것을 방지하는 것이다.
④ 과전류가 흐를 때 단선되도록 한 전선의 일종이다.

해설 퓨즈블링크는 과전류가 흐를 때 단선되도록 한 전선의 일종이다.

52 트랙터용 AC발전기에서 3상 전파정류에 사용되는 다이오드 수는?

① 1개   ② 3개
③ 4개   ④ 6개

해설 단상의 다이오드 수는 4개, 3상의 다이오드 수는 6개로 구성되어야 한다.

53 컷아웃 릴레이의 컷인 전압을 전압 조정기의 조정 전압과 비교하면?

① 낮다.
② 높다.
③ 같다.
④ 상태에 따라 다르다.

해설 컷인 전압이 상승하여 컷 아웃 릴레이에서 축전지로 전류가 흐르면 접점이 닫히는데, 이때의 전압을 컷인 전압이라고 하고 12V용에서는 13~14V이다. 하지만 전압조정기의 조정전압은 일정하게 전압을 조정해 주는 기능이므로 컷인 전압보다는 낮다.

54 축전지의 방전 시 나타나는 것은?

① Pb   ② PbO_2
③ $PbSO_4$ ④ H_2SO_4

해설 축전지가 방전을 할 경우 음극과 양극 모두 $PbSO_4$(황산납)으로 변한다.

55 축전지의 통기 구멍마개가 6개 있는 축전지 2개를 직렬로 연결하였다면 총 몇 V(볼트)의 전압이 나오는가?(단, 완전 충전된 것임)

① 6V   ② 12V
③ 24V   ④ 36V

해설 축전지의 통기구멍마개가 6개있으면 12V 축전지를 의미하고 2개를 직렬로 연결하게 되면 24V가 된다.

56 축전지의 전해액 보충 시 가장 좋은 것은?

① 증류수   ② 수돗물
③ 바닷물   ④ 강물

해설 전해액은 묽은 황산으로 전해액이 부족할 경우 증류수를 넣어준다.

Answer   48.③   49.①   50.④   51.④   52.④   53.①   54.③   55.③   56.①

57 납축전지를 충전하는 음극판은 무엇으로 변하는가?

① 과산화납　　② 납
③ 황산납　　　④ 일산화납

해설 음극판은 납, 양극판은 과산화납

58 축전지의 전해액 보충 시 가장 적합한 것은?

① 증류수
② 수돗물
③ 바닷물
④ 강물

해설 $PbO_2 + 2H_2SO_4 + Pb \Leftrightarrow PbSO_4 + 2H_2O + PbSO_4$
(양극판) + (전해액) + (음극판) ⇔ (황산납) + (물 = 증류수) + (황산납) 축전지의 전해액을 보충할 때는 증류수를 보충해야 한다.

59 다음 중 축전지 케이블단자(터미널)청소에 가장 적당한 것은?

① 탄산가스
② 그리스
③ 전해액
④ 탄산수소나트륨

해설 축전지 케이블 단자에는 흰색 곰팡이처럼 부식이 발생할 경우 청소를 해줘야 한다. 이를 제거하기 위해서는 탄산수소나트륨을 활용하여 청소해야 한다.

60 축전지의 통기구멍 마개가 6개 있는 축전지 3개를 직렬로 연결하였다면 총 전압은 약 몇 V인가?

① 6　　　　　② 12
③ 24　　　　 ④ 36

해설 축전지의 구조는 한 개의 셀당 평균 2V의 전압이 발생할 수 있도록 되어 있으므로 12V 축전지이다. 같은 축전지를 3개 직렬 연결할 경우 전압은 3배가 된다. 참고로 직렬연결을 했을 경우 전류 용량은 변하지 않는다. 병렬 연결하였을 경우에는 전압은 12V 그대로지만 전류의 용량이 3배가 된다.

61 다음 중 납축전지에 넣는 전해액으로 옳은 것은?

① 묽은 염산액　　② 묽은 황산액
③ 묽은 초산액　　④ 묽은 수산액

해설 $PbO_2 + 2H_2SO_4 + Pb \Leftrightarrow PbSO_4 + 2H_2O + PbSO_4$
(양극판) + (전해액) + (음극판) ⇔ (황산납) + (물 = 증류수) + (황산납) 축전지의 전해액은 묽은 황산액(H_2SO_4)으로 한다.

62 납축전지에서 전해액의 자연 감소되었을 때 보충액으로 가장 적합한 것은?

① 묽은 황산　　② 묽은 염산
③ 증류수　　　 ④ 수돗물

해설 전해액이 감소되었을 시에는 증류수를 보충해야 한다. 전해액은 묽은 황산이다.

63 트랙터에서 축전지를 제거할 때 순서로 옳은 것은?

> 1. 축전지의 − 선을 뗀다.
> 2. 축전지의 + 선을 뗀다.
> 3. 축전지의 누름판을 뗀다.
> 4. 축전지를 트랙터에서 들어낸다.

① 2→1→3→4　　② 1→2→3→4
③ 1→3→2→4　　④ 2→3→1→4

해설 축전지의 −선을 뗀다. → 축전지의 +선을 뗀다. → 축전지의 누름판을 뗀다. → 축전지를 트랙터에서 들어낸다.

64 납축전지에서 충전이 완료되었을 때 양극판과 음극판에서 발생되는 가스는?

① 양극판 : 수소, 음극판 : 산소
② 양극판 : 산소, 음극판 : 수소
③ 양극판 : 황산, 음극판 : 황산
④ 양극판 : 수소, 음극판 : 황산

해설 납축전지가 충전이 완료되었을 때 양극판에서는 산소가, 음극판에서는 수소가 발생하며, 이로 인하여 전해액을 보충 시 증류수를 보충하는 것이다.

Answer　57.② 58.① 59.④ 60.④ 61.② 62.③ 63.② 64.②

65 다음 중 방전된 축전지에 충전이 잘 되지 않는 원인으로 적합하지 않은 것은?

① 전압조정기의 조정설정이 높다.
② 조정기 접점이 오손되었다.
③ 배선 또는 연결이 불량하다.
④ 발전기가 불량하다.

해설 전압조정기의 조정설정이 높을 경우 충전이 가능하나 과충전에 주의해야 한다.

66 납축전지에서 완전 충전된 상태의 양극판은?

① Pb
② PbO$_2$
③ PbSO$_4$
④ H$_2$SO$_4$

해설 납축전지의 양극판은 산화납(PbO$_2$), 음극판은 납(Pb)이다.

67 축전지의 용량 선정의 요소가 아닌 것은?

① 방전 전류
② 방전 시간
③ 축전지 구조
④ 부하 특성

해설 축전지의 구조는 용량 선정의 요소에 해당되지 않는다.

68 축전지의 올바른 사용법으로 옳지 않은 것은?

① 연속적으로 큰 전류를 방전 시키지 말아야 한다.
② 케이스 양 케이블의 설치상태를 정기적으로 점검한다.
③ 축전지를 사용치 않을 때는 2개월마다 보완충전을 한다.
④ 전해액의 양과 비중을 정기적으로 점검한다.

해설 축전지를 사용하지 않을 때는 6개월마다 보완 충전을 해야 한다.

69 납축전지의 전해액의 비중은 온도 1℃당 얼마씩 변화하는가?

① 0.007
② 0.005
③ 0.0004
④ 0.0007

해설 $S_{20} = S_t + 0.0007(t-20)$

S_{20} = 비중
S_t = 실측한 기준(보통 20℃를 기준으로 1.28)
t = 전해액의 온도(℃)

70 납축전지의 방전 시 화학작용을 옳게 나타낸 것은?

① PbO$_2$ → PbSO$_4$: 양극
② Pb → PbSO$_4$: 양극
③ 2H$_2$SO$_4$ → PbSO$_4$: 전해액
④ 2H$_2$SO$_4$ → 2H$_2$: 전해액

해설 납축전지의 방전시 양극판과 음극판에는 황산화납(PbSO$_4$)으로 변하고 전해액은 물(H$_2$O)로 변한다.

71 납축전지의 용량에 대한 설명으로 옳은 것은?

① 음극판 단면적에 비례하고 양극판 크기에 반비례한다.
② 양극판의 크기에 비례하고 음극판의 단면적에 반비례한다.
③ 극판의 표면적에 비례한다.
④ 극판의 표면적에 반비례한다.

해설 납축전지의 용량은 극판의 표면적에 비례한다.

72 다음 중 납축전지의 특징이 아닌 것은?

① Ah당 단가가 낮다.
② 충·방전 전압 차이가 크다.
③ 공칭 전압은 셀당 약 2V이다.
④ 전해액의 비중으로 충·방전의 상태를 알 수 있다.

해설 납축전지는 충·방전 전압의 차이가 작다.

Answer 65.① 66.② 67.③ 68.③ 69.④ 70.① 71.③ 72.②

73 다음 중 납축전지에서 충전 시 음극판은 무엇으로 변화 되는가?

① Pb ② PbO₂
③ Sb ④ Sn

해설 납축전지의 양극판은 산화납(PbO₂), 음극판은 납(Pb)이다.

74 비중계의 눈금이 1.280이고, 이때 전해액의 온도는 −10℃이다. 표준상태의 비중으로 환산한 것은?

① 1.242 ② 1.249
③ 1.252 ④ 1.259

해설 표준상태는 20℃를 기준으로 하므로 10℃에 대한 비중의 차이를 계산하면 된다.
$$1.280+0.0007×(−10℃−20℃)$$
$$=1.280−0.021=1.259$$

75 축전지에 관한 설명 중 틀린 것은?

① 납축전지를 많이 사용한다.
② 축전지의 음극은 차체에 접지 되어 있다.
③ 점화장치의 2차 회로에 전기에너지를 공급한다.
④ 화학 작용에 의하여 화학에너지를 전기에너지로 전환시킨다.

해설 점화장치의 2차회로는 전기에너지를 축전지에 공급하지 못하며 점화플러그에 고전압으로 전달하는 장치이다.

76 축전지의 점검, 취급 사항 중 적합하지 않은 것은?

① 축전지를 사용하지 않을 때에는 3개월마다 충전한다.
② 전해액 량을 정기적으로 점검한다.
③ 전해액 비중을 정기적으로 점검한다.
④ 축전지의 단자와 커버 윗면을 깨끗이 한다.

해설 축전지를 사용하지 않을 때에는 6개월마다 확인 후 충전한다.

77 축전지의 역할에 대해서 옳지 않은 것은?

① 접점사이에 발생되는 불꽃을 흡수하여 접점이 소손되는 것을 방지한다.
② 1차 전류의 차단시간을 단축하여 2차 전압을 저하 시킨다.
③ 접점이 닫혀있을 때는 축적한 전하를 방출하여 1차 전류의 회복이 속히 이루어지도록 한다.
④ 축전기는 접점 사이에 불꽃 방전을 방지한다.

78 축전지에 전해액 보충 시 적당한 것은?

① 1~2mm ② 5~8mm
③ 8~10mm ④ 10~13mm

해설 축전지에 전해액 보충 시 10~13mm가 적당하다.

79 전해액의 액량은 몇mm가 적당하며 부족 시 보충액은?

① 극판위 15mm 액이 부족할 시 전해액 보충
② 극판위 15mm 액이 부족할 시 황산 보충
③ 극판위 13mm 액이 부족할 시 질산 보충
④ 극판위 13mm 액이 부족할 시 증류수 보충

해설 전해액의 양은 극판위 13mm가 적당하며 부족할 때에는 증류수를 보충한다.

80 다음 중 레귤레이터의 구성품이 아닌 것은?

① 전압조정기
② 전류조정기
③ 회로차단기(컷아웃 릴레이)
④ 전력조정기

해설 레귤레이터는 전압, 전류 등을 조정하고, 역류 등을 차단하는 회로 차단기로 구성된다.

Answer 73.① 74.③ 75.③ 76.① 77.② 78.④ 79.④ 80.④

81 축전지 충전 시 주의사항이 아닌 것은?

① 반드시 환기 장치를 설치한다.
② 플러그를 모두 열어야 한다.
③ 축전지 전해액 온도는 35℃이상으로 한다.
④ 암모니아수나 탄산소다를 준비한다.

해설 축전지 충전 시 화학작용에 의해 수소가스가 발생하므로 플러그를 열고, 환기를 해야 한다. 전해액이 묻거나 단자를 닦을 때는 암모니아수나 탄산소다를 사용하여 세척한다. 축전지의 전해액 온도는 45℃이하로 해야 한다.

82 단속기 내 축전지의 역할과 관계가 없는 것은?

① 1차 전류의 차단시간을 단축하여 2차 전압을 높인다.
② 점화 2차 코일에 발생하는 유도전류를 흡수한다.
③ 접점사이에 발생되는 불꽃을 흡수하여 접점의 소손을 막는다.
④ 충전한 전하를 방출하여 1차 전류의 회복이 속히 이루어지도록 한다.

해설 단속기 내 축전지의 역할은 1차 전류의 차단시간을 단축하여 2차 전압을 높이고 접점사이에 발생되는 불꽃을 흡수하여 접점의 소손을 막아준다. 충전한 전하를 방출하여 1차 전류의 회복을 빠르게 하는 역할을 한다.

83 MF(무정비 축전지)의 특성이 아닌 것은?

① 증류수를 점검하거나 보충하지 않아도 된다.
② 자기방전 비율이 매우 높다.
③ 장시간 보관이 가능하다.
④ 충전 시 발생되는 산소와 수소가스는 다시 증류수로 환원시키는 촉매마개를 사용한다.

해설 MF(무정비 축전지)는 자기 방전 비율이 매우 낮다.

84 알카리 축전지의 장점이 아닌 것은?

① 에너지 밀도가 낮다.
② 과충전, 과방전등 가혹한 조건에 잘 견딘다.
③ 출력 밀도가 크다.
④ 충전시간이 짧고, 수명이 매우 길다.

해설 알카리 축전지는 에너지 밀도가 낮은 것은 단점이다.

85 전기적 에너지를 받아서 기계적 에너지로 바꾸는 것은?

① 변압기   ② 정류기
③ 전동기   ④ 발전기

해설 •전동기 : 전기에너지를 기계적 에너지로 바꾸는 장치
•변압기 : 전압을 변화시키는 장치
•발전기 : 기계적 에너지를 전기적 에너지로 바꾸는 장치
•정류기 : 교류전류를 직류 전류로 바꾸기 위한 장치

86 기동전동기의 구동피니언을 무엇에 의해 역회전이 방지되는가?

① 자기 스위치   ② 오버러닝 클러치
③ 계철   ④ 계자

해설 기동전동기의 구동피니언은 오버러닝 클러치에 의해 역회전을 방지한다.

87 기동전동기의 동력전달 순서가 옳은 것은?

① 기동전동기 스위치 → 기동전동기 회전 → 피니언 회전 → 크랭크 축
② 기동전동기 스위치 → 피니언 회전 → 기동전동기 회전 → 크랭크 축 회전
③ 기동전동기 회전 → 크랭크축 회전 → 기동전동기 회전 → 피니언 회전
④ 기동전동기 스위치 → 크랭크축 회전 → 피니온 회전 → 기동전동기 회전

해설 기동전동기의 동력전달 순서는 기동전동기 스위치→기동전동기 회전→피니언 회전 →크랭크 축 순서로 이루어진다.

88 다음 중 회로시험기(테스터)로 측정할 수 없는 것은?

① 직류 전류
② 직류 전압
③ 저항
④ 전력

89 다음 전압계를 사용하는 방법 중 틀린 것은?

① (+), (−)의 단자는 각각 전원의 (+), (−)에 일치한다.
② 전압계의 다이얼을 낮은 볼트 위치에 놓고 측정 후 점차 높은 볼트 위치에 놓는다.
③ 측정하고자 하는 부하와 병렬로 연결한다.
④ 측정 범위의 전압계를 선택한다.

해설 전압계의 다이얼을 높은 볼트 위치에서 낮은 볼트 위치로 점차 낮추면서 측정해야 한다.

90 기동전동기의 회전속도가 낮고 과도한 전류가 회로 내에서 흐르며 회전력의 발생이 작은 원인과 관계없는 것은?

① 베어링 오손 및 마멸
② 전기자축의 휨
③ 전기자 또는 계자의 접지
④ 당김코일 단락

해설 당김코일의 단락이 발생하면 회전을 위한 전류를 전달하지 못하기 때문에 회전력의 발생이 작게 하는 원인이 아니고 회전을 못하게 된다.

91 다음 중 자기작용과 가장 거리가 먼 것은?

① 전동기　　　② 발전기
③ 콘덴서　　　④ 2차 코일

해설 전동기, 발전기, 2차 코일 등은 자기작용을 이용한다. 하지만 콘덴서는 도전체를 사이에 두고 두 개의 도체를 마주 보개한 곳으로 전하의 전위차를 이용하여 전하 축적에 사용된다.

92 기동전동기의 정류자는 브러시에 전류를 어떻게 흐르게 하는가?

① 일정 방향으로
② 모든 방향으로
③ 차단상태로
④ 전기자 철심으로

해설 정류자의 기능은 통전기능과 일정한 전류가 흐를 수 있도록 하는 기능을 한다.

93 기동전동기 전기자의 개회로는 보통 어느 곳에서 일어나는가?

① 코일 밴드
② 코일 연결부분
③ 브러시선 연결부분
④ 정류자

94 다음 중 기동전동기의 피니온과 링 기어의 물림방식에 속하지 않는 것은 어느 것인가?

① 벤딕스
② 유니버셜식
③ 오버러닝 클러치식
④ 전기자 슬립식

95 유도전동기의 실제 회전자의 회전속도와 동기속도는 무엇에 의해 그 속도의 차가 발생하는가?

① 역률
② 출력
③ 슬립
④ 토크

해설 동기속도는 이론적인 회전수이며 실제와의 차이는 슬립의 발생 때문이다.

96 오버러닝 클러치형 전동기의 피니언이 링기 어와 물리는 것은 무엇 때문인가?

① 전기자가 회전하기 때문에 관성에 의해서 물리기 때문이다.
② 오버러닝 클러치가 회전하기 때문이다.
③ 피니언이 회전하면서 관성에 의해서 물리 기 때문이다.
④ 시프트레버가 밀기 때문이다.

해설 오버러닝 클러치는 기동전동기의 역회전을 방지하여 전동기의 파손을 예방하는 장치이며 피니언이 링 기 어와 물리는 것은 시프트레버가 밀어 기동 플라이 휠 링 기어와 맞물려 엔진 시동을 하게 된다.

97 단상 유도전동기 중 고정자에 주권선외에 보 조권선(기동권선)을 두어 회전자장을 만들 어 기동하고, 가속되면 주권선 만으로 운전하 는 전동기는?

① 콘덴서 기동형
② 분상 기동형
③ 반발 기동형
④ 흡인 기동형

해설 • **콘덴서 기동형** : 기동 시 토크를 크게 하기 위한 목적으로 기동용 권선의 교류저항이 주권선에 비해 서 비교적 적고 주권선보다 큰 전류가 흐르는 구조 로 되어 있음
• **분상 기동형** : 전기 각이 90°인 곳에 기동형 권선을 감고 여기에 저항을 직렬로 연결하면 이의 자속에 의하여 불완전한 2상의 회전자계를 만들어 농형회 전자를 가동하는 유도전동기인데 기동 후에는 원심 력 스위치가 개방된다.
• **반발 기동형** : 기동하고 기동 후에는 정류자를 원심 력에 의하여 자동적으로 단락하여 단상유도 전동기 로 운전하는 전동기

98 다음 중 브러시의 접촉이 불량할 때 소손되기 쉬운 것은?

① 계자코일
② 보올 베어링
③ 전기자

④ 정류자편

해설 브러시의 접촉이 불량하면 정류자편이 파손 소손된다.

99 기동전동기에 대한 설명으로 적합하지 않은 것은?

① 정지된 기관을 가동시키기 위한 전동기이다.
② 오버러닝 클러치 구동식과 벤딕스 구동식 이 있다.
③ 벤딕스 구동식 기동전동기는 시프트 레버 에 의해 작동된다.
④ 기동전동기를 시동할 때 매우 큰 전류가 흐른다.

해설 벤딕스 구동식 기동전동기는 회전축이 일종의 웜 기어로 되어 있어 스위치를 넣으면 스크루 축에 의해 피니언이 미끄럼 운동을 하여 기동하는 형식이다.

100 다음 중 그로울러 테스터의 점검사항과 거 리가 먼 것은?

① 단락시험
② 부하시험
③ 단선시험
④ 접지시험

해설 그로울러 테스터기로는 단락시험, 단선시험, 접지시 험이 가능하다.

101 전기자를 시험하고자 할 때 가장 적합한 것 은?

① 검류계 시험기
② 볼트 시험기
③ 회로 시험기
④ 그로울러 시험기

해설 전기자를 시험할 때에는 그로울러 시험기를 활용하는 것이 적합하다.

Answer 96.④ 97.② 98.④ 99.③ 100.② 101.④

102 트랙터의 직류발전기에서 외부 접지식이란?

① 아마추어 코일의 한끝이 레귤레이터에 접지된 형식
② 필드 코일의 한쪽 끝이 아마추어 코일의 접지선과 연결된 형식
③ 아마추어선과 필드의 +선을 연결하지 않은 형식
④ 필드 코일의 한 끝이 레귤레이터 내부에 접지된 형식

해설 직류발전기에서의 외부 접지식이란 필드 코일의 한끝이 레귤레이터 내부에 접지된 형태를 말한다.

103 다음 직류 발전기의 구성 요소 중 회전하면서 자속을 끊어 기전력을 유도하는 부분은?

① 전기자
② 계자
③ 정류자
④ 브러시

해설 • 전기자 : 축, 철심, 전기자 코일 등으로 구성되어 회전하면서 자속을 끊어 기전력을 유도한다.
• 정류자 : 기동 전동기의 전기자 코일에 향상 일정한 방향으로 전류가 흐르도록 한다.
• 계 자 : 자력을 발생시키는 일을 한다.
• 브러시 : 정류자를 통하여 전기자 코일에 전류를 출입시키는 일을 한다.

104 농용트랙터의 기동 시 기동스위치를 ON 시켰으나 전혀 소리도 나지 않고 기동이 되지 않을 경우 제일 먼저 점검해야 할 것은?

① 고정자 코일
② 기동 코일
③ 축 및 베어링
④ 외부 접속선

해설 우선 외부 접속선을 점검한다. 고정자코일, 기동코일, 축 및 베어링은 발전기와 전동기에 들어가는 부품이므로 먼저 점검해야할 사항은 아니다. 외부 접속선과 배터리를 점검 후 기동장치 등의 순서로 점검한다.

105 다음 중 시동 전동기에서 전기자 코일에 전류를 흐르게 하는 것은?

① 계자코일
② 계철
③ 계자 철심
④ 브러시 및 정류자

해설 시동 전동기에서 전기자 코일에 전류를 흐르게 하는 장치는 브러시 및 정류자이다.

106 트랙터를 시동키로 시동시켰더니 시동모터가 돌지 않는다. 다음 중 점검할 사항이 아닌 것은?

① 축전지 점검
② 연료 탱크 점검
③ 시동모터ST, B단자 접속상태
④ 클러치 페달 안전 스위치 접속 여부

해설 우선 외부 접속선을 확인하고 축전지점검, 클러치 페달 안전 스위치 접속여부, 시동모터 순서로 점검해야한다.

107 다음 중 기동전동기가 회전하지 않는 원인과 거리가 먼 것은?

① 축전지의 전압이 약간 높다.
② 브러시가 정류자에 밀착이 잘 안되어 있다.
③ 스위치의 접촉 및 배선이 불량하다.
④ 전기자 및 계자코일이 소손되어 있다.

해설 축전지의 전압이 높으면 기동전동기의 회전은 정상적으로 회전한다.

108 코일에 흐르는 전류를 변화시키면 코일에 그 변화를 방해하는 방향으로 기전력이 발생되는 작용은?

① 정전작용
② 상호유도작용
③ 자기유도작용
④ 승압작용

해설 • **자기유도작용** : 코일에 흐르는 전류를 변화시키면 코일에 그 변화를 방해하는 방향으로 기전력이 발생하는 작용
• **상호유도작용** :코일의 전류 흐름 변화에 따라 반대 코일에 기전력을 발생하는 현상

109 기동전동기의 전기장 코일과 계자코일은 어떻게 연결되어 있는가?(단, 직권이다.)

① 직·병렬
② 병렬
③ 직렬
④ 각각의 단자에

해설 기동전동기의 전기장 코일과 계자코일은 직렬로 연결되어 있다.

110 코일의 반회전마다 전류의 방향을 바꾸는 장치는?

① 브러시
② 계자
③ 정류자
④ 전기자

해설 • **브러시** : 전류를 회전체인 전류자로 전달해주는 장치
• **계 자** : 자력을 발생시키는 장치
• **전기자** : 일정한 방향으로 회전할 수 있도록 하는 장치

111 전자유도현상에 의해서 코일에 생기는 유도 기전력의 방향을 나타내는 법칙은?

① 렌츠의 법칙
② 키르히호프의 법칙
③ 쿨롱의 법칙
④ 뉴턴의 법칙

해설 • **렌츠의 법칙** : 전자유도현상에 의해서 코일에 생기는 유도 기전력의 방향을 나타냄
• **키르히호프의 법칙** : 회로상의 들어오는 전류의 합과 나가는 전류의 합이 같음
• **쿨롱의 법칙** : 전하를 가진 두 물체 사이에 작용하는 힘의 크기는 두 전하의 곱에 비례하고 거리의 제곱에 반비례함
• **뉴턴의 법칙** : 운동의 법칙(F=ma)

112 다음 중 직류 발전기 구성요소 중 회전하면서 자속을 끊어 기전력을 유도하는 부분은?

① 전기자
② 계자
③ 정류자
④ 브러시

해설 전기자는 직류 발전기 구성요소 중 회전하면서 자속을 끊어 기전력을 유도하는 부분이다.

113 원판 모양의 전기철판을 여러 개 겹쳐 원통형의 철심을 만들고 골에 절연하지 않는 강봉을 한 개씩 끼고 고리모양을 엔드링한 것은?

① 콘덴서
② 회전자
③ 탄소브러시
④ 고정자

114 유도전동기는 일반적으로 농용으로 널리 사용되는 전동기다. 이것과 관계가 없는 것은?

① 고장이 적고 취급도 쉬우며 특성도 좋다.
② 구조가 간단하고 견고한 정류자를 가지고 있다.
③ 성층철심 안에 만들어진 많은 홈에다 절연된 코일을 넣고 결선 시킨 고정자가 있다.
④ 규소강판으로 성층한 원통철심 바깥쪽에 홈을 만들어 이것에 코일을 넣은 회전자가 있다.

115 단상 유도전동기 중 고정자의 주권선외에 보조권선(기동권선)을 두어 회전자장을 만들어 기동하고, 가속되는 주권선만으로 운전하는 전동기는?

① 콘덴서 기동형
② 분상 기동형
③ 반발 기동형
④ 흡인 기동형

Answer **109.**③ **110.**③ **111.**① **112.**① **113.**① **114.**② **115.**②

116 시동용 전동기가 전류는 많으나 전혀 회전하지 않는 이유 중 틀린 것은?

① 아마추어코일, 필드코일의 어스
② 메탈 고착
③ 마그넷트 스위치의 어스
④ 필드코일의 단선

117 농용전동기의 특성으로 옳지 않은 것은?

① 1PS이상은 3상의 동력선이 이용된다.
② 직류전동기를 많이 쓴다.
③ 유도전동기를 많이 쓴다.
④ 1PS이하의 소형은 단상 유도 전동기가 많이 쓰인다.

해설 농용전동기는 직류전동기 보다 교류전동기를 많이 사용한다.

118 농용전동기의 극수는 보통 몇 극으로 나누는가?

① 3~4
② 4~5
③ 1~2
④ 4~6

해설 농용전동기의 극수는 일반적으로 4~6극으로 구성되어 있다.

119 농용 3상 유도전동기에서 3상 교류를 받아 회전을 만드는 부분은?

① 고정자
② 단락
③ 철심
④ 회전자

해설 • **고정자** : 고정자 틀, 고정자 철심, 고정자 권선에 의해 회전을 만드는 부분
　• **철　심** : 전력의 손실을 적게 하기 위한 부분
　• **단　락** : 전선 등의 끊김
　• **회전자** : 전동기, 기동기의 회전하는 부분

120 농용 3상 유도전동기의 주요부가 아닌 것은?

① 기동장치
② 고정자
③ 회전자
④ 냉각익근

해설 3상 유도전동기는 고정자, 회전자, 냉각익근(냉각팬)으로 구성되어 있음

121 농용3상 농형 유도전동기의 기동법이 아닌 것은?

① 기동보상기법
② Y-△기동법
③ 전 전압기동법
④ 2차 기동 저항법

해설 농용3상 농형 유도전동기의 기동법으로는 전전압 기동법, Y-△기동법, 기동보상기 기동법, 리액터 기동법이 있다.

122 전기장치의 고장 등에 관한 설명으로 맞는 것은?

① 퓨즈는 전기 과부하를 방지하기 위해 설치된 것이다.
② 전조등이 켜지지 않는 것은 모든 퓨즈가 단선되었기 때문이다.
③ 퓨즈 교환 후에는 퓨즈가 다시 단선되는 경우는 없다.
④ 퓨즈의 용량은 모든 장치에 동일하게 설치되어 있다.

123 브러시의 접촉이 불량할 때 소손되기 쉬운 것은?

① 계자코일　　　　② 볼 베어링
③ 전기자　　　　　④ 정류자편

해설 브러시의 접촉이 불량할 때 정류자편이 소손된다.

124 60[Hz]용 3상 유도전동기의 극수가 4극이다. 이 전동기의 동기속도는?

① 900[rpm]
② 1200[rpm]
③ 1800[rpm]
④ 3600[rpm]

해설 $N_t = \dfrac{120 \times f}{P} = \dfrac{120 \times 60}{4} = 1,800rpm$
$N_t = 동기속도$
$f = 주파수$
$P = 극수$

125 3상 유도전동기 60Hz 6극 전부하시 회전수가 1140rpm이다. 이 때 슬립은 몇 %인가?

① 2.5%
② 3.5%
③ 5%
④ 8%

해설 $N_t(동기속도) = \dfrac{120 \times f}{P} = \dfrac{120 \times 60}{6} = 1,200rpm$
$N_s(전부하시 회전수) = 1,140rpm$
슬립율 $= \dfrac{(N_t - N_s)}{N_t} \times 100 = \dfrac{60}{1,200} \times 100 = 5\%$

126 아날로그 전류계에서 션트(Shunt) 저항과 전류계 코일은 어떤 방식으로 연결되는가?

① 직렬로 연결
② Δ결선으로 연결
③ 병렬로 연결
④ Y결선으로 연결

해설 아날로그 전류계에서 션트 저항과 전류계 코일은 병렬로 연결한다.

127 3상 전동기의 출력(kw)을 구하는 공식은?

① 출력 $= \dfrac{\sqrt{3}}{1000} \times 전압 \times 저항 \times 역률 \times 효율$
② 출력 $= \dfrac{\sqrt{3}}{1000} \times 전류 \times 저항 \times 역률 \times 효율$
③ 출력 $= \dfrac{\sqrt{3}}{1000} \times 전압 \times 전류 \times 역률 \times 효율$
④ 출력 $= \dfrac{\sqrt{3}}{1000} \times 전력 \times 저항 \times 역률 \times 효율$

해설 3상전동기의 "출력$(kw) = \dfrac{\sqrt{3}}{1000} \times 전압 \times 전류 \times 역률 \times 효율$"을 활용하여 계산한다.

128 전동기의 회전 자장의 회전속도(동기속도)는 공급 전원의 주파수와 무엇에 의하여 결정되는가?

① 극수　　② 저항
③ 전압　　④ 전류

해설 $N = \dfrac{120 \times f}{P}$
$N = 동기속도$
$f = 주파수$
$P = 극수$

129 직류발전기 조정에 필요 없는 조정기는?

① 전압 조정기
② 전류 조정기
③ 역류방지기
④ 저항 조정기

130 다음에서 전기력이 작용하는 공간은?

① 전계　　② 자계
③ 전류　　④ 전압

해설 • 전계 : 전기력이 작용하는 공간
• 자계 : 자석부근에 자력이 활동하는 공간

131 다음 중 자석의 성질에 대한 설명으로 옳지 않은 것은?

① 자기작용을 느끼거나 자석이 될 수 있는 물체를 자성체라고 한다.
② 자기는 자극에서 가장 크다.
③ 동종의 자극은 끌어당기고, 이종의 자극은 서로 밀어낸다.
④ 자석의 흡인력 또는 반발력은 거리의 제곱에 반비례하고 세기(자극)의 곱에 정비례한다.

해설 동종의 자극은 서로 밀어내고, 이종의 자극은 서로 당긴다.

132 발전기가 정지되어 있거나 발생전압이 낮을 때 축전지에서 발전기로 전류가 역류하는 것을 막는 장치는?

① 전압조정기
② 아마추어 조정기
③ 컷아웃 릴레이
④ 계자코일

해설 전류의 흐름은 전압이 높은 곳에서 낮은 곳으로 흐르게 되는데, 발전기에서 전압의 역류하는 것을 막아주는 장치를 컷아웃 릴레이라고 한다.

133 DC발전기에서 출력이 나오지 않는 원인이 아닌 것은?

① 정류자의 소손
② 전기자의 단락
③ 브러시의 고장
④ 유도자 코일의 단선

134 역류방지기(컷아웃 릴레이)의 접점의 틈새 조정은?

① 접점을 닫고 점검한다.
② 접점을 열고 점검한다.
③ 충전하면서 점검한다.
④ 축전기를 접속시키고 점검한다.

135 발전기의 유도기전력의 방향을 알기 위한 법칙은?

① 렌츠의 법칙
② 플레밍의 오른손 법칙
③ 비오 사바아르의 법칙
④ 플레밍의 왼손 법칙

해설 플레밍의 오른손 법칙은 발전기의 유도기전력의 방향을 알 수 있다.

136 직류 발전기의 주요 3가지 구성 요소가 아닌 것은?

① 전기자
② 계자
③ 정류자
④ 베어링

해설 직류발전기의 주요 3가지 구성 요소는 전기자, 계자, 정류자이다.

137 발전기가 접지되어 있거나 발생전압이 낮을 때 축전지에서 발전기로 전류가 역류하는 것을 막는 것은?

① 전압 조정기
② 아마추어 조정기
③ 컷 아웃 릴레이
④ 계자코일

해설 컷아웃 릴레이는 발생전압이 낮을 때 축전지에서 발전기로 전류가 역류하는 것을 방지한다.

138 트랙터용 AC발전기에 3상 전파정류에 사용되는 다이오드 수는?

① 1개
② 3개
③ 4개
④ 6개

해설 AC발전기에 3상 전파정류 사용 시에는 다이오드가 6개가 필요하다.

139 충전회로에서 레귤레이터의 주 역할은?

① 교류를 고전압으로 바꾸어 준다.
② 직류를 교류로 바꾸어 준다.
③ 기관의 동력으로부터 교류 전류를 발생시킨다.
④ 충전에 필요한 일정한 전압을 유지시켜 준다.

해설 레귤레이터는 충전에 필요한 일정한 전압을 유지시켜주는 역할을 한다.

140 발전기가 정지되어 있거나 발생전압이 낮을 때 납축전지에서 발전기로 전류가 역류하지 못하도록 하는 것은?

① 전압 조정기
② 아마추어 조정기
③ 컷 아웃 릴레이
④ 계자코일

해설 전류의 흐름은 전압이 높은 곳에서 낮은 곳으로 흐르게 되는데, 발전기에서 전압의 역류하는 것을 막아주는 장치를 컷아웃 릴레이라고 한다.

141 컷아웃 릴레이(cut-out relay)의 컷인(cut-in)전압을 전압 조정기의 조정 전압과 비교하면?

① 낮다.
② 높다.
③ 같다.
④ 상태에 따라 다르다.

142 전기학에서 플레밍의 왼손법칙과 관계가 있는 장치는?

① 변압기
② 전류계
③ 발전기
④ 전동기

해설 • 플레밍의 왼손 법칙 : 전동기, 기동기
• 플레밍의 오른손 법칙 : 발전기

143 플레밍의 왼손법칙에 적용되는 3가지 요인으로 이루어진 것은?

① 도체의 운동방향, 유도기전력, 전류의 방향
② 유도기전력, 자속의 방향, 전류의 방향
③ 도체의 운동방향, 유도기전력, 자속의 방향
④ 도체의 운동방향, 자속의 방향, 전류의 방향

해설 • 플레밍의 왼손 법칙 : 전류, 자계(자속의 방향), 힘(도체의 운동방향)
• 플레밍의 오른손 법칙 : 유도기전력(유도전류), 자계(자속의 방향), 힘(도체의 운동방향)

144. 다음 중 동력경운기의 단속기 접점 틈새로 가장 적당한 것은?

① 0.15mm
② 0.35mm
③ 0.85mm
④ 10.15mm

해설 단속기의 접점 틈새는 0.3~0.5mm로 한다.

145 단속기 접점 간극 조정 방법에 가장 알맞은 것은?

① 단속기 암접점을 움직여서 한다.
② 스프링 장력을 변화시켜서 한다.
③ 단속기 판을 움직여서 한다.
④ 접지 접점을 움직여서 한다.

해설 접지 접점을 움직여 단속기 접점 간극을 조정해야 한다.

146 단속기의 접점으로 텅스텐을 사용하는 이유는?

① 열전도성이 양호하기 때문에 사용한다.
② 고전압에 대한 마모를 방지하기 위하여 사용한다.
③ 융점이 높고 열팽창계수가 크기 때문에 사용한다.
④ 온도에 의한 팽창이 순간적으로 잘 변화되기 때문이다.

해설 텅스텐은 고전압에 대한 마모를 방지하기 위하여 사용한다.

Answer **139.**④ **140.**③ **141.**① **142.**④ **143.**④ **144.**② **145.**④ **146.**②

147 점화장치에 단속기를 두는 이유는?

① 농기계에 사용한 전류가 직류이기 때문에
② 점화코일의 과열을 방지하기 위하여
③ 점화타이밍을 정확히 맞추기 위하여
④ 캠각을 변화시켜주기 위해서

해설 점화장치는 필요한 시기에 고전압을 전달하여 불꽃을 틸 수 있도록 하는 장치이므로 직류장치에서는 필수 항목이다.

148 단속기 접점의 소손원인이 아닌 것은?

① 점화플러그 과열
② 고전압 유기
③ 스프링 장력 약화
④ 축전기 회로의 잘못된 저항

149 단속기 접점 간극이 규정보다 클 때 맞는 것은?

① 점화시기가 빨라진다.
② 캠각이 커진다.
③ 코일에 흐르는 1차 전류가 많아진다.
④ 점화시기가 늦어진다.

해설 단속기의 접점 간극이 클 경우 전류의 공급이 늦어지므로 점화시기가 늦어진다.

150 가솔린 기관의 최초 점화시기에 관한 사항 중 알맞은 것은?

① 상사점 전 몇도 이내
② 하사점 후 몇도 이내
③ 상사점 후 몇도 이내
④ 하사점 전 몇도 이내

해설 점화시기는 상사점 후 불꽃을 점화해야 정상적으로 엔진이 구동될 수 있다.

151 다음 중 축전기와 단속기의 연결방법은?

① 직렬접속
② 병렬접속
③ 직·병렬 접속
④ Y결선

해설 단속기 접점과 축전기는 병렬로 연결한다.

152 변압기의 1차 권수 80회, 2차 권수, 320회일 때, 2차 측의 전압이 100V이면, 1차 측의 전압은 몇V인가?

① 15
② 25
③ 50
④ 100

해설 1차권수 : 2차권수 = 1차측 전압 : 2차측 전압
$$80 : 320 = X : 100$$
$$X = \frac{8000}{320} = 25\,V$$

153 다음 중 점화플러그의 자기청정 온도로 적합한 것은?

① 100~500℃
② 500~600℃
③ 800~1200℃
④ 1200~1800℃

해설 점화플러그의 자기 청정온도는 500~800℃ 사이가 적합하다.

154 점화플러그의 점검 시 점화플러그를 살펴보니 엷은 황색을 띄고 있다. 수리할 때의 유의할 사항은?

① 과열의 상태이므로 열값이 높은 플러그를 사용하여야 한다.
② 과열의 상태이므로 접점 간극을 넓혀야 한다.
③ 저열의 상태이므로 열값이 낮은 플러그를 사용하여야 한다.
④ 열값은 관계없으나 인가전압이 낮으므로 배전기를 조정 수리한다.

155 다음은 점화 플러그 불꽃 시험의 원리를 설명한 것이다. 가장 낮은 전압으로도 방전이 용이하게 나타낼 수 있는 것은?

① 실린더 압축 압력 $1kg/cm^2$
② 실린더 압축 압력 $5kg/kg/cm^2$
③ 실린더 압축 압력 $10kg/cm^2$
④ 실린더 압축 압력 $15kg/cm^2$

156 다음은 점화플러그의 실화 및 불꽃이 약해지는 원인이다. 옳지 않은 것은?

① 자기 청정온도의 저하
② 열값이 작은 플러그의 사용
③ 전극 부위에 탄소부착
④ 열방산 통로가 긴 플러그의 사용

157 점화코일의 2차코일 한끝은 1차 코일에 연결되고 또 다른 한끝은 어디에 연결되어 있는가?

① 단속기 접점
② 축전기
③ 고압 단자
④ 저압선

해설 점화코일의 2차 코일 한 끝은 1차 코일에 연결되고 또 다른 한끝은 고압단자에 연결한다.

158 점화 1차 회로를 차단하는 장치는?

① 배전기
② 점화진각장치
③ 축전지
④ 기동전동기

159 다음 중 점화 진각장치에 대한 설명으로 옳은 것은?

① 기관의 회전속도와 부하에 따라 점화시기를 조정한다.
② 고압의 전류를 점화플러그에 점화 순서에 따라 분배한다.
③ 발전기에서 발생된 기전력을 축전지에 충전시킨다.
④ 접점이 소손되는 것을 방지한다.

160 다음 중 농용 트랙터에서 전기회로가 주로 접지되는 곳은?

① 프레임　　　　② 엔진
③ 뒤차축　　　　④ 발전기

161 점화 플러그에서 불꽃이 튀지 않을 경우에 점검할 필요가 없는 것은?

① 압출압력
② 고압코드
③ 단속기 접점
④ 스톱버튼의 전기회로

162 농용엔진의 점화불량 원인 중 틀린 것은?

① 영구자석의 자력이 강할 때
② 축전지가 불량할 때
③ 점화플러그 불꽃 간격에 탄소, 물, 기름이 있을 경우
④ 발전기의 절연상태가 불량할 때

163 마그네트 점화방식의 구조에 해당되지 않는 것은?

① 회전자　　　　② 철심
③ 영구자석　　　④ 축전지

해설 축전지는 전원공급 장치 역할을 하며, 마그네트 점화방식의 구성품이 아니다.

164 마그네틱 점화방식에 있어서 발전부의 형식에 따른 분류에 속하지 않는 것은?

① 발전자 회전형
② 자강 회전형
③ 유도자 회전형
④ 타여자 전류형

165 배전기의 기능에 속하지 않는 것은?

① 점화 1차 전류의 접점을 단속하여 점화 2차 코일에 고압전기를 유도하게 한다.
② 점화 2차 코일에 유도된 고압전기를 점화 순서에 따라 각 실린더 점화 플러그에 보낸다.
③ 엔진의 회전 속도에 따라 점화시기를 빠르게 하거나 늦게 한다.
④ 점화플러그에 불꽃 방전은 일으킬 수 있는 높은 전압의 전류를 발생시키는 승압변압기

166 다음 중 배전기의 작용이 아닌 것은?

① 1차 전류유도
② 점화시기 조절
③ 고압분배
④ 충전

167 농업기계에서 전기 배선작업을 할 때 주의해야할 사항 중 옳지 않은 것은?

① 배선 작업하는 곳은 건조해야 한다.
② 배선을 차단 할 때는 우선 어스선(접지선)을 떼고 차단한다.
③ 배선을 연결 할 때는 어스선(접지선)을 먼저 연결한다.
④ 배선 작업에서 접속과 차단을 빨리하는 것이 좋다.

해설 배선을 차단할 때는 접지선을 먼저 떼고 +선을 떼어낸다. 배선을 연결할 때는 +선을 연결하고 접지선을 연결한다.

168 점화플러그의 품번 "BP5ES"에서 '5'가 의미하는 것은?

① 제품명 또는 플러그 형태
② 나사의 지름
③ 플러그의 간격
④ 열가(열값)

해설 B:나사지름, P:절연체 형식, 5:열가, E:나사길이, S:구조/특징(형태 구분)

169 다음 중 점화플러그에 요구되는 특징으로 틀린 것은?

① 급격한 온도변화에 견딜 것
② 고온, 고압에 충분히 견딜 것
③ 고전압에 대한 충분한 도전성
④ 사용조건의 변화에 따르는 오손, 과열, 소손 등에 견딜 것

해설 고전압에 대한 절연성이 있어야 한다.

170 다음 중 어떤 물체에 입사하는 광속과 반사하는 광속의 비는?

① 반사율
② 흡수율
③ 투과율
④ 굴절율

171 전조등의 광도 측정 단위는?

① 와트(W)
② 볼트(V)
③ 칸델라(Cd)
④ 킬로 와트(kW)

해설 광도의 단위는 칸델라, 조도의 단위는 룩스를 사용한다.

Answer **164.**④ **165.**④ **166.**④ **167.**③ **168.**④ **169.**③ **170.**① **171.**③

172 광원의 광도가 10cd이고 거리가 2.5m 떨어진 곳의 조도는 얼마인가?

① 50Lux
② 20Lux
③ 2.5Lux
④ 1.6Lux

해설 조도$(Lux) = \dfrac{광도(cd)}{D^2} = \dfrac{10cd}{2.5^2} = 1.6Lux$

173 전조등의 조도가 부족한 원인으로 틀린 것은?

① 축전지의 방전
② 장기사용에 의한 전구의 열화
③ 접지의 불량
④ 굵은 배선 사용

해설 굵은 배선을 사용 시 저항이 작아지므로 조도는 밝아진다.

174 다음 중 전조등에 광도의 단위는?

① 룩스
② 와트
③ 볼트
④ 칸델라

해설 광도의 단위는 칸델라(cd)를 사용하고 조도는 룩스(lux)를 사용한다.

175 충전경고 지시등에 점등이 되면 충전이 안되고 있는 상태이다. 이 때 점검할 사항이 아닌 것은?

① 레귤레이터의 고장 여부 점검
② 발전기 다이오드의 이상여부 점검
③ 시동전동기 정류자 점검
④ 경고램프의 접속 상태 및 관련 배선 접속 상태 점검

해설 충전이 안 될 경우에는 발전기에 관련된 부품을 점검하여야 한다. 정류자는 시동전동기이므로 해당이 안된다.

176 다음 중 전조등(헤드라이트)의 시험하기 전의 상태가 적합하지 않은 것은?

① 전구가 바르게 설치되어 있어야 한다.
② 렌즈나 반사경이 정상이어야 한다.
③ 설치 장소가 수평이어야 한다.
④ 타이어 공기 압력을 규정보다 약하게 되어 있어야 한다.

해설 전조등은 타이어 공기압력과는 무관하다.

177 조도에 대한 설명 중 틀린 것은?

① 단위 면적당 입사 광속이다.
② 단위는 룩스를 사용한다.
③ 광원과의 거리에 비례한다.
④ 기호는 보통 E를 사용한다.

해설 조도는 광원과의 거리에 반비례한다.
예) 조도$(Lux) = \dfrac{광도(cd)}{D^2} = \dfrac{10cd}{2.5^2} = 1.6Lux$

178 다음 중 헤드라이트(전조등)의 구성 요소가 아닌 것은?

① 반사경
② 램프
③ 로우 및 하이빔 필라멘트
④ 단속기

해설 단속기는 점화장치에 해당된다.

179 다음 중 전기 측정용 계기의 설명 중 잘못된 것은?

① 계기는 직류용, 교류용, 직류교류 겸용으로 구분된다.
② 아날로그, 디지털 형으로 구분된다.
③ 계기의 정밀도에는 급수가 있다.
④ 고전압은 분류기를 이용하여 측정한다.

해설 고전압을 측정할 때에는 전압테스터기의 레인지를 높은 곳에서 낮은 곳으로 조절하면서 직접 실시하면 된다.

180 다음 중 예열 플러그가 단선되기 쉬운 원인으로 가장 적합한 것은?

① 예열시간이 너무 길다.
② 배터리의 전압이 너무 낮다.
③ 스위치가 불량하여 접촉이 잘 안 된다.
④ 배기가스의 온도가 너무 높다.

> **해설** 예열시간이 너무 길 때는 예열플러그인 저항체에 지속적인 전류가 흐르면서 열이 발생하여 단선될 수 있다.

181 다음 중 전조등 전기회로의 주요 구성이 아닌 것은?

① 퓨즈   ② 전조등 스위치
③ 디머 스위치   ④ 방향지시등 스위치

> **해설** **전기회로의 주요구성품은** 전원, 퓨즈, 디머 스위치, 전조등 스위치, 전조등이다.

182 트랙터의 방향지시등의 좌우 점멸 횟수가 다르거나 한쪽만 작동되는 원인에 해당되는 것은?

① 접지가 양호하다.
② 전구가 모두 단선이 되어있다.
③ 플래셔 스위치에 지시등 사이가 단선되어 있다.
④ 규정용량의 전구를 사용하고 있다.

> **해설** 플래셔 스위치에 지시등 사이가 단선되면 방향지시등 모두가 작동하지 않는다.

183 형광등에서 고온 시 필라멘트의 증발을 막기 위하여 사용되는 것으로 텅스텐과 화합이 잘되지 않는 불활성 가스는?

① 헬륨   ② 탄소
③ 수소   ④ 아르곤

> **해설** 불활성 가스는 각종 전구의 충진 가스로 활용되는데 아르곤과 헬륨이 대표적이다. 이중 텅스텐과 화합이 잘 안 되는 불활성 가스는 아르곤이다.

Answer **180.**① **181.**④ **182.**③ **183.**④

MEMO

PART 5

주요 농업기계

01 동력경운기

1 동력원 탑재기관

(1) 소형 디젤기관

① 과거

- 등유기관과 디젤기관을 이용
- 냉각방식은 공랭식과 수냉식 이용

② 현재

- 현재 4사이클 수냉식 디젤기관을 활용

(2) 경운기 디젤기관의 요구 특성

① **토크 특성** : 경운작업과 같은 중작업 시 충분한 토크와 힘을 필요로 한다. 그러므로 감속기구는 간단하고 저속 시 토크가 커져야 한다.

② **회전속도 특성** : 다양한 작업조건을 충족시키기 위해서 일정한 회전속도를 유지하는 조속기가 필요하며 속도변동율은 적을수록 좋다.

③ **연비 특성** : 부하영역과 실제 사용영역에서 연비가 좋아야한다.

④ **윤활성** : 경운기는 경사 상태에서도 윤활유가 기관 각부에 골고루 공급되어야 하며 윤활장치는 간단하여야 한다.

⑤ **냉각 성능** : 저속 주행, 정지작업을 고려하여 냉각성능이 높은 시스템이 필요하다.

⑥ **인간공학적 성능** : 작업자에게 편리함을 제공하고 취급이 간단하며 신뢰성과 안전성이 높아야 한다.

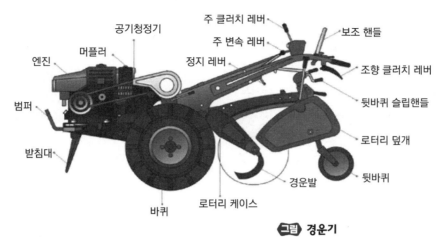

그림 경운기

(3) 동력전달장치와 주행장치

① 동력전달장치

- 동력전달 효율 : 기어 > 체인 > 벨트

② 경운기의 동력전달 순서

- 엔진 ⇨ V벨트 ⇨ 클러치(원판 다판식) ⇨ 체인 ⇨ 변속장치(기어) ⇨ 최종감속장치(기어) ⇨ 바퀴축 ⇨ 바퀴
- V벨트 : V형태의 고무재질로 되어 있으며 V모양의 빗면의 마찰에 의해 동력이 전달된다.
- 클러치 : 기관 동력의 전달과 단속, 회전변동의 흡수기능을 갖는 장치
- 체인 : 금속재료를 고리 또는 다양한 형태로 연결하여 연속적인 동력을 전달하는 장치
- 변속장치 : 농작업을 수행하기 위하여 작업에 맞는 주행속도와 회전력 및 회전방향을 조절해야 한다.
  - 선택물림기어식 : 주축의 스플라인 축상을 변속레버와 포크에 의해 부축상의 기어와 물려 동력 전달
  - 상시물림기어식 : 기어의 파손과 소음을 없애기 위해 주축 위를 활동하는 기어클러치/(등속장치)에 의해 주축상의 기어와 부축상의 기어를 연결하여 동력 전달
- 최종감속장치 : 견인력을 목적으로 기관축과 클러치 축 사이의 V벨트와 변속 장치에서 감속시킨 후 다시 구동축에서 감속시켜 차륜에 큰 회전력을 전달하는 장치

③ 제동장치 : 정지나 선회를 용이하게 하기 위한 브레이크

- 경운기는 주행 속도가 빠르거나 경사지를 내려갈 때 클러치 만으로는 정지되지 않으므로 제동장치가 필요하다.

● 제동방식 : 내부확장식 브레이크 레버를 당겨
　브레이크 캠이 링을 확장시켜 브레이크 드럼에
　밀착되어 회전을 멈추게 하는 형태

④ 조향장치 : 운반작업과 도로 주행시에는 핸들을
　이용하여 조정하나, 보행운전이나 경운작업등
　속도가 느릴 때에는 핸들 아래 조향클러치를 당
　겨 바퀴에 전달되는 동력을 끊어 방향을 조정하
　게 된다.

⑤ 주행장치 : 차체를 안전하게 지면에 지지하면서
　주행이나 작업시 기관의 동력을 효율적으로 구
　동시키는 장치

● 고무차륜, 철차륜

● 고무타이어의 규격 : 타이어 폭, 림의 직경, 프라이 수 6.00-12-4

Tip

경운기로 경사지를 내려가야하는 경우에는 조향클러치를 가고자하는 방향의 클러치를 잡지 않고 반대쪽 조향클러치를 잡아야하는데 그 이유는 방향전환 방식이 동력을 차단하여 전달되는 힘을 차단해주는 방식이므로 내리막에서는 동력이 끊어진 쪽이 관성과 중력을 동시에 받아 더 빨리 회전을 하기 때문이다.

2 작업기의 동력전달장치 및 작업기 부착

(1) P.T.O(동력취출장치)

경운기의 엔진 정격회전수는 약 2200rpm으로 토양을 대상으로 하는 작업이 불가능하므로 변속기를 이용하여 구동축과 동력 취출축의 회전수를 감속하여 주행과 동력을 외부축으로 전달하기도 한다. 이를 동력 취출장치라고 한다.

Tip

P.T.O축, 경운축, 갈이구동축은 모두 같은 의미이다.

Tip

차동장치 : 선회시 안정성을 주고 기관의 구동력을 바퀴에 전달하여 견인력을 증대시키는 장치

(2) 경운기 부착 작업기

① 견인형 부착 작업기

● 견인식 : 히치를 사용하여 작업기를 1개의 핀으로 연결하는 방식(트레일러)

● 고정식 : 2개의 핀으로 연결하여 작업기가 좌우로 요동하는 것을 방지하는 방식

● 요동식 : 한 개의 핀으로 연결하되 좌우로 조금만 요동하도록 하는 방식(쟁기)

② **견인 구동형** : 경운기와 작업기를 일체시켜 주행하며 경운축(P.T.O)을 커플러로 연결하여 동력을 전달 받아 작업기를 구동하는 방식(로터리)
  • 중앙구동형과 측방구동형이 있으며 경운기는 대부분이 측방구동형이다.
③ **분할 구동형** : 회전을 요하는 작업기의 경우 동력 경운기 엔진의 주축 한쪽 끝을 V벨트 또는 평풀리를 연결하여 사용하는 방식
  • 탈곡작업, 양수작업 등과 같은 정치성 작업에 많이 사용된다.

02 트랙터

1 트랙터의 기능

① 각종 작업기 및 운반용 트레일러 등을 견인하는데 사용되는 특수목적의 차량이다.
② 견인력을 이용하는 작업기 이외에 회전동력을 이용하여 로타리, 모워 등의 구동형 작업기에 공급하는 동력원으로 개발되어 다용도로 활용하고 있다.
③ 동력의 전달뿐만 아니라 유압장치 및 작업의 용이성과 편리성, 안전성을 개선하여 사용하고 있다.

2 트랙터의 종류

(1) 주행장치에 따른 분류

① **차륜형** : 바퀴로 된 가장 일반적인 형태의 트랙터 – 단륜형, 2륜형, 3륜형, 사륜형, 다륜형
② **궤도형** : 무한궤도로 되어 있어 접지압이 차륜형 트랙터의 1/4이하로 작아 침하가 작고 큰 견인력을 낸다.
  • 연약한 지반이나 습지에서 농작업 및 개간 등에 적합
  • 가격이 비싸다.
③ **반궤도형** : 차륜형과 궤도형을 병용한 것으로 중간적인 성능을 갖고 있으나 이용은 적은 편이다.

그림 차륜형 트랙터

(2) 사용형태의 의한 분류

① **보행 트랙터** : 단륜 또는 2륜의 단일축 구동 트랙터로서 운전자가 보행하면서 작업하는 형태의 트랙터(경운기도 이에 포함된다.)

② **승용 트랙터** : 본체에 운전석이 있어 운전자가 탑승하여 조작할 수 있는 형태의 트랙터

- **2륜 구동형(2WD)** : 전후 차축중 어느 한 축에만 기관의 동력을 전달하여 차륜을 구동시키는 것으로 트랙에서는 뒤 차축을 구동시키는 후륜구동형이 사용된다.
- **4륜 구동형(4WD)** : 전후 모든 차축에 기관의 동력을 전달하여 모든 차륜의 회전시키는 것으로 2륜구동만으로 충분한 견인력을 얻을 수 없는 토양이나 작업조건에서 사용되며 선택적으로 사용하는 경우가 대부분이다.

(3) 용도에 의한 분류

① **표준형 트랙터** : 주로 견인작업에 알맞게 설계된 트랙터로 작업기를 견인봉에 연결하여 트랙터 후방에서 견인하여 사용한다.

② **범용 트랙터** : 경운, 쇄토, 방제, 수확등에 널리 이용될 수 있는 형식의 트랙터로 최저지상고가 높다.(우리나라에서 가장 많이 사용하는 형태)

③ **과수원용 트랙터** : 수목 사이 및 수목 아래에서 작업할 때 수목에 손상을 주지 않으면서 주행할 수 있도록 설계된 트랙터

④ **정원용 트랙터** : 정원 관리를 위해 설계된 15kW이하의 소형 트랙터

- 플라우, 모워, 청소기, 제설기, 불도저 등의 작업기를 부착하여 사용한다.

⑤ **동력경운기**

⑥ **특수 트랙터**

- **톨 캐리어** : 독일, 러시아 등에서 사용되는 것으로 여러 가지 작업기를 장착하여 작업하는 형태
- **만능 트랙터** : 보통의 자동차와 트랙터의 중간적인 성질을 가지고 있으며 운반작업을 포함하여 농작업용으로 많이 사용된다.
- **경사지용 트랙터** : 경사지의 등고선을 따라 작업할 때 좌우 차륜의 높이를 상하로 조절하여 기체를 수평으로 유지하면서 작업할 수 있는 트랙터
- **텐덤 트랙터** : 4륜형 트랙터의 후방에 전륜이 없는 별도의 트랙터를 연결하여 2대의 트랙터로서 큰 견인력을 얻을 수 있게 한 것으로 운전은 뒤쪽 트랙터에서 한다.
- **분절 조향 트랙터** : 트랙터의 차체를 전후로 나눈 뒤 양자를 힌지로 연결하여 결합한 형태의 것으로 전후 차체를 분절시켜 조향하므로 조종성, 조향성 및 지형에 대한 적응

성이 우수하여 대형 트랙터에 사용되고 있다.

● **양방향 트랙터** : 전진, 후진 어느 방향으로도 작업이 가능한 트랙터로서 전후부에 작업기를 장착하면 어느 쪽에서나 P.T.O 동력을 이용할 수 있으며 운전석도 180° 회전시킬 수 있다.

3 트랙터의 동력전달장치

엔진 → 클러치 → 변속기 → 차동장치 → 최종구동장치 순서로 동력이 전달된다.

(1) 클러치(원판클러치 사용)

① **기능** : 기관과 변속기 사이에 설치되어 있으며 시동하거나 변속할 때 혹은 기관을 정지하지 않고 트랙터를 정차시킬 때 사용한다.

② **작동원리** : 클러치 페달을 밟으면, 클러치 릴리스 베어링이 릴리스 레버를 밀어 압력판의 스프링을 완화하고 마찰판과 플라이휠을 분리하여 동력을 차단한다.

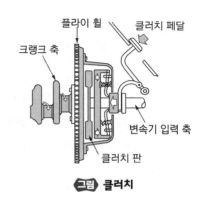

그림 **클러치**

(2) 변속기

수행할 작업이나 견인부하에 따라 작업 속도를 효과적으로 조절할 수 있도록 광범위한 변속비를 가져야 한다.

① **기어식** : 미끄럼 기어식, 상시물림 기어식, 동기물림 기어식, 유성기어식

● **미끄럼 기어식** : 변속 포크로써 주축의 기어를 미끄러지게하여 변속축 기어에 물리게 하는 가장 간단한 변속방식

● **상시물림 기어식** : 주축과 변속축의 기어를 항상 물려 두고 슬라이딩 칼라를 이용하여 필요한 주축의 기어를 주축과 일체로 결합하여 변속하는 방식

● **동기물림 기어식** : 상시물림 기어식의 슬라이딩 칼라가 주축과 같은 속도에서 물릴 수 있도록 동기장치를 설치한 것으로 주축을 정지시키지 않고 신속히 변속할 수 있는 장점이 있다.

● **유성 기어식 변속기** : Sun 기어, 링기어, 캐리어 및 유성기어로 구성되며, 동력을 차단하지 않고 변속할 수 있는 특징이 있다.

② 유압식 변속기(H.S.T) : 가변용량형 유압펌프를 회전형 실린더에 여러개의 피스톤을 설치하여, 실린더에서 회전함에 따라 사판의 기울기에 의하여 피스톤이 펌프 작용을 하도록 하여 피스톤의 행정이 변화되어 펌프로부터 배출되는 유량이 변화하고, 이것이 차륜을 구동하는 유압 모터의 속도를 변화시켜 변속하게 되는 방식이다.

(3) 차동장치(Differential)

트랙터가 선회하는 경우에는 안쪽 차륜보다 바깥쪽 차륜의 회전속도가 빨라야 한다. 이와 같이 트랙터가 선회하거나 혹은 좌우 차륜에 작용하는 구름저항의 크기가 다를 때, 구동 차축의 속도비를 자동적으로 조절해 주는 장치이다.

(4) 차동잠금장치(Differential Lock)

트랙터가 지표상태나 작업상황 등에 의하여 한쪽 바퀴에 슬립이 일어나 공회전할 때에는 좌우 차륜의 저항 차이에 의하여 다른쪽 바퀴가 정지하게 되므로 더 이상 진행할 수

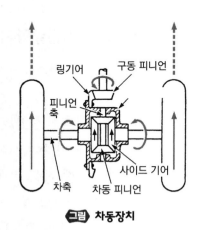

그림 차동장치

없게 된다. 이때 한쪽 차륜의 공회전할 때에는 차동작용이 일어나지 않도록 만든 장치이다.

(5) 최종구동장치

동력전달장치에서 마지막으로 감속하는 장치이다.

(6) P.T.O(동력취출장치)

기관의 동력을 로터베이터, 모어, 버일러, 양수기등 구동형 작업기에 전달하기 위한 장치로 스플라인 기어형태로 되어 있다. 동력 전달 방식은 다음과 같다.

① **변속기 구동형 동력취출장치** : 트랙터의 주클러치와 변속기를 통하여 동력이 전달되는 형식으로, 동력취출축은 주클러치가 연결된 경우에만 회전하며 트랙터가 정지하면 동력취출축도 동시에 정지하는 형식

② **상시 회전형 동력취출장치** : 트랙터가 정지하더라도 동력취출축으로 동력을 전달할 수 있는 형식

③ **독립형 동력취출장치** : 주행과 정지에 관계없이 동력취출축으로 동력을 전달하거나 차단할 수 있는 형식

④ **속도비례형 동력취출장치** : 트랙터의 주행속도와 동력취출축의 회전속도가 비례하도록 만든 형식

4 트랙터의 주행장치

(1) 주행장치의 기능

① 차체 하중을 지지한다.

② 불규칙한 노면에서 유발되는 진동을 완화한다.

③ 조향할 때 차체의 안정을 기할 수 있다.

④ 구동와 제동할 때 충분한 추진력을 낼 수 있다.

(2) 공기 타이어

공기로 채워진 토로이드 형상으로 되어 있으며 내부에는 연성과 탄성이 높은 면사와 화학사로 감은 고무층이 접착되어 카캐스를 형성하고 있다.

(3) 타이어의 크기

11.2-24로 표시한다. ⇒ 단면의 직경이 11.2인치, 림의 직경이 24인치

(4) 철차륜

도로와 같은 단단한 지표면에서는 주행하기 부적합하기 때문에 거의 사용하지 않는다.

5 트랙터의 조향장치

(1) 조향장치의 동력전달 순서

조향핸들

⇨ 조향기어

⇨ 피트만 암

⇨ 드래그 링크

⇨ 조향 암

⇨ 너클 암

⇨ 타이로드

⇨ 너클암

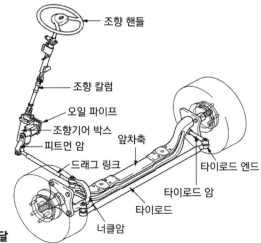

조향 핸들

조향 칼럼

오일 파이프

조향기어 박스

피트먼 암

앞차축

드래그 링크

타이로드 엔드

타이로드 암

타이로드

너클암

그림 조향장치의 동력전달

(2) 바퀴의 정렬

앞바퀴는 조작되면서도 안정을 유지하기 위하여 일정한 각도를 주어 부착되어 있으며 이를 바퀴의 정렬(Wheel alignment)라고 한다.

그림 캠버각

① **캠버각** : 트랙터를 앞에서 보았을 때 연직면과 차륜 평면이 이루는 각을 캠버각이라고 한다. 수직하중이나 구름저항 등에 의한 비틀림을 적게 하여 주행을 안정적으로 유지한다.

② **킹핀각** : 킹핀의 중심선과 수직선이 이루는 각을 킹핀각이라고 한다. 주행중에 생기는 저항에 의한 킹핀의 회전모멘트가 작아져 조향조작을 경쾌하게 한다.

③ **캐스터각** : 킹핀을 측면에서 보았을 때 킹핀의 중심선과 수직선이 이루는 각을 캐스터각이라고 한다. 노면의 조향을 적게 받아 진행방향에 대한 직진성을 좋게 한다.

④ **토인** : 차륜의 진행 방향과 차륜 평면이 이루는 각으로서 차륜이 직진할 때 외부로부터 측면 하중이나 충격을 흡수하기 위한 각을 토인이라고 한다. 직진성을 좋게 하고 토인이 크면 타이어의 마모가 심하고 구름 저항이 크다.

그림 캐스터각

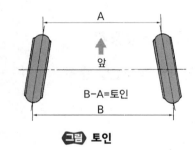

그림 토인

(3) 동력조향장치

유압펌프를 이용하여 조향실린더, 제어밸브, 유압 케이블 등으로 구성되며 조향에 필요한 유압을 형성하게 된다.

① **완전유압식** : 조향핸들과 앞바퀴 사이에 기계식 조향 기구가 없는 것으로 유압 기계식에 비하여 기계식 조향 기구를 설치하는데 따라는 장소나 방법 등에 제한을 받지 않고 가격이 저렴하다.

② **유압기계식** : 유압장치와 함께 기계식 드래그 링크가 사용된 조향장치로, 유압은 드래그 링크를 구동하고 기계식 드래그 링크로는 앞 바퀴의 슬립각을 결정한다.

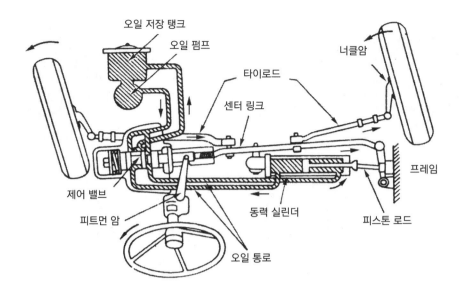

오일 저장 탱크
오일 펌프
타이로드
센터 링크
너클암
프레임
제어 밸브
피트먼 암
동력 실린더
피스톤 로드
오일 통로

그림 동력 조향장치

6 트랙터의 제동장치

최종구동축이나 차동장치의 중간축에 설치되는 경우가 많다. 또한 제동장치가 좌측, 우측 2 개로 나누어져있어 조향시 회전반경을 작게하여 효율을 높이기도 하지만 도로를 주행시에는 꼭 연결하고 사용해야 한다.

(1) 제동장치의 방식

① **밴드 브레이크(외부 수축식)** : 브레이크 페달을 밟으면 브레이크 밴드 위의 브레이크 라이닝이 회전하여 드럼에 밀착되어 제동이 걸리는 형식

② **내부확장식** : 원통형브레이크 드럼의 내부에 라이닝이 부착되어 있는 브레이크 슈가 있다. 페달을 밟으면 캠이 회전하여 브레이크 슈를 확장시켜 라이닝이 브레이크 드럼의 안쪽에 밀찰되어 제동이 걸린다.

③ **원판식** : 페달을 밟으면 작동원판이 볼에 의하여 구동마찰원판을 마찰면에 접촉시켜 제동을 하게 된다.

④ **유압 브레이크** : 브레이크 페달을 밟으면 마스터 실린더의 피스톤이 오일을 압송하여 휠실린더에 보낸다. 이 오일은 다시 피스톤을 밀어 내부 확장식에서 브레이크드럼과 브레이크슈의 라이닝, 원판식에서는 브레이크 원판과 브레이크 마찰판을 밀착하게 하여 제동하게 된다.

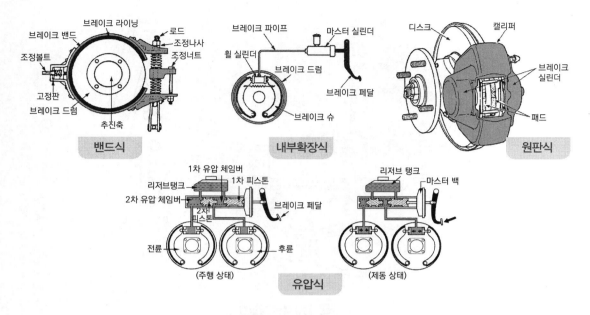

그림 **브레이크 방식의 종류**

7 트랙터의 작업기 부착방식

① **견인식** : 견인봉에 트레일러과 바퀴가 달린 플라우등의 작업기를 연결하여 견인하는 방법

② **장착식** : 작업기를 트랙터에 직접 연결하여 작업기의 모든 중량을 트랙터에 지지하는 방법
   • 프레임 장착식, 3점링크히치식, 평행링크히치식 등

③ **반장착식** : 대형의 다련 플라우와 같이 트랙터로 작업기의 모든 중량을 지지할 수 없는 경우에는 작업기의 한쪽 끝을 3점링크히치의 하부링크 등에 부착하여 작업기의 중량 일부를 지지하고 나머지 중량은 작업기의 보조 바퀴 등으로 지지하는 방법

8 유압장치

(1) 유압시스템의 구성요소

유압펌프, 오일탱크, 유압실린더, 축압기, 유압모터, 오일 여과기, 각종 밸브, 오일 냉각기, 각종 배관, 압력계, 유량계 등

① **유압펌프** : 기계적 동력을 유압 동력으로 전환하는 장치

● **기어펌프** : 두 개의 기어 중 한 쪽 기어를 외부동력으로 회전시켜 다른 쪽 기어와 맞물려 돌리게 된다. 입구로 흘러 들어온 오일은 기어 이와 이 사이의 공간에 갇혀 출구로 흘러나온다. 이런 형태의 기어펌프를 정량 펌프라고 한다.

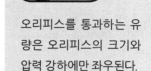

오리피스를 통과하는 유량은 오리피스의 크기와 압력 강하에만 좌우된다.

- **베인 펌프** : 회전자에 베인이 방사방향으로 움직일 수 있는 홈을 가지고 있어 원심력에 의해 베인(깃)의 끝이 펌프의 하우징에 밀착되어 오일을 밀어내는 펌프
- **피스톤 펌프** : 피스톤이 회전하는 실린더 배럴 내에 있으며 피스톤 슈가 캠 플레이트를 따라 미끄러지면서 피스톤은 실린더 내경을 강제로 왕복운동하게 되는데, 이때 밀어주는 힘으로 오일의 압축력을 사용하는 펌프

② 밸브 : 오일의 압력, 유량, 이동 방향을 제어하는 장치

- **릴리프 밸브** : 유압시스템 내의 압력을 안전한 수준으로 제한하는데 사용
- **언로드 밸브** : 유압회로 내의 어느 점이 어떤 압력 수준에 도달할 때 펌프를 무부하로 하는데 사용
- **유량제거 밸브** : 부하변동에 관계없이 출구로의 유량을 조절한다.
- **방향제어 밸브** : 높은 압력의 오일을 작동하고자 하는 방향으로 보내어 작업을 할 수 있게 하는 역할을 한다.

③ 유압실린더 : 한쪽 방향으로만 동작하는 단동식과 양쪽 방향으로 작동하는 복동식이 있다.

④ 유압모터 : 유압동력을 기계적인 동력으로 전환시키는 장치

(2) 3점 링크 히치의 유압 제어장치

① 기계 유압식

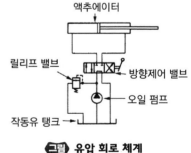

유압 회로 체계

- **위치제어** : 트랙터에 대한 작업기의 위치를 항상 설정된 높이에서 정지시킬 수 있으며 유압 작동레버의 위치에 따라 작업기의 위치가 결정되게 하는 제어방식
- **견인력 제어** : 작업기를 상승 또는 하강시켜 견인저항을 일정하게 유지하여 토양상태에 관계없이 기관에 걸리는 부하를 일정하게 유지함으로서 작업능률을 향상시킨다.
- **혼합제어** : 유압 작동레버의 위치에 따라 일부는 견인력 제어로 또 일부는 위치제어로 작용하는 제어 방식
- **압력제어** : 견인력을 증가시키기 위해 하중 전이를 이용하여 구동륜에 작용하는 하중을 증가시키는 방식

② **전자 유압식:** 리프팅암 축에서 센서에 의해 전기적인 신호를 검출하여 전자제어 밸브를 작동시켜 위치제어, 견인력 제어, 혼합제어하는 방식

03 수확작업기(콤바인)

1 수확작업이란?

작물을 베는 작업에서 탈곡, 정선까지의
일련의 작업을 수확작업이라고 한다.

2 예취장치

(1) 예취장치란?

작물을 베어 주는 장치를 말한다.

(2) 예취장치의 종류

① 왕복식 예취장치 : 예취장치에서 가
장 많이 사용되는 형태로 아래 칼날
은 고정이며 윗 칼날을 크랭크장치를 이용하여 왕복하면서 작물을 베는 형태

② 회전식 예취장치 : 회전축을 중심으로 직선형, 곡선형, 완전 원판형, 톱날형, 유성 회전
형, 별날형의 형태로 작물을 베는 형태

그림 콤바인

(콤바인 그림 라벨: 곡물승강기, 탈곡통, 방향지시등, 공급체인, 짚 처리부, 운전석, 전조등, 옆분할기, 일으켜세움 갈퀴발)

3 전처리장치

(1) 전처리장치란?

작물을 벨 때 도복된 작물은 일으켜 세우고, 절단부에 무리한 부하를 주거나, 작물을 쓰러뜨
리지 않고 절단할 때 사용하는 장치. 즉, 예취되기 전에 행해져야 하는 작업

(2) 전처리 장치의 종류

① 디바이더 : 분초기라고도 하며, 수확기가 통과하면서 한 행정으로 일을 하는 작업 폭을
결정해 주고 미예취부를 분리시키는 역할을 한다.

② 걷어올림장치(Pick-up Device) : 체인에 플라스틱을 연결하여 만든 돌기를 부착한 형태
로 예취장치 앞쪽에 설치되어 있으며 수평면과 65~80°의 각도로 경사진 체인 케이스 속
에서 회전한다. 예취가 잘될 수 있도록 작물을 정확히 세워주는 기능을 한다.

③ 리일(reel) : 작물의 절단시 작물 윗쪽을 받아서 완전한 절단이 가능하도록 하는 일, 도복된 작물을 걷어올리는 일, 절단한 줄기를 가지런히 반송장치에 인계하는 일을 수행한다.

4 탈곡장치

(1) 탈곡장치란?

곡립을 이삭에서 분리하고 곡립, 부서진 줄기와 잎, 기타 혼합물로 이루어지는 탈곡물에서 곡물을 분리하는 장치이다.

(2) 탈곡장치의 구성

탈곡장치는 고속으로 회전하는 원통형 또는 원추형의 급동과 고정된 원호형의 수망으로 이루어져 있다.

(3) 탈곡 장치의 구비조건

① 탈곡이 깨끗하게 이루어져 탈곡물에서 곡립이 가능한 많이 분리되어야 한다.
② 곡립이 파손되거나 탈부되는 일이 적은 것이 좋다.
③ 탈곡 물량의 소요 동력이 작고, 작물의 종류, 상태, 양에 쉽게 적응할 수 있는 것이 좋다.

(4) 급치 급동식 탈곡장치

① 급치 급동식 탈곡장치 : 급동, 수망, 급치와 절치 등으로 구성되어 있다.
② 급치의 종류

- 정소치(제1종 급치) : 폭이 넓은 급치로 큰 흡입각을 갖도록 설치한다.
- 보강치(제2종 급치) : 정소치 다음에 배열되어 정소치에서 탈립되지 않은 것을 탈립시키는 급치
- 병치(제3종 급치) : 탈립을 하기 위하여 두 가지 이상의 것을 한 곳에 나란히 설치하는 형태의 급치

5 선별장치

(1) 선별장치란?

탈곡실에서 배출된 짚 속에는 분리되지 않은 곡립이 있는데, 이 곡립에서 곡물만 분리하는 장치를 선별장치라고 한다.

(2) 선별 방법

① 공기선별 방식
- 송풍팬의 의한 방법
- 흡인팬에 의한 방법
- 송풍과 흡인팬을 병용하는 방법

② 진동 선별 방식
- 송풍팬과 요동체를 병용하는 방식
- 송풍팬과 요동체와 흡인팬을 병용하는 방식

③ 곡립의 크기에 따른 선별(구멍체 선별) : 곡립의 크기는 길이, 폭, 두께로 구분함
- 장방향 구멍체 이용한 곡립 선별
- 원 구멍체에 의한 곡립 선별

④ 기류에 의한 선별

● 송풍기의 분류
- 기체가 축방향으로 유동하는 축류식
- 회전차에 들어온 공기가 회전차와 함께 회전하면서 나타나는 원심력을 이용하는 원심식
- 위의 두가지를 특성을 이용한 사류식

6 반송장치

① 스크류 켄베이어방식(나사반송기, 오우거(auger)) : 수평, 경사, 수직으로 반송할 수 있는 구조로 간단하고 신뢰성이 높은 반송기이다.

② 버킷 엘리베이터 : 곡물을 수직방향으로 끌어 올리는데 사용되는 형태이다. 탈곡기, 선별기, 건조기, 사료 가공기계 등에 사용되며, 평벨트에 버킷을 고정한 구조로 되어 있다.

③ 드로우어 : 회전하는 날개의 회전력에 의해 곡립을 목적지까지 전달하는 방식이다. 단, 반송 높이와 반송 거리에는 제한이 있다.

7 짚처리장치

① 세단형 : 세단기로 짚을 잘게 잘라 포장에 살포하는 방식으로서 공급축과 절단축 2개의 축에 지름이 다른 둥근 회전톱날을 배치하고 회전수도 달리하여 세단한다.

② 집속형 : 짚을 절단하지 않고 집속기에 일정량을 모아서 포장에 떨어뜨리는 방식

③ 결속형 : 바인더와 같은 결속장치로 짚을 일정량씩 묶어서 방출하는 방식

8 자동제어장치

① **자동조향장치** : 기계가 작물의 줄을 따라 진행할 때 베지 못하는 부분이 없도록 감지기로 작물의 줄을 검출하여 기체의 진행방향을 자동으로 제어하는 방향제어장치

② **수평제어장치** : 작업중에 기체가 좌우로 기울 경우에 그 경사각을 검출하여 기체를 수평으로 유지하는 장치로서 일정한 경사각을 설정할 수 있다.

③ **예취높이자동제어장치** : 디바이더에 설치한 썰매식 감지기 또는 초음파식 감지기로 예취부의 지표면으로부터의 높이를 검출하고 유압실린더로 설정된 높이가 되도록 전처리부와 예취부 전체를 올리거나 내려 표면이 고르지 못한 표장에서도 예취 높이를 일정하게 유지하는 장치

④ **공급깊이 자동제어장치** : 탈곡실 내로 공급되는 작물은 너무 짧게 공급되면 미탈곡립이 많이 생겨 곡물손식이 증가하고, 너무 깊게 공급되면 소요동력이 증가할 뿐만 아니라 검불이 많이 발생하여 선별성능이 저하되기 때문에 반송체인 및 탈곡실 바로 앞에 감지기를 설치하여 작물의 공급깊이를 검출하고 유압실린더로 일정한 공급깊이를 조절하는 장치

⑤ **공급유량 자동제어장치** : 탈곡통 축의 토크나 회전수 또는 기관의 회전수를 전자픽업으로 검출하여 설정값을 벗어나면 기체의 주행속도를 자동 조절하고 동시에 걷어올림장치의 속도와 반송장치의 속도도 주행속도와 동조시켜 변화시킴으로써 탈곡실에 공급되는 작물의 유량이 최적 상태가 되도록 하는 장치

⑥ **선별부 자동제어장치** : 선별부에 공급되는 혼합물의 양에 따라 풍구나 검불체를 자동으로 조절하는 장치

⑦ **알곡 배출 제어장치** : 자루포장식 기종은 알곡 출구에 설치된 감지기가 자루에 곡물이 가득 담긴 것을 감지하고 문을 닫아 다른 출구로 또는 다음 자루에 곡물이 담기게 하는 장치

⑧ **결속위치 제어장치** : 짚배출부에 설치된 감지기로 짚의 길이를 감지하여 결속기의 위치를 조절함으로써, 작물의 키가 변화하더라도 배출되는 짚의 결속위치는 일정도록 하는 장치

9 콤바인의 안전장치

① **방호장치** : 각종 가동부나 고온부 및 돌출부의 방호덮개, 예취부 낙하방지장치, 주행하지 않는 상태에서만 기관의 시동이 가능한 시동 안전장치, 운전자가 떨어지지 않도록 되어 있는 운전석, 안전한 승하차를 위한 손잡이나 미끄럼 방지 발판, 각종 주의사항의 표시, 취급설명서

② **경보장치** : 기관의 이상, 알곡출구, 환원장치, 짚배출구와 세단기, 예취반송부와 공급체인등에서 막히는 경우, 탈곡통의 회전수가 저하하는 경우, 검불체의 유량의 증가, 공급깊이의 이상, 곡물탱크나 자루가 가득 차는 이상 상태가 감지될 때 경보신호를 보내 조작자에게 알려주게 된다. 경고 방식은 점등 또는 점멸, 색깔의 변화, 부저의 단속음 또는 연속음등 쉽게 인식할 수 있는 기구가 이용된다.

04 이앙기

1 이앙 모의 크기

모의 크기는 엽령으로 나눌 수 있다. 벼 이앙 모의 경우 엽령이 2.5정도 이하의 것을 치묘, 그 이상인것을 중묘, 이보다 큰것을 성묘라고 한다.

2 이앙 육묘 상자

플라스틱을 소재로 사용하고 상자의 크기는 안쪽 길이 580mm, 폭 280mm, 깊이 30mm이며, 바깥쪽 길이는 650mm이다.

그림 이앙기

3 파종기

육묘상자에는 필요한 양의 종자를 균일하게 파종해야 한다. 최근에는 롤러형 종자 배출 장치를 사용하며 상토, 관수, 파종, 복토작업이 일관화된 파종기를 많이 사용한다.

4 이앙기의 구조

엔진(기관), 플로트, 차륜, 모탑제대, 식부장치, 각종 조절 레버등

① **엔진(기관)** : 보행용 이앙기의 기관은 2~3kw정도의 출력을 사용하고 승용이앙기는 3~5kw를 사용하였으나 최근 승용이앙기중 8조식의 경우에는 15kw이상의 기관을 사용하기도 한다.

② **차륜(바퀴)** : 경반에 의해 기체를 지지해주면 구동하는 장치, 무논(물논)상태에서 작업을 하기 때문에 견인력을 좋게 하기 위해 물칼퀴 형태로 되어 있다.

③ 플로트(식부깊이 조절장치) : 경반인 지면에 의해 지지하는 역할을 하며 식부깊이 조절레버를 조작하면 플로트가 상하로 이동하면서 식부깊이를 조절할 수 있다.

④ **식부장치** : 모를 심는 장치이다.

⑤ **묘떼기량 조절 레버** : 묘떼기량 조절 레버를 움직이면 식부장치는 일정하게 회전하고 모 탑제대를 조절하여 묘떼는 양을 조절하게 된다.

⑥ **횡이송 장치** : 간헐적 운동에 의한 이송과 연속운동에 의한 이송을 한다.

⑦ **종이송 장치** : 모의 자체 무게에 의하여 이루어짐

5 동력전달

동력원인 엔진에서 모든 동력을 지원해주는 역할을 한다.

① 주행장치로의 동력 전달

② 유압장치로의 동력 전달

③ 식부부로의 동력 전달

출제 예상 문제

01 농업기계의 보관, 관리 방법 중 올바르지 못한 것은?

① 각종 레버, V벨트는 풀림 상태로 한다.
② 사용 후 물로 세척하고 건조시킨 후 기름칠을 한다.
③ 콤바인의 모든 클러치는 연결위치로 해 놓는다.
④ 통풍이 잘되고 습기가 없는 곳에 보관한다.

해설 콤바인의 대부분 클러치는 동력을 전달하기 위한 장치 중 벨트의 텐션(장력)을 조절하는 형태이므로 끊김으로 놓아야 한다. 벨트가 오래 힘을 받게 되면 형태를 유지하면서 경화된다.

02 농업기계 사용 전 난기 운전을 충분히 해야하는 이유가 아닌 것은?

① 농기계를 정상적인 온도로 올리기 위해서
② 엔진의 사용 전 이상 유무를 확인하기 위해
③ 엔진 각 부에 윤활을 위해
④ 기어의 빠짐 등 변속기의 고장 유무를 확인하기 위해

해설 난기 운전을 하는 이유는 엔진이 정상적인 온도를 올려주고 이상 유무를 확인한다. 또 엔진 각부에 윤활을 하여 기계의 마찰을 줄여주기 위해 실시한다.

03 동력경운기에서 주클러치를 연결하여도 힘이안 나거나 전혀 움직이지 않을 때의 원인과관계 없는 것은?

① 클러치 유격이 없다.
② 마찰판이 심하게 소손되었다.
③ 압력스프링의 장력이 너무 세다.
④ 클러치 내부에 윤활유가 누유 되었다.

해설 압력스프링의 장력이 너무 세게 되면 클러치의 슬립이 줄어들기 때문에 기체의 움직임이 빠르게 나타나게 된다.

04 경운기 주 클러치 레버가 절 위치에서 동력전달이 개시되는 간격이 가장 적당한 것은?

① 1~5mm ② 20~30mm
③ 50~60mm ④ 80~90mm

해설 주 클러치 레버의 유격은 20~30mm로 조절하여 사용한다.

05 단기통 경운기 엔진의 실린더와 피스톤을 교환할 때 검사하지 않아도 되는 것은?

① 링 홈 간극과 사이드 간극
② 피스톤과 실린더의 간극
③ 피스톤 핀과 커넥팅로드 부싱의 간극
④ 피스톤의 무게

해설 피스톤의 무게는 검사하지 않는다.

06 동력경운기의 작업기가 아닌 것은?

① 로더
② 배토기
③ 로터리
④ 트레일러

해설 로더는 트랙터에 주로 부착하여 사용하는 작업기이며 P.T.O축 등에 유압 펌프를 사용할 수는 있지만 잘 사용하지 않는다.

07 동력경운기용 기관의 압축압력의 점검은 어느 상태에서 해야 하는가?

① 기관을 시동시키기 전에
② 기관이 작동되고 있을 때
③ 기관의 장기보관 전에
④ 기관을 난기운전 후에

해설 난기운전하면 주변에 온도가 적당히 올라가며 이때 압축압력을 측정한다.

08 동력경운기를 신품으로 구입하여 30시간 정도 사용 후 점검 사항에 해당하는 것은?

① 디젤기관의 경유 교환
② 각부의 죔 상태확인
③ 연료탱크 청소
④ 기화기를 분해하여 플로트실을 청소

해설 30시간 후 일상점검에 해당되는 사항을 점검한다.

09 경운기의 변속 단수를 3단에서 1단으로 변속했을 때 나타나는 현상 중 맞는 것은?

① 주행속도와 회전력이 감소한다.
② 주행속도와 회전력이 증가한다.
③ 주행속도는 감소하나 회전력은 증가한다.
④ 주행속도는 증가하나 회전력은 감소한다.

해설 변속단수가 작아지면 주행속도는 감소하나 토크(회전력)는 커진다.

10 경운 변속이 되지 않을 때의 고장에 맞는 것은?

① 주변속 레버의 굽음
② 브레이크 조절 불량
③ 변속포크의 마멸
④ 경심의 부적당

해설 변속포크의 마멸 시 변속이 안 될 수 있다.

11 엔진이 시동된 후에 5~10분간 부하를 걸지 않고 저속 운전하여 윤활유가 각 부분에 골고루 윤활되도록 함으로써 엔진의 내구연한을 연장시키는 운전을 무엇이라 하는가?

① 시동운전
② 주행운전
③ 난기운전
④ 검사운전

해설 엔진 시동 후 부하 없이 5~10분 예열한다고 한다. 이를 예열운전 또는 난기운전이라고 한다.

12 트랙터, 콤바인, 동력경운기와 같은 농업기계 운전 시 적정 탑승 인원은 몇 명인가?

① 운전자 1인
② 운전자 1인, 보조자 1인
③ 운전자 1인, 보조자 2인
④ 운전자 2인

해설 어떤 농업기계든 운전 시에는 운전자 1명만 탑승한다.

13 동력경운기 조향장치의 정비와 관련이 없는 것은?

① 조향클러치의 반클러치 작동
② 조향클러치 케이블의 녹 발생
③ 조향 갈고리축의 녹 발생
④ 조향클러치 리턴 스프링의 약화

해설 조향클러치는 올드햄커플러 방식을 사용하기 때문에 반클러치 작동은 되지 않는다.

14 다음 중 동력 경운기에서 경운 변속이 되지 않을 때의 원인에 해당하는 것은?

① 차축 기어의 마멸
② 구동판의 마멸
③ 히치핀 연결 불량
④ 지점핀의 마멸

15 동력경운기의 주행 중 2단 혹은 3단 변속이 빠지는 원인은?

① 윤활유 부족
② 주축 슬라이딩 기어의 마멸
③ 윤활유의 부적당
④ 상시물림

해설 변속이 빠지는 원인 중 가장 큰 영향은 주축 슬라이딩 기어의 마멸이며, 또 한 가지의 원인은 윤활유가 과다할 경우도 발생할 수 있다.

16 동력경운기의 경우, 기어를 넣고 클러치를 연결하여도 전진하지 않을 때가 있다. 원인에 해당되지 않는 것은?

① 벨트의 절단
② 체인의 절단 또는 벗겨짐
③ 클러치의 고장
④ 브레이크의 고장

해설 멈추지 않을 때의 브레이크의 고장으로 인한 원인이 될 수 있다.

17 동력경운기의 선회가 어려운 경우 고장 원인으로 가장 적당한 것은?

① 조향 와이어 조정 불량
② 시프트 포크 파손
③ 변속레버와 시프트 포크의 접속불량
④ 주클러치 고장

해설 동력경운기에서 조향은 조향클러치 레버를 이용하고 이 레버는 조향 와이어를 통하여 힘을 전달하여 동력이 전달되는 축에 동력을 끊어줌으로써 방향전환이 되는 방식이다.

18 동력경운기 히치의 기능으로 올바른 것은?

① 경운기 본기와 트레일러를 연결한다.
② 경운기 본기와 로터리를 연결한다.
③ 경운기 엔진과 본기부를 연결한다.
④ 경운기 본기에 동력을 전달한다.

19 경운기 보관 관리요령 중 틀린 것은?

① 변속레버는 저속 위치로 보관
② 본체와 작업기를 깨끗이 닦아 보관
③ 작동부나 나사부에 윤활유나 그리스를 발라 보관
④ 통풍이 잘되는 실내에 보관

해설 변속레버는 중립에 보관하는 것이 좋다.

20 동력경운기 운반 작업 시 주의사항으로 틀린 것은?

① 주행속도는 15km/h이하로 운행할 것
② 브레이크 및 타이어 공기압을 점검할 것
③ 적재중량은 2,500kg이상을 유지할 것
④ 경사지를 상승, 하강할 때는 변속조작은 하지 말 것

해설 경운기의 적재중량은 500~1,000kg이다.
주행속도는 15km/h 이하로 운행한다.

21 동력경운기의 로터리 경운 작업 시 변속에 관한 설명 중 틀린 것은?

① 주 클러치 레버는 끊김 위치로 한 다음 변속한다.
② 후진할 때에는 반드시 경운 변속 레버를 중립에 놓고 실시한다.
③ 부변속 레버가 경운 변속 위치에 놓여 있더라도 후진 변속이 된다.
④ 부변속 레버가 고속 위치에 놓여 있을 때는 경운 변속이 되지 않는다.

해설 부변속 레버가 경운 변속위치에 놓여 있으면 후진 변속이 안 된다. 그 이유는 경운 작업 시 후진할 경우 매우 위험하기 때문에 변속 장치에 변속이 안 되는 안전장치가 부착되어 있기 때문이다.

22 동력경운기의 안전운전 방법으로 옳지 못한 것은?

① 도로 주행 중 내리막길에서 방향전환은 조향클러치레버를 사용한다.
② 처음 출발 시에는 핸들을 눌러 낮추어진 상태로 한다.
③ 후진은 회전하려는 방향과 반대쪽 조향클러치를 사용한다.
④ 긴 내리막길에서 저속으로 변속하여 엔진 브레이크를 작동시킨다.

해설 동력경운기 주행 중 내리막길에서는 되도록 조향클러치레버를 사용을 하지 않는 것이 안전하며 핸들의 유격을 사용하여 힘으로 틀어주는 것이 안전하다.

23 동력경운기 운전 시 안전사항 중 틀린 것은?

① 비탈길(경사지)에서는 조향클러치를 사용하지 않는다.

② 고속운전 중이거나 직진 경운 중에 조향클러치를 사용하면 위험하다.

③ 로터리 작업 중 후진할 때는 경운변속레버를 중립의 위치에 놓고 후진한다.

④ 주행속도를 빠르게 하기 위하여 규정보다 큰 풀리로 바꾸어 장착 운행한다.

> **해설** 동력경운기의 주행속도는 15km/h이하로 해야 하며 큰 풀리를 사용하여 속도를 조정할 경우 매우 위험하다.

24 동력경운기 본체의 선회가 안 될 때 수리하여야 할 부분은?

① 주변속

② 부변속

③ 브레이크

④ 조향장치

25 경운기 조향 클러치의 자유 움직임(유격)은 얼마 정도인가?

① 1.0~2.0mm

② 3.0~4.0mm

③ 5.0~60.mm

④ 7.0~8.0mm

26 동력 경운기의 주 클러치 형식으로 맞는 것은?

① 건식 다판 마찰식

② 건식 단판 마찰식

③ 원추형 마찰식

④ 습식 다판 마찰식

27 동력경운기의 클러치 중에서 판의 마찰력을 조절하는 방법으로 맞는 것은?

① 마찰판을 빼낸다.

② 릴리스 베어링을 교환한다.

③ 클러치 스프링을 조절한다.

④ V 풀리를 교환한다.

> **해설** 동력경운기의 클러치 중에서 판의 마찰력을 조절하는 방법은 클러치 스프링을 조절한다.

28 경운기의 운전 전 반드시 점검하여야할 사항으로 다음 중 적당치 않은 것은?

① 오일, 연료, 냉각수는 규정량이 있는가?

② 각부 볼트 너트의 조임은 적당한가?

③ 밸브간극(틈새)는 적당한가?

④ 타이어의 좌우 공기압은 적당한가?

> **해설** 밸브의 간극은 엔진의 헤드부에 손상이 있거나 피스톤링 교환 등의 정비 시 간극을 측정하고 조정한다.

29 동력 경운기 작업기 연결에서 동력 취출축(PTO)과 직접 연결하는 작업기는?

① 동력분무기

② 쟁기

③ 트레일러

④ 로터리

> **해설** 쟁기와 트레일러는 경운기의 동력으로 견인력만 필요로 한다. 동력분무기는 경운기 미션부에 거치대를 만들어 고정한 후 동력 취출축(PTO)에 풀리를 부착하고 걸어 동력을 사용하기도 한다. 로터리라고 흔히 부르는 로터베이터는 히치를 때어내고 히치 부착 부분에 볼트로 로터리를 고정하며 올드햄 커플러로 동력 취출축(PTO)에 연결하여 사용한다.

30 동력경운기 조향클러치 레버의 유격값 중 맞는 것은?

① 1~2mm

② 3~4mm

③ 5~6mm

④ 7~8mm

> **해설** 동력경운기의 조향클러치 레버 유격은 1~2mm이다.

31 동력경운기에 부착하는 작업기 풀리 지름이 21cm이고 기관 회전속도가 2000rpm이며 작업기의 회전속도가 850rpm일 때 기관 풀리의 지름은?

① 8.925cm   ② 0.112cm
③ 49.91cm   ④ 80.952cm

해설 $21 : x = 2000 : 850$

$$x = \frac{21 \times 850}{2000}$$

$$x = 8.925cm$$

32 동력 경운기의 로터리 구동장치에서 흙의 반전이 좋고 협잡물이 엉키는 일이 적은 형식은?

① 로터리형
② 크랭크형
③ 스크루형
④ 크로형

해설 크랭크형 로터리는 삽날처럼 생긴 회전날이 왕복운동을 하면서 흙을 반전시키면서 쇄토하는 형태의 로터리이다.

33 어느 동력경운기의 엔진출력이 10PS일 때 견인 출력이 6PS로 측정되었다. 견인 효율은 얼마인가?

① 40%   ② 50%
③ 60%   ④ 70%

해설 견인효율 $= \dfrac{견인출력}{엔진출력} = \dfrac{6PS}{10PS} \times 100 = 60\%$

34 경운기 V벨트의 긴장도는 얼마 정도가 가장 적당한가?

① 0~4mm
② 5~10mm
③ 20~30mm
④ 45~50mm

35 벨트를 거는 방법에 관한 사항이다. 틀린 것은?

① 바로 걸기에 있어서는 아래쪽이 항상 인장측이 되게 해야 한다.
② 엇걸기는 바로 걸기의 경우보다 접촉각이 크다.
③ 벨트의 수명은 엇걸기가 길다.
④ 안내차를 두어 벨트가 벗겨지지 않게 할 수 있다.

해설 벨트를 거는 방법 중 엇걸기는 접촉각(마찰부분)이 크므로 수명이 짧다.

36 동력 경운기의 V벨트 중 1개가 파손되었다. 이에 대한 조치 중 옳지 않은 것은?

① 반드시 전부를 (파손되지 않은 것 포함) 동시에 교환한다.
② 긴장도가 2~3cm정도 되게 조정한다.
③ 텐션풀리를 느슨하게 한 상태에서 V벨트를 탈착한다.
③ 파손된 V벨트만 교환한다.

37 경운기 변속기 내부에서 고정볼이 장치되어 있는 축은?

① 주변속 축
② 조향축
③ 중간축
④ 경운변속축

38 동력경운기 변속기 내 윤활유 없이 주행을 했을 때 고장현상으로 틀린 것은?

① 소음이 크게 발생된다.
② 베어링과 기어류가 과열된다.
③ 주행이 점차 어려워진다.
④ 변속기 회전력이 증가된다.

해설 변속기 회전력의 증가는 엔진의 회전수에 의해서만 증가하고 감소한다.

39 동력경운기 액슬 축에 설치된 허브 오일 실을 자주 교환하는 이유가 아닌 것은?

① 액슬 측 의 휨이 클 때

② 허브 베어링이 마모 되었을 때

③ 오일실 접촉부가 마모 되었을 때

④ 최종구동 케이스 덮개 가스켓이 불량할 때

40 궤도형 트랙터의 장점은?

① 견인력이 크고 잘 미끄러지지 않는다.

② 운전이 용이하다.

③ 제작 가격이 싸다.

④ 고속운전이 가능하다.

해설 크로울러(무한궤도)형은 견인력이 크고 잘 미끄러지지 않는다.

41 동력경운기의 정비사항이 아닌 것은?

① 토인

② 팬벨트

③ V벨트

④ 타이어 공기압

해설 토인, 캠버, 캐스터, 킹핀각은 트랙터의 앞바퀴 정렬 방법이다.

42 동력 경운기에서 윤활을 필요로 하는 곳은?

① 클러치판

② 팬벨트

③ 브레이크 라이닝

④ V벨트

해설 동력 경운기의 브레이크는 습식 마찰 방식으로 윤활유(기어오일)의 윤활이 필요하다.

43 동력경운기의 제동장치에 관한 설명으로 틀린 것은?

① 마찰력으로 제동된다.

② 내부확장식 브레이크이다.

③ 브레이크와 주클러치는 레버가 다르다.

④ 브레이크 드럼에는 오일이 채워져 있다.

해설 동력경운기의 제동장치는 주클러치와 일체형으로 2단으로 구성되어 1단은 클러치 작동, 2단은 브레이크가 작동된다.

44 동력경운기의 브레이크 드럼을 고정하는 나사의 형식은?

① 왼나사

② 오른나사

③ 사각나사

④ 볼나사

해설 브레이크 드럼에 고정하는 나사는 바퀴의 회전과 방향이 같을 경우 나사가 풀리는 것을 예방하기 위하여 왼나사를 사용한다. 또한 엔진의 플라이 휠, 로터리 축 볼트등도 왼나사를 사용한다.

45 동력경운기 본체에 주로 사용하는 제동장치 형식은?

① 건식 디스크식

② 건식 내부 확장식

③ 습식 디스크식

④ 습식 내부 확장식

46 동력경운기의 클러치 마찰판에 오일이 묻은 원인은?

① 클러치 축 오일 시일을 통하여 오일 누설

② 조정나사의 조정 불량

③ V벨트의 느슨함

④ 클러치 레버의 간극 불량

Answer 39.④ 40.① 41.① 42.③ 43.③ 44.① 45.④ 46.①

47 8ps 경운기를 이용하여 양수작업 중 고장이 발생하여 전동기로 대체하려고 한다. 약 몇 kW전동기로 교체하면 되는가?

① 4kW ② 6kW
③ 8kW ④ 10kW

해설 $1ps = 75kgf \cdot m/s$
$1kW = 102kgf \cdot m/s$
$8ps = 75 \times 8 = 600kgf \cdot m/s$
$\dfrac{600}{102} = 5.88kW ≒ 6kW$

48 경운기의 로터리 작업 변속 단수로 바른 것은?

① 6단 ② 5단
③ 4단 ④ 2단

해설 경운기의 로터리 작업 변속은 잘게와 굵게 2단으로 구성되어 있다.

49 경운기를 장기보관 할 경우 피스톤의 위치는 어느 위치에 놓아야 하는가?

① 하사점 위치
② 상사점 위치
③ 하사점 근처 위치
④ 상사점과 하사점 중간위치

해설 경운기뿐만 아니라 엔진을 장기간 보관할 때에는 피스톤 위치가 상사점에 두는 것이 좋다. 실린더의 녹 방지, 밸브 스프링의 장력 유지 등을 위해서이다.

50 동력 경운기 바퀴의 폭을 조절하는 방법에 해당되는 것은?

① 좌우 타이어 장착 위치 바꿈
② 바퀴 축과 허브의 상대 위치 변환
③ 타이어 거들 장착
④ 플랜지의 방향 바꿈

해설 바퀴의 폭을 조절하기 위해서는 바퀴의 축을 긴 것을 사용하고, 허브의 상대 위치를 변환하는 방법을 사용한다.

51 다음 중 회전구동력을 얻어서 경운 작업을 수행하는 구동형 경운기의 구동방식으로 가장 널리 이용되는 것은?

① 로터리식 ② 크랭크식
③ 스크루식 ④ 스로틀식

해설 PTO와 연결하여 경운작업을 수행하는 방식은 로터리식이다.

52 승용트랙터 팬벨트의 유격은 어느 정도가 되어야 적당한가?

① 손으로 눌러 벨트의 여유가 30~35mm정도
② 손으로 눌러 벨트의 여유가 10~15mm정도
③ 손으로 눌러 벨트의 여유가 3~5mm정도
④ 손으로 눌러 벨트의 여유가 없어야 한다.

해설 팬벨트의 유격은 10kgf 정도의 힘으로 벨트를 눌러 벨트의 여유가 10~15mm 정도가 적당하다.

53 브레이크 페달을 밟아도 정차하지 않는 이유로 틀린 것은?

① 라이닝과 드럼의 압착상태가 불량
② 라이닝 재질 불량 및 오일 부착
③ 브레이크 파이프 막힘
④ 타이어 공기압의 부족

해설 타이어 공기압이 부족할 경우에는 타이어와 지면의 접지 마찰력이 커지기 때문에 빨리 정차할 수 있다.

54 트랙터 냉각장치의 물자켓에서 밀려나온 물을 냉각시키는 곳은?

① 워터펌프 ② 냉각팬
③ 라디에이터 ④ 서머스텟

해설 냉각장치는 물자켓에서 뜨거워진 물은 라디에이터로 오고 이를 냉각팬에 의해 외부 찬 공기를 라디에이터에 통과시킴으로써 냉각이 된다.

Answer 47.② 48.④ 49.② 50.② 51.① 52.② 53.④ 54.③

55 트랙터의 취급방법이 바르게 설명된 것은?

① 엔진이 시동된 상태로 연료를 공급하였다.
② 경사진 길을 내려올 때 기어를 중립상태로 하고 주행하였다.
③ 도로 주행 시 좌우 브레이크 페달을 연결하고 주행하였다.
④ 운행도중 잠시 쉬고자 하여 시동을 끄고 시동키를 꽂아 둔 채로 휴식하였다.

해설 연료를 공급할 때에는 시동을 끈 상태에서 실시하고 경사진 곳에서는 엔진 브레이크를 사용하면서 천천히 주행한다. 운행도중 잠시 쉬고자 할 때에는 시동을 끄고 시동키를 뺀 후 휴식을 해야 한다.

56 승용트랙터의 토인 조정은 어느 것으로 하는가?

① 타이로드
② 조향상자의 워엄기어
③ 스핀들 각
④ 앞바퀴의 폭

해설 토인각의 조정은 타이로드를 구성하고 있는 턴버클식의 나사로 조정한다.

57 트랙터의 캠버가 심하게 틀린 경우의 원인과 관계 없는 것은?

① 드래그 링크의 휨
② 앞 액슬 축의 굽음
③ 킹핀과 부싱의 마모
④ 너클 스핀들의 휨

58 트랙터 3점 링크를 움직이는 유압실린더는 일반적으로 어떤 형식인가?

① 단동 실린더
② 복동 실린더
③ 다단 실린더
④ 단·복동 실린더

해설 트랙터의 3점 링크 중 하부링크 2개를 이용하여 작업기를 올리고 내리게 되는데 올릴 때는 유압을 보내주지만 하강 시에는 작업기 자중에 의해 떨어지게 되므로 단동실린더이다.

59 트랙터의 독립브레이크는 어느 때 사용하는 것이 가장 효과적인가?

① 급브레이크를 필요로 할 때 사용한다.
② 트레일러를 달고 운반 작업을 할 때 사용한다.
③ 경운작업 시 선회반경을 작게 할 때 사용한다.
④ 항상 사용한다.

해설 독립브레이크는 선회반경을 작게 할 때 사용하는 트랙터의 장치로 좌측과 우측 브레이크가 별도로 작동되는 형태로 되어 있으며 도로주행이나 고속 주행 시에는 꼭 좌우측의 독립브레이크를 연결하여 사용해야한다.

60 트랙터 클러치 페달의 조작방법으로 올바른 것은?

① 느리게 차단하고 빠르게 연결한다.
② 느리게 차단하고 느리게 연결한다.
③ 빠르게 차단하고 빠르게 연결한다.
④ 빠르게 차단하고 느리게 연결한다.

해설 클러치를 조작할 때는 빠르게 차단하고 느리게 연결해야만 마모를 줄이고 클러치의 수명을 연장시킬 수 있다.

61 트랙터에서 유압으로 작동하는 장치는?

① 견인장치
② 차동장치
③ 3점 링크 장치
④ 시동장치

해설 상부링크, 하부링크 2개로 이루어진 3점링크가 트랙터의 유압작동 장치중 하나다.

62 플라우를 연결할 때의 작업순서를 바르게 표시한 것은?

> 1. 트랙터를 부착하기 편리하게 후진시킨다.
> 2. 우측 하부링크를 끼운다.
> 3. 좌측 하부링크를 끼운다.
> 4. 톱링크를 끼운다.
> 5. 체크 체인을 조정한다.
> 6. 좋은 작업이 될 수 있도록 각 부분을 조정한다.

① 1 → 2 → 3 → 5 → 4 → 6
② 1 → 3 → 2 → 4 → 5 → 6
③ 4 → 1 → 2 → 3 → 5 → 6
④ 4 → 6 → 3 → 2 → 1 → 5

63 클러치 점검사항에 해당되지 않는 것은?

① 클러치판의 비틀림
② 클러치 레버의 길이
③ 클러치 스프링의 장력
④ 릴리스 레버의 마멸

해설 클러치 레버의 길이는 변화가 없기 때문에 점검사항에 해당하지 않는다.

64 트랙터 로터리의 안전클러치 조정 시 6개의 스프링 누름 너트를 똑같이 조여 스프링이 완전히 눌려지게 한 다음 보통 알맞게 풀어주는 정도는?

① 1.5~2회전
② 6~9회전
③ 11~13회전
④ 15~17회전

해설 일반적으로 완전히 조인 후 1.5~2회전 풀어준다.

65 트랙터에 있어서 차동 고정 장치의 사용 목적은?

① 작업 시 작업기에 무리한 힘이 걸렸을 때 사용하는 장치이다.
② 굴곡진 길을 주행할 때 진동을 적게 하는 장치이다.
③ 차의 구동바퀴가 공정하는 것을 막기 위한 장치이다.
④ 커브를 틀 때 사용하는 장치이다.

해설 차동장치는 구동바퀴 중 힘이 적게 걸리는 쪽은 회전하고 부하가 걸린 바퀴는 회전하지 않아 늪지에 빠지게 되면 견인력이 감소(공정)하게 되는데 이를 막아주기 위한 장치이다.

66 트랙터에 로터베이터를 장착할 때 작업기의 좌우 기울기는 무엇으로 조정하는가?

① 체크 체인의 턴버클
② 상부 링크의 턴버클
③ 좌측 하부 링크의 레벨링 핸들
④ 우측 하부링크의 레벨링 핸들

해설 좌우의 기울기는 우측 하부링크의 레벨링 핸들로 조정을 한다.

67 브레이크 작동 시 트랙터가 한쪽으로 쏠리는 원인이 아닌 것은?

① 앞바퀴 정렬이 불량하다.
② 브레이크 라이닝의 접촉이 불량하다.
③ 좌우 타이어 공기 압력이 같지 않다.
④ 마스터 실린더 푸시로드 길이가 너무 길다.

해설 마스터 실린더 푸시로드의 길이가 길면 압력을 증가시켜 브레이크 동작을 더 원활히 할 수 있다.

68 트랙터의 브레이크 유격은 일반적으로 얼마인가?

① 0~5mm
② 20~35mm
③ 45~60mm
④ 65~75mm

Answer 62.② 63.② 64.① 65.③ 66.④ 67.④ 68.②

69 브레이크가 잘 작용하지 않고 페달을 밟는데 힘이 드는 원인이 아닌 것은?

① 타이어 공기압이 고르지 못함
② 피스톤 로드의 조정 불량
③ 라이닝에 오일이 묻음
④ 라이닝의 간극 조정이 불량

> **해설** 타이어 공기압이 고르지 못한 것은 브레이크가 작용하는 힘과는 영향이 없지만 견인력에는 영향을 미칠 수 있다.

70 겨울철에 트랙터의 유압장치가 잘 작동되지 않는 원인이 될 수 없는 사항은?

① 유압오일이 적정량 들어있지 않다.
② 유압 파이프의 조임 볼트가 풀려 누유가 된다.
③ 유압오일의 질이 너무 묽다.
④ 부하가 너무 과중하다

> **해설** 겨울철에는 온도가 저하되므로 유압오일의 점도가 높아지므로 점도가 낮은 오일을 사용하는 것이 좋다.

71 트랙터 유압펌프에 주로 사용되는 펌프 종류는?

① 기어 펌프
② 플런져 펌프
③ 피스톤 펌프
④ 진공 펌프

72 트랙터의 핸들이 무겁다. 그 원인 중 옳지 않은 것은?

① 앞바퀴 타이어의 공기압이 높음
② 조향 웜과 로울러의 조정 불량
③ 핸드축이 휘거나 토인 불량
④ 킹핀 베어링의 파손

> **해설** 앞바퀴가 조향을 하게 되며 공기압이 높으면 접지마찰력이 감소하므로 핸들이 가벼워진다.

73 트랙터에서 작업기를 상하로 작동시킬 때 사용하는 것은?

① 부변속 레버
② 유량조절 레버
③ 유압선택 레버
④ PTO레버

> **해설** 작업기는 위치제어 레버(유압선택 레버)를 사용하여 상승 시는 유압을 공급하고, 하강 시에는 자중에 의해 하강한다. 하강 시 하강속도는 유량조절 밸브로 조절한다.

74 3점 링크 히치 장치에서 길이를 조절할 수 있는 것과 높이를 조절할 수 있는 것이 바르게 연결된 것은?

① 상부링크 – 앞쪽 리프트 로드
② 상부링크 – 오른쪽 리프트 로드
③ 하부링크 – 왼쪽 리프트 로드
④ 하부링크 – 오른쪽 리프트 로드

> **해설** 3점 링크 히치는 상부링크에서는 길이 조절이 가능하고 하부링크의 오른쪽 리프트로드는 높이를 조절하여 수평을 조절하는데, 최근 생산되는 트랙터는 하부링크의 좌, 우측 모두 높이 조절이 가능하다.(최근 변형되어 추가되었기 때문에 문제에 나온다면 과거의 형태를 보고 답을 선택해야한다.)

75 농업기계에 사용되는 변속기, 차동장치용 윤활유로 가장 적합한 것은?

① SAE90
② SAE30
③ SAE40
④ 그리스

> **해설** 변속기, 차동장치용 윤활유는 기어오일이므로 점도가 높은 오일을 사용하는데 SAE 90을 사용하는 것이 가장 적합하다.

76 트랙터 유압장치 중 위치제어 레버(position lever)와 견인력제어 레버(dreaft lever)에 대해서 옳게 설명한 것은?

① 위치제어레버는 쟁기작업, 견인력제어레버는 로터리 작업에 주로 사용한다.

② 위치제어레버는 작업기의 속도제어, 견인력제어 레버는 작업기의 상승, 하강제어에 사용한다.

③ 위치제어레버는 작업기의 부하제어, 견인력제어 레버는 작업기의 상승, 하강제어에 사용한다.

④ 위치제어레버는 로터리작업, 견인력제어 레버는 쟁기작업에 주로 사용한다.

77 트랙터의 조향전달 순서가 맞는 것을 고르시오.

① 조향핸들 → 피트먼암 → 조향기어 → 타이로드 → 너클암 → 바퀴

② 조향핸들 → 조향기어 → 피트먼암 → 타이로드 → 너클암 → 바퀴

③ 조향핸들 → 조향기어 → 타이로드 → 피트먼암 → 너클암 → 바퀴

④ 조향핸들 → 피트먼암 → 타이로드 → 조향기어 → 너클암 → 바퀴

78 트랙터의 핸들이 너무 많이 움직일 때의 원인은 어느 것인가?

① 림 또는 디스크가 변형

② 허브 너트가 풀어짐

③ 토우인의 불량

④ 드래그 볼의 마멸

79 트랙터 조향핸들의 자유 유격이 커지는 원인과 관계없는 것은?

① 조향축의 프리 로드 과대

② 섹터 축과 부싱의 마모

③ 각 볼 조인트의 마모

④ 조향축의 축 방향 유격과대

80 조향 핸들의 조작을 가볍게 하는 방법 중 옳은 것은?

① 캐스터를 규정보다 크게 한다.

② 토인을 규정보다 크게 한다.

③ 타이어 공기압을 낮춘다.

④ 조향 기어비를 크게 한다.

> **해설** 얼라인먼트(토인, 캠버, 캐스터, 킹핀 값)를 규정 값으로 해야 한다. 타이어의 공기압이 낮으면 지면과의 마찰이 커지므로 조향 핸들이 무거워진다.

81 트랙터 사용 시에 지켜야 할 사항으로 적당한 것은?

① 시동 스위치는 1회에 10초 이내 가동하여야 한다.

② 예열플러그는 엔진이 더울 때도 사용해야 한다.

③ 시동 스위치는 1회에 2~3분간 돌려도 된다.

④ 작업복은 입지 않아도 된다.

> **해설** 시동 스위치는 1회에 10~15초 이내를 가동하여야한다.

82 트랙터에서 견인력을 증가시키기 위한 조치로 틀린 것은?

① 저압 광폭 타이어를 사용한다.

② 4륜 구동을 사용한다.

③ 트랙터를 가볍게 한다.

④ 바퀴에 물을 넣는다.

해설 트랙터의 견인력을 증가시키는 방법에는 광폭타이어를 사용하여 접지면적을 증가 시키고 4륜 구동을 사용하여 구동력을 증가 시킨다. 또 바퀴에 물을 넣거나 바퀴축에 무거운 쇠뭉치를 달아 하중을 증가시켜 견인력을 증가시킨다.

해설 앞바퀴 정렬에는 토인, 캠버각, 캐스터각, 킹핀각이 있으며, 피트먼 각은 핸들축에서 회전하는 힘으로 푸시로드를 밀어줄 때 발생하는 각을 말한다.

83 트랙터가 정지하면 작업기의 구동이 정지하는 것은?

① 독립형 P.T.O
② 변속기 구동형 P.T.O
③ 상시 회전형 P.T.O
④ 속도비례형 P.T.O

해설 변속기 구동형 P.T.O는 변속기에 동력이 전달되지 않으면 P.T.O도 구동하지 않는 형태로 되어 있다.

84 트랙터에 로터리를 장착하고 작업을 할 때에 유니버설 조인트가 잘 빠져 나오지 않는 경우는?

① 로터리의 좌우로 수평 균형 조절이 잘 안된다.
② 로터리를 중앙에 위치하게 하고 체크 체인을 당기어 조립하였다.
③ 로터리를 편중되게 장착시켰다.
④ 유니버설 조인트의 키를 정확히 끼우지 않았다.

해설 트랙터에 로터리 장착하는 방법으로 맞는 것은 로터리를 중앙에 위치하게 하고 체크 체인으로 당기어 좌우를 정확히 맞추면 유니버설 조인트도 잘 빠지고 끼워진다.

85 트랙터의 앞바퀴 정렬의 점검 사항이 아닌 것은?

① 토인   ② 캠버각
③ 캐스터 각   ④ 피트먼 각

86 트랙터의 안전사항으로 바르지 못한 것은?

① 승차정원은 1명으로 한다.
② 도로주행 시 브레이크 페달은 좌우 연결한다.
③ 포장 작업 시 작업기를 들어 올린 채 방치하지 않는다.
④ 포장 작업 시 작업기를 부착할 땐 엔진 시동을 한다.

해설 포장 작업 시 작업기를 부착할 때는 엔진시동을 끄고 한다.

87 다음은 트랙터의 드래프트 컨트롤장치에 대한 설명이다. 잘못 된 것은?

① 트랙터의 견인력을 일정하게 유지시킨다.
② 플라우를 이용한 경운 작업에 이용된다.
③ 작업기의 위치를 일정하게 유지시킨다.
④ 작업기에 걸리는 저항의 변화를 상부링크 압축력으로 감지한다.

해설 드래프트 컨트롤장치는 견인제어 장치라고도 한다. 작업기의 위치를 일정하게 유지시키는 기능은 위치제어 레버(포지션 레버)가 한다.

88 트랙터 로터리 작업 시 쇄토정도가 너무 거칠 때 취할 조치 중 잘못된 것은?

① 로터리의 회전수를 높인다.
② 로터리 뒷덮개 판을 내린다.
③ 트랙터의 주행속도를 빠르게 한다.
④ 트랙터의 주행속도를 느리게 한다.

해설 쇄토정도가 너무 거칠 때는 경운피치를 작게 해주면 된다. 경운피치를 조절하는 방법은 주행속도를 낮추는 방법과 회전속도를 높이는 방법이 있다.

Answer   **83.**② **84.**② **85.**④ **86.**④ **87.**③ **88.**③

89 다음 중 트랙터 취급 시 안전수칙이 아닌 것은?

① 밀폐된 실내에서 기관을 가동하지 말 것
② 운전자 이외에 보조자가 꼭 함께 동승할 것
③ 유압으로 작업기를 올려놓고 그 밑에서 작업하지 말 것
④ 기관이 가동하고 있을 때는 구동형 작업기의 조정 정비를 금할 것

> **해설** 트랙터뿐만 아니라 모든 농기계는 운전자 1명만 탑승을 원칙으로 한다.

90 트랙터 로터리 부착 및 작업 시 조절 요령으로 틀린 것은?

① 로터리 축을 회전시키면서 로터리가 상승될 때 이상음이 발생하면 상부링크 길이를 조절한다.
② 유니버설 조인트와 P.T.O축이 이루는 각도는 90°이하가 되도록 위치제어레버의 작동 범위를 조절한다.
③ 로터리의 경심조절은 미륜의 연결핀을 바꿔 끼워 조절한다.
④ 정지판은 조절판의 위치를 바꿔 끼워 조절한다.

> **해설** 유니버설 조인트와 PTO축이 이루는 각도는 60°이하로 한다. 유니버설 조인트는 변속기쪽 30°, 작업기쪽 30°를 최대각도로 작업해야 유니버설 조인트의 수명을 연장할 수 있다.

91 엔진 회전 2,000rpm, 종감속비 6 : 1, 타이어 지름 90cm 일 때 시속은 약 몇 km/h 인가?

① 46.5
② 56.5
③ 49.5
④ 59.5

> **해설** 최종적으로 속도는 시속이다. 단위는 km/h이므로 단위 환산에 주의해야한다.
> 바퀴의 회전수(N)
> $$= \frac{2,000}{6} = 333.33 rpm$$
>
> 타이어의 둘레(한바퀴 회전시)
> $$= D \times \pi = 90cm \times \pi = 2.826m$$
>
> 속도(km/h)
> $$= \frac{\text{타이어의 둘레} \times \text{바퀴의 회전수(시간으로 환산)}}{\text{거리 단위 환산}}$$
> $$= \frac{2.826m \times 333.33rpm \times 60}{1,000} = 56.52km/h$$

92 다음 중 바퀴형 트랙터의 견인 계수가 가장 큰 것은?

① 목초지
② 건조한 점토
③ 사질토양
④ 건조한 가는 모래

> **해설** 견인 계수는 토양의 마찰계수와 동일하다. 일반적으로 공극이 많을수록 마찰계수가 작고 공극이 작아질수록 입자들끼리의 거리가 좁아 마찰저항에 견디는 힘이 강해진다.
> 목초지(목초와 습기 때문에 마찰계수가 작다. 〈 건조한 가는 모래 〈 사질토양 〈 건조함 점토

93 트랙터를 운전 중 안전운전 방법이 아닌 것은?

① 유압으로 작업기를 올려놓고 그 밑에서 작업하지 말 것
② 승하차는 반드시 트랙터를 정지 시킨 후 할 것
③ 경사지 작업 시에는 가급적 차륜의 폭을 넓게 할 것
④ 운전자와 작업자가 반드시 동시에 탑승하여 작업할 것

> **해설** 모든 농기계는 운전자 1명만 탑승을 원칙으로 한다.

Answer 89.② 90.② 91.② 92.② 93.④

94 농용트랙터 차동장치의 구성부품에 해당되지 않는 것은?

① 밴드 브레이크
② 구동 피니언
③ 차동사이드 기어
④ 차동 피니언

95 트랙터에 있어서 차동 고정 장치의 사용 목적은?

① 작업 시 작업기에 무리한 힘이 걸렸을 때 사용하는 장치이다.
② 굴곡진 길을 주행할 때 진동을 적게 하는 장치이다.
③ 트랙터의 구동바퀴가 공전하는 것을 막기 위한 장치이다.
④ 커브를 틀 때 사용하는 장치이다.

해설 차동 장치가 작동할 경우에는 양쪽의 바퀴 중, 힘을 덜 필요로 하는 바퀴만 회전하게 된다. 이런 현상을 방지하기 위해 차동장치가 동작하지 않도록 고정시키는 장치이다.

96 농용 트랙터의 견인 성능에 영향을 미치는 구름 저항 계수와 관계가 없는 것은?

① 토양의 종류
② 주행속도
③ PTO의 성능
④ 바퀴의 종류

해설 PTO의 성능은 작업기를 부착하여 작업을 할 때의 회전축의 회전력을 말한다.

97 트랙터의 PTO축을 연결하는 기계요소는?

① 기어   ② 베어링
③ 턴버클   ④ 스플라인

해설 PTO축은 스플라인축을 이용하여 동력을 전달한다.

98 디젤기관 트랙터의 시동회로가 회전하지 않을 때 그 원인으로 틀린 것은?

① 축전지가 방전되어 있을 때
② 연료분사펌프에 연료가 공급되지 않을 때
③ 배터리는 정상이나 전동기까지 공급되지 않을 때
④ 전기는 공급되나 시동 전동기 자체의 고장으로 움직이지 않을 때

해설 연료분사펌프는 시동회로가 아니고 연료계통의 문제이다.

99 트랙터의 핸들이 1회전하였을 때 피트먼 암이 30°움직였다. 조향 기어 비는 얼마인가?

① 12 : 1
② 6 : 1
③ 6.5 : 1
④ 12.5 : 1

해설 1회전(360) : 30 = 12 : 1

100 트랙터 앞바퀴 정렬의 필요성이 아닌 것은?

① 핸들의 복원성
② 주행 중 점검
③ 조정의 용이성
④ 제동효과의 증가

해설 앞바퀴 정렬은 주행성 향상, 타이어의 마모감소, 조정의 용이성, 핸들의 복원성을 위하여 필요하다.

101 전 후진 8단 변속기어가 장착되어 있는 트랙터의 출발방법은?

① 반드시 1단 기어로 출발한다.
② 반드시 8단 기어로 출발한다.
③ 1~8단 사이의 아무 변속 단수나 상관없다.
④ 중간인 4~5단 기어로 출발한다.

Answer   **94.**① **95.**③ **96.**③ **97.**④ **98.**② **99.**① **100.**④ **101.**③

해설 트랙터는 속도보다는 견인력이 더욱 우수하기 때문에 1~8단 사이의 아무 변속 단수를 넣고 출발하여도 된다. 단 고단 출발 시 클러치를 서서히 떼면서 액셀레이터 페달을 동시에 밟아 동력 전달을 원활히 해야 한다.

102 동력전달장치 순서로 옳은 것은?

> 1. 주클러치   2. 주축 및 변속축
> 3. 최종구동축   4. 조향클러치
> 5. 차축

① 1 → 2 → 3 → 4 → 5
② 1 → 2 → 4 → 3 → 5
③ 1 → 2 → 3 → 5 → 4
④ 1 → 2 → 5 → 4 → 3

103 작업기에서 탈착방법의 안전사항 중 옳은 방법은?

① 작업기의 탈착을 15°이내 경사에서 실시한다.
② 작업기의 탈착은 반드시 3인 이상이 해야 한다.
③ 작업기는 부착 후 수평조절을 해야 한다.
④ 작업기의 탈착은 기체 본체를 완전히 후진하여 상부링크부터 연결한다.

해설 작업기 탈착은 평탄한 곳에서 실시하고 혼자 또는 2인 이하는 것이 용이할 때도 있다. 작업기 탈착은 하부링크부터(좌→우) 연결하고 상부링크를 연결한다.

104 트랙터의 기동전동기가 회전하지 않는다. 점검사항이 아닌 것은?

① 배터리의 충전상태 점검
② 배터리 터미널의 볼트 점검
③ 발전기 점검
④ 기동스위치 점검

105 콤바인의 기능이 아닌 것은?

① 전처리 기능   ② 예취기 기능
③ 탈곡 기능   ④ 도정기능

해설 도정기능은 정미기에 있는 장치이다.

106 주행하면서 농작물의 예취 및 탈곡을 함께 하는 기계는?

① 바인더   ② 리퍼
③ 콤바인   ④ 모워

해설 • 바인더 : 예취 후 결속하는 기계
  • 리퍼 : 곡물수확기를 수확하는 기계
  • 모워 : 잔디 또는 풀을 깎는 기계

107 콤바인 작업 시 예취부가 작동하지 않을 때의 고장 원인이 아닌 것은?

① 예취구동 벨트의 미끄러짐
② 예취클러치 와이어 늘어남
③ 예취 반송곡간 통로에 이물질이 끼임
④ 예취날의 간극이 넓음

해설 예취날의 간극이 넓으면 마찰이 감소하기 때문에 작동은 더욱 원활하지만 벼의 절단이 되지 않을 수 있다.

108 자탈형 콤바인의 왕복형 예취날인 경우 두 날의 적정 간극을 유지해야 하는 이유로 옳은 것은?

① 간극이 크면 왕복 속도가 빨라지므로
② 간극이 크거나 작으면 벼가 잘 베어지지 않으므로
③ 간극이 너무 좁으면 칼날의 마모가 크므로
④ 간극이 너무 좁으면 잡초가 끼어 빠지지 않으므로

해설 간극이 너무 좁으면 왕복형 예취날은 서로 마찰을 하므로 마모가 커지게 된다.

Answer   102.②   103.③   104.③   105.④   106.③   107.④   108.③

109 콤바인의 예취날 간격이 적당한 것은?

① 0.01~0.05mm

② 0.1~0.5mm

③ 0.7~1.0mm

④ 1.1~1.5mm

110 콤바인으로 벼를 수확할 때 벼의 도복각이 크면 어떻게 되는가?

① 곡립손실이 많아진다.

② 곡립손실이 적어진다.

③ 곡립손실과 상관없다.

④ 도복각이 크면 수확량이 크다.

해설 도복각은 벼가 바닥으로 쓰러진 정도의 각도이기 때문에 도복각이 크면 곡립손실이 많아진다.

111 콤바인 도복 적응성 중 가장 적당한 것은?

① 추예 45도, 향예 45도

② 추예 15도, 향예 45도

③ 추예 45도, 향예 15도

④ 추예 75도, 향예 75도

해설 • 추예 : 벼가 콤바인이 진행하는 방향으로 쓰러진 정도
• 향예 : 벼가 콤바인의 진행방향과 다른 방향으로 쓰러진 정도

112 콤바인으로 벼 수확작업 시 길쭉한 직사각형 포장에서 적합한 예취방법은?

① 좌회전 예취

② 중할 예취

③ 한 방향 예취(한쪽 베기)

④ 2방향 예취(왕복 베기)

해설 직사각형이므로 긴 방향으로 왕복베기가 적합하다.

113 콤바인의 방향센서의 역할은 무엇인가?

① 자동으로 줄맞춤을 할 수 있는 기능이다.

② 자동으로 예취높이를 조정할 수 있는 기능이다.

③ 자동 정지기능이다.

④ 위험경보 기능이다.

해설 방향센서는 자동으로 줄을 맞춰줄 수 있는 기능을 하는 센서이다.

114 다음 중 콤바인을 좌우로 선회할 때나 예취부의 승하강에 사용하는 것은?

① 주변속 레버

② 부변속레버

③ 예취 클러치 레버

④ 올마이티 스티어링 레버

해설 콤바인에서의 좌우 선회할 때와 예취부의 승하강을 위해서 사용되는 장치는 올마이티 스티어링 레버라고 한다

115 콤바인의 청소와 보관 시 주의사항 중 바르게 설명되지 않은 것은?

① 접합부는 완전히 밀착되어서는 안 된다.

② 정비를 위한 분해 조립 시는 무리한 힘을 가하지 않도록 한다.

③ 차체 도장 부분이 손상되지 않도록 한다.

④ 기체를 정지 시킨 후 정비를 하도록 한다.

116 장궤형 콤바인의 고무바퀴 궤도를 분리할 때 보기의 내용 중 조치순서로 맞는 것은?

| 1 유동바퀴를 밀어 고무궤도의 긴장을 느슨하게 한다. |
| 2 스프로킷에서 고무궤도를 벗긴다. |
| 3 텐션볼트를 푼다. |
| 4 고무궤도를 유동 바퀴에서 벗긴다. |

① 1→3→2→4   ② 3→1→4→2

③ 3→1→2→4   ④ 4→1→3→2

Answer   **109.**②   **110.**①   **111.**②   **112.**④   **113.**①   **114.**④   **115.**①   **116.**③

117 콤바인 작업 중 곡물 이송부가 자주 막히고 선별이 나쁘다. 그 원인은?

① 엔진 회전이 규정보다 높다.
② 벨트가 미끄러진다.
③ 작물이 너무 건조하다.
④ 1번 선별 조절판을 너무 좁혀 사용하고 있다.

해설 곡물 이송부가 자주 막히고 선별이 나쁜 이유는 선별 조절판의 너무 좁혀 원활한 선별이 되지 않기 때문이다.

118 콤바인 전처리부의 끌어올림 체인 고장 시 고쳐야 할 내용이 아닌 것은?

① 자동텐션방식일 경우에는 스프링 길이가 기준치가 되도록 조정한다.
② 체인을 교환할 때에는 러그의 편차가 10~30mm 이내로 맞춘다.
③ 러그가 마모되면 뒤집어 끼운다.
④ 텐션스토퍼 장착 시에는 스토퍼의 길이가 18mm이하로 조립한다.

해설 끌어올림 체인(Pick-up Chain)의 정비 내용 중 러그가 마모가 되었을 경우에는 신품으로 교환해야한다.

119 다음 중 콤바인 급동의 입구 쪽에 있는 급치는?

① 보강치
② 정소치
③ 정류치
④ 병치

해설 급치의 순서는 정소치 → 보강치 → 병치이다.

120 다음 중 콤바인 탈곡부의 급동 급치와 관계가 없는 것은?

① 정소치   ② 병치
③ 보강치   ④ 보구치

121 탈곡을 하려고 한다. 급통의 회전수는 어느 정도가 적당한가?

① 벼 : 500~550rpm, 맥류 : 650~700rpm
② 벼 : 600~800rpm, 맥류 : 300~500rpm
③ 벼 : 500~800rpm, 맥류 : 100~300rpm
④ 벼 : 600~800rpm, 맥류 : 100~300rpm

해설 탈곡통의 주속도는 v=34m/s가 되며, 일반적으로 500rpm이상 회전하며 벼를 기준으로 합니다. 탈곡통의 주속도는 곡물에 따라 다르므로 아래표를 참고하세요.

작물의 종류	탈곡통 주속도	
	m/s	rpm
밀, 보리, 호밀, 귀리	28~30	600~700
콩과 식물, 완두, 콩, 해바라기	10.5~11.5	200~300
벼	21~27	450~550

122 다음은 콤바인의 경보장치이다. 해당되지 않는 것은?

① 벼 만충경보   ② 충전 경보
③ 탈곡통 회전경보   ④ 시동경보

해설 시동경보는 없음

123 콤바인의 탈곡 깊이 자동제어 장치를 수동으로 선택해야할 경우가 아닌 것은?

① 포장이 크기가 너무 큰 경우
② 예취작업을 시작할 때
③ 작물보다 긴 잡초가 많을 때
④ 작물의 길이가 일정하지 않을 때

124 콤바인의 짚커터의 절단축 날과 공급축 날의 틈새로 적당한 것은?

① 0.1~0.3mm   ② 1.0~2.0mm
③ 4.0~6.0mm   ④ 10.0~15.0mm

해설 콤바인에서 칼날의 틈새를 묻는 문제가 나온다면 2가지로 나눌 수 있다.
• 짚커터의 절단축과 공급축 날의 틈새 : 4~6mm
• 예취날의 틈새 : 0.1~0.5mm

Answer   117.④   118.③   119.②   120.④   121.③   122.④   123.①   124.③

125 콤바인 선별부에서 곡물과 검불이 혼합된 미처리물은 어디로 모아지는가?

① 1번구
② 2번구
③ 배진구
④ 탈곡부

해설 배친구의 체에서 털어진 약간의 곡립이나 미처리물 등을 스크류 콘베이어와 2번구 드로우어에 의하여 급실로 반송하여 재처리하는 장치는 2번구이다.

126 자탈형 콤바인 수확작업 시 주의사항 중 맞는 것은?

① 보통 시계방향으로 선회하면서 작업한다.
② 손으로 벤 벼는 한자리에 세워놓고 탈곡하는 것이 안전하다.
③ 알곡기 3번구로 비산되면 풍구의 속도를 올린다.
④ 모서리에서 선회할 때에는 기관의 속도를 줄이지 않는다.

127 콤바인의 안전운전 방법이 아닌 것은?

① 유압레버를 작동시켜 예취부를 위로 올린다.
② 밟은 주클러치 페달을 빨리 뗀다.
③ 희망하는 쪽의 조향 클러치를 조작하여 방향을 전환한다.
④ 주클러치 페달을 완전히 밟고 희망하는 위치로 주부변속 레버를 넣는다.

해설 밟은 주클러치 페달은 빨리 떼기보다는 천천히 떼어 부드럽게 동작할 수 있도록 사용해야 한다.

128 콤바인 취급 사항으로 잘못된 것은?

① 포장작업 시 장갑 사용을 금한다.
② 운반용 차에서 싣고 내릴 때 조향클러치 사용을 금한다.
③ 작업 중 체인, 벨트, 예취날 등에 손을 넣지 말아야 한다.
④ 짚이나 검불이 막혔을 때는 엔진을 저속으로 한 후 제거한다.

해설 짚이나 검불이 막혔을 때에는 엔진을 정지한 후에 제거해야 한다.

129 콤바인에서 사용되는 오일로 점도가 가장 낮은 것은?

① 엔진오일
② 미션오일
③ 베어링 오일
④ 그리스

해설 엔진오일은 SAE기준으로 50미만을 사용하고, 미션 오일은 UTF오일이라고도 하는 기어오일과 유압오일이 섞인 상태의 오일을 사용하게 된다. 점도는 80이상이다. 베어링 오일과 그리스는 액체라기보다는 젤 형태를 주로 사용한다. 그러므로 점도를 기준으로 본다면 엔진오일의 점도가 가장 낮다.

130 콤바인 각부의 조절 및 정비 시 안전사항과 거리가 먼 것은?

① 차체도장 부분이 손상되지 않도록 한다.
② 체인 및 벨트를 너무 죄지 않도록 한다.
③ 정비할 때는 기관을 가동시킨 상태에서 정비한다.
④ 체인, 벨트 및 커터 날에 함부로 손을 대지 말아야 한다.

해설 정비할 때에는 기관을 정지시킨 상태에서 정비해야 한다.

131 공랭식 기관을 탑재한 이앙기의 일상점검 내용과 거리가 먼 것은?

① 각부의 볼트, 너트의 이완 상태를 점검
② 엔진오일양 및 누유 점검
③ 냉각수량 점검
④ 연료량 점검

해설 공랭식 기관이므로 냉각수량을 점검할 필요가 없다.

132 기계 이앙 시 유압장치는 어느 위치에 놓는가?

① 완전히 내린다.
② 1/2쯤 내린다.
③ 1/2쯤 올린다.
④ 완전히 올린다.

해설 이앙 시에는 유압장치를 완전히 내리고, 주행 시에는 완전히 올린다.

133 승용 이앙기에서 시동 안전 스위치가 장착된 곳은?

① 주클러치 페달
② 브레이크 페달
③ 엑셀레이터 페달
④ 차동고정 페달

해설 대부분의 농업기계의 시동 안전 스위치는 클러치 페달 기구에 장착되어 있다.

134 승용이앙기 전륜의 토인 값은 일반적으로 얼마로 조정해야 하는가?

① 0~15mm
② 16~25mm
③ 25~35mm
④ 36~46mm

135 보행용 산파이앙기에 사용되는 클러치 장치가 아닌 것은?

① 조향클러치
② 주 클러치
③ 식부 클러치
④ 예취 클러치

해설 예취 클러치는 콤바인이나 바인더에서 사용되는 클러치이다.

136 이앙기에서 모가 일정한 깊이로 심어지게 하고 기체 침하를 방지하는 구성 요소는 무엇인가?

① 식부암
② 사이더 마커
③ 더스트 실
④ 플로트

137 이앙기의 식입 포크와 분리침 끝의 간격은?

① 0.1~0.5mm
② 0.7~2mm
③ 5~7mm
④ 10~12mm

138 4조식 이앙기로 작업할 때 결주가 생기는 원인이 아닌 것은?

① 분리침이 마모되었다.
② 파종량이 불균일하다.
③ 세로이송 롤러가 작동 불량하다.
④ 주간 간격이 좁다.

해설 주간이라 함은 한 줄을 기준으로 한번 찍어서 심고 그 다음 찍어서 심을 때의 거리이므로 주간 간격을 좁게 하면 촘촘하여 결주가 덜 생기게 할 수 있다.

139 이앙기에서 식부본수는 무엇으로 조절하는가?

① 횡종 이송 조절
② 주간조절
③ 유압 와이어 조절
④ 플로트 조절

해설 식부 본수는 모폐기량, 묘취량 이라고도 하며 식부암은 일정하게 회전하므로 식부본수 조절은 묘탑재판의 전제 높이조절과 횡이송량으로 조절한다.

140 동력이앙기에서 모의 식부깊이를 일정하게 하는 것은?

① 이앙암
② 안내봉
③ 플로트
④ 묘 탑재대

> **해설** 이앙기에서의 플로트는 식부부를 받쳐주면서 일정한 식부깊이를 유지하는데 사용되며, 식부깊이를 조절할 때 사용한다.

141 보행형 이앙기의 식부본수 및 식부 깊이 조절에 대한 설명 중 잘못된 것은?

① 묘 탱크 전판을 위로 올리면 식부본수는 적어진다.
② 스윙 핸들로써 식부 깊이를 조절한다.
③ 연한 토양에는 식부 깊이를 낮게 조정한다.
④ 플로우트를 표준 위치 보다 높게 하면 식부는 깊어진다.

142 이앙기에서 평당 주수조절은 무엇으로 하는가?

① 횡이송과 종이송 조절
② 주간거리 조절
③ 플로트 조절
④ 유압 조절

> **해설** 이앙기의 평당 주수조절은 주간 조절과 조간 조절이 있으나 조간 조절은 30cm내외로 조절이 불가능하고 주간조절로 주수조절을 한다.

MEMO

PART 6

안전관리 일반

안전관리 일반

01 산업재해 개요

1 산업재해 개요

① 근로자가 업무에 관계되는 건설물, 설비, 원재료, 가스, 증기, 분진 등에 의하거나 작업 기타 업무에 기인하여 사망 또는 부상당하거나 질병에 걸리는 것

② 위험 기계, 유해가스 등 물적 요인에 기인하는 재해, 근로자의 기능이나 지식의 부족, 신체 조건 등 인적요인에 기인하는 재해 및 유해물질에 장기간 노출됨으로써 생기는 건강상의 장해(직업성 질병 포함)를 포함하여 업무수행과 관련하여 발생하는 것

2 산업안전 개요

① 일반산업 사업장에 있어 산업재해가 일어날 가능성이 있는 건물, 장치, 기계 재료 등의 손상, 파괴에 기인하는 잠재 위험성을 배제해서 안전성을 확보하는 것

② 기업 내 또는 기업 간의 안전관리에 있어서 재해 방지를 위한 활동

02 무재해 개요 및 정의

1 무재해란?

① 근로자가 상해를 입지 않고 상해를 입을 수 있는 위험 요소가 없는 상태

② 근로자가 업무에 기인하여 사망 또는 4일 이상의 요양을 요하는 부상 또는 질병에 이환되지 않는 것

③ 인간존중의 이념을 바탕으로 사업주, 관리감독자, 안전관리자, 보건관리자 및 근로자 등 전원이 적극적으로 참가하여 안전과 보건을 선취하여 밝고 활기찬 직장풍토를 조성

2 재해율

① 연천인율 : 근로자 1,000명당 1년간에 발생하는 재해자 수를 말한다.

$$연천인율 = \frac{재해자수(1년간)}{평균근로자수} \times 1,000$$

② 도수율(빈도율) : 도수율은 연 100만 근로시간당 몇건의 재해가 발생했는지를 나타낸다.

$$도수율 = \frac{재해건수}{연근로시간수} \times 1,000,000$$

③ 강도율 : 근로시간 1,000시간당 발생한 근로손실 일수를 말한다.

$$강도율 = \frac{근로손실일수}{연근로시간수} \times 1,000$$

3 안전사고 예방

① 인적요인에 의한 사고 : 운전자의 운전 미숙, 실수, 사용설명서 미준수 등의 사고
② 기계적인 요인에 의한 사고 : 회전체, 돌기부, 틈새, 칼날등의 안전 덮개 등 안전장치 미설치
③ 환경적 요인에 의한 사고 : 농로, 진출입로, 경사지등 농업기계가 주행하는 조건이 좋지 않아 발생하는 사고

03 배기가스의 유동성 및 발생농도

1 질소산화물

질소산화물은 기관의 연소실 내에 고온·고압 공기가 과잉일 때 주로 발생되는 가스로 광화학 스모그의 원인의 된다. 질소산화물의 발생원인은 다음과 같다.
① 질소는 잘 산화하지 않으나 고온·고압 및 전기 불꽃 등이 존재하는 곳에서는 산화하여 질소산화물을 발생시킨다.
② 연소온도가 2,000℃이상인 고온연소에서는 급격히 증가한다.
③ 질소산화물은 이론 공연비 부근에서 최대값을 나타내며, 이론 공연비보다 농후해지거나 희박해지면 발생률이 낮아진다.

② 탄화수소

농도가 낮은 탄화수소는 호흡기 계통에 자극을 줄 정도이지만 심하면 점막이나 눈을 자극하게 된다.

③ 일산화 탄소

① 불완전 연소할 때 다량 발생한다.

② 혼합가스가 농후할 때 발생량이 증대된다.

③ 촉매변환기에 의해 CO_2로 전환이 가능하다.

④ 일산화탄소를 흡입하면 인체의 혈액 속에 있는
헤모글로빈과 결합하기 때문에 수족 마비, 정신분열 등을 일으킨다.

 Tip

● **탄화수소 발생원인**

• 농후한 연료로 불완전 연소할 때 발생한다.

• 화염전파 후 연소실내의 냉각작용으로 연소되다가 남은 혼합가스이다.

• 희박한 혼합가스에서 점화, 실화로 인해 발생한다.

04 안전표지와 색깔

① 색깔별 구분

근로자가 쉽게 알아볼 수 있는 크기로 제작되어야 하며, 야간에는 표식에 조명등을 설치하거나 야광색으로 제작하여 빨리 알아볼 수 있도록 해야 함

① **빨간색** : 화재 방지에 관계되는 물건에 나타내는 색으로 방화표시, 소화전, 소화기, 화재 경보기 등이 있으며 정지표지로 긴급정지버튼, 정지신호, 통행금지, 출입금지 등 위험 장소나 부위에 사용

② **주황색** : 재해나 상해가 발생하는 장소에 위험표지로 사용, 뚜껑없는 스위치, 스위치 박스, 뚜껑의 내면, 기계 안전커버의 외면, 노출 톱니바퀴의 내면, 항공, 선박의 시설 등에 사용

③ **노란색** : 충돌, 추락주의표시, 크레인의 훅, 충돌의 위험이 있는 기둥, 피트의 끝, 바닥의 돌출물, 계단의 디딤면 등에 사용

④ **청색** : 임의로 조작하면 안되는 지역에 표시하며, 수리중의 운행이 정지된 기계의 보관 장소를 표시, 전기 스위치의 외부표시 등에 사용

⑥ **녹색** : 위험, 구급장소를 나타낸다. 대피장소 또는 방향을 표시, 비상구, 안전위생 지도 표시 등에 사용

⑥ **흰색** : 통로의 표지, 방향지시, 통로의 구획선, 물품을 두는 장소, 보조색 방화 등에 사용

⑦ **흑색** : 주의, 위험 표지의 글자, 보조색 등에 사용

⑧ **보라색** : 방사능 등의 표시에 사용

② 안전표지의 종류

① **금지표지** : 출입금지, 보행금지, 차량통행금지, 사용금지, 탑승금지, 금연, 화기금지, 물체이동금지 등으로 흰색 바탕에 기본 모형은 빨간색, 관련 부호 및 그림은 검정색으로 한다.

② **경고표지** : 인화성 물질, 산화성 물질, 폭발물, 독극물, 부식성 물질, 방사성 물질, 고압전기, 매달린 물체, 낙하물체, 고온, 저온, 몸 균형 상실, 레이저광선, 유해물질, 위험장소 등으로 바탕은 노란색으로하며 기본 모형은 관련 부호 및 그림은 검정색으로 한다.

③ **지시표지** : 보안경, 방독마스크, 방진마스크, 보호안면, 안전모자, 귀마개, 안전화, 안전장갑, 안전복 착용으로 바탕은 파란색으로, 관련 그림은 흰색으로 한다.

④ **안내표지** : 녹십자표지, 응급구호표지, 세안장치, 비상구, 좌측 비상구, 우측 비상구가 있는데 바탕은 흰색, 기본 모형 및 관련부호는 녹색, 바탕은 녹색, 관련부호 및 그림은 흰색으로 한다.

05 공구사용법

① 수공구 사용시 유의사항

(1) 스패너 렌치

① 스패너의 입이 너트폭과 맞는 것을 사용하고 입이 변형된 것은 사용하지 않는다.

② 스패너를 너트에 단단히 끼워서 앞으로 당기도록 한다.

③ 스패너를 두 개로 이어서 사용하거나 자루에 파이프를 이어 사용해서는 안된다.

④ 멍키 스패너는 웜과 랙의 마모에 유의하여 물림상태를 확인한 후 사용한다.

⑤ 멍키 스패너는 아래 턱 방향으로 돌려서 사용한다.

(2) 해머 사용시 주의사항

① 해머작업시 장갑을 착용하지 않는다.

② 작업자세를 바르게 잡는다.

③ 마모가 되거나 파손이된 해머를 사용하지 않는다.

④ 공작물을 고정시킨 후 작업한다.

⑤ 보호구를 착용한다.

⑥ 1인이상 작업 시 호흡을 맞춰서 작업한다.

⑦ 열처리된 금속이나 유리등 깨질 수 있는 물체는 타격하지 않는다.

(3) 줄작업 및 드릴 사용시 주의사항

① 작업 중 줄자루가 빠지지 않도록 고정상태를 확인한다.

② 줄 작업 중 무리함 힘을 가하지 않도록 한다.

③ 줄 작업 중 시선은 반드시 공작물의 절삭이 되는 부분을 바라보고 작업한다.

④ 줄은 사용 후 반드시 정해진 자리에 정리정돈한다.

⑤ 금긋기 바늘은 사용후 코르크 마개를 끼워서 제자리에 정리정돈한다.

⑥ 금긋기 시에 무리한 힘을 가하지 않도록 한다.

⑦ 드릴링 작업 시 장갑을 끼지 않도록 한다.

⑧ 드릴링 시 절삭유를 충분히 준다.

⑨ 드릴링 시 공작물을 단단히 고정한다.

(4) 정 작업

① 머리부위가 이상이 있는 것은 사용하지 않는다.

② 정은 깨끗이 한 후 사용한다.

③ 날끝이 파손되거나 둥글어진 것은 사용하지 않는다.

④ 보호안경을 착용한다.

⑤ 정 작업시 반대편에 막을 설치한다.

⑥ 정 작업은 처음에는 가볍게 두들기고 목표가 정해진 후에 차츰 세게 두드린다.

⑦ 담금질한 재료를 정으로 타격하지 않는다.

⑧ 절삭면은 손가락으로 만지거나 절삭칩을 손으로 제거하지 않는다.

(5) 줄 작업

① 줄은 그 손잡이가 확실한 것을 사용한다.

② 땜질한 줄은 부러지기 쉬우므로 사용하지 않는다.

③ 줄은 두드리거나 타격을 가하지 않는다.

④ 줄질에서 생긴 가루는 입으로 불지 않는다.

⑤ 줄을 다른 용도로 활용하지 않는다.

(6) 바이스 작업

① 바이스대는 항상 정리 정돈하여 사용한다.

② 바이스대에는 재료나 공구를 놓아두지 않는다.

③ 바이스의 가공물을 잡는 이가 완전한 지를 확인하고 사용한다.

④ 가공물이 완전히 바이스에 물려 있는 지를 확인하고 사용한다.

2 전동, 공기구 사용시 유의사항

(1) 연삭기 작업

① 안전커버를 떼고 작업해서는 안 된다.

② 숫돌 바퀴에 균열이 있는가 확인한다.

③ 나무 해머로 가볍게 두드려 보아 맑은 음이 나는지 확인한다.

④ 숫돌차의 과속 회전을 하지 않는다.

⑤ 숫돌차의 표면이 심하게 변형된 것은 반드시 드레싱하여 사용한다.

⑥ 받침대는 숫돌차의 중심선보다 낮게 하지 않는다.

⑦ 숫돌차의 주면과 받침대와의 간격은 3mm 이내로 한다.

⑧ 숫돌차의 장치와 시운전은 정해진 사람만 하도록 한다.

⑨ 숫돌 바퀴가 안전하게 끼워졌는지 확인한다.

⑩ 연삭기의 커버는 충분한 강도를 가진 것으로 규정된 치수의 것을 사용한다.

⑪ 숫돌차의 측면에서 서서 연삭해야 하며 반드시 보호안경을 착용한다.

(2) 드릴 작업

① 회전하고 있는 축이나 드릴에 손이나 위험물질(감길 수 있는 물체)을 대거나 머리를 가까이하지 않는다.

② 드릴은 사용 전에 점검하고 상처나 균열이 있는지 확인한다.

③ 가공 중에 드릴날의 절삭분이 불량해지고 이상음이 발생하면 중지하고 즉시 드릴날을 바꾼다.

④ 가공 중 드릴이 깊이 들어가면 기계를 멈추고 손으로 돌려 드릴날은 뽑아낸다.

⑤ 드릴날이나 척을 뽑을 때는 되도록 주축을 내려서 낙하거리를 적게 하고 테이블 등에 나무조각 등을 놓고 받는다.

⑥ 드릴 머신은 작업 중 컬럼과 암을 확실하게 체결하며, 주위를 조심하여 암을 선회시키고, 정지 시에는 암을 베이스의 중심 위치에 놓는다.

⑦ 면장갑을 착용해서는 절대로 안 된다.

⑧ 작은 가공물이라도 가공물을 손으로 고정시키고 작업해서는 안된다.

⑨ 가공물이 관통될 쯤에 알맞게 힘을 가해야 한다.

⑩ 드릴날 끝이 가공물을 관통하였는지 손으로 확인해서는 안된다.

⑪ 가공물을 이동시킬 때에는 드릴 날에 손이나 가공물이 접촉되지 않도록 드릴을 안전한 위치에 올려두고 작업해야 한다.

⑫ 드릴날 회전중 칩 제거하는 것은 위험하므로 절대 하지 않는다.

⑬ 드릴날은 항상 점검하여 상처나 균열이 생긴 드릴을 사용해서는 안된다.

⑭ 주물 소재 칩은 해머나 입으로 불어서 제거해서는 안된다.

⑮ 드릴날은 척에 고정시킬 때 유동이 되지 않도록 고정시켜야 한다.

⑯ 천공 작업 시는 가공물의 반대쪽을 확인하고 작업해야 한다.

⑰ 가공 작업 중 소음이나 진동이 발생 시에는 작업을 중지하고 기계의 이상 유무를 확인한다.

(3) 밀링 작업

① 보호 안경을 착용할 것

② 밀링 커터에 작업복의 소매나 보호장구가 들어가지 않도록 주의할 것

③ 가공품을 풀어 낼 때는 반드시 밀링 커터의 운전을 정지시킨다.

④ 조작중에 완성면을 손가락으로 만져보지 않는다.

⑤ 칩은 반드시 솔로 털어내고 걸레를 사용하지 않는다.

(4) 선반 작업

① 회전 부위에 손을 대지 말 것

② 천조각이나 이물질이 회전부위에 닿지 않도록 한다.

③ 공구를 기계 위에 놓지 않는다.

④ 절삭된 칩은 반드시 쇠솔로 청소하고 손으로 만지지 않는다.

⑤ 치수를 측정할 때는 먼저 선반을 멈추고 측정한다.

⑥ 선반 작업 중 회전의 방향 전환을 하지 말 것

⑦ 작업 전에 심압대가 잘 죄어 있는 지 확인한다.

(5) 세이퍼 작업

① 재료는 힘껏 물려 놓을 것

② 바이트는 가급적 짧게 물릴 것

③ 조작중 완성면을 손가락으로 만지지 말 것

④ 칩이 튀어 나가지 않도록 칸막이를 세울 것

⑤ 작업중에는 바이트가 운동하는 방향에 서 있지 말 것

⑥ 보호 안경을 착용할 것

⑦ 가공품을 측정할 때는 기계의 회전을 멈출 것

⑧ 램은 필요 이상의 행정(바이트가 이동하는 거리)으로 조정하지 말 것

⑨ 시동하기 전에 행정을 조정하는 핸들을 빼놓을 것

(6) 공기구 작업

① 공기구는 기계의 힘을 응용한 것이기 때문에 활동 부분에는 항상 기름 또는 그리스를 삽입시키고 원활하게 움직이도록 한다.

② 정상 여부와 사용 가능 여부를 사용 전에 점검하고 이물질은 완전히 떼어낸다.

③ 사용할 때는 반드시 보호안경 및 방진마스크를 사용한다.

④ 밸브를 서서히 열어 속도를 조절하고 한번에 열어서는 안 된다.

⑤ 공기가 전달되는 호스가 꺾이거나 구부러져서는 안된다.

⑥ 공구 교체 또는 고장시에는 반드시 밸브를 꼭 잠그고 정비를 실시한다.

3 용접 작업

(1) 가스용접작업

① 봄베(가스통) 방청제를 바르지 않는다.

② 토치는 반드시 작업대 위에 놓고 기름이나 그리스가 묻지 않도록 한다.

③ 가스를 완전히 멈추지 않거나 점화된 상태로 방치해 두지 않는다.

④ 봄베(가스통)를 던지거나 넘어뜨리지 말 것

⑤ 산소용기의 보관온도는 40℃이하로 한다.

⑥ 반드시 소화기를 준비한다.

⑦ 아세틸렌 밸브를 먼저 열고 점화한 후 산소밸브를 연다.

⑧ 점화는 성냥불로 직접하지 않는다. (전용 숫돌 사용)

⑨ 산소 용접할 때는 역류, 역화가 일어나면 빨리 산소 밸브부터 잠근다.

⑩ 운반할 때는 전용 운반차량을 사용한다.

(2) 산소-아세틸렌 작업

① 산소는 산소병에 35℃에서 150기압으로 압축 충전한다.

② 아세틸렌의 사용 압력은 1기압이며, 1.5기압 이상이면 폭발할 위험이 있다.

③ 산소 봄베에서 산소의 누출여부를 확인할 때는 비눗물을 사용한다.

④ 산소통의 메인 밸브가 얼었을 때는 60℃이하의 물로 녹여야 한다.

⑤ 아세틸렌 호스는 적색, 산소 호스는 녹색으로 구분한다.

(3) 카바이트 작업

① 밀봉해서 보관한다.

② 인화성이 없는 곳에 보관한다.

③ 저장소에 전등을 설치할 경우 방폭 구조로 한다.

④ 카바이트를 습기가 있는 곳에 보관을 하면 수분과 카바이트가 작용하여 아세틸렌 가스를 발생시키고 소석회로 변한다.

⑤ 카바이트 저장소에는 전등 스위치가 옥내에 있으면 폭발 위험이 있다.

06 작업장 안전 보건 조치사항

1 안전조치

(1) 안전조치를 해야 할 위험 요인

① 기계 기구 그 밖의 설비에 의한 위험

② 폭발성, 발화성, 인화성 물질 등에 의한 위험

③ 전기, 열 그 밖의 에너지에 의한 위험

(2) 떨어짐에 의한 위험의 방지(안전보건 규칙 제42조)

근로자가 떨어지거나 넘어질 위험이 있는 장소에서 작업을 하여 근로자가 위험해질 우려가 있는 경우, 비계를 조립하는 등의 방법으로 작업 발판을 설치하고, 곤란하다면 안전망을 설치하거나 안전대를 착용하도록 해야 함

(3) 낙하물에 의한 위험의 방지(안전보건규칙 제14조)

① 작업장의 바닥, 도로 및 통로 등에서 낙하물이 근로자에게 위험을 미칠 우려가 있는 경우, 보호망을 설치하는 등 필요한 조치를 해야 함

② 작업으로 물체가 떨어지거나 날아올 위험이 있는 경우, 낙하물 방지망, 수직 보호망 또는 방호 선반 설치, 출입금지구역 설정, 보호구 착용 등 위험을 방지하기 위하여 필요한 조치를 해야 함

(4) 안전 보건 표지의 설치

① 근로자가 쉽게 식별할 수 있는 장소 시설 또는 물체에 설치 부착되어야 함

② 흔들리거나 쉽게 파손되지 않도록 설치, 부착해야함

③ 안전보건 표지의 성질상 설치 또는 부착의 곤란할 경우, 물체에 직접 도장할 것

07 농작업 안전사고 예방

1 농작업의 특성

① 노동집약적인 작업특성

② 농번기/수확기 등 특정기간에 집중되는 작업

③ 고령화 및 여성 농업인 증가

④ 제한된 인력에 따른 작업량 증가

⑤ 표준화되어 있지 않고 비연속적인 작업특성

2 농작업 안전사고 요인과 안전행동 요령

① 농업기계 사고(사용자 60%이상이 사고 경험) : 경운기〉트랙터〉제초기

② 부상 신체 부위 : 팔, 손, 손가락, 발가락 등 기타

③ 사고발생원인 : 부주의, 열악한 작업 여건, 운전미숙 등

④ 재해발생 형태 : 넘어짐, 감김, 끼임, 떨어짐 등

⑤ 사망사고 형태 : 떨어짐, 교통사고, 감김, 끼임

⑤ 재해 취약시간 : 오전 10~12시, 오후 2~4시

3 농업기계 사고예방과 안전사용법

(1) 농업기계 사고예방을 위한 운전자 준비사항

① 정확한 안전장구 착용

② 안전모 : 농업기계 전복 또는 작업중 머리에 충격에 대한 예방

③ 몸에 맞는 옷 : 늘어진 옷으로 인해 농업기계에 말려 들어가지 않도록 해야 함

④ 안전화 : 농기구가 떨어지거나 발 등이 기계에 끼는 사고 예방

⑤ 운전 미숙련자는 반드시 다른 사람의 도움으로 연습 후 운전

⑥ 피로한 상태 또는 음주 상태에서 농업기계 조작 금지

⑦ 조작 전 반드시 농업기계에 부착된 안전주의 명판 및 사용 설명서 숙지

⑧ 농업기계 관련된 교육 수강

(2) 농업기계 안전사용

① 농업기계 작업은 진동 소음이 많고 지속적으로 신경을 집중함에 따라 쉽게 피로해지며 집중력이 저하되므로 바쁘더라도 일정한 휴식을 취하며 작업한다.

② 혼자 작업할 경우 사고시 발견이 늦어 큰 사고로 진전될 수 있으므로, 비상연락이 가능하도록 조치해야 한다.

③ 야광반사판을 반드시 부착하고, 방향지시등, 비상등 작동을 수시로 점검한다.

④ 고령자는 어두운 곳에서 시력 시야가 감소되므로 어스름한 저녁이나 야간 운전시 특히 주의한다.

⑤ 농업기계 교통사고에 주의해야한다.

(3) 경운기 재해예방과 안전사용법

① 차폭이 좁아 작업 또는 운전 중 넘어짐 등 위험성이 높음

② 운전자를 보호하기 위한 안전장비 미비

③ 후진시 핸들이 돌아가거나 급격히 꺾여 넘어짐 또는 운전자 끼임이 발생

④ 운전석 및 트레일러에 운전자 이외의 탑승을 하지 않도록 조치

⑤ 도로주행 시 도로교통법 준수 및 음주운전 금지

(4) 작업 전 주의사항

① 경운기 기능에 악영향을 줄수 있는 외부 또는 내부 기계류의 임의 개조 금지

② 사전 환기 조치하며, 환기가 불충분한 곳에서는 예열 운전이나 작업을 금지하고 환기가 될 수 있도록 조치

③ 경운기 트레일러에는 사람의 탑승 금지

④ 운전자가 뛰어 올라 타거나, 뛰어내리는 행위 금지

⑤ 트레일러 장착 시마다 히치 취부 고정핀 확인

(5) 작업 중 주의사항

① 타이어 조정폭을 넓혀 안전한 상태로 작업한다.

② 급출발, 급정지, 급방향전환을 금한다.

③ 지반이 약한 도로나 풀이 많은 도로는 되도록 주행을 삼가한다.

④ 비가 내릴 경우에는 운전자의 시야를 가릴 수 있으므로 운행하지 않거나 서행 운행한다.

⑤ 비탈길에서는 일단 멈추고 변속하여 저속으로 주행한다.

⑥ 비탈길에서는 저속 상태에서 엔진브레이크를 사용한다.

⑦ 비탈길에서는 조향클러치 조작을 자제하고 핸들로 조작하여 방향을 전환한다.

⑧ 위험지역에서 후진할 때는 유도자를 두어 신호에 따라 저속으로 진행한다.

⑨ 후진 시 핸들이 튀어오르는 경우가 발생하므로 엔진속도를 낮추고 핸들을 누르면서 천천히 클러치를 연결한다.

⑩ 후진시에는 반드시 후방의 기둥, 나무 등 장애물을 꼭 확인한다.

08 방제 안전사고 예방

1 농약 안전사고 유형

① 음용(마시는 사고)

② 방제 시 호흡으로 인한 흡입

③ 방제 중 이동으로 인한 넘어짐 등

2 농약 살포기 안전 준수사항

① 농약 희석 살포 시 바람을 등지고 작업한다.

② 농약 사용설명서 필독

③ 농약 살포전 건강 상태 확인

④ 불침투성 보호의, 보호장갑, 보호안경, 보호장화, 방진 마스크 착용

⑤ 기온이 높을 때 작업금지

⑥ 1시간 작업후 10분 휴식

⑦ 농약 살포시 흡연이나 음식물 섭취 금지

⑧ 노즐이 막혔을 시 입으로 불거나 빠는 작업 금지

⑨ 농약은 전용 용기에 넣고 지정된 안전장소 보관

⑩ 농약과 장비는 통풍이 잘되는 장소에 보관하고 자물쇠로 잠금

⑪ 농약 용기에 잘보이도록 경고 표시

⑫ 농약 빈병 반드시 회수

⑬ 농약 개봉시 몸에 묻지 않도록 하고 희석 용량 준수

⑭ 피부 노출 금지

3 농약 중독 사고 예방대책

(1) 농약 중독 증상

① **경증** : 두통, 현기증, 구토, 머리가 무겁고 몸이 나른하고 처짐 현상

② **중등증** : 구토, 복통, 설사, 고열, 홍열, 머리가 멍하고 땀과 침이 많이 남, 눈이 빨갛고 아픔, 피부에 수포 발생 등

③ **중증** : 의식을 잃음, 전신의 경련, 입에 거품, 호흡과 맥박이 빨라짐

(2) 농약 살포 후 안전 대책

① 수건은 구분하여 사용

② 손과 얼굴을 잘 씻고 양치질을 함

③ 살포 후 목욕 또는 샤워

09 사고 시 응급처치

1 응급처치 순서

① 응급상황인지 아닌지 확인한다.

② 환자상태를 판단한다.

③ 환자의 상태가 위급하다고 생각되면 119에 전화하여 구급차를 요청한다.

④ 안전한 장소로 환자를 옮긴다.

⑤ 환자의 상태를 파악하고 어떤 조치가 필요한지를 즉시 결정한다.

⑥ 응급처치를 실시한다.

2 응급조치 사항

(1) 출혈 응급처치

① 환자를 담요로 보온하고 즉시 병원으로 이송한다.

② 5분 이상 출혈부위를 직접 압박 지혈, 출혈 부위를 심장보다 높게 들어 올린다.

③ 지혈대는 절단 등 생명이 위급할 때만 사용, 상처에서 심장 쪽으로 적용, 지혈대 사용시간을 기록하고 병원으로 이송한다.

(2) 심폐소생술

① 손바닥 중앙을 흉부의 정중앙에 놓고 손가락이 가 슴에 닿지 않도록 한다.

② 팔을 쭉 펴고 수직으로 분당 100~200회의 속도로 가슴을 5~6cm깊이로 눌러준다.

③ 흉부압박을 30회 실시한다.

④ 머리를 뒤로 젖히고 턱을 들어 올려 기도를 열어준다.

⑤ 환자의 코를 막고 인공호흡을 2회 실시한다.

③→④→⑤을 119구급대원 이 현장에 도착할 때까지 반 복한다.

(3) 뾰족한 물체에 찔렸을 때의 응급처치(자상)

① 칼이나 창과 같은 예리한 물체에 찔려서 입은 상처는 감염의 위험성이 크다.

② 녹이 슬었거나 지저분한 못에 찔렸을 때는 파상풍 예방주사 접종을 한다.

③ 빠지지 않는 상태이면 물체를 뽑지 않고 수건 등으로 찔린 곳을 고정하고 병원으로 후 송한다.

(4) 절단 시 응급처치

① 절단 부위를 소독된 거즈에 싸고 비닐에 담아 밀봉한다.

② 더 큰 용기에 물을 담고 얼음을 띄워 차갑게 하고 밀봉된 절단 부위를 넣고 접합 전문병 원으로 후송한다.

(5) 화상시 응급조치

① 즉시 화상부위를 차게하고 흐르는 물에 식한다.

② 옷이나 양말은 그 위로 물을 끼얹어 냉각시킨 후 벗기기 힘들면 가위로 자른다.

③ 2도 화상으로 생긴 수포는 터뜨리지 않는다.

④ 환부를 충분히 냉각, 아무것도 바르지 않은채로 의사에게 의뢰한다.

⑤ 119구급차량을 이용하여 화상치료가 가능한 병원으로 후송한다.

10 측정기

1 측정 방법

(1) 직접 측정과 비교 측정

① 직접 측정 : 실물의 치수를 직접 읽는 측정으로 마이크로미터, 버니어 캘리퍼스, 측장기, 각도자등이 있다.

② 비교 측정 : 실물의 치수와 표준치수의 차를 측정해서 실물의 치수를 아는 방법으로 다이얼게이지, 미니미터, 옵티미터, 공기 마이크로미터, 전기 마이크로미터 등이 있다.

(2) 측정 오차의 종류

오차의 원인은 고정 오차와 우연오차로 나눈다.

① 고정오차 : 측정기의 고유 오차, 측정자의 개인오차, 환경에 의한 오차

② 우연오차 : 복잡한 영향에 의한 오차

2 길이의 측정

(1) 선의 측정

① 버니어 캘리퍼스 : 내측, 외측, 깊이 등을 측정할 수 있으며, 미터식에서는 1/20(mm),1/50(mm)까지 측정할 수 있다. 0.001mm까지 읽을 수 있다.

그림 버니어 캘리퍼스

- M형 : 1/20(mm)까지 측정
- CB형 : 1/50(mm)까지 측정
- CM형 : 1/50(mm)까지 측정

그림 마이크로미터

② 마이크로미터 : 마이크로미터는 정밀하게 만든 암나사와 수나사의 끼워맞춤을 응용한 정밀도가 높은 측정기이다. 0.01mm까지의 치수를 읽을 수 있다.

- 외경용, 내경용, 깊이용이 별도로 구성되어 있다.

③ 하이트 게이지 : 하이트 게이지는 정반 위에 설치하여 공작물에 평행선을 정확하게 긋거나 공작물의 높이 측정, 검사를 하는데 사용한다.

④ 다이얼 게이지 : 다이얼 게이지는 길이의 비교 측정에 사용되며 평면이나 원통형의 평활도, 원통의 진원도, 축의 흔들림 정도 등의 검사나 측정에 쓰이고 시계형, 부채꼴형이 있으나 시계형을 대부분 사용한다. 일반적으로 눈금은 원둘레를 100등분하여 1 눈금이 1/100mm를 나타내지만, 특수한 것은 1/1000mm까지 나타내는 것도 있다.

그림 다이얼 게이지

(2) 단면 측정

① 표준게이지

- 블록게이지 : 각 면의 치수가 다른 육면체로 아주 정밀하게 다듬질되어 있다. 이들 각 면 몇 개를 조합, 밀착시켜 필요한 치수를 만들어 길이의 기준으로 정한다.
- 표준 테이퍼 게이지 : 모스 테이퍼, 브라운 샤프 테이퍼, 내셔널 테이퍼등의 측정에 사용된다.

② 한계 게이지 : 제품을 가공할 때 치수대로 가공하기 어려우므로 허용 한계를 두게 되는데, 이 허용 한계를 쉽게 측정하는 게이지가 한계 게이지이다.

(3) 기타 측정기

① 시그니스 게이지 : 기계 조립시 부품 사이의 틈새 또는 좁은 홈 폭을 측정하는데 사용된다.

② 반지름 게이지 : 공작물의 라운딩 부분을 측정한다.

③ 드릴 게이지 : 장방향의 얇은 강판에 각종 치수의 구멍이 있어 드릴의 직경을 판정하는데 사용된다.

④ 와이어 게이지 : 각종 철강선의 굵기 및 박강판의 두께를 판정하는데 사용한다.

⑤ 피치 게이지 : 나사산과 나사산의 거리를 치수와 형상에 맞춰 측정, 판정하는데 사용한다.

3 각도의 측정

① 각도게이지 : 블록 게이지와 같이 2개 이상 밀착시켜 임의의 각도를 측정하는 형태의 게이지이다.

② 만능 각도 측정기 : 스토크와 블레이드 사이에 측정물을 넣어 본척과 부척에 의해 5′ 단위의 각도를 읽을 수 있다.

③ 수준기 : 수평이나 직각도를 간단히 조사하는 것으로 기포가 관내에서 항상 최고 위치에 있는 성질을 이용한 형태이다.

④ 사인바 : 직각 삼각형의 두변의 길이로 삼각함수에 의해 각도를 구하는 것으로 삼각법에 의한 측정에 많이 이용된다.

⑤ 콤비네이션 세트 : 강철자, 직각자 및 분도기 등을 조합하여 각도 측정에 사용된다.

⑥ 탄젠트바 : 일정한 간격 L로 놓여진 2개의 블록 게이지 H 및 h와 그 위에 놓여진 바에 의해 각도를 측정한다.

4 면의 측정

(1) 평면도의 측정

① 광선선반에 의한 측정방법
② 스트레이트에지에 의한 측정방법
③ 수준기에 의한 측정방법
④ 오토콜리미터에 의한 측정방법
⑤ 긴장강선에 의한 측정방법

(2) 표면 거칠기의 측정

① 표면 거칠기 표준편과 비교하는 방법
② 촉침법
③ 광절단법

5 나사의 측정

① 유효지름의 측정 : 나사 마이크로미터(직접 측정방법), 삼침법(간접 측정방법)
② 피치의 측정 : 피치게이지
③ 나사산의 각도 : 투영 검사기

11 수기 가공

1 금긋기 작업

● 금긋기 공구 : 정반, 서페이스 게이지, V블록, 직각자, 평행대, 스크루우 잭, 센터 펀치, 금긋기 바늘, 디바이더 등이 있다.

2 정작업

① 바이스 : 평형 바이스와 직립 바이스가 있다.

② 정의 종류 : 평정, 홈정이 있는데 날끝각은 단단한 재료를 절단할수록 큰 것을 택한다.

3 줄작업

(1) 줄의 종류

① 단면형에 의한 분류 : 평형, 원형, 반원형, 각형, 삼각형 등이 있다.

② 날의 종류에 의한 분류 : 홑줄날, 두줄날, 라스프 날, 곡선날 등이 있다.

(2) 줄의 작업

① 직진법 : 줄 다듬질 시의 최후에 하는 방법

② 사진법 : 줄을 오른쪽으로 기울여 전방으로 움직이는 절삭법으로, 절삭량이 커서 거친 깎기 또는 면깎기 작업에 적합하다.

4 탭작업

암나사를 손작업으로 만드는 방법을 탭작업이라 하고 수나사를 만드는 방법을 다이스작업이라고 한다.

① 탭(암나사)의 종류 : 등경 수동탭, 증경탭, 기계탭, 가스탭 등이 있다.

② 다이스(수나사)의 종류 : 솔리드 다이스, 조정 다이스가 있다.

출제 예상 문제

01 다음 용어에 관한 설명 중 틀린 것은?

① 재해란 안전사고의 결과로 일어난 인명과 재산의 손실을 말한다.
② 안전관리란 재해로부터 인간의 생명과 재산을 보호하기 위한 계획적이고 체계적인 활동을 말한다.
③ 사상이란 어느 특정인에게 주는 피해 중에서 과실이나 타인과의 계약에 의하여 업무 수행 중 입은 상해이다.
④ 안전사고란 고의성 없는 불안전한 행동이나 조건이 선행되어 일을 저해하거나 능률을 저하시키며 직간접적으로 인명이나 재산의 손실을 가져올 수 있는 사고이다.

해설 사상이란 죽거나 다친 상태를 말한다.

02 다음 근로재해의 생리적 요인과 관계가 적은 것은?

① 건강 조건
② 근로 조건
③ 생활 조건
④ 취업환경 조건

03 다음 중 재해의 형식 분류에 들지 못하는 것은?

① 조건
② 상해
③ 가해물
④ 사고

04 다음 중 재해조사의 목적은?

① 예산을 증액하기 위해
② 인원을 충원하기 위해
③ 벌을 주기 위해
④ 같은 종류의 사고가 반복되지 않도록 하기 위해

05 산업재해는 직접원인과 간접원인으로 구분되는데, 다음 직접원인에서 인적불안전 행위가 아닌 것은?

① 위험 장소 출입
② 작업태도 불안정
③ 복장보호구 미착용
④ 기계공구 불량

해설 기계공구 불량은 기계적 요인이 해당된다.

06 재해원인의 분석방법 중 직접원인에 해당하는 것은?

① 기술적인 원인
② 교육적 원인
③ 인적 원인
④ 관리적 원인

해설 재해원인의 분석방법 중 직접원인에 해당하는 것은 인적원인이다.

07 재해방지의 3단계에 해당하지 않는 것은?

① 교육훈련
② 기술개선
③ 점검
④ 강요실행 혹은 독려

Answer 1.③ 2.④ 3.③ 4.④ 5.④ 6.③ 7.④

08 다음 중 안전관리란 말을 가장 잘 설명한 것은?

① 안전을 확보하기 위하여 실태를 파악하는 안전 활동
② 근로자가 상해를 입을 수 있는 위험요소가 없는 상태
③ 생산을 둘러싼 각종 위험을 제거하여 이익을 확보하는 기술
④ 재해로부터 인간의 생명과 재산을 보호하기 위한 체계적인 제반활동

> **해설** 안전관리란 산업재해를 방지하기 위해 실시하는 재해 방지대책이며, 안전관리를 지속적으로 추진한다면 재해로부터 인간의 생명과 재산을 보호할 수 있는 제반활동이다.

09 다음 중 안전관리와 같은 의미로 사용되는 것이 아닌 것은?

① 통제
② 재해예방
③ 사고방지
④ 경비증대

10 안전점검은 일정기준에 의해 실시되어야 한다. 점검기준에 포함되어야 할 사항이 아닌 것은?

① 점검대상
② 점검부분
③ 점검방법
④ 점검자의 지정

> **해설** 안전 점검 기준에 점검자의 지정은 해당되지 않는다.

11 안전업무 중 사업주(경영주)의 의무사항이 아닌 것은?

① 국가에서 시행하는 산업재해 예방시책 준수
② 근로조건의 개선으로 적절한 작업환경 조성
③ 산업재해 예방을 위한 기준 준수
④ 산업재해 예방 계획의 수립

> **해설** 산업재해 예방 계획의 수립은 고용노동부장관이 추진 해야하는 사항이다.

12 안전사고에서 불안전한 행동인 것은?

① 심한 진동
② 기계의 소음
③ 보호구 미착용
④ 작업장의 어두운 조명

> **해설** 심한 진동, 기계의 소음, 작업장의 어두운 조명등은 불안전한 환경에 해당된다.

13 사고의 연쇄성을 잘 나타낸 것은?

① 환경→심신의 결함→불안전한 행동→사고
② 환경→불안전한 행동→심신의 결함→사고
③ 불안전한 행동→심신의 결함→환경→사고
④ 불안전한 행동→환경→심신의 결함→사고

14 작업환경으로 볼 수 없는 것은?

① 조명
② 채광
③ 소음
④ 공구

> **해설** 작업환경 요인은 조명, 채광, 소음, 진동 등에 해당된다.

15 안전사고 발생 원인 중 인적 요인에 속하는 것은?

① 기계 점검 정비의 미비
② 누적된 피로
③ 불안전한 작업 장소
④ 안전장치의 미비

> **해설** 인적요인은 사람의 누적된 피로, 약물복용, 음주 등이 있다.

16 다음 중 안전사고의 정의와 거리가 먼 것은?

① 고의성에 의한 사고이다.
② 불안전한 행동이 선행된다.
③ 능률을 저하시킨다.
④ 인명이나 재산의 손실을 가져온다.

해설 안전사고란 안전교육 미비 또는 부주의에 의해 발생되는 사고를 말하며 고의성이 의한 사고는 안전사고에 해당되지 않는다.

17 농업기계 사고 발생의 3대 요인으로 볼 수 없는 것은?

① 인간적인 요인
② 기계적인 요인
③ 경험적인 요인
④ 환경적인 요인

해설 농업기계의 사고 발생 3대 요인으로는 인간적인 요인, 기계적인 요인, 환경적인 요인이 있다.

18 안전작업이 필요한 가장 큰 이유는?

① 공구관리 철저
② 다량생산
③ 좋은 제품을 생산
④ 인명피해 예방

해설 안전작업이 필요한 가장 큰 이유는 인명피해를 예방하기 위함이다.

19 안전 작업이 필요한 이유에 해당되지 않는 것은?

① 인명피해를 예방할 수 있다.
② 생산성이 감소된다.
③ 산업설비의 손실을 감소할 수 있다.
④ 생산재의 손실을 감소할 수 있다.

해설 안전작업을 하게 되면 사고를 예방함으로써 생산성을 향상시킬 수 있다.

20 작업장 안전사항에 대한 설명으로 틀린 것은?

① 공구와 장구류는 항상 정돈해 가면서 작업한다.
② 작업하기 전에 반드시 작업계획을 세운다.
③ 타인의 시설 및 기계를 자유롭게 운전 조작한다.
④ 인화물은 격리시켜 사용한다.

해설 타인의 시설 및 기계를 자유롭게 운전 조작하게 되면 작업장 안전사고가 발생할 수 있다.

21 다음 중 안전사고의 심리적 5대 요인에 해당되는 것은?

① 감정
② 극도의 피로감
③ 신경계통의 이상
④ 육체적 능력의 초과

해설 심리적 요인은 개인의 불안전요소 5가지(동기, 기질, 감정, 습관, 습성)이다.

22 다음 중 근로자의 의무사항에 해당되지 않는 것은?

① 보호구 착용
② 위험장소에의 출입금지
③ 안전규칙준수
④ 작업 중단

23 안전 보건 표지의 종류가 아닌 것은?

① 금지표지
② 경고표지
③ 예고표지
④ 지시표지

해설 안전 보건 표지의 종류에는 금지, 경고, 지시, 안내 표지가 있다.

24 안전작업에 관한 사항 중 틀린 것은?

① 해머작업하기 전에는 반드시 주의를 살핀다.
② 숫돌 작업은 정면을 피해서 작업한다.
③ 사다리 각도는 75°이내로 하고 미끄러지지 않게 한다.
④ 긴 물건을 운반할 때 뒤쪽을 위로 올리고 운반한다.

해설 긴 물건을 운반할 때는 뒤쪽을 아래로 내리고 운반해야 사고를 예방할 수 있다.

25 나사에 대해 측정을 하고자 한다. 측정 대상이 아닌 것은?

① 유효지름   ② 리드각
③ 산의 각도   ④ 피치

해설 나사의 측정대상은 바깥지름, 골지름, 유효지름, 피치, 산의 각도 등이다.

26 사내 안전규정에 따라 해당 책임자가 일정 시간마다 정기적으로 실시하는 안전점검은?

① 임시점검
② 수시점검
③ 특별점검
④ 정기점검

27 다음 중 안전 관리의 목적에 해당하지 않는 것은?

① 인명의 존중
② 사회복지의 증진
③ 공업의 발전
④ 생산성 향상

해설 〈안전관리의 목적〉
• 산업재해의 방지 및 노동생산성 향상 : 인명존중, 생산성 향상
• 질서유지 및 직장 규율의 개선 : 사회복지의 증진, 쾌적한 환경조성

28 다음 중 작업 환경의 구성요소가 아닌 것은?

① 조명   ② 소음
③ 연락   ④ 채광

해설 작업환경의 구성요소는 조명의 밝기, 소음의 정도, 채광정도 등이 해당된다.

29 산업재해가 발생되는 직접원인은 불안전 상태와 불안전 행동으로 크게 나눈다. 다음 중에서 불안전한 행동에 해당되지 않는 것은?

① 위험장소 접근
② 보호구의 잘못 사용
③ 안전보호 장치의 결함
④ 기계기구의 잘못 사용

해설 불안전한 행동은 인적요인에 해당되며, 안전보호 장치의 결함은 이에 해당되지 않는다.

30 공장 내 안전표지를 부착하는 이유는?

① 능률적인 작업을 유도하기 위하여
② 인간 심리의 활성화 촉진
③ 인간 행동의 변화 통제
④ 공장 내 환경정비 목적

해설 공장 내 안전표지를 부착하는 이유는 인간 행동의 변화를 통제하기 위함이다.

31 안전관리의 기본적 조직과 관계없는 것은?

① 직계참모식 조직
② 참모식 조직
③ 연대식 조직
④ 직계식 조직

해설 〈안전관리조직의 형태〉
• 직계형 : 계선식 조직으로 100인 미만 사업체에 적용
• 참모형 : 500~1000명인 사업체에 적용
• 복합형(계선참모형) : 직계형과 참모형의 혼합형으로 1000명 이상 업체인 대기업에 적용

32 산업재해로 인한 작업능력의 손실을 나타내는 척도를 무엇이라고 하는가?

① 연천인율
② 강도율
③ 천인율
④ 도수율

해설 • **연천인율** : 근로자 1,000명단 1년간에 발생하는 재해자 수를 말한다.

$$연천인율 = \frac{재해자수(1년간)}{평균 근로자수} \times 1,000$$

• **도수율(빈도율)** : 도수율은 연 100만 근로시간당 몇건의 재해가 발생했는지를 나타낸다.

$$도수율 = \frac{재해자수}{연근로시간수} \times 1,000,000$$

• **강도율** : 근로시간 1,000시간당 발생한 근로손실 일수를 말한다.

$$강도율 = \frac{근로손실 일수}{연근로시간수} \times 1,000$$

33 재해의 직접적인 원인 중 인적인 원인은?

① 작업환경의 결함
② 생산 공정의 결함
③ 경계표시의 결함
④ 불안전한 자세 동작

해설 인적인 원인에 의한 사고는 운전미숙, 실수, 사용설명서 미준수 등에 관한 사항이 해당된다.

34 재해의 원인별 분류에서 인적 원인에 해당되는 것은?

① 빈약한 정비
② 작업장소의 밀집
③ 부적당한 속도로 장치를 운전
④ 지나친 소음

해설 인적인 원인에 의한 사고는 운전미숙, 실수, 사용설명서 미준수 등에 관한 사항이 해당된다.

35 다음 중 사고 발생원인과 관계없는 것은?

① 산만한 상태
② 불안전한 상태
③ 애매한 상태
④ 환경이 좋은 상태

해설 환경이 좋은 상태에서는 사고 발생원인과 관계가 없다.

36 사고발생의 3대요인이 아닌 것은?

① 환경적 요인
② 경험적 요인
③ 인간적 요인
④ 기계적 요인

해설 사고발생의 3대 요인은 환경적 요인, 인간적 요인, 기계적 요인이다.

37 작업장에서 안전수칙을 준수함으로써 얻을 수 있는 것 중 틀린 것은?

① 인간의 생명을 보호한다.
② 기업의 경비를 절감한다.
③ 기업의 재산을 보호한다.
④ 천인율을 증가시킨다.

해설 안전수칙을 준수하면 천인율은 감소한다.

38 사고의 원인 중 인간의 결함에 의한 것은?

① 불충분한 덮개
② 조명 불량
③ 주의 산만
④ 재료 불량

해설 사고의 원인 중 인간의 결함에 의한 사항은 주의 산만이다.

Answer 32.② 33.④ 34.③ 35.④ 36.② 37.④ 38.③

39 사고의 연쇄성을 잘 나타낸 것은?

① 환경 → 심신의 결함 → 불안전한 행동 →
  사고
② 환경 → 불안전한 행동 → 심신의 결함 →
  사고
③ 불안전한 행동 → 심신의 결함 → 환경 →
  사고
④ 불안전한 행동 → 환경 → 심신의 결함 →
  사고

해설 사고의 연쇄성의 1단계는 사회적 환경 및 유전적 요인,
2단계는 개인적 결함, 3단계는 불안전한 행동과 상
태, 4단계는 사고, 5단계는 재해이다.

40 사고방지 5단계에 속하지 않는 것은?

① 사회적 요소
② 사실의 발견
③ 분석
④ 시정책의 적용

해설 사고방지 5단계에 속하지 않는 것은 사회적 요소이다.
• 하인리히 사고방지 5단계 : 안전관리 조직, 사실의
  발견, 분석평가, 시정책의 선정, 시정책의 적용

41 하인리히의 사고예방원리 5단계 중 1단계는
무엇인가?

① 조직   ② 평가분석
③ 시정책의 선정   ④ 시정책의 적용

해설 〈하인리히의 재해예방원리 5단계〉
1단계 : 안전관리 조직
2단계 : 사실의 발견
3단계 : 분석(분석평가)
4단계 : 시정방법의 선정
5단계 : 시정책의 적용

42 하인리히의 안전사고 예방대책 5단계에 해당
되지 않는 것은?

① 분석   ② 적용
③ 조직   ④ 환경

43 다음 중 사고예방대책의 기본 원리 5단계에
해당하지 않은 것은?

① 작업책임자의 지정
② 사실의 발견
③ 안전관리조직의 편성
④ 시정책의 선정

44 다음은 자연 발화를 일으키는 인자(요인)이
다. 해당하지 않는 것은?

① 수분   ② 공기의 유동
③ 소방기구   ④ 발열량

해설 수분, 공기의 유동, 발열량 등은 화재의 종류에 따라
발화의 요인이 되지만 소방 기구는 발화 요인에 해당
되지 않는다.

45 다음은 호흡용 보호구다. 호흡용 보호구에 해
당하지 않는 것은?

① 방진 마스크
② 방독 마스크
③ 흡입 마스크
④ 호스 마스크

해설 호흡용 보호구는 여과식, 급기식, 기타 마스크류로
나누어진다.
• 여과식 : 방진마스크, 방독마스크
• 급기식 : 송기마스크(호스마스크), 공기 산소호흡기
• 기타 마스크류 : 피난탈출용 호흡기

46 방진마스크의 구비조건이 아닌 것은?

① 여과효율이 좋을 것
② 안면밀착성이 좋을 것
③ 중량이 가벼울 것
④ 시야가 좁을 것

해설 〈방진마스크의 구비조건 및 선택 시 고려사항〉
① 여과효율이 좋을 것
② 흡배기 저항이 낮을 것
③ 중량이 가벼울 것
④ 시야가 넓을 것(하방시야 60도 이상)
⑤ 안면 밀착성이 좋을 것
⑥ 피부 접촉 부위의 고무질이 좋을 것

Answer   39.① 40.① 41.① 42.④ 43.① 44.③ 45.③ 46.④

47 다음 전동장치 중 재해가 가장 많이 나타날 수 있는 것은?

① 벨트
② 기어
③ 차축
④ 풀리

해설 전동장치 중 재해가 가장 많이 발생하는 장치는 벨트이다.

48 방독 마스크를 사용할 수 없는 조건은?

① 산소의 농도가 16% 이하인 장소
② 산소의 농도가 18% 이하인 장소
③ 산소의 농도가 20% 이하인 장소
④ 산소의 농도가 21% 이하인 장소

해설 방독 마스크는 산소농도가 18%이상인 장소에서는 사용할 수 있다.

49 안전모나 안전대의 용도 설명으로 적합한 것은?

① 신호기
② 작업능률 가속용
③ 추락 재해 방지용
④ 구급용구

해설 안전모와 안전대는 추락 재해를 방지하기 위한 보호구, 보호장치이다.

50 방진안경을 착용하지 않는 작업은?

① 연삭작업
② 선반작업
③ 용접작업
④ 세이퍼작업

해설 방진안경은 진동이 발생하면서 칩이 눈으로 튀어오는 것을 방지하기 위한 보호구이며, 용접작업은 빛을 차단해주는 차광안경을 착용해야한다.

51 안전화는 인체의 어느 부위의 보호를 목적으로 하는가?

① 손
② 무릎
③ 가슴
④ 발

해설 안전화는 발을 보고하기 위한 보호 장구이다.

52 안전도의 착장체, 턱끈 이외의 기타 부속품을 제외한 무게는 몇 g을 초과 할 수 없는가?

① 120g
② 210g
③ 300g
④ 440g

해설 안전도 착장제(안전모)는 440g으로 한다.

53 내연기관 취급 시 발생하기 쉬운 사고들 중 조작자 부상의 원인이 될 수 있는 것은?

① 운동부분 및 동력 전달장치와의 접촉
② 전기계통의 접지불량
③ 배기가스의 흡입
④ 운전 중 연료보급

해설 모두 사고의 원인이 될 수 있지만 조작자의 부상이 가장 많은 발생하는 사고는 운동 부분 및 동력 전달 장치 같은 회전부의 접촉이다.

54 동력경운기 관련 재해를 예방하기 위한 주의 사항으로 올바른 것은?

① 정비를 위해 커버를 분리할 때 엔진 정지 후 안전하게 분리한다.
② 엔진이 뜨거운 동안에 급유 및 주유를 실시하여 시간의 낭비를 막는다.
③ 작업자가 많고 이동거리가 멀 경우 경운기 트레일러에 사람을 태워 이동한다.
④ 타이어는 취급 설명서에 기재된 공기압 이상으로 주입하여 과적에도 문제가 없도록 한다.

해설 동력경운기를 점검, 정비할 때, 급유, 주유할 때에는 엔진을 정지한다. 이동거리가 멀지라도 농업기계의 탑승인원은 1명이다. 타이어는 취급설명서에 맞도록 공기압을 주입하고 과적하지 않도록 한다.

Answer 47.① 48.① 49.③ 50.③ 51.④ 52.④ 53.① 54.①

55 다음의 안전색채 중에서 "주의"에 대한 색은?

① 빨강
② 초록
③ 노랑
④ 파랑

56 동력경운기의 사고 발생 빈도가 가장 높은 원인은?

① 안전지식 부족
② 운전 미숙
③ 기계불량
④ 무리한 운행

해설 동력경운기의 사고발생 빈도가 가장 높은 것은 운전 미숙이다.

57 트랙터에서 상해빈도가 가장 높은 부위는?

① 머리
② 다리
③ 발
④ 손

해설 트랙터는 지상고가 높기 때문에 다리를 다칠 확률이 가장 많고 상해빈도도 높다.

58 통로의 구조에서 이동식 사다리식 통로의 기울기는 몇도 이하로 하는가?

① 30°
② 50°
③ 75°
④ 90°

해설 사다리의 기울기 각을 물어볼 때는 15°이지만 통로의 기울기를 물어볼 때는 75°로 답해야 한다.

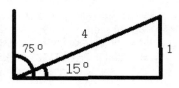

59 독성 농약이 피부에 묻었을 때 응급처리 방법으로 올바른 것은?

① 물을 많이 마시게 한다.
② 비눗물로 깨끗이 씻는다.
③ 그냥 눈을 감고 있는다.
④ 인공호흡을 한다.

해설 피부에 독성 농약이나 물질이 접촉하게 되면 비눗물로 깨끗이 씻어야 한다.

60 안전표지에 있어서 노란색이 표시하는 뜻은 무엇인가?

① 정지
② 방화
③ 주의
④ 유도

해설 빨간색 : 정지
　　주황색 : 위험
　　노란색 : 주의
　　청　색 : 임의로 조작하면 안 되는 지역에 표시
　　녹　색 : 대피장소 또는 방향을 표시, 지도표시 등
　　흰　색 : 통로의 표지, 방향지시
　　흑　색 : 위험표지의 글자, 보조색 등에 사용
　　보라색 : 방사능 등의 표시에 사용

61 수공구 취급에 대한 안전수칙 중 잘못된 것은?

① 줄 작업 시 절삭 칩은 입으로 불지 않는다.
② 해머 자루에는 쐐기를 박아 사용한다.
③ 정 작업 시 정의 머리 부분에 기름이 묻지 않도록 한다.
④ 작업 중 바이스를 조여 줄 필요는 없다.

해설 수공구인 바이스를 사용할 때 작업 중 작업물이 조금이라도 움직이면, 조여 움직이지 않도록 한 후 작업해야 안전하다.

62 일반 수공구의 수리 방법 중 안전작업에 해당되는 것은?

① 끝이 무디어진 드라이버는 줄로 모양을 바로 잡아서 사용한다.
② 정의 날 끝이 무디어진 것은 그라인더로 모양을 바로 잡아서 사용한다.
③ 줄의 나무 손잡이는 끼우기 전 하루 정도 물에 불려 끼운다.
④ 휘어진 티그니스(두께) 게이지는 사용할 수 없으므로 새것으로 교환한다.

63 수공구의 사용 전 안전취급에 관한 사항에 해당하지 않는 것은?

① 해당 작업에 적합한 공구인가?
② 결함이 없는 공구인가?
③ 기름이 묻어 있지 않는 공구인가?
④ 땅바닥에 보관한 공구인가?

64 정 작업 시 안전수칙에 어긋나는 것은?

① 정 작업 시 보호 안경을 사용할 것
② 시작할 때와 끝날 때 강하게 때릴 것
③ 열처리한 재료는 정으로 때리지 말 것
④ 정머리 부분의 기름은 깨끗이 닦아서 사용할 것

해설 정작업의 시작할 때와 끝날 때는 강하게 때려서는 안 된다.

65 수공구 사용 시 주의사항으로 옳지 않은 것은?

① 해머의 타격면이 닳아서 경사진 것은 사용하지 말 것
② 모든 줄은 자루를 단단히 끼우고 사용할 것
③ 해머작업은 처음에는 강하게 차차 서서히 휘두를 것
④ 스패너는 너트에 잘 맞는 것을 사용할 것

해설 해머작업은 처음에는 서서히 하고 차차 강하게 타격을 하되 안전하게 작업한다.

66 다음은 스패너 작업이다. 바르지 못한 것은 무엇인가?

① 스패너를 해머대용으로 사용한다.
② 스패너는 볼트나 너트의 크기에 맞는 것을 사용해야 한다.
③ 스패너 입이 변형된 것은 사용하지 않는다.
④ 스패너에 파이프 등을 끼워서 사용해서는 안 된다.

67 스패너나 렌치 작업으로 올바르지 못한 것은?

① 스패너 사용은 앞으로 당겨 사용한다.
② 큰 힘이 요구될 때 렌치 자루에 파이프를 끼워 사용한다.
③ 파이프 렌치는 둥근 물체에 사용한다.
④ 너트에 꼭 맞는 것을 사용한다.

68 수공구 사용 후 보관방법으로 옳은 것은?

① 사용 후 물에 깨끗이 닦아서 둔다.
② 사용 후 깨끗이 닦아서 지정된 장소에 둔다.
③ 적당한 습기가 있는 곳에 보관한다.
④ 사용 후 그대로 두어도 무방하다.

해설 수공구는 사용 후 깨끗이 닦아서 지정된 장소에 보관을 하는 것이 좋다.

69 공구 사용 후의 정리정돈법이다. 가장 좋은 방법은?

① 창고 입구에 보관한다.
② 공구 상자에 보관한다.
③ 통풍이 좋은 임의의 장소에 보관한다.
④ 방풍이 잘된 임의의 장소에 보관한다.

해설 보기 내용 중에서 가장 적합한 방법은 공구상자에 보관하는 것이다.

Answer 62.④ 63.④ 64.② 65.③ 66.① 67.② 68.② 69.②

70 일반 공구의 사용법 및 관리에 대한 설명 중 적합하지 않은 것은?

① 공구는 사용 전에 반드시 점검해야 한다.

② 공구는 작업에 적합한 것을 사용해야 한다.

③ 손이나 공구에 기름이 묻었을 때는 완전히 닦은 후에 사용한다.

④ 사용 후에는 창고의 아무 곳에나 걸어 둔다.

71 해머 작업에 있어서 안전작업 사항으로 어긋나는 것은?

① 해머를 휘두르기 전에 반드시 주위를 살핀다.

② 불꽃이 생기거나 파편이 생길 수 있는 작업에서는 반드시 보호 안경을 써야 한다.

③ 좁은 곳이나 발판이 불안한 곳에서 해머 작업을 하여서는 안 된다.

④ 해머 작업 시 타격 가공할 때 눈은 해머 머리 부분을 본다.

> **해설** 눈은 해머 머리 부분을 보는 것이 아니라 타격하는 부분을 주시하고 타격한다.

72 쇠톱을 사용할 때 주의해야 할 사항이 아닌 것은?

① 톱날은 전체를 사용한다.

② 톱날은 밀 때 절삭되도록 조립한다.

③ 톱날은 느슨한 상태에서 사용한다.

④ 공작물 재질이 강할수록 톱니수가 많은 것을 사용한다.

> **해설** 톱날은 단단히 체결하여 사용해야 한다.

73 쇠톱을 사용함에 있어서 가장 안전한 방법은?

① 절단이 끝날 무렵에는 천천히 작업한다.

② 한손으로 작업해도 무방하다.

③ 절단이 끝날 무렵에는 힘을 강하게 준다.

④ 공작물을 동료가 잡고 한다.

74 탭 작업 시 주의 사항 중 틀린 것은?

① 반드시 작업물과 수직을 유지한다.

② 절삭오일을 주유한다.

③ 압력을 느끼면서 천천히 계속적으로 탭 핸들을 돌린다.

④ 볼트의 깊이 보다 깊게 깎는다.

> **해설** 탭 작업은 압력을 느끼면서 천천히 진행하되 풀었다, 조였다를 반복하면서 천천히 작업한다.

75 다이얼 게이지 측정 시 주의사항 중 틀린 것은?

① 게이지를 바닥에 떨어뜨리지 않도록 주의한다.

② 게이지가 마그네틱 스탠드에 잘 고정되어 있는지 점검한다.

③ 항상 부지런해야 하며 빨리 측정하기 위하여 뛰어 다닌다.

④ 게이지를 사용하기 전에 지시 안전도 검사를 확인 한다.

> **해설** 측정 및 작업 시에는 뛰어다녀서는 안 된다.

76 다음 중 공구사용으로 발생되는 재해를 막기 위한 방법이 아닌 것은?

① 결함이 없는 공구 사용
② 작업에 적당한 공구를 선택사용
③ 공구의 올바른 취급과 사용
④ 공구는 임의의 것을 사용

> **해설** 공구는 임의의 것을 사용하지 않고 적당한 공구를 선택하여 사용해야 한다.

77 다음 중 수공구 안전사고 원인에 해당되지 않는 것은?

① 사용법이 미숙하고 사용규정이 되어 있지 않을 때
② 수공구의 성능을 잘 알고 선택하여 사용하였을 때
③ 힘에 맞지 않는 공구를 사용하였을 때
④ 점검 및 정비와 수리가 되어 있지 않은 공구를 사용하였을 때

78 다음은 수공구의 사용 전 유의 사항이다. 틀린 것은?

① 공구의 성능을 충분히 알고 있을 것
② 작업에 적합한 공구를 선택할 것
③ 장비 상태의 이상 여부를 확인 할 것
④ 기름을 충분히 칠 할 것

> **해설** 수공구에는 기름을 칠하지 않는다.

79 다음 설명 중 잘못된 것은?

① 오른나사를 풀 때는 반시계 방향으로 돌린다.
② 도선에 흐르는 전류는 전압의 크기에 비례한다.
③ 동력 전달용에는 사각나사보다 삼각나사를 사용한다.
④ 금속판이 녹슬었을 때는 녹을 깨끗이 닦고 칠을 한다.

> **해설** 동력 전달용 나사로 적합한 나사는 사각나사이다.

80 수공구 취급에 대한 안전수칙 중 잘못된 것은?

① 줄 작업 시 절삭 칩은 입으로 불지 않는다.
② 해머 자루에는 쐐기를 박아 사용한다.
③ 정 작업 시 정의 머리 부분에 기름이 묻지 않도록 한다.
④ 작업 중 바이스를 조여 줄 필요는 없다.

> **해설** 작업 중 바이스가 풀리거나 물체를 정확히 잡지 못할 경우에는 다시 조여 확실히 물체를 집도록 해야 한다.

81 다음은 차광안경의 구비조건이다. 틀린 것은?

① 사용자에게 상처를 줄 예각과 요철이 없을 것
② 착용 시 심한 불쾌감을 주지 않을 것
③ 취급이 간편하고 쉽게 파손되지 않을 것
④ 차광안경의 재료는 투명유리를 사용할 것

> **해설** 차광안경은 빛을 차단해야하기 때문에 투명유리를 사용해서는 안 된다.

82 에어 콤프레셔의 취급 시 안전사항에 위배되는 것은?

① 사용하고 남은 압축공기는 다음 날 사용한다.
② 정기적으로 안전밸브와 자동압력 조정기를 검사한다.
③ 기동 시에는 언로더 밸브를 열고 기동하고 기동이 된 후 언로더 밸브를 잠근다.
④ 정기적으로 윤활유의 양과 질을 검사하고 불량하면 교환한다.

> **해설** 언로더 밸브는 감액밸브로 기동할 때는 잠가야한다.

83 전동공구 및 공기공구의 취급 안전에 관한 사항으로 틀린 것은?

① 감전 사고에 주의한다.

② 전선 코드의 취급을 안전하게 한다.

③ 회전하는 공구는 적정 회전수로 사용한다.

④ 콤프레서의 압축된 공기의 물 빼기를 할 때는 고압 상태에서 배수 플러그를 조심스럽게 푼다.

> **해설** 콤프레서의 압축된 공기의 물 빼기를 할 때는 언로더 밸브를 사용하여 압력을 제거한 후에 플러그를 조심스럽게 풀어 제거한다.

84 다음 중 전동공구의 안전수칙이다. 틀린 것은?

① 감전 사고에 주의한다.

② 회전하는 공구의 과부하에는 신경을 쓰지 않는다.

③ 전선코드의 취급을 안전하게 한다.

④ 물이 묻은 손으로 작업해서는 안 된다.

85 전동기 작업 중 갑자기 회전이 중지되었을 때 조치한 사항 중 가장 옳은 것은?

① 전동기를 즉시 분해 조치하였다.

② 스위치를 끄고 메인 스위치를 차단시켰다.

③ 고장원인을 규명하기 위하여 즉시 회전체를 손으로 돌려 보았다.

④ 그 상태대로 놓아두고 다른 업무를 보았다.

86 전동기 사용 시 가장 안전하지 못한 사항은?

① 온도가 높으면 물수건으로 식힐 것

② 온도가 높으면 부하를 줄일 것

③ 운활유를 점검할 것

④ 정전 시에 스위치를 차단할 것

> **해설** 전기장치에는 물수건을 냉각시켜서는 안 되며 수분의 접촉을 최대한 피해야 한다.

87 연삭기의 안전작업 방법으로 틀린 것은?

① 연삭숫돌 설치 전 외관검사를 실시한다.

② 숫돌교환 후 사용 전에 3분 이상 시운전한다.

③ 정상 작업 전에는 최소한 1분 이상 시 운전하여 이상 유무를 파악한다.

④ 작업자는 숫돌정면에 서서 작업한다.

> **해설** 〈연삭 안전작업〉
> ① 안전커버를 떼고 작업해서는 안 된다.
> ② 숫돌 바퀴에 균열이 있는지 확인한다.
> ③ 나무 해머로 가볍게 두드려 보아 맑은 음이 나는지 확인한다.
> ④ 숫돌차의 과속 회전을 하지 않는다.
> ⑤ 숫돌차의 표면이 심하게 변형된 것은 반드시 드레싱하여 사용한다.
> ⑥ 받침대는 숫돌차의 중심선보다 낮게 하지 않는다.
> ⑦ 숫돌차의 주면과 받침대와의 간격은 3mm 이내로 한다.
> ⑧ 숫돌차의 장치와 시운전은 정해진 사람만 하도록 한다.
> ⑨ 숫돌 바퀴가 안전하게 끼워졌는지 확인한다.
> ⑩ 연삭기의 커버는 충분한 강도를 가진 것으로 규정된 치수의 것을 사용한다.
> ⑪ 숫돌차의 측면에서 서서 연삭해야 하며 반드시 보호안경을 착용한다.
> ⑫ 숫돌 교환 후 사용 전에 3분 이상 시운전한다.

88 공기 기구(에어기구)를 사용하는 작업에 적당하지 않은 것은?

① 방진 안경을 사용한다.

② 공기기구의 반동으로 생길 수 있는 사고는 미연에 예방한다.

③ 공기기구의 미끄럼부에는 윤활유를 주어서는 안 된다.

④ 고무호스가 꺾여 공기가 새지 않도록 주의한다.

> **해설** 공기 기구를 사용할 때는 방풍안경을 착용한다.

89 그라인더 작업 시 주의사항으로 틀린 것은?

① 연삭 시 숫돌차와 받침대 간격은 항상 10mm 이상 유지할 것
② 연마작업 시 보호안경을 착용할 것
③ 작업 전에 숫돌의 균열 유무를 확인 할 것
④ 반드시 규정 속도를 유지할 것

> **해설** 연삭기 숫돌차와 받침대와의 간격은 항상 3mm 이내로 한다.

90 연삭숫돌을 고정할 때 주의할 사항으로 틀린 것은?

① 플랜지와 숫돌 사이에 종이나 고무를 끼운 후 숫돌을 고정한다.
② 나무해머로 숫돌차를 가볍게 두드려 상처의 유무를 확인한다.
③ 숫돌차에 붙어 있는 종이라벨을 떼어낸 후 고정한다.
④ 숫돌차는 정확히 평행하도록 끼운다.

> **해설** 플랜지와 숫돌 사이에 종이나 고무를 모두 제거한 후에 숫돌을 고정해야 한다.

91 연삭숫돌 작업 중 숫돌이 파손되는 원인이 아닌 것은?

① 숫돌과 공작물 재질이 맞지 않을 때
② 숫돌 커버가 없을 때
③ 숫돌 측면에 대고 작업할 때
④ 숫돌 회전수가 규정이상 일 때

> **해설** 숫돌과 공작물 재질이 맞지 않을 때 숫돌 측면에 대고 작업을 할 때, 숫돌 회전수가 규정이상일 때, 충격을 가할 때 등에 숫돌이 파손된다.

92 드릴 작업 시 안전수칙으로 틀린 것은?

① 옷깃이 척이나 드릴에 물리지 않게 할 것
② 장갑을 착용하고 작업할 것
③ 머리카락을 단정히 하고 모자를 쓸 것
④ 뚫린 구멍에 손가락을 넣지 말 것

> **해설** 드릴 작업 시에는 장갑을 착용하지 않는다.

93 다음은 전기드릴 작업 시 주의사항이다. 틀린 것은?

① 드릴날의 규격이 작은 것은 고속으로 사용하고 큰 것은 저속으로 한다.
② 드릴척에는 오일을 주유하지 않는다.
③ 큰 구멍을 뚫을 때는 작은 드릴로 구멍을 뚫은 후 큰 드릴로 완성한다.
④ 작업이 끝날 때까지 처음과 같은 힘으로 작업하도록 한다.

> **해설** 드릴작업을 실시할 때는 처음에는 작은 힘으로 작업을 하고 조금씩 힘을 가하며 종료 시점에서는 힘을 빼면서 작업을 종료한다.

94 드릴 작업에서 구멍이 완전히 관통되었는가의 확인방법으로 알맞지 않은 것은?

① 철사를 넣어본다.
② 막대기를 넣어본다.
③ 손가락을 넣어본다.
④ 빛에 비추어 본다.

> **해설** 드릴작업 후 구멍이 관통하였는지 확인 하는 방법 중 손가락은 넣어서는 안 된다. 드릴작업 후 남아있는 칩이나 모서리가 날카롭기 때문에 다칠 수 있다.

95 프레스 작업 시 인체 중 어느 부분이 다치기 쉬운가?

① 머리
② 손
③ 가슴
④ 발

> **해설** 프레스는 큰 압축 압력을 이용하여 형상을 만드는 기계이므로 손이 다칠 수 있다.

Answer **89.**① **90.**① **91.**② **92.**② **93.**④ **94.**③ **95.**②

96 공기 공구를 사용할 때의 주의사항이다. 거리가 먼 것은?

① 공기 공구 사용 시 차광안경을 착용한다.
② 호스는 공기압력을 견딜 수 있는 것을 사용한다.
③ 사용 중 고무호스가 꺾이지 않도록 주의한다.
④ 공기 압축기의 활동부의 윤활유 상태를 점검한다.

해설 공기 공구사용 시에는 차광안경이 아닌 보호안경을 착용해야한다. 차광안경은 용접 등 강한 빛에 의한 사고를 예방하기 위한 방법이다.

97 치차를 사용하는 동력전달 장치에서 통행 또는 접촉할 때 위험이 있을 경우 어떻게 하여야 하는가?

① 안전 커버를 덮는다.
② 조심해서 통행한다.
③ 통행을 금지한다.
④ 작업을 중지한다.

해설 치차는 기어를 말하며 기어가 회전하는 부위에는 안전커버를 덮는 것이 가장 좋은 방법이다.

98 공작기계의 안전사용법으로 틀린 것은?

① 드릴에 상처나 균열이 있는 것은 사용하지 않는다.
② 선반 작업 시 이송을 걸은 채 기계를 정지시켜야 한다.
③ 숫돌교환은 지정된 사항만 한다.
④ 드릴 탈착은 회전이 완전히 정지한 후 행한다.

해설 선박 작업 시 이송을 걸은 채 기계를 정지시키면 사고로 이어질 수 있다.

99 다음 중 장갑을 착용해도 좋은 작업은?

① 선반작업　　② 해머작업
③ 분해·조립작업　　④ 그라인더작업

해설 선반작업은 회전하는 물체를 가까이 가공해야하므로 장갑을 착용해서는 안 되며, 해머작업 시 장갑을 착용하면 해머가 미끄러져 사고가 발생할 수 있다. 분해 조립을 할 때에는 장갑의 이물질이 조립단계에서 영향을 미칠 수 있으므로 착용하지 않는다.

100 안전조치가 필요한 선반작업 시 다음 안전사항을 유의하여야 한다. 잘못된 것은?

① 이송을 걸은 채 기계를 정지시키지 않는다.
② 기계위에 공구나 재료를 올려놓지 않는다.
③ 가공물 절삭공구의 장착을 확실하게 한다.
④ 칩을 제거 시는 손이나 입 바람으로 한다.

해설 칩은 선박으로 금속을 가공하고 남은 작은 조각을 이야기하며, 이는 날카롭기 때문에 손이나 입 바람으로 제거하면 위험하다. 콤프레셔를 활용하는 것이 적합하다.

101 선반작업의 안전한 작업방법으로 잘못 설명된 것은?

① 정전 시 스위치를 끈다.
② 운전 중 장비 청소는 금지한다.
③ 장갑을 착용하지 않는다.
④ 절삭 작업할 때는 기계 곁에 떠나도 된다.

102 다음 중 귀마개를 착용하지 않았을 때 청력장해가 일어날 수 있는 작업은?

① 단조작업　　② 압연작업
③ 전단작업　　④ 주조작업

해설 단조는 망치나 큰물체로 타격을 가해 금속을 단단하게 하는 작업이므로 큰 소음이 발생한다.

103 보호장갑과 가죽 앞치마를 반드시 사용하여야 하는 작업은?

① 선반작업　　② 용접작업
③ 연삭작업　　④ 목공작업

Answer　96.①　97.①　98.②　99.④　100.④　101.④　102.①　103.②

해설 용접작업을 하게 되면 금속의 열과 스패터의 발생
등으로 화상이 발생할 수 있으므로 보호장갑과 가죽
앞치마를 반드시 착용해야 한다.

104 다음 중 반드시 앞치마를 사용하여야 하는 작업은?

① 목공작업
② 용접작업
③ 선반작업
④ 드릴작업

해설 용접 작업 중에는 앞치마를 사용한다. 여기에 사용되
는 앞치마는 가죽같이 뜨거운 스패터에 구멍이 나지
않는 재질의 앞치마여야 한다.

105 다음은 용접의 장점에 대한 설명이다. 옳지 않은 것은?

① 리벳 접합에 비하여 강도가 크다.
② 기밀을 쉽게 할 수 있다.
③ 사용 재료가 겹쳐지므로 경비가 드는 것이 결점이다.
④ 구조물의 각 부분의 성능에 적합한 재료를 자유로이 선택할 수 있다.

해설 경비가 많이 들어가는 것은 단점에 해당된다.

106 용접 작업의 순서를 바르게 설명한 것은?

① 용접모재 준비 → 청결유지 → 예열 → 용접 → 검사
② 용접모재 준비 → 검사 → 용접 → 예열 → 청결유지
③ 용접모재 준비 → 예열 → 용접 → 검사 → 청결유지
④ 용접모재 준비 → 용접 → 예열 → 검사 → 청결유지

107 아크용접 작업 시 발생할 수 있는 재해와 거리가 가장 먼 것은?

① 유해광선에 의한 장해
② 감전에 의한 장해
③ 누전에 의한 재해
④ 소음에 의한 청력 재해

해설 아크용접은 전류를 이용하기 때문에 감전에 유의해야
하고, 전류에 의해 모재와 용접봉이 녹을 때 발생하는
빛에 의해 장해를 입을 수 있으므로 주의해야 한다.
또한 큰 전류를 사용하기 때문에 누전에 의한 재해도
주의해야 한다.

108 전기용접 시 주의할 점으로 틀린 것은?

① 차광안경을 사용할 것
② 우천 시 옥외작업을 하지 말 것
③ 벗겨진 코드 선은 사용하지 말 것
④ 신체를 노출 시킬 것

해설 전기용접 시 신체를 노출시킬 경우 스패터가 튀어
화상에 노출될 수 있다.

109 전기용접의 안전사항으로 적당하지 않은 것은?

① 환기장치가 없는 곳에서 작업할 것
② 신체를 노출시키지 말 것
③ 적정 전류로 작업할 것
④ 벗겨진 코드 선은 사용하지 말 것

해설 전기용접은 용접과정 중 가스가 발생함으로 환기시설
을 필히 두어야 한다.

110 전기아크용접 시 적절한 보호구를 모두 고른 것은?

| (1) 용접헬멧 | (2) 가죽장갑 | (3) 가죽웃옷 |
| (4) 안전화 | (5) 토치라이터 | |

① 1, 2, 5   ② 1, 2, 3
③ 2, 3, 4, 5   ④ 1, 2, 3, 4

해설 토치라이터는 산소용접에 사용되는 용품이다.

111 아크용접 중 아크 빛으로 인해 혈안이 되어 눈이 부울 수 있으며, 눈병이 발생한다. 이때의 조치로 가장 적합한 방법은?

① 안약을 넣고 계속 작업을 해도 좋다.
② 냉습포를 눈 위에 얹어 놓고 안정을 취한다.
③ 신선한 공기가 있는 곳으로 간다.
④ 소금물을 눈에 넣고 작업한다.

해설 눈에 열이 발생하기 때문에 열을 식혀주는 방법이 가장 좋고 휴식을 취하는 것이 좋다.

112 연료탱크를 수리할 때 특히 주의해야 할 점은?

① 가솔린 및 가솔린 증기가 없도록 한다.
② 탱크의 찌그러짐을 편다.
③ 연료계의 배선을 푼다.
④ 수분을 없앤다.

해설 연료탱크에 남아있는 연료 및 열에 의한 증기가 발생하여 폭발위험이 있으므로 연료를 제거하고 연료 증기를 없애야 한다.

113 용접 작업 시 안전수칙으로 올바르지 못한 것은?

① 가스용접 작업 시 적당한 보호안경을 반드시 착용한다.
② 가스용접 시 소화기준비, 환기에 주의하고 토치를 과열토록 한다.
③ 아크용접 작업 시 먼지, 습도, 고온에 주의한다.
④ 가스용접 시 그리스나 기름이 묻은 복장은 불이 붙을 위험이 있어 절대 착용하지 않는다.

114 가스 용기를 보관하는 방법 중 맞는 것은?

① 가스의 누설검사는 냄새로 한다.
② 가스용기를 눕혀서 보관한다.
③ 가스용기의 온도는 40℃이하로 보관한다.
④ 가스용기는 직사광선에 두면 누설이 적다.

해설 가스의 누설검사는 비눗물을 이용하고 가스용기는 세워서 보관해야한다. 가스용기는 직사광선을 피해야한다.

115 가스용기를 보관하는 방법 중 틀린 것은?

① 산소용기 밸브, 조정기는 기름이 묻지 않게 한다.
② 산소용기 속에 다른 가스를 혼합해서는 안된다.
③ 산소와 아세틸렌용기는 같이 보관한다.
④ 가스용기의 온도는 40℃이하로 보관한다.

해설 가스용기는 같은 종류로 분리하여 보관한다.

116 이론적으로 아세틸린을 완전 연소시키려면 산소와 아세틸렌의 비율이 얼마이면 되는가?

① 2 : 1
② 1 : 1
③ 2 : 5
④ 2 : 3

해설 산소와 아세틸렌의 비율은 1 : 2.5(2 : 5)로 한다.

117 가스용접 시 역화가 발생한다. 역화의 발생원인이 아닌 것은?

① 팁 끝이 모재가 부딪혔을 때
② 스패터가 팁의 끝부분에 덮였을 때
③ 아세틸렌의 압력이 높을 때
④ 토치에 먼지나 물방울이 들어갔을 때

Answer **111.**② **112.**① **113.**② **114.**③ **115.**③ **116.**③ **117.**③

118 일반적으로 가스용접 시 아세틸렌 용접기에서 사용하는 아세틸린 고무호스의 색깔은?

① 백색　　　　② 적색
③ 노란색　　　④ 청색

해설 산소호스는 청색, 아세틸린 호스는 적색으로 한다.

119 공업용 가스 용기의 도색 표시가 틀린 것은?

① 액화암모니아 – 청색
② 아세틸렌 – 황색
③ 수소 – 주황색
④ 액화염소 – 갈색

해설 〈가연성 가스 및 독성가스의 용기〉
• 액화암모니아 : 백색
• 아세틸렌 : 황색
• 수소 : 주황색
• 액화염소 : 갈색
• 액화석유가스 : 회색

120 아세틸렌 용기에 대한 설명으로 틀린 것은?

① 용기의 색상은 황색이다.
② 용기의 보관온도는 60℃이하로 유지한다.
③ 용기를 운반 시에는 보호캡을 하지 않는다.
④ 용기의 누설검사는 비눗물로 하는 것이 가장 좋다.

해설 아세틸렌 용기는 40℃이하로 유지한다.

121 가장 위험성이 큰 연료는?

① 휘발유　　　② 등유
③ 경유　　　　④ 중유

122 연소의 3요소에 해당되지 않은 것은?

① 가연물　　　② 연쇄반응
③ 열 또는 점화원　④ 산소

해설 연소의 3요소는 가연물, 열 또는 점화원, 산소이다.

123 연소의 3요소에 해당되는 것은?

① 공기, 산소, 탄소
② 공기, 산소공급원, 점화원
③ 가연물, 공기, 산소공급원
④ 가연물, 산소공급원, 점화원

해설 연소의 3요소는 가연물, 열 또는 점화원, 산소이다.

124 화재발생 시 소화방법으로 옳지 않은 것은?

① 가연물의 제거
② 산소 공급원의 차단
③ 연속적 관계의 연결
④ 냉각에 의한 온도저하

해설 화재 소화방법으로는 가연물의 제거, 산소공급원 차단, 냉각에 의한 온도저하 등의 방법을 활용한다.

125 화재의 종류에서 B급 화재는 어느 것인가?

① 일반화재　　② 전기화재
③ 유류화재　　④ 금속화재

해설 A급 : 일반가연물의 화재
B급 : 유류에 의한 화재
C급 : 전기 화재
D급 : 금속 화재

126 전기에 의한 화재의 진화작업 시 사용해야 할 소화기는?

① 탄산가스 소화기
② 산, 알칼리 소화기
③ 포말 소화기
④ 물 소화기

해설 A급(포말 소화기-백색) : 일반가연물의 화재
B급(분말 소화기-황색) : 유류에 의한 화재
C급(CO_2소화기-청색) : 전기 화재
D급(무색) : 금속 화재
E급(황색) : 가스 화재

- 2도 화상 : 표피의 전 층과 일부분의 진피가 손상을 받은 경우(피부는 붉은색을 띄고 물집(수포)이 발생, 대개 2주 이내 완전 회복)
- 3도 화상 : 진피의 전 층과 피하조직의 대부분이 손상을 받은 경우(화상을 입은 부위에 감각이 없고 아프지 않음, 피부 이식이 필요할 수 있음)
- 4도 화상 : 피하조직의 전 층과 피하지방층 아래에 존재하는 부위의 손상(수술에 의한 피부이식이 필요함)

127 유류 화재 시 사용해서는 안 되는 것은?

① 물
② 이산화탄소
③ 모래
④ 가마니

해설 유류 화재 시 B급 화재에 해당되면 물을 부으면 물보다 비중이 작은 기름이 물위에 뜨면서 퍼지는 물 그대로 기름 막도 확산되어 불이 더 번진다.

128 유류 화재 시의 조치사항으로 맞지 않은 것은?

① 분말소화기를 사용한다.
② 모래를 뿌린다.
③ 가마니를 덮는다.
④ 물을 부어 끈다.

해설 유류 화재 시에는 산소를 차단하는 방법을 선택해야 한다. 물을 붓는 방법은 물 표면에 유류가 뜨면서 불이 더 확산된다.

129 다음 중 유류보관 장소에 함께 비치해야 하는 것으로 가장 좋은 것은?

① 물   ② 흙
③ 모래   ④ 환풍기

130 피부에 수포가 생길 정도의 화상 도수는?

① 제1도 화상   ② 제2도 화상
③ 제3도 화상   ④ 제4도 화상

해설 화상은 1~4도 화상으로 분류된다.
- 1도 화상 : 피부만 열 손상을 받은 경우(피부는 붉은색을 띄고 매우 아프다, 1주일 내 회복)

131 기계작업 중 정전이 되었다. 가장 먼저 어떻게 해야 하는가?

① 전기가 들어올 때까지 기다린다.
② 스위치는 만지지 않는다.
③ 스위치를 갈아 끼운다.
④ 스위치를 내린다.

해설 정전이 되었을 때에는 가장 먼저 스위치를 내려놓는다. 다시 전원이 공급이 되면 순간적인 전압이 가해져 기계 장치가 손상이 될 수 있고, 안전사고를 예방하기 위해서도 필요한 조치이다.

132 기계작업에서 적당치 않은 것은?

① 구멍깎기 작업 시에는 기계운전 중에도 구멍을 청소할 것
② 작동 중에는 다듬면을 검사하지 말 것
③ 치수 측정은 작동 중에 하지 말 것
④ 베드 및 테이블 윗면을 공구대 대용으로 쓰지 말 것

해설 구멍깎기 작업 시에 기계 운전 중 청소를 하면 사고위험이 있으므로 절대 해서는 안 된다.

133 전기 사용에 있어서 화재 발생의 원인이 되는 것은?

① 전원을 차단 시에는 신속히 한다.
② 정전 시에는 전원 코드를 뺀다.
③ 퓨즈는 가는 동선을 사용한다.
④ 피뢰침을 설치한다.

해설 퓨즈는 과전류가 흐를 때 전류의 차단하는 장치로 전선과 동일한 동선을 사용해서는 안 된다.

Answer   127.①   128.④   129.③   130.②   131.④   132.①   133.③

134 농업기계에서 전기 배선작업을 할 때 주의해야 할 사항 중 옳지 않은 것은?

① 배선 작업하는 곳은 건조해야 한다.
② 배선을 차단 할 때는 우선 어스선(접지선)을 떼고 차단한다.
③ 배선을 연결 할 때에는 어스선(접지선)을 먼저 연결한다.
④ 배선 작업에서 접속과 차단을 빨리 하는 것이 좋다.

해설 배선을 차단할 때는 어스선(접지선)을 먼저 떼어 내고, 연결 시에는 어스선을 나중에 연결한다.

135 간접 접촉에 의한 감전 방지방법이 아닌 것은?

① 보호절연
② 보호접지
③ 설치장소의 제한
④ 사고회로의 신속한 차단

해설 설치장소의 제한은 간접 접촉에 의한 감전 방지방법에 해당되지 않는다.

136 감전되거나 전기 화상을 입을 위험이 있는 작업에서는 무엇을 사용하여야 안전한가?

① 보호구
② 구급용구
③ 신호기
④ 구명구

해설 직접적인 사고가 발생할 수 있으므로 보호구(보호장구)를 사용해야 한다.

137 작업 중 감전사고가 일어났을 때는 어떠한 조치를 취해야 하는가?

① 빨리 전기회사에 연락
② 우선 감독 선생님께 연락
③ 물을 붓는다.
④ 전원을 끊고 감전자를 응급처치

138 감전사고로 의식불명의 환자에게 알맞은 응급조치는 어느 것인가?

① 전원을 차단하고, 인공호흡을 시킨다.
② 전원을 차단하고, 찬물을 준다.
③ 전원을 차단하고, 온수를 준다.
④ 전기충격을 가한다.

해설 감전사고로 의식불명의 환자가 발생하면 전원을 차단하고 인공호흡을 실시해야 한다.

139 다음 중 감전사고로 인하여 의식불명이 된 환자의 응급조치로 가장 적당한 것은?

① 냉수를 주어야 한다.
② 온수를 주어야 한다.
③ 따뜻한 곳에 조용히 눕혀 놓는다.
④ 시원한 곳에 옮겨 마사지를 한다.

해설 감전에 의해 근육이 응축될 수 있으므로 시원한 곳에 옮겨 마사지를 해주는 것이 좋다.

140 전기 안전 작업 중 틀린 것은?

① 정전기가 발생하는 부분은 접지한다.
② 물기가 있는 손으로 전기 스위치를 조작하여도 무방하다.
③ 전기장치수리는 담당자가 아니면 하지 않는다.
④ 변전실 고전압의 스위치를 조작할 때는 절연판 위에서 한다.

Answer 134.③ 135.③ 136.① 137.④ 138.① 139.④ 140.②

141 보호구의 관리로 부적당한 것은?

① 서늘한 곳에 보관할 것
② 산, 기름 등에 넣어 변질을 막을 것
③ 발열성 물질을 보관하는 주변에 두지 말 것
④ 모래, 땀 진흙 등으로 오염된 경우는 세척 후 말려서 보관할 것

142 보안경의 구비조건으로 적당하지 않은 것은?

① 가격이 고가일 것
② 착용할 때 편안할 것
③ 유해 위험요소에 대한 방호가 완전할 것
④ 내구성이 있을 것

143 정비복에 대한 일반수칙으로 틀린 것은?

① 몸에 맞는 것을 입는다.
② 수건을 허리춤에 차고 한다.
③ 기름이 밴 정비복을 입지 않는다.
④ 상의의 옷자락이 밖으로 나오지 않게 한다.

해설 수건 및 악세사리 등은 절대 착용하지 않는다.

144 작업복을 선정할 때의 일반적인 유의사항 중 적당치 않은 것은?

① 내구성이 좋아야 한다.
② 신체에 노출이 많도록 한다.
③ 디자인이 좋아야 한다.
④ 작업 중 활동에 저항을 주지 말아야 한다.

145 농작업을 할 때는 알맞은 복장 및 보호구를 사용하여 위험이 없도록 하여야 한다. 옳지 못한 것은?

① 머리의 상해방지 조치를 한다.
② 기계에 말려들어가는 상해 방지조치를 한다.
③ 방제작업에 있어서 호흡기, 눈, 피부등이 노출되어도 별 지장이 없다.
④ 발의 손상 및 미끄러짐의 방지조치를 한다.

해설 방제작업은 농약 등을 사용하기 때문에 호흡기, 눈, 피부 등이 노출되므로 마스크, 보호안경, 방제복을 착용해야한다.

146 물건을 손으로 취급할 때 옳은 태도가 아닌 것은?

① 몸을 아끼지 않고 물건을 빨리 다룬다.
② 한발은 움직이려고 하는 방향으로 내민다.
③ 등을 곧게 유지한다.
④ 최소의 노력으로 최대의 안전을 도모해서 가장 큰 효과를 얻는다.

147 측정 기구를 이용하여 어떤 물체를 측정하고자 한다. 측정 시 대기 온도가 가장 적합한 것은?

① 0℃   ② 15℃
③ 20℃   ④ 30℃

해설 측정 시 대기 온도가 20℃일 때가 가장 적합한 온도이다.

148 다음 중 오차에 대한 설명으로 옳은 것은?

① 오차 = 측정치 − 표준값(참값)
② 오차 = 최대 측정값 − 최소 측정값
③ 오차 = 최대 측정값 − 표준값(참값)
④ 오차 = 최소측정값 − 표준값(참값)

149 버니어캘리퍼스로 측정할 수 없는 것은?

① 내경
② 외경
③ 깊이
④ 축의 휨

해설 축의 휨은 다이얼 게이지를 이용하여 측정한다.

150 다음 측정 기구 중 길이, 외경, 내경 등을 1개의 기구로 측정할 수 있는 것은?

① 다이얼 게이지
② 버니어 캘리퍼스
③ 피치게이지
④ 마이크로미터

해설 다이얼 게이지는 0.01mm의 작은 오차를 측정할 때 주로 사용한다.
버니어 캘리퍼스는 길이, 외경, 내경 등을 측정할 때 사용한다.
피치게이지는 나사의 피치를 측정할 때 사용한다.
마이크로 미터는 외경 및 두께를 측정할 때 사용한다.

151 높이를 측정하기 위한 게이지는?

① 하이트 게이지
② 블록 게이지
③ 다이얼 게이지
④ 스트레이드 게이지

해설 하이트 게이지(height gauge) : 공작물의 높이를 측정하기 위한 측정기로 높이 게이지라고도 한다.

152 다이얼 게이지 사용 중 가장 적합한 것은?

① 스핀들이 움직이지 않으면 약한 충격을 가한다.
② 지지대가 없어도 측정이 가능하다.
③ 가끔 분해해서 청소한다.
④ 반드시 정해진 지지대에 설치한다.

해설 다이얼 게이지(dial gauge) : 길이를 비교하기 위한 것으로 평면의 요철, 축 중앙의 흔들림 등을 검사하는 데 사용한다.

153 다이얼 게이지 측정 시 주의사항 중 틀린 것은?

① 게이지를 바닥에 떨어뜨리지 않도록 주의한다.
② 게이지가 마그네틱 스탠드에 잘 고정되어 있는지 점검한다.
③ 항상 부지런해야 하며 빨리 측정하기 위하여 뛰어 다닌다.
④ 게이지를 사용하기 전에 지시안전도 검사를 확인한다.

해설 다이얼 게이지는 단위가 0.001mm이므로 천천히 정확하게 측정해야하는 측정기이다.

154 다이얼 게이지로 측정할 수 없는 것은?

① 공작물의 평면도
② 편심도
③ 공작물의 고저의 차이
④ 환봉의 외경

해설 환봉의 외경은 버니어 캘리퍼스 또는 마이크로미터로 측정한다.

155 다이얼 게이지 측정 시 주의사항 중 틀린 것은?

① 게이지를 바닥에 떨어뜨리지 않도록 주의한다.
② 게이지가 마그네틱 스탠드에 잘 고정되어 있는지 점검한다.
③ 항상 부지런해야 하며 빨리 측정하기 위하여 뛰어다닌다.
④ 게이지를 사용하기 전에 지시안전도를 확인한다.

MEMO

- 안전사고 예방 -

01 일반 안전 수칙

A 일반 안전 수칙

1) 작업을 할 때는 규정된 복장 및 보호구를 착용한다.

2) 시설 및 작업기구는 점검 후 사용한다.

3) 작업장 주위환경을 항상 정리한다.

4) 인화물질 또는 폭발물이 있는 장소에는 화기 취급을 엄금한다.

5) 위험표시 구역은 담당자외 무단출입을 금한다.

6) 담배는 흡연장소에서만 피워야 한다.

7) 모든 기계는 담당자 이외의 취급을 금한다.

8) 음주 후 작업을 금한다.

9) 현장 내에서는 장난을 하거나 뛰어다녀서는 안된다.

10) 모든 전선은 전기가 통한다고 생각하고 주의한다.

11) 기계 가동중 기계에 대한 청소, 정비 및 칩 등을 제거하지 않는다.

12) 사전 승인이 없는 화기취급은 절대 엄금한다.

13) 책상, 캐비넷등은 사용 후 서랍을 꼭 닫도록 한다.

14) 기계의 가동시는 자리를 비우지 말 것

15) 기계의 가동중에는 정비, 청소하지 말 것

16) 기계의 조정이나 정비시 막대기를 사용하지 말 것

17) 밸브는 서서히 열고, 잠그도록 할 것

18) 작업내용을 모르는 기계에 함부로 손대지 말 것

19) 모든 기계는 담당자 이외에 손대지 말 것

20) 작업장 내에서는 뛰어다니지 말 것

21) 통제구역은 허가 없이 출입하지 말 것

22) 안전방호장치는 이상이 없는지 확인 할 것

23) 기계 운전시 사전 안전점검을 할 것

24) 기계 고장시 적합한 수리보수 등의 조치를 취하고 작업에 임할 것

B 안전의 10대 포인트

1) 복장은 언제나 단정하게 할 것

2) 보호구는 바르게 착용할 것

3) 작업 전에는 기계나 수공구의 점검을 행할 것

4) 스위치는 신호확인을 할 것

5) 안전장치를 임의로 제거하지 않을 것

6) 공동운반은 항상 신호를 맞추고 행할 것

7) 수공구는 사용목적에 맞는 것을 사용할 것

8) 넘어지기 쉬운 것은 밴드나 쇠사슬로 고정시킬 것

9) 물건을 적재할 때는 큰 것부터 작은 것으로, 무거운 것부터 가벼운 것으로 할 것

C 복장 보호구 안전수칙

1) 그라인더 작업, 용접 작업, 유독물질 취급작업 등에는 눈을 해칠 위험성이 있으므로 적절한 보안경을 착용할 것

2) 물체의 낙하 또는 비래* 의 위험이 있는 작업에는 안전모를 착용할 것

3) 고소작업자는 안전대를 착용할 것

4) 중량물을 취급하는 자는 안전화를 착용할 것

5) 유독물질이나 분진이 발생하는 작업에는 방독마스크나 방진마스크를 착용할 것

6) 뜨거운 물질, 철판, 주조물을 취급하는 근로자는 안전장갑을 착용할 것

7) 소음이 많이 발생하는 곳에서 귀마개를 착용할 것

8) 기계주위에서 작업할 때 넥타이를 착용하지 말 것

9) 너플거리거나 찢어진 바지를 입지 말 것

비래 : 날아오는 물건, 떨어지는 물건 등이 주체가 되어서 사람에 부딪쳤을 경우를 말함

D 정리 정돈 안전 수칙

1) 불필요한 것이 눈에 띌 때 즉시 정리정돈 한다.

2) 자재와 장비 그리고 잔재와 버리는 토막은 장소를 정하고 제자리에 두어야 한다.

3) 올바른 방법과 안전한 방법으로 정리정돈 한다.

4) 작업장 주위에 통로나 작업장 내의 청소를 항시 깨끗이하고 작업을 행한다.

5) 소화전, 화재 및 비상표시, 안전표시를 잘 보이는 곳에 올바르게 부착한다.

6) 구르기 쉬운 물건은 받침대를 튼튼히 하고 가능한 한 묶어서 적재 또는 보관한다.

7) 사용시기별, 용도별로 정리하고 빨리 사용할 것을 밑에 쌓지 않는다.

8) 부식 및 발화위험이 있는 위험물질은 별도로 보관한다.

9) 품명 및 수량을 파악하기 좋도록 정리정돈 한다.

10) 정리정돈이 잘 된 곳이 재해없는 안전한 곳이란 것을 명심한다.

E 통행 안전 수칙

1) 구내 통행수칙을 잘 알아두고 준수한다.

2) 계단을 오르내릴 때는 난간을 붙잡고 우측 통행한다.

3) 높은 곳이나 비계, 도크 등에서 뛰어내리지 않는다.

4) 통로를 보행할 때는 움직이는 기계를 잘 살피고 조심한다.

5) 달리는 운반차에 뛰어오르거나 뛰어내리지 않는다.

6) 통로에 장해물이 있으면 즉시 치우는 습관을 가진다.

7) 선반, 레일, 앵글, 기타 물건을 넘어다니지 말고 그 위를 걷지도 않는다.

8) 통제구역이나 지름길을 허가 없이 다니지 않는다.

9) 보통 통로를 이용하고 질러가지 말고 항상 주위를 살피며 함부로 뛰지 않는다.

10) 문의 개폐를 조용히 한다. 문을 열 때 자기 앞으로 당기게 되어있는 문은 반드시 옆으로 서서 당긴다.

11) 상부에서 작업중이거나 물체가 매달려 있는 상태에서는 그 밑을 일체 통행하지 않는다.

12) 부득이 설비 밑으로 통행하는 경우에는 안전모를 반드시 착용한다.

F 창고관리 안전 수칙

1) 환경관리를 깨끗이 하는 것은 올바른 저장법의 요소가 된다.
2) 물건을 쌓을 때는 떨어지거나 건드려서 넘어지게 하지 말고 모든 저장품은 안전하게 보관해야 한다.
3) 끝이 뾰족하거나 날카로운 물건은 이를 취급하는 사람이 다치지 않도록 보관해야 한다.
4) 가연성 액체를 저장하거나 취급할 때는 증발하지 않도록 주의할 것이며 증발할시 공기와 혼합될 기회를 주지 말아야 한다.
5) 물품을 야외에 저장할 때는 밑받침을 하여 부식을 방지하고 덮개를 덮어야 한다.
6) 드럼통류의 저장시는 굴러 떨어지지 않게 단단히 고여 놓아야 하며 세워서 쌓을 때는 밑통과 위의 통을 정확히 맞추어야 한다.
7) 높이 올려 쌓은 물건은 쌓아서 무너질 염려가 없도록 할 것이며 쌓아놓은 물건 위에 다른 물건을 던져 쌓아 물건이 무너지는 것을 방지하여야 한다.
8) 공중에 매달린 물건 밑에 다른 물건을 놓지 말고 작은 물건 위에다 큰 물건을 놓지 말아야 한다.
9) 가늘고 긴 물체는 세우거나 기대놓지 말고 눕혀 놓아야 한다.
10) 물건을 한줄로 높이 쌓지 말아야 한다.
11) 물품 운반 시에는 운반작업 수칙을 필히 준수하여야 한다.
12) 산소 및 아세틸렌은 가연성물질과 멀리 떨어진 곳(별도 창고)에 보관하여야 하고 유류가 닿지 않도록 할 것이며, 직사광선에 노출 저장을 피해야 한다.

G 사다리 작업 안전 수칙

1) 기계나 적재물, 나무상자 등을 사다리 대신 사용하지 말 것
2) 사다리는 사용 전에 결함여부를 꼭 점검할 것
3) 직선사다리(외줄사다리)를 사용할 때는 벽으로부터 1m이상 띄울 것
4) 손을 잡을 때와 디딜 때는 특히 조심할 것
5) 작업이 진행됨에 따라 사다리를 자주 옮길 것
6) 사다리로부터 자기 팔길이 이상 떨어진 곳에서 작업을 하지 말 것
7) 사다리를 오르기 전에 밑을 잘 고정시키고 올라갈 때 두 손을 사용할 것
8) 출입문이나 통로 가까이에 사다리를 세울 필요가 있을 때에는 주의 표지를 붙이거나 바리케이트를 쳐둘 것
9) 사다리를 세울 때에는 윗부분이 자기 위치에서부터 1m이상 여유가 있도록 세울 것

H 작업장 안전 수칙

1) 작업은 질서 있게 하는 습관을 가질 것
2) 장난하지 말 것
3) 바닥에 유독물질을 방치하지 말 것
4) 공구 기타 물품을 자기 무릎 높이 이상의 위에서 던지지 말 것
5) 상부에서 작업시는 그 밑의 통행을 금지시키고 공구 기타 물건을 떨어뜨리지 말 것
6) 자기 작업부서를 함부로 이탈하지 말 것
7) 작업 중에는 자기의 숙련을 믿고 방심하지 말 것
8) 모든 안전수칙과 표지를 준수할 것
9) 요행을 바라지 말 것
10) 작업 중에는 작업에만 전념하고 경거망동하지 말 것
11) 공동작업은 서로 긴밀한 협조를 할 것
12) 무리한 작업은 선임자에게 보고하고 적절한 조치를 취할 것
13) 교대 시에는 작업에 대한 내용을 확실하게 인수인계할 것

I 공동작업 안전 수칙

1) 작업 전 작업지휘자를 정하고 지휘신호에 따라 작업한다.

2) 기계 수리 작업자에는 경광등을 설치하여 주변 접근을 통제한다.

3) 기계 수리 작업시 2개소 이상 동시작업을 절대 하지 않는다.

4) 작업 전 상호신호를 반드시 정한다.

5) 작업형태에 따라 필요한 보호구를 반드시 착용한다.

6) 작업순서와 작업방법을 반드시 익히고 정해진대로 바르게 한다.

7) 기계의 수리작업시는 사전 안전점검을 반드시 실시한다.

8) 작업중 교대시에는 작업내용을 확실하게 인수인계한다.

9) 기계 수리 후 조작하기 전에 주변의 작업자를 반드시 확인한다.

10) 중량 취급시는 상호 신호나 연락을 정확히 하고 호흡을 맞춘다.

11) 작업장 주변은 정리, 정돈과 청결을 유지한다.

J 사고·재해예방 요점

1) 안전규칙, 작업표준, 안전상의 주의점을 지키자.

2) 직장의 정리, 정돈, 청소를 하자.

3) 올바르게 결정된 일을 준수하자.

4) 자기 담당 외의 일을 할 때는 감독자에게 연락하자.

5) 기계, 공구는 사용전에 점검한다.

6) 안전복장을 지키며, 정해진 안전 보호구를 착용하자.

7) 기계, 공구가 망가지면 우선 책임자에게 알리자.

8) 동료의 불안전 행위를 발견한 때는 주의를 주자.

9) 일상생활은 무엇보다도 건강에 유의하고, 사생활을 바르고 원만하게 하자.

10) 교통사고에 항상 주의한다.

K 작업 후 10가지 점검표

1) 작업하는데 의문사항은 없었는가?
2) 기계, 장비의 이상유무를 보고하였는가?
3) 파손된 부분의 수리·보충은 했는가?
4) 화기나 위험물의 뒤처리는 좋은가?
5) 스위치의 고장부분은 없는가?
6) 교체할 부속품은 없는가?
7) 정리정돈·청소는 정확히 하였는가?
8) 공구는 원 위치에 두었는가?
9) 기계나 공구의 손질은 잘 했는가?
10) 내일 작업에 이상없도록 준비되었는가?

L 일반공구 사용수칙

1) 사용 전 검사한다.
2) 정확한 도구를 사용한다.
3) 주기적으로 관리한다.
4) 날카로운 도구는 취급시 손잡이 있는 것을 사용한다.
5) 칼끝 절단은 한 마디씩 절단기를 사용하여 절단한다.

M 안전의 지름길 12가지

1) 안전점검은 스스로 하자.
2) 작업은 정해진 순서대로 하자.
3) 위험한 동작은 일체하지 말자.
4) 규칙을 지키자, 그리고 지키게 하자.
5) 작업 상처도 소홀히 말고 치료하자.
6) 항상 정리정돈, 청소청결을 생활화하자.
7) 보호구 착용을 반드시 하자.
8) 숨은 위험을 찾아내어 시정하자.
9) 위험물 취급에 만전을 기하자.
10) 지시사항은 철저히 지키자.
11) 안전표시 내용을 알고 따르자.
12) 건강은 자기 스스로 지키자.

N 안전색상 표시법

1) 적색 : 소방시설, 긴급정지 누름단추 등 표시
2) 적색와 황색 줄무늬 : 85dB이상의 소음 구역 표시
3) 황색과 흑색 줄무늬 : 위험물, 장해물 표시
4) 황색 : 압출기 공기 파이프, 최소한의 안전표시
5) 녹색 : 의료장비, 공장 내 보도 위, 안전샤워 전구표시
6) 자주색 : 방사선 장비구역 표시
7) 희색 : 주차장 위치표시
8) 오렌지색 : 기계설비의 위험부위 표시
9) 녹색과 백색 줄무늬 : 긴급 대피, 제반 안전지시 표시
10) 남색 : 스위치 제어상자, 가동정지 등 표시

0 재해발생시 응급처치 요령

1) 침착하고 신속하게 상황을 파악한다.

2) 급한 환자부터 순서대로 조치한다.

3) 부상의 정도 및 일반상태를 주의깊게 관찰한다.

4) 구급차를 부르거나 의료요원에게 연락한다.

5) 부상부위가 요염되지 않도록 주의한다.

6) 환자의 체온유지을 유지한다.

7) 음료수를 공급한다.(단, 심한 출혈환자, 복부 손상환자, 무의식 환자등 기타 수술을 요 하는 환자는 음료수를 주면 안 된다.)

8) 심신이 안정되도록 돕는다.

9) 변, 구토물 등의 증거품을 보존한다.

10) 자신이 조난당하지 않도록 한다.

11) 운반준비

- 적절한 운반방법 모색
- 운반재료 확인, 운반자 요청
- 불필요한 이동피하고 쇼크예방

12) 응급처치의 구명 4단계

- 지혈
- 기도유지(구강내 이물질 제거)
- 상처보호(오염방지)
- 쇼크예방 및 치료(보온유지)

13) 사고 발생시 일반적인 주의사항

- 침착하고 냉정하게, 재빨리 재해자의 상태를 충분히 관찰하여 조치한다.
- 재해자를 함부로 움직이지 않는다.
- 재해자에게 가장 편안한 자세를 취하게 한다.
- 내출혈, 호흡정지, 심정지나 음독 등은 빠르게 조치한다.
- 재해자의 보온에 주의한다.
- 신속히 의사에게 연락한다.

02 기계 안전수칙

1 기계 안전수칙

1) 자기 담당기계 이외의 기계는 움직이거나 손을 대지 않는다.

2) 원동기와 기계의 가동은 각 직원의 위치와 안전장치의 적정여부를 확인한 다음 행한다.

3) 움직이는 기계를 방치한 채 다른 일을 하면 위험하므로 기계가 완전히 정지한 다음 자리를 뜬다.

4) 정전이 되면 우선 스위치를 내린다.

5) 기계의 조정이 필요하면 원동기를 끄고 완전 정지할 때까지 기다려야 하며 손이나 막대기로 정지시키지 않아야 한다.

6) 기계는 깨끗이 청소해야 한다. 청소할 때에는 브러시나 막대기를 사용하고 손으로 청소하지 않는다.

7) 기계 작업자는 보안경을 착용해야 한다.

8) 기계 가동 시에는 소매가 긴옷, 넥타이, 장갑 또는 반지를 착용하지 않는다.

9) 고장 중인 기계는 (고장, 사용금지)등의 표지를 붙여 둔다.

10) 기계는 일일이 점검하고 사용 전에 반드시 점검하여 이상유무를 확인한다.

2 수공구 안전수칙

1) 수공구는 쓰기 전에 깨끗이 청소하고 점검한 다음 사용할 것

2) 정이나 끌과 같은 기구는 때리는 부분이 버섯모양 같이 되면 반드시 교체하여야 하며 자루가 망가지거나 헐거우면 바꾸어 끼울 것

3) 수공구는 사용 후에 반드시 보관함에 넣어둘 것

4) 끝이 예리한 수공구는 반드시 덮개나 칼집에 넣어서 보관 이동할 것

5) 파편이 튀길 위험이 있는 작업에는 보안경을 착용할 것

6) 각 수공구는 일정한 용도 이외에는 사용하지 말 것

3 드릴 작업 안전수칙

1) 시동 전에 드릴이 올바르게 고정되어 있는지 확인한다.

2) 장갑을 끼고 작업하지 않는다.

3) 드릴을 회전시킨 후 테이블을 고정하지 않도록 한다.

4) 드릴회전 중에는 칩을 입으로 불거나 손으로 털지 않도록 한다.

5) 큰 구멍을 뚫을 때에는 먼저 작은 구멍을 뚫은 다음에 뚫도록 한다.

6) 얇은 판에 구멍을 뚫을 때에는 나무판을 밑에 받치고 뚫도록 한다.

7) 이송레버를 파이프에 걸고 무리하게 돌리지 않는다.

8) 전기드릴을 사용할 때는 반드시 접지하도록 한다.

4 밀링 작업 안전수칙

1) 사용 전에 반드시 기계 및 공구를 점검, 시운전한다.

2) 일감은 테이블 또는 바이스에 안전하게 고정한다.

3) 커터의 제거, 설치 시에는 반드시 스위치를 내리고 한다.

4) 테이블 위에 측정구나 공구를 놓지 않도록 한다.

5) 칩을 제거할 때에는 기계를 정지시킨 후 브러시로 행한다.

6) 가공 중에 얼굴을 기계에 접근시키지 않는다.

7) 가공 중에 손으로 가공면을 점검하지 않는다.

8) 황동이나 주강 같은 철가루가 날리기 쉬운 작업 시에는 보안경을 착용한다.

5 둥근톱 작업 안전수칙

1) 작업 전 반드시 시운전을 하여 이상유무를 확인하고 작업한다.

2) 톱날의 균열 마모, 손상은 되지 않았는가 확인한다.

3) 안전장치의 파손, 작동불량 등 이상이 없는지를 작업중 수시로 확인한다.

4) 작업중 안전보호구를 착용하고 작업한다.

5) 톱날의 체결 너트는 확실하게 체결하고 작업한다.

6) 톱날 교체 시는 충분히 시운전한 후 작업한다.

7) 무부하 운전시 이상소음 진동이 발생하는지 확인한다.

8) 기계 작동중 자리 이탈을 금하며, 담당자 이외는 취급을 금한다.

9) 작업종료 후 자리 이탈 및 정전 시에는 스위치를 반드시 끈다.

6 연삭기 작업 안전수칙

1) 연삭기의 덮개 노출각도는 90°이거나 전체 원주의 1/4을 초과하지 말 것

2) 연삭숫돌의 교체시는 3분 이상 시운전할 것

3) 사용 전에 연삭 숫돌을 점검하여 균열이 있는 것은 사용하지 말 것

4) 연삭숫돌과 받침대 간격은 3mm 이내로 유지할 것

5) 작업 시는 연삭숫돌 정면으로부터 150°정도 비켜서 작업할 것

6) 가공물은 급격한 충격을 피하고 점진적으로 접촉시킬 것

7) 작업 시 연삭숫돌의 측면을 사용하여 작업하지 말 것

8) 소음이나 진동이 심하면 즉시 점검할 것

7 선반 작업 안전수칙

1) 작동 전 기계의 모든 상태를 점검할 것

2) 절삭작업 중에는 보안경을 착용할 것

3) 바이트는 가급적 짧고 단단히 조일 것

4) 가공물이나 척에 휘말리지 않도록 작업자는 옷 소매를 단정히 할 것

5) 작업도중 칩이 많아 처리할 때에는 기계를 멈춘 다음에 행할 것

6) 긴 물체를 가공할 때는 반드시 방진구를 사용할 것

7) 칩을 제거할 때는 압축공기를 사용하지 말고 브러시를 사용할 것

03 전기 안전수칙

1 전기 안전수칙

1) 물 묻은 손으로 전기 기계·기구의 조작 금지

2) 누전차단기의 동작여부는 월1회 이상 주기적으로 수동 시험하여 동작되지 않을 시는 교체

3) 비닐 코드선을 전기배선으로의 사용금지

4) 문어발식 배선으로 한번에 많은 전기기구를 사용하면 코드가 과열되어 위험

5) 플러그는 콘센트에 완전히 접속하여 접촉 불량으로 과열을 방지

6) 습기가 있는 장소에서는 감전사고 예방을 위하여 반드시 접지 시설을 한다.

7) 코드(배선)을 묶거나 무거운 물건을 올려 놓지 않도록 주의한다.

8) 감전사고 예방을 위하여 덮개가 있는 콘센트의 사용을 권장한다.

9) 플러그를 장기간 꽂아둔 채 사용하면 콘센트와 플러그 사이에 먼지가 쌓여 습기가 차면 누전이나 화재의 원인이 될 수 있으므로 수시로 청소

10) 전기공사는 정부면허 전문공사업체에 의뢰

2 용접작업 시 안전수칙

1) 용접작업 시 물기있는 장갑, 작업복, 신발을 절대 착용하지 않는다.

2) 용접작업 시 안전보호구를 철저히 착용한다.

3) 용접기 주변에 물을 뿌리지 않는다.

4) 용접기를 사용하지 않을때는 스위치를 차단시키고 전선을 정리해 둔다.

5) 용접기 어스선의 접속상태를 확인한다.

6) 용접작업 중단 시 전원을 차단시킨다.

7) 용접작업장 주위에는 기름, 나무조각, 도료, 헝겊 등 타기 쉬운 물건을 두지 않는다.

8) 전압이 걸려 있는 홀더에 용접봉을 기운채 방치하지 않는다.

9) 절연커버가 파손되지 않은 홀더를 사용한다.

10) 탱크 등 좁은 공간에 용접시 물체가 기대지 않는다.

3 전기안전 10요점

1) 배선접속은 전기취급자가 한다.　　2) 이동용 기기는 누전을 금한다.

3) 용접기는 전격을 방지한다.　　4) 기계에는 접지를 실시한다.

5) 단동전선은 케이블을 사용한다.　　6) 이동 전구는 코너에 붙인다.

7) 기계는 사용 전 점검을 한다.

8) 기계의 수리이동은 전원을 끊고 한다.

9) 충전부분은 노출이 안 되게 한다.

10) 고압선을 방호한다.

04 기타 안전수칙

1 화재예방 수칙

1) 금연 수칙을 잘 지킬 것
2) 인화성 물질을 취급하는 곳에서 화기작업을 할 경우 반드시 화기 작업 허가를 받은 후에 작업할 것
3) 금연 구역에는 가연성 물질이 있음을 뜻하므로 가연성 물질이 보이지 않더라도 화기를 사용하지 말 것
4) 가연성 쓰레기 등은 금속용기에 모아 버려야 하며 보관시에는 밀폐하여 둘 것
5) 소화기의 점검, 소화액 보급 등을 철저히 하고 점검표를 붙여서 점검, 정비, 사용, 소화액 사용 등을 상세히 기록할 것
6) 소화기의 비치 장소를 사전에 알아 둘 것
7) 소화기의 사용 방법을 알아 둘 것
8) 비상탈출구의 위치를 알아 두고 비상탈출구는 언제나 사용할 수 있도록 해 둘 것
9) 소화기나 소방호스, 소화전은 정상으로 유지해 놓을 것
10) 휘발유, 석유, 납사 등에 젖은 옷은 즉시 갈아 입을 것
11) 관리 감독자가 교육한 안전교육 내용에 따라 인화성 물질을 취급할 것
12) 경보장치의 위치와 사용방법을 알아 둘 것
13) 화기사용 후에는 반드시 소화상태를 확인하고 작업장을 떠날 것
14) 하수구에는 절대로 유류를 버리지 말 것
15) 페인트 작업 시에는 특히 화기에 주의할 것

2 폭발성 물질 등 수칙

1) 관리 감독자는 작업자가 안전수칙을 준수하도록 관리 감독할 것
2) 폭발성 물질은 저장, 취급할 때에는 불티, 불꽃, 고온체에의 접근을 피하고 과열, 충격, 마찰을 방지할 것
3) 발화성 물질은 저장, 취급할 때에는 산화재와의 접촉·혼합, 불티·불꽃, 고온체에의 접근, 과열, 물과의 접촉을 피할 것

4) 산화성 물질은 저장, 취급할 때에는 분해 촉진 물질, 가연물, 가열, 충격, 마찰을 피할 것

5) 인화성 물질을 저장, 취급할 때에는 불티, 불꽃, 고온체에의 접근을 방지하고 증기 발생을 억제할 것

6) 부식성 물질을 저장, 취급할 때에는 인체와의 접촉, 가연물과의 접촉, 분해촉진물과의 접근을 피할 것

7) 독성물질을 저장, 취급할 때에는 누출, 인체와의 접촉을 피할 것

8) 위험물질이 있는 장소에 안전표지를 설치할 것

3 보호구 착용수칙

1) 관리 감독자는 사업장 내 규정된 안전수칙을 준수하도록 관리 감독할 것

2) 사업장에서 근무하는 임직원은 작업특성에 적합한 규정된 작업복을 착용할 것

3) 추락 또는 낙하·비래 등의 위험이 있는 장소에서는 안전화 및 안전모를 착용할 것

4) 드릴 등 회전하는 기계에 접근하여 작업하는 자는 장갑을 착용하지 말 것

5) 비분, 칩, 기타 비산물이 발생하는 절단·연삭·기계가공 등의 작업을 수행할 때는 보안경을 착용할 것

6) 유해 화학물질 취급작업 수행 시는 보안경, 내산장갑, 앞치마 등을 착용할 것

7) 유해광선이 발생하는 장소에서는 차광안경을 착용할 것

8) 대지전압이 30V를 초과하는 전기기계·기구·배선 또는 이동전선의 충전 선로를 점검 및 수리하는 자는 절연안전모, 절연 장갑 등 절연 보호구를 착용할 것

9) 수중에 전락할 우려가 있는 장소에서 작업하는 자는 구명조끼를 착용할 것

10) 산소농도가 18%미만인 장소에서 작업 시 공기 공급식 호흡보호구를 착용할 것

11) 독성가스가 허용농도 이상으로 존재하는 장소에서는 공기 공급식 호흡보호구를 착용할 것

12) 소음이 많이 발생하는 장소에서는 귀마개, 귀덮개를 착용할 것

4 복장 안전수칙

1) 관리감독자는 안전수칙을 준수하도록 관리 감독할 것

2) 사내에서는 회사에서 지급한 작업복을 단정하게 착용할 것

3) 안전모와 안전화는 조정실, 사무실을 제외한 곳에서는 필히 착용할 것

4) 상의 단추나 자크는 잠그고 단정한 복장으로 작업에 임할 것

5) 소음이 많이 발생하는 곳 및 「귀마개 착용」표지판이 부착된 곳은 반드시 귀마개를 착용할 것

6) 유독물질이나 분진이 발생하는 작업에는 방독마스크, 방진마스크를 착용해야 하며 필터는 필터의 교환주기를 반드시 준수할 것

7) 그라인더 작업, 용접작업, 유독물질 취급등에는 눈을 헤칠 우려가 있으므로 적절한 보안경을 착용할 것

8) 용기 출입 시는 반드시 공기호흡기 등 호흡용 보호구를 착용할 것

9) 안전조치가 되어 있지 않은 고소작업에는 반드시 안전대를 착용할 것

10) 부식성 물질을 취급시 적절한 내산장갑, 고무장갑, 기타 앞치마 등을 착용할 것

5 고압가스 안전수칙

1) 가스 연소기에 점화할 때에는 먼저 점화원을 제공한 후 가스를 공급하여 점화하여야 한다.

2) 고압가스는 관계자 이외의 사람이 취급하거나 접근해서는 안된다.

3) 충전용기는 40℃이하의 온도에 저장하여야 하며, 직사광선 또는 발열체로부터 보호되어야 한다.

4) 사용하지 않는 용기는 반드시 보호캡을 씌워서 밸브의 손상을 방지해야 한다.

5) 고압가스 용기는 소정의 용기검사를 필한 용기를 사용해야 한다.

6) LPG 또는 수소 취급 지역내에서 금속, 철재공구, 자재 등을 던지거나 타격해서는 안된다.

7) 가스용기를 도관에 연결할 때는 확실히 하여야 하며 연결 후 비눗물 검사를 하여 누설이 있을 경우 가스를 완전히 차단 후 다시 연결하여야 한다.

8) 충전용기를 보관 또는 운반할 때에는 전락, 전도 등으로 인한 충격을 방지하기 위하여 와이어 또는 체인으로 견고하게 결속해야 한다.

9) 고압가스 저장 또는 취급장소에서 화기를 사용해서는 안된다.

10) 고압가스 용기를 사용하기 전 도색 및 품명 표시등을 확인하여 오사용이 없도록 한다.

11) LPG를 충전할 때에는 저장탱크의 경우 실제용적의 90% 이하, 용기는 85% 이하로 충전하여야 한다.

12) 전선 또는 접지선 가까이 용기를 저장해서는 안된다.

13) 손으로 열리지 않을 정도로 굳게 잠김 밸브를 다른 공구로 무리하게 열려고 해서는 안된다.

14) 밸브가 고장난 용기를 취급해서는 안된다.

15) 상·하차 작업을 할때는 고무판, 가마니 등을 사용하여 용기에 가해지는 충경을 최소한으로 방지하여야 한다.

16) 가연성 가스와 산소가스를 함께 보관·운반해서는 안되며 부득이한 경우에는 서로 멀리 떨어지게 하고 또한 각 충전용기의 밸브가 서로 마주보지 않도록 해야 한다.

17) 고압가스 충전용기의 밸브는 서서히 개폐하고 밸브 또는 배관을 가열할 때는 열습포나 섭시 40℃이하의 더운물을 사용하여야 한다.

18) 고압가스 저장 또는 취급 장소에 구리스, 기름 등의 유지류 또는 가연성 물질을 사용하거나 방치해서는 안된다.

05 안전 보건 표지

지시표지(9종)

보안경 착용	방독마스크 착용	방진마스트 착용	보안면 착용	안전모 착용
귀마개 착용	안전화 착용	안전장갑 착용	안전복 착용	

금지표지(8종)

출입금지	보행금지	차량통행금지	사용금지
탑승금지	금연	화기금지	물체이동금지

안내표지(7종)

녹십자표지	응급구호표지	들것	세안장치
비상용기구	비상구	좌측비상구	우측비상구

경고표지(15종)

인화성물질경고	산화성물질경고	폭발성물질경고	급성독성물질경고
부식성물질경고	방사성물질경고	고압전기경고	매달린물체경고
낙하물경고	고온경고	저온경고	몸균형상실경고
레이저광선경고	발암성·변이원성·생식독성·전신독성·호흡기과민성물질경고		위험장소경고

 **Tip**

안전·보건 표지의 종류별 용도, 형태 및 색채

① **지시 표지**: 바탕은 파란색, 관련 그림은 흰색

② **금지 표지**: 바탕은 흰색, 기본 모형은 빨간색, 관련 부호 및 그림은 검은색

③ **안내 표지**: 바탕은 흰색, 기본 모형 및 관련 부호는 녹색, 바탕은 녹색, 관련 부호 및 그림은 흰색

④ **경고 표지**: 바탕은 무색, 기본 모형은 빨간색(검은색도 가능)

⑤ **인화성 경고 표지**: 바탕은 노란색, 기본 모형, 관련 부호 및 그림은 검은색

부록

- 기출문제 모음 -

국가기술자격 필기시험문제

2014년도 1회 기능사 필기시험

자격종목 및 등급(선택분야)	종목코드	시험시간	문제지형별	수검번호	성 명
농기계 정비기능사	**6300**	**1시간**			

1. 기관에 윤활유가 부족할 때 발생되는 현상으로 가장 타당한 것은?

① 기관의 과냉각
② 기관 밸브의 파손
③ 실린더 라이너의 마모
④ 오일 필터의 손상

해설 기관에 윤활유가 부족할 때에는 기관이 과열이 되고, 실린더 라이너의 마모가 발생할 수 있다. 기관 밸브의 손실 및 파손이 발생할 수는 있지만 가장 큰 문제점은 실린더 라이너의 마모이다.

2. 동력 분무기의 레귤레이터 핸들을 오른쪽으로 돌렸을 때 생기는 현상은?

① 아무런 변화도 없다.
② 분무 압력이 떨어진다.
③ 분무 압력이 올라간다.
④ 연료가 적게 든다.

해설 동력 분무기의 레귤레이터 핸들을 오른쪽으로 돌리면 분무 압력이 올라간다.

3. 이앙기의 식부암 정비 사항에 속하지 않는 것은?

① 식입 포크 간격
② 압출 스프링
③ 분리침 간격
④ 체인 장력

해설 식부암에는 식입 포크, 분리침, 식입 포크를 복귀시켜 주는 압축 스프링이 작동하도록 정비를 해야 한다. 식부암에는 체인이 들어가지 않기 때문에 체인 장력은 정비 사항에 포함되지 않는다.

4. 실린더 내경의 최대 측정값이 78.27mm 일 때 표준값이 78.00mm인 실린더의 수정 값은?

① 0.00mm
② 0.27mm
③ 0.47mm
④ 0.50mm

5. 농용 트랙터에서 클러치 페달의 자유간극은 얼마 정도인가?

① 10~15mm
② 20~30mm
③ 40~45mm
④ 50~60mm

해설 농용 트랙터의 클러치 페달의 자유간극 또는 자유 유격은 20~30mm로 브레이크와 동일한 간극을 갖는다.

6. 트랙터의 연소실 체적이 50cc이고, 배기량이 400cc인 기관을 보링 했더니 배기량이 420cc가 되었다. 이때 압축비는? (단, 연소실 체적은 동일하다.)

① 다소 작아졌다.
② 다소 커졌다.
③ 변함이 없다.
④ 1/2로 줄었다.

해설 압축비를 비교하는 문제이다.

$$보링전 압축비 = \frac{400+50}{50} = 9$$

$$보링후 압축비 = \frac{420+50}{50} = 9.2$$

※ 보링 후의 압축비가 다소 커졌다.

7. 트랙터의 기관에서 팬 벨트 장력을 조정하는 곳은?

① 워터 펌프의 조정 볼트
② 발전기의 조정 볼트
③ 오일 펌프 풀리 조정 볼트
④ 크랭크축 조정 볼트

해설 트랙터의 기관 중 팬 벨트는 발전기와 엔진 구동축이 하나의 벨트로 연결이 되어 있으며 발전기의 조정 볼트를 풀어 벨트의 장력을 조정하고 조정 볼트를 고정한다.

8. 관리기 구굴작업 시 작업 깊이 조정은 무엇으로 조정하는가?

① 구굴날
② 미륜
③ 차륜
④ 로터리 커버

해설 관리기 구굴 작업 시 작업 깊이(고랑의 깊이)는 미륜으로 조정하는데 고정된 미륜축을 움직여 크게 조정하고 미세하게 조정할 때에는 미륜 조절나사를 이용하여 조정한다.

9. 다음 중 콤바인의 탈곡치 중에서 줄기를 가지런히 정돈하며, 이삭 부분이 원활하게 탈곡실로 들어올 수 있도록 유도하는 급치는?

① 보강치
② 정소치
③ 병치
④ 수망치

해설 • **정소치** : 줄기를 가지런히 정돈하며, 이삭 부분이 원활하게 탈곡실로 들어올 수 있도록 한다.
• **보강치** : 정소치에서 정리되지 않은 줄기를 정돈하고 탈립되지 않은 것을 탈립시키는 기능을 한다.
• **병치** : 탈곡하는 급치

10. 동력 경운기 브레이크 작동 시 동력전달 순서가 바르게 제시된 것은?

① 연결로드 – 브레이크 캠 – 브레이크 드럼 – 브레이크 링
② 연결로드 – 브레이크 캠 – 브레이크 링 – 브레이크 드럼
③ 연결로드 – 브레이크 드럼 – 브레이크 캠 – 브레이크 링
④ 연결로드 – 브레이크 링 – 브레이크 드럼 – 브레이크 캠

해설 동력 경운기의 브레이크 작동 시 동력전달 순서는 연결로드(주 클러치와 같이 연결되어 있음), 브레이크 캠을 통해 브레이크 링을 확장하여 브레이크 드럼에 접촉시켜 마찰로 제동을 한다.

11. 다음 중 로터리 날 고정 너트를 죄려고 할 때 가장 적절한 공구는?

① 오픈 렌치
② 파이프 렌치
③ 조절 렌치
④ 복스 렌치

해설 볼트의 6개 면을 잡아 정확한 회전력으로 완전히 고정해야 하므로 복스 렌치(소켓 렌치)를 이용하는 것이 가장 좋다.

12. 변속 단수를 선택하는 무단변속기에서 유압 클러치를 사용하는 변속기는?

① 동기 물림식 변속기
② 선택 미끄럼 변속기
③ 파워 시프트 변속기
④ 상시 물림식 변속기

13. 대형 트랙터의 유압 선택에서 포지션 컨트롤과 드래프트 컨트롤이 있다. 드래프트 컨트롤 위치에서 주된 작업은?

① 파종 작업
② 로터리 작업
③ 쟁기 작업
④ 예취 작업

해설 드래프트 컨트롤 위치에서 주로 쟁기작업을 한다.

14. 기관에서 피스톤의 직선 운동을 회전 운동으로 바꿔주는 장치는?

① 캠 축
② 실린더
③ 플라이휠
④ 크랭크 축

해설 크랭크 축은 직선 운동을 회전 운동으로 바꿔주는 역할을 한다.

15. 다음 중 기관의 압축 불량의 원인으로 적절하지 못한 것은?

① 배기밸브가 열려 있을 때
② 배기밸브에 카본이 쌓였을 때
③ 피스톤링이 파손 또는 장력이 약화 되었을 때
④ 점화시기가 맞지 않을 때

해설 배기밸브가 열려 있으면 압축이 불량하다. 또한 배기밸브에 카본이 쌓였을 때, 피스톤링이 파손 또는 장력이 약화되었을 때에도 압축이 불량할 수 있다.

16. 밸브스프링의 설치 길이가 기준에 비해 2㎜ 이상 클 경우 원인이나 대책으로 맞지 않는 것은?

① 밸브 스프링 밑에 심(shim)을 넣어 스프링 장력을 보완한다.
② 밸브 페이스의 심한 마모로 마진이 작아졌다.
③ 밸브 시트와 밸브를 교환한다.
④ 밸브 시트의 침하가 심하다.

해설 밸브스프링의 길이가 2mm이상 크면 밸브 스프링의 장력이 높아지므로 밑에 심을 넣게 되면 더 큰 장력을 발생할 수 있으므로 주의해야 한다.

17. 경운기 트레일러에 짐을 싣고 운행 중 한쪽 방향으로 운행되는 원인으로 틀린 것은?

① 운전 조작 핸들을 한쪽 방향으로 힘을 가하고 있다.
② 한쪽 조향 클러치 케이블 유격이 잘못 되어 있다.
③ 경운기 본체의 브레이크가 불량하다.
④ 한쪽 바퀴 공기압이 너무 낮다.

해설 경운기 트레일러에 짐을 싣고 운행 중 한쪽 방향으로 운행되는 이유는 운전자가 운전 조작 핸들을 한쪽 방향으로 힘을 가했을 때, 한쪽 조향 클러치 케이블 유격이 잘못 되었을 때, 한쪽 바퀴의 공기압이 너무 낮을 때가 있다.

18. 실린더의 지름이 10cm, 행정이 10cm일 때 압축비가 10 : 1이라면 연소실 체적은 얼마인가?

① 58.2cc
② 67.2cc
③ 78.5cc
④ 87.2cc

해설 압축비는 10이고 지름과 행정으로 배기량을 구하여 연소실체적으로 찾아낸다.

$$압축비 = \frac{배기량 + 행정체적}{행정체적}$$

$$배기량 = \frac{10^2 \times 10 \times \pi}{4} = 785cc$$

$$10 = \frac{785 + x}{x}, \ 10x = 785 + x$$

$$9x = 785$$

$$\therefore x = 87.22cc$$

19. 콤바인을 이듬해까지 장기 보관할 때의 방법을 잘못 설명한 것은?

① 통풍이 잘되고, 습기가 많은 곳에 보관한다.
② 직사광선이 없는 곳에 예취부를 내려놓는다.
③ 주차브레이크 고정 고리를 걸어 둔다.
④ 예취클러치 레버는 끊김 위치에 놓는다.

해설 통풍이 잘되 건조하며 직사광선이 없는 곳에 보관한다.

20. 다음 중 농용 트랙터의 브레이크 디스크를 점검한 결과 4.2mm 이하이면 교환하여야 하는 것은?

① 디스크
② 리턴 스프링
③ 크레비스
④ 페달 축

해설 디스크가 4.2mm이하가 되면 교환한다.

21. 곡물을 일정한 온도와 습도를 가진 공기 중에 오랫동안 놓아두면 일정한 함수율로 된다. 이것을 무엇이라 부르는가?

① 평형 함수율
② 임계 함수율
③ 습량기준 함수율
④ 건량기준 함수율

해설 •**평형함수율** : 일정한 온도와 습도를 가진 공기 중에 오랫동안 놓아두면 일정한 변함
•**임계 함수율** : 건조 중 곡물의 건조를 위해 곡물 표면에 공급되는 온도와 곡물의 온도가 같아지고 더 이상 건조가 되지 않고 곡물 내부에 있는 수분을 감율하는 경계
•**습량기준 함수율** : 건조전의 무게의 비로 나타낸 함수율
•**건량기준 함수율** : 시료의 무게에서 완전히 건조된 시료의 무게를 뺀 값을 다시 완전히 마른 후의 시료의 무게로 나누고 100을 곱한 수

22. 트랙터가 선회 시 바깥쪽 바퀴가 안쪽 바퀴보다 더 빠르게 회전하여 원활한 선회가 이루어지게 하는 장치는?

① 동력 취출 장치
② 현가 장치
③ 최종 감속 장치
④ 차동 장치

해설 •**동력 취출 장치** : 트랙터의 작업기에 동력이 필요할 시 유니버셜 조인트를 이용하여 활용하는 장치(스플라인 기어)
•**현가 장치** : 차량의 충격을 완화해 주는 장치
•**최종 감속장치** : 차축과 연결되어 마지막 감속을 하는 장치
•**차동 장치** : 선회 시 안쪽 바퀴와 바깥쪽 바퀴의 회전을 원활히 할 수 있도록 하는 장치

23. 디젤 기관의 연료계통 순서를 나열한 것이다. 순서가 올바른 것은?

① 연료탱크 – 분사펌프 – 노즐 – 연소실
② 연료탱크 – 노즐 – 분사펌프 – 연소실
③ 연료탱크 – 연소실 – 노즐 – 분사펌프
④ 연소실 – 연료탱크 – 분사펌프 – 노즐

해설 디젤기관의 연료가 공급되는 순서는 연료탱크에서 분사펌프, 분사노즐, 연소실로 공급이 된다. 연료필터는 연료탱크와 분사 펌프 사이에 위치하는 것이 일반적이다.

24. 수동 변속기에서 변속 시 금속음이 발생되는 원인은?

① 클러치 페달 유격이 클 때
② 클러치 페달 유격이 작을 때
③ 기어오일이 너무 많을 때
④ 클러치 판에 기름이 묻어 있을 때

해설 클러치 페달유격이 클 경우 동력이 완전히 차단되지 않아 금속음이 발생할 수 있다.

25. 3점 링크 히치 장치에 쟁기를 부착하였을 때 쟁기의 경심과(삭제) 좌우 수평을 맞추는 것이 바르게 연결된 것은?

① 상부 링크 – 왼쪽 리프트 로드
② 상부 링크 – 오른쪽 리프트 로드
③ 하부 링크 – 왼쪽 리프트 로드
④ 하부 링크 – 오른쪽 리프트 로드

해설 트랙터에 부착하는 모든 작업기의 좌우 수평은 하부링크의 오른쪽 리프트 로드를 활용하고, 경심을 조절할 때에는 상부링크로 조절한다.

26. 크랭크 축의 휨 량을 다이얼게이지로 측정하니 지침 0.24mm 움직였다. 휨은 얼마인가?

① 0.48mm   ② 0.24mm
③ 0.12mm   ④ 0.06mm

해설 크랭크 축의 휨량을 측정하면 V블록에 크랭크 축을 올려 놓고 다이얼 게이지의 영점을 맞추고 크랭크 축을 회전을 시켜 측정한다. 측정값을 1/2로 하면 휨 량이 나온다. 그러므로 이 문제의 크랭크 축 휨량은 0.12mm가 된다.

27. 농용 엔진의 실린더 내경을 측정할 수 있는 계측기로 적당한 것은?

① 하이트 게이지   ② 보어 게이지
③ 철자   ④ 틈새 게이지

해설 •**하이트 게이지** : 정반에서 물체의 높이를 측정할 때 사용한다.
•**철자** : 길이를 측정할 때 사용한다.
•**틈새 게이지** : 미세한 간극을 측정할 때 사용한다.
•**보어 게이지** : 원형(실린더)의 내경을 측정할 때 사용한다.

28. 동력경운기 무논작업용 철차륜의 주요 구성 요소가 아닌 것은?

① 공기밸브   ② 스포크
③ 보스   ④ 림

해설 동력경운기 무논(물논)작업은 바퀴의 슬립이 발생하므로 철차륜을 사용하는데 철차륜은 스포크, 보스, 림으로 구성되어 있다.

29. 동력 경운기의 경우 엔진은 정상 가동되지만 주 클러치를 넣어도 힘이 없거나 또는 전혀 움직이지 않을 때의 원인으로 볼 수 없는 것은?

① 마찰판이 탔거나, 압력 스프링의 장력감소
② 조향클러치레버 유격의 과대
③ 클러치 내 윤활유의 누유
④ 클러치 로드 조절 불량

해설 동력 경운기의 주 클러치에 이상이 있어 힘이 없거나 움직이지 않을 때와 조향 클러치 레버 유격의 과대와는 무관하다. 조향 클러치 레버의 유격이 과대하면 조향이 안 되기 때문에 방향 전환이 안 되거나 정확하지 않다.

30. 트랙터에서 클러치 페달에 유격을 두는 이유 중 맞는 것은?

① 엔진 출력을 증가시키기 위해서
② 엔진 마력을 증가시키기 위해서
③ 클러치 용량을 증가시키기 위해서
④ 클러치 미끄럼을 방지하기 위해서

해설 트랙터에서 클러치 페달에 유격을 두는 이유는 클러치판의 미끄럼을 방지하여 클러치판의 수명을 연장하기 위해서이다.

31. 2Ω과 3Ω의 저항을 직렬로 접속할 때 합성 컨덕턴스(℧)는?

① 1.5 ② 0.66
③ 0.4 ④ 0.2

해설 컨덕턴스는 합성저항의 역수가 된다.
합성저항$(\Omega) = 2+3=5$
컨덕턴스 $= \dfrac{1}{5} = 0.2$

32. 전조등에서 광도의 측정단위는?

① Wb ② dB
③ cd ④ kW

해설 Wb : 자기력선의 단위
dB : 소음의 단위
cd : 광도의 단위
kW : 전력의 단위
lx : 조도의 단위

33. 2Ah(8Ah)가 소비되는 전구 5개를 점등하였을 때의 소비전류량은?

① 20Ah
② 40Ah
③ 60Ah
④ 80Ah

해설 2Ah로 소비되는 전구 5개를 동시에 점등하면 2Ah×5개=10Ah가 된다.

34. 점화코일의 기본원리는?

① 자기 유도와 상호 유도 작용
② 자기 발진 작용
③ 전류 증폭 작용
④ 전기적 발열 작용

해설 점화코일에 전류가 흐르면 자장이 발생하고 자기유도와 상호 유도 작용이 발생하면서 전압이 저압에서 고압으로 변한다.

35. DC 발전기에서 출력이 나타나지 않는 원인이 아닌 것은?

① 정류자의 소손
② 전기자의 단락
③ 브러시의 고장
④ Y결선 코일의 단선

36. 축전지의 충·방전에 대한 설명이다. 잘못된 것은?

① 충·방전의 반복은 극판의 팽창 수축의 반복이라 할 수 있다.
② 충·방전 작용은 화학 작용이다.
③ 충전이 완료되면 그 이후의 충전 전류는 양극판에서는 수소를 그리고 음극판에서는 산소를 발생한다.
④ 방전이 진행됨에 따라 전해액 중의 물의 양은 점차 증가한다.

해설 축전지의 충전이 완료되면 그 이후의 충전 전류는 양극판에서는 산소를 음극판에서는 수소를 발생한다.

37. 기동전동기의 시험에서 그로울러 테스터기로 시험할 수 없는 사항은?

① 전기자 코일의 단선(개회로)시험
② 전기자 코일의 절연저항시험
③ 전기자 코일의 단락시험
④ 전기자 코일의 접지시험

해설 그로울러 테스터기로는 전기자의 코일 단선, 단락, 접지시험이 가능하다.

38. 1차 회로의 단속 시 단속기 접점에 불꽃이 생기는 것을 방지하고, 2차 코일에 높은 전압을 공급하는 것은?

① 점등코일 　　　② 점화코일
③ 콘덴서 　　　　④ 플라이휠

해설 1차 회로에서 발생되는 전압을 저장하고 2차 코일에 공급하는 것은 콘덴서의 역할이다.

39. 100V, 500W의 전구를 90V에 연결하면 소비전력은?

① 405W 　　　　② 505W
③ 630W 　　　　④ 680W

해설 $P = I(A) \times E(V) = \dfrac{E(V)}{R(\Omega)} \times E(V) = \dfrac{E(V)^2}{R(\Omega)}$

$500W = \dfrac{100^2}{R(\Omega)} \Rightarrow R(\Omega) = \dfrac{10,000}{500} = 20\,\Omega$

동일한 전열기에 전압만 변경되므로 저항은 20Ω으로 일정함.

$P = I(A) \times E(V) = \dfrac{E(V)}{R(\Omega)} \times E(V) = \dfrac{E(V)^2}{R(\Omega)}$

$P = \dfrac{E(V)^2}{R(\Omega)} \Rightarrow P = \dfrac{90^2}{20} = \dfrac{8,100}{20} = 405W$

40. A점의 전위 100V, B점의 전위 10V, 두 점(A, B) 사이에 10Ω의 저항을 접속하였다. 이때 흐르는 전류는?

① 8A
② 9A
③ 10A
④ 11A

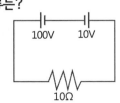
100V　　10V
10Ω

해설 옴의 법칙 $I = \dfrac{V}{R} = \dfrac{100 - 10}{10} = 9A$

41. 직류 전동기는 어느 법칙을 응용한 것인가?

① 플레밍의 왼손 법칙
② 플레밍의 오른손 법칙
③ 옴의 법칙
④ 쿨롱의 법칙

해설 직류 전동기는 플레밍의 왼손 법칙을 응용하여 활용한다.

42. 접촉 저항은 면적이 증가 되거나 압력이 커지면 어떻게 변하는가?

① 감소된다.
② 변하지 않는다.
③ 증가된다.
④ 증가할 수도 있고, 감소할 수도 있다.

해설 저항은 면적이 증가하면 저항은 감소하고 압력이 커져도 저항은 감소한다.

43. 직류 발전기에서 교류로 발전된 기전력을 직류로 바꾸어 주는 것은?

① 고정자 　　　　② 브러시
③ 계자코일 　　　④ 정류자

해설 교류에서 직류로 바꾸는 장치는 정류자이다.

44. 권선형 3상 유도 전동기의 기동법에 속하는 것은?

① 원심식 기동법 　　② Y - △ 기동법
③ 2차 저항기동법 　　④ 기동 보상기법

해설 3상 유동 전동기에는 전전압 기동형, 기동보상기법, Y - △ 기동법, 원심식 기동법 등이 있다.

45. 전기 측정용 계기의 설명으로 옳지 않은 것은?

① 계기는 직류용, 교류용, 직류 · 교류 겸용으로 구분된다.
② 계기는 아날로그, 디지털 형으로 구분된다.
③ 계기의 정밀도에는 급수가 있다.
④ 고전압은 분류기를 이용하여 측정한다.

해설 고전압도 측정이 가능하다.

46. 다음 중 도수율은 어느 것인가?

① (재해발생건수 / 연근로시간수) × 1,000,000
② (근로손실일수 / 연근로시간수) × 1,000
③ (재해발생건수 / 근로자수) × 10,000
④ (재해자수 / 평균근로자수) × 1,000

> **해설** 재해율은 나타내는 방법에는 연천인율, 도수율(빈도율), 강도율로 표현된다. 하지만 산업재해로 인한 작업 능력의 손실을 나타내는 척도로는 강도율을 사용한다.
>
> $$연천인율 = \frac{재해자수(1년간)}{평균근로자수} \times 1,000$$
>
> $$도수율(빈도율) = \frac{재해건수}{연근로시간수} \times 1,000,000$$
>
> $$강도율 = \frac{근로손실일수}{연근로시간수} \times 1,000$$

47. 운반차를 이용한 운반 작업이다. 옳지 않은 것은?

① 여러 가지 물건을 쌓을 때는 무거운 것은 밑에 가벼운 것은 위에 쌓는다.
② 긴 화물을 쌓았을 때는 위험하므로 끝에 흰색으로 표시하고 빠르게 운반한다.
③ 운송 중인 화물에 올라타거나 운반차에 편승하지 않아야 한다.
④ 출입구, 교차로, 커브에 이르면 운반차의 취급에 주의한다.

> **해설** 긴 화물을 쌓았을 때는 위험하므로 끝에 빨간색 깃발을 부착하고 천천히 운반한다.

48. 경운기로 야간에 도로를 운행할 때의 안전사항으로 적당하지 않은 것은?

① 속도는 규정을 준수하여 주행한다.
② 트레일러 후미에 있는 반사경을 잘 닦아 빛의 반사가 잘 되도록 한다.
③ 되도록 검은색의 작업복을 착용한다.
④ 주행 전에 라이트 계통을 잘 정비한다.

> **해설** 야간 주행 시에는 밝은 색의 작업복을 착용하는 것이 좋다.

49. 가스 화재를 일으키는 가연물질로만 되어 있는 것은?

① 에탄, 프로판, 부탄, 등유, 가솔린
② 에탄, 메탄, 부탄, 가솔린, 경유
③ 메탄, 에탄, 프로판, 부탄, 수소
④ 에탄, 중유, 부탄, 펜탄, 가솔린

> **해설** 메탄, 에탄, 프로판, 부탄, 수소 가스가 가연물질이다.

50. 재해로부터 인간의 생명과 재산을 보호하기 위한 계획적이고, 체계적인 제반활동을 무엇이라고 하는가?

① 안전사고율   ② 안전표지
③ 안전사고   ④ 안전관리

> **해설** ● 안전 사고 : 위험이 발생할 수 있는 장소에서 안전 교육의 미비, 안전 수칙 위반, 부주의 등으로 발생할 수 있는 사람 또는 피해를 주는 사고
> ● 재해 방지 : 작물 또는 식물이 폭풍우, 지진, 홍수, 가뭄 등의 각종 재해로부터 회피하는 것
> ● 재산관리 : 부동산의 예산수립 및 관리, 기타 수입 관리 등을 통한 부동산 자산의 운영수익을 극대화하는 제반 활동
> ● 안전 관리 : 재해로부터 인간의 생명과 재산을 보호하기 위한 계획적이고, 체계적인 활동

51. 가스용접 작업의 안전사항으로 적당하지 않은 것은?

① 아세틸렌 누설 검사는 비눗물을 사용하여 검사한다.
② 산소병은 직사광선이 드는 곳에 60℃ 이하로 보관한다.
③ 아세틸렌 용기는 충격을 가하지 말고 신중히 취급하여야 한다.
④ 산소병은 뉘어 놓지 않는다.

> **해설** 산소병은 직사광선은 피하고 40℃이하로 보관한다.

52. 스패너 사용에 대한 설명 중 틀린 것은?

① 자세는 몸의 균형을 잡아야 한다.
② 스패너의 입은 너트의 치수에 맞는 것을 사용한다.
③ 스패너를 해머 대신 사용하지 않는다.
④ 스패너로 너트를 풀 때 조금씩 밀어서 푼다.

해설 스패너는 너트를 풀거나 조일 때 당겨서 사용한다.

해설 안전화는 발을 보호하기 위한 보호구이다.

53. 다음 중 가스용기 표시에서 가스별 표시색깔이 바르지 않은 것은?

① 산소 : 녹색
② 아세틸렌 : 황색
③ 수소 : 갈색
④ 액화 탄산가스 : 청색

해설 산소-녹색, 아세틸렌-황색, 수소-주황색, 액화-탄산가스 청색, 액화염소-갈색, 참고로 의료용 가스용기는 표기가 다르므로 주의해야 한다. 의료용 산소 백색, 질소 흑색, 액화탄산가스 자색

54. 연삭기를 사용할 때 안전사항으로 올바르지 못한 것은?

① 숫돌의 장착은 지정된 자가 실시한다.
② 숫돌과 받침대의 간격은 3mm 이하로 유지한다.
③ 숫돌 커버를 벗기고 작업해서는 안 된다.
④ 숫돌의 교환 후에는 1분 정도 공회전 시켜 이상 유무를 확인한 다음 사용한다.

해설 연삭기 숫돌의 교환 후에는 3분 정도 공회전 시켜 이상 유무를 확인한 다음 사용한다.

55. 컨베이어 사용 안전 수칙으로 맞지 않는 것은?

① 컨베이어의 운반속도를 필요에 따라 임의로 조작할 것
② 운반물이 한쪽으로 치우치지 않도록 적재할 것
③ 운반물 낙하의 위험성을 확인하고 적재할 것
④ 운반물을 컨베이어에 싣기 전에 적당한 크기인지 확인할 것

해설 컨베이어의 운반 속도는 고정으로 사용한다.

56. 안전화는 인체의 어느 부위의 보호를 목적으로 하는가?

① 손
② 무릎
③ 가슴
④ 발

57. 다음 중 보통작업에 적합한 이상적인 조명도로 알맞은 것은?

① 50 lx 이상
② 90 lx 이상
③ 120 lx 이상
④ 150 lx 이상

해설 보통작업의 경우 150 lx 이상으로 하고 정밀 작업의 경우에는 300 lx이상으로 한다.

58. 전기 화재의 원인이 아닌 것은?

① 단락에 의한 발화
② 과전류에 의한 발화
③ 정전기에 의한 발화
④ 단선에 의한 발화

해설 단선은 전선이 끊어진 상태이기 때문에 전기 화재의 원인이 되지는 않는다. 주된 원인은 단락이며, 과전류가 흐르면 열이 발생하므로 화재가 발생할 수 있다.

59. 주로 100인 미만 사업장에 적합하며, 안전 지시와 조치가 비교적 빠르게 전달될 수 있는 안전관리 조직은?

① 직계형(line type)
② 수평형(horizontal type)
③ 참모형(staff type)
④ 직계 참모형(staff-line type)

해설 • 직계형: 계선식 조직으로 100인 미만 사업체에 적용
• 참모형: 500~1,000명인 사업체에 적용
• 복합형(계선참모형) : 직계형과 참모형의 혼합형으로 1,000명 이상 업체인 대기업에 적용

60. 부상으로 인하여 1~14일 미만의 노동 손실을 초래한 상태를 무엇이라고 하는가?

① 중상해
② 경상해
③ 경미상해
④ 초 경미상해

해설 1~14일 미만의 노동 손실은 경상해
15일 이상의 노동 손실은 중상해

국가기술자격 필기시험문제

2014년도 2회 기능사 필기시험

자격종목 및 등급(선택분야)	종목코드	시험시간	문제지형별	수검번호	성 명
농기계 정비기능사	**6300**	**1시간**			

1. 다음 중 직접 분사식의 장점으로 옳은 것은?

① 발화점이 낮은 연료를 사용하면 노크가 일어나지 않는다.

② 연소 압력이 낮으므로 분사압력도 낮게 하여도 된다.

③ 실린더 헤드구조가 간단하므로 열에 대한 변형이 적다.

④ 핀틀형 노즐을 사용하므로 고장이 적고 분사 압력도 낮다.

> **해설** 직접분사식의 발화점이 낮은 연료를 사용하면 노킹이 발생한다. 연소 압력이 기존 예연소실식 보다 낮으므로 분사압력 또한 높아야 한다. 연소실이 피스톤 헤드에 부착이 되어 있으므로 실린더 헤드부의 구조가 간단하고 열 변형이 적다. 핀틀형 노즐을 사용하므로 고장이 적고 분사 압력이 높다.

2. 동력경운기에 부착하는 작업기 풀리 지름이 21cm이고, 기관회전속도가 200rpm이며, 작업기의 회전속도가 850rpm일 때 기관풀리의 지름(cm)은 약 얼마인가?

① 89.3
② 0.11
③ 49.41
④ 80.95

> **해설** 기관의 회전수와 작업기의 회전수 비는
>
> $$회전비 = \frac{850rpm}{200rpm} = 4.25$$
>
> 작업기 21cm보다 4.25배 커야 하므로 89.25cm가 되어야 한다.

3. 클러치판 점검 시 클러치 페이싱에 오일이 부착되는 원인이 아닌 것은?

① 크랭크 축 또는 구동축 오일 시일의 불량 시

② 실린더 및 피스톤 마모로 오일 상승 시

③ 기관 또는 변속기에 너무 많은 오일 보급 시

④ 릴리스 베어링에서 그리스 누설 시

> **해설** 클러치의 페이싱은 클러치 면판을 말한다. 클러치 면판에 오일이 부착되는 원인은 구동축 또는 크랭크 축의 오일 시일의 불량, 기관과 변속기에 과다한 오일량 공급, 릴리스 베어링 등에서 그리스의 누설 등이 원인이다.

4. 다음 중 트랙터의 배속 턴의 기능으로 가장 적합하지 않은 것은?

① 회전반경 최소

② 선회 시 흙 밀림 방지

③ 작업 시 편의성 향상

④ 작업 중 배속 턴 작동과 별도로의 편브레이크 작동

> **해설** 배속 턴은 전륜 조향 시 회전 반경의 안쪽은 천천히 회전하고 바깥쪽 바퀴는 빠르게 회전함으로써 회전 반경을 최소화하고 좁은 경작지에서 방향 전환을 쉽게 한다. 흙의 밀림을 방지할 수도 있다. 배속 턴 기능을 사용할 때에는 저속으로 실시해야 한다.

5. 다음 중 기관의 밸브 점검 항목으로 가장 적합하지 않은 것은?

① 밸브의 크기

② 면의 접촉 상태

③ 마멸 및 소손

④ 밸브 마진 두께

> **해설** 기관의 밸브 점검항목은 면의 접촉 상태, 마멸 및 소손, 배부의 마진 두께 등이다.

6. 동력 경운기의 변속 레버가 들어가지 않을 때 고장 원인에 해당되는 것은?

① 엔진오일이 많을 때
② 엔진오일이 부족할 때
③ 주 변속 레버가 굽었을 때
④ 클러치 마찰 판이 타거나 압력 스프링이 약할 때

해설 동력경운기의 변속레버가 들어가지 않을 때의 가장 큰 고장원인의 주변속 레버가 굽었을 때이다. 변속과 엔진오일의 양이 많고 적음은 무관하다. 클러치 마찰 판이 타거나 압력 스프링이 약할 때는 동력전달이 정상적이지 않을 수 있다.

7. 다음 중 트랙터 기관에서 라디에이터 캡을 열어 보았더니 냉각수에 기름이 떠 있을 경우 그 원인으로 가장 적합한 것은?

① 연료필터 불량
② 엔진오일 펌프 파손
③ 헤드 개스킷의 파손
④ 피스톤링 불량

해설 냉각수 재킷은 실린더 주변과 헤드부분이 물로 덮여져 있는 상태이기 때문에 헤드 개스킷이 파손 손실이 있을 경우 엔진오일이 누유 될 수 있다.

8. 콤바인 전처리부의 끌어올림 체인 고장 시 고쳐야 할 내용 설명으로 틀린 것은?

① 러그가 마모되면 뒤집어 끼운다.
② 체인을 교환할 때에는 러그의 편차가 10~30mm 이내로 맞춘다.
③ 텐션스토퍼 장착 시에는 스토퍼의 길이가 18mm 이하로 조립한다.
④ 자동텐션 방식일 경우에는 스프링 길이가 기준치가 되도록 조정한다.

해설 콤바인 전처리부의 끌어올림 체인에 부착된 러그가 마모되면 신품으로 교환해야 한다.

9. 다음 중 실린더 마모량 측정 시 필요한 측정 게이지로 가장 적합하지 않은 것은?

① 틈새 게이지   ② 텔레스코핑 게이지
③ 외측 마이크로미터 ④ 실린더 보어 게이지

해설 • 틈새 게이지 : 실린더 블록의 마모, 피스톤링의 엔드 갭, 사이드 갭 등을 측정한다.
• 텔레스코핑 게이지 : 마이크로미터로 측정을 완료한 축을 끼워 지름이 정상인지 측정한다.
• 외측 마이크로미터 : 외경을 측정할 때 사용한다.
• 실린더 보어 게이지 : 실린더 마모량 측정 시 활용한다.

10. 다음 중 가솔린 기관의 압축압력을 측정하는 작업으로 틀린 것은?

① 기관을 작동온도로 한다.
② 공기 청정기를 떼어낸다.
③ 압축 압력계를 점화 플러그 구멍에 설치한다.
④ 초크 밸브는 열어 두고, 스로틀 밸브는 닫아 준다.

해설 가솔린 기관의 압축압력을 측정할 때에는 기관을 적정온도로 유지하고 공기 청정기를 떼어낸다. 압축 압력계를 점화 플러그 구멍에 설치한 후 측정한다.

11. 다음 중 경운기 브레이크 링의 외경 측정 방법을 옳게 표시한 것은?

① 브레이크 링의 절개부 틈새를 8mm가 되도록 하고 측정한다.
② 브레이크 링의 절개부 틈새가 외부의 힘이 없이 자연스럽게 벌여져 있는 상태에서 측정한다.
③ 브레이크 링의 절개부 틈새를 붙여서 측정한다.
④ 브레이크 링의 절개부 틈새를 붙었을 때와 틈새가 벌어져 있는 상태를 각각 측정한 후 틈새를 계산한다.

해설 브레이크 링의 절개부 틈새를 8mm가 되도록 해야 한다.

12. 다음 중 동력경운기에서 가장 많이 사용되는 조향클러치 형식은?

① 유압식 클러치
② 맞물림 클러치
③ 다판식 클러치
④ 원판마찰식 클러치

해설 동력경운기와 다목적 관리기에 사용되는 조향 클러치의 형식은 물림 또는 맞물림 클러치를 사용한다.

ANSWER   **6.**③   **7.**③   **8.**①   **9.**①   **10.**④   **11.**①   **12.**②

13. 다음 중 브레이크 페달을 밟아도 정차하지 않는 이유로 가장 적합하지 않은 것은?

① 라이닝과 드럼의 압착 상태 불량
② 라이닝 재질 불량 및 오일 부착
③ 브레이크 파이프의 막힘
④ 타이어 공기압의 부족

> **해설** 브레이크가 작동되지 않는 조건은 라이닝과 드럼의 압착상태가 불량할 때, 라이닝 재질 불량 및 오일이 부착되었을 때 브레이크 파이프가 막혀 오일이 정상적으로 공급되지 않아 압력을 만들지 못할 때이다. 타이어 공기압의 부족할 때에는 지면과의 마찰면적이 넓어지므로 제동이 잘된다.

14. 트랙터의 축간 거리가 2.5m이고, 바깥바퀴의 조향각이 30°이다. 이때 최소 회전반경은 얼마인가?

① 4.3m
② 5m
③ 6.5m
④ 7.5m

> **해설** 축간거리가 2.5m이므로 회전 바깥 바퀴의 조향각이 30°이므로 바퀴의 수직방향으로 삼각형 모양이 만들어진다. 30°각도의 삼각형의 피타고라스 정리의 의해 $1 : 2 : \sqrt{3}$ 이므로 $2.5 : 5 : 2.5\sqrt{3}$ 이므로 빗변의 길이는 회전 반경이므로 5m가 된다.

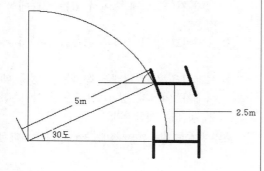

5m
2.5m
30도

15. 압축비가 9인 실린더의 행정체적이 640cc이다. 연소실체적은 얼마인가?

① 70cc
② 80cc
③ 90cc
④ 100cc

> **해설** 압축비 $= \dfrac{\text{배기량} + \text{연소실 체적}}{\text{연소실 체적}} = \dfrac{640 + x}{x} = 9$
>
> $640 + x = 9x,\ 8x = 640$
>
> $\therefore x(\text{행정체적}) = 80$

16. 다목적 관리기 점화 플러그는 수시로 분해하여 전극 부위의 그을음을 청소하고, 간격을 점검하여야 한다. 다음 중 다목적 관리기의 점화플러그 간극으로 옳은 것은?

① 0.01 ~ 0.02mm
② 0.1 ~ 0.2mm
③ 0.3 ~ 0.4mm
④ 0.6 ~ 0.8mm

> **해설** 점화 플러그의 간극은 0.6~1.0mm로 해야 한다.

17. 트랙터를 이용한 땅속작물 수확기를 선정하기 위해 필요한 사항이 아닌 것은?

① 수확하고자 하는 작물의 종류를 알아야 한다.
② 이랑의 폭을 알아야 한다.
③ 트랙터의 마력을 알아야 한다.
④ 최종운반거리를 알아야 한다.

18. 동력경운기 주 클러치의 고장원인 중 틀린 것은?

① 클러치판이 새 것일 때
② 마찰판에 기름이 묻었을 때
③ 클러치 간극이 맞지 않을 때
④ 압력스프링이 절손 혹은 쇠약할 때

> **해설** 마찰판에 기름이 묻고 간극이 맞지 않고 압력 스프링이 절손 혹은 쇠약할 때는 슬립과 정상적인 동력을 전달 할 수 없기 때문에 고장의 원인이다.

19. 다음 중 동력분무기의 V패킹 교환 정비 시 안쪽과 바깥쪽에 발라 주어야 하는 물질로 가장 적당한 것은?

① 엔진오일   ② 기어오일
③ 그리스   ④ 물 또는 부동액

> **해설** V패킹에도 윤활작용을 해야 하기 때문에 그리스를 주입해야 수명을 연장시킬 수 있다.

20. 다음 중 건조와 저장을 동시에 할 수 있는 건조기는?

① 벌크 건조기
② 순환식 건조기
③ 태양열 건조기
④ 원형 빈(bin) 건조기

해설 원형 빈 건조기는 빈이라고 불리는 용기에 곡물을 채우고 구멍이 많이 뚫린 철판 밑으로부터 곡물이 변질되지 않을 정도의 소량 공기를 통풍시켜 건조 저장하는 장치이다.

21. 기어가 서로 물릴 때 원추형 마찰 클러치에 의하여 상호 회전속도를 일치시킨 후 기어를 맞물리게 하여 고속 회전 중에도 변속이 용이한 변속기는?

① 상시 물림식 변속기
② 동기 물림식 변속기
③ 선택 물림식 변속기
④ 미끄럼 물림식 변속기

해설 축이 같은 속도로 회전하면서 같이 기어가 물리는 방식을 동기 물림식이라고 한다. 또는 싱크로메시 타입이라고도 한다.

22. 동력경운기용 트레일러의 브레이크 페달 유격(㉠) 및 드럼과 라이닝의 간격(㉡)으로 가장 적합한 것은?

① ㉠ 20 ~30mm, ㉡ 2mm
② ㉠ 10 ~20mm, ㉡ 2mm
③ ㉠ 10 ~20mm, ㉡ 0.2 ~ 0.6.mm
④ ㉠ 20 ~30mm, ㉡ 0.2 ~ 0.6.mm

해설 브레이크 페달의 유격은 20~30mm로 트랙터의 브레이크 페달과 동일하다. 드럼과 라이닝의 간격은 미세해야 하므로 0.2~0.6mm로 한다.

23. 트랙터에서 동력취출장치(PTO) 축(6홈 스플라인)의 국제표준 회전속도는 얼마인가?

① 340rpm   ② 540rpm
③ 1000rpm   ④ 1540rpm

해설 트랙터의 동력취출장치(PTO)축은 스플라인 기어로 되어 있으며 국제 표준 회전속도는 540rpm이며, 750, 1,000rpm을 사용하기도 한다.

24. 다음 중 농용 트랙터 유압장치를 이용하여 작업기를 들어 올린 후 내리려고 할 때 작업기가 내려가지 않는 이유와 가장 거리가 먼 것은?

① 유압 제어 밸브의 고장
② 유압 실린더의 파손
③ 리프트 축 회동부의 유착
④ 흡입 파이프에서 공기 유입

해설 트랙터에서 작업기를 올릴 때에는 유압을 사용하지만 내릴 때에는 작업기의 자중에 의해 내려가는 방식이다. 내려가지 않을 때에는 유압제어밸브(유량조절밸브)의 고장, 유압 실린더의 파손 및 막힘, 리프트 축 회동부의 유착 등이 해당 된다.

25. 다음 중 로터리의 경운날 조립 형태에 대한 설명으로 틀린 것은?

① 경운날은 보통형, 작두형 등이 있다.
② 경운날은 왼쪽 날과 오른쪽 날로 구분된다.
③ 플랜지 형태의 경운날 조립은 플랜지의 좌측에만 조립한다.
④ 경운날의 전체적인 조립유형은 나선형 방향으로 되어 있다.

해설 로터리 경운날을 조립할 때에는 플랜지 좌우측 모두 사용하여 엇갈린 방향으로 조립해야 한다.

26. 경운기가 주행 중 변속기의 기어가 빠지는 원인으로 가장 타당한 것은?

① 변속기어의 이상마모와 물림 불량
② 기어오일이 부족할 때
③ 클러치판의 고착
④ 기어 쉬프트의 마모과대

해설 변속기어가 빠지는 원인은 변속기어의 이상 마모와 물림불량에 의해서 일어나고 기어오일이 기준량 보다 많이 투입이 되었을 때에 발생할 수 있다.

27. 크랭크 축을 V블록과 다이얼 인디케이터로 측정하여 다이얼게이지에 0.08mm를 나타내면 실제 크랭크축의 휨은 어느 정도인가?

① 0.08mm   ② 0.03mm
③ 0.04mm   ④ 0.09mm

해설 축의 휨을 측정하면 들어간 부분과 휨이 나온 부분이 전체적으로 측정되기 때문에 다이얼게이지에 측정된 것을 2등분해야 실제 크랭크축의 휨량이 된다.

28. 다음 중 4조식 이앙기로 작업할 때 결주가 생기는 원인이 아닌 것은?

① 주간 간격이 좁다.
② 파종량이 불균일하다.
③ 분리침이 마모되었다.
④ 세로 이송 롤러가 작동불량이다.

해설 주간 간격이 좁을 때에는 한 줄에 심는 간격을 좁게 심는 다는 의미이므로 결주가 발생하는 원인이 되지 않는다.

29. 다음 중 연소실에 윤활유가 올라와 연소할 때의 배기가스의 색은?

① 청색   ② 백색
③ 무색   ④ 흑색

해설 연소되는 배기가스로 연소실의 상태를 점검할 수 있다. 정상일 때에는 무색, 윤활유가 연소될 때에는 백색, 연료가 과다 공급될 때에는 흑색의 배기가스가 발생한다.

30. 다음 중 습지에서와 같이 토양의 추진력이 약한 곳이나 차륜의 슬립이 심한 곳에서 사용할 수 있도록 트랙터 내 장착된 장치는?

① 유성기어장치
② 유압변속장치
③ 차동잠금장치
④ 동력취출장치

해설 차륜이 슬립이 생기는 원인은 차동장치가 동작을 하여 부하가 적게 받는 차륜만 회전을 하게 되어 있다. 슬립에 의해 습지에서 추진력이 떨어질 수가 있는데 이를 해결하기 위한 장치로 차동잠금장치가 있다. 차동기능을 하지 못하도록 하는 기능이다.

31. 다음 중 광도의 단위로 옳은 것은?

① lm   ② lx
③ cd   ④ W

해설 광도는 cd(칸델라), 조도는 lx(룩스)를 단위로 사용한다.

32. 코일에 흐르는 전류를 변화시키면 코일에 그 변화를 방해하는 방향으로 기전력이 발생되는 작용은?

① 정전 작용
② 상호유도 작용
③ 전자유도 작용
④ 승압 작용

33. 저항 R_1, R_2, R_3를 병렬접속 시켰을 때 합성저항은?

① $R = \dfrac{1}{\dfrac{1}{R_1} + \dfrac{1}{R_2} + \dfrac{1}{R_3}}$

② $R = R_1 + R_2 + R_3$

③ $R = \dfrac{R_1 + R_2 + R_3}{R_1 R_2 R_3}$

④ $R = \dfrac{1}{R_1 + R_2 + R_3}$

해설 병렬연결의 합성저항(R_t)

$$\frac{1}{R_t} = \frac{1}{R_1} + \frac{1}{R_2} + \frac{1}{R_3} = \frac{R_1 + R_2 + R_3}{R_1 R_2 R_3}$$

$$R_t = \frac{R_1 R_2 R_3}{R_1 + R_2 + R_3} = \frac{1}{\frac{1}{R_1} + \frac{1}{R_2} + \frac{1}{R_3}}$$

34. 변압기의 1차 권수 80회, 2차 권수 320회일 때, 2차 측의 전압이 100V이면 1차 측의 전압은 몇 V인가?

① 15V
② 25V
③ 50V
④ 100V

해설 변압기는 권선의 회전수에 따라 전압이 변화된다. 1차 권선과 2차 권선의 감긴 수는 1/4이므로 2차 권선의 전압이 100V이므로 1차 권선은 25V가 된다.

35. 시동 전동기에 대한 설명으로 틀린 것은?

① 정지된 기관을 가동시키기 위한 전동기이다.

② 오버 러닝 클러치가 회전축에 설치되어 있다.

③ 시동 전동기는 엔진 동작 후에도 엔진과 맞물려 회전한다.

④ 시동 전동기는 시동할 때 매우 큰 전류가 흐른다.

해설 시동 전동기는 엔진이 동작하면 엔진의 플라이 휠과 분리되어야 한다. 엔진이 동작하면 엔진의 회전 속도가 빨라지므로 시동 전동기의 고장 원인이 된다.

36. 전기적 에너지를 받아서 기계적 에너지로 바꾸는 것은?

① 전동기

② 정류기

③ 변압기

④ 발전기

해설 전기회로가 단락되어 과대전류가 흐를 때 단선되도록 하여 전장 부품이 파손되는 것을 방지한다.

37. 다음 중 시동 전동기가 작동하지 않는 이유와 가장 거리가 먼 것은?

① 축전지가 방전되었다.

② 시동 전동기의 스위치가 불량하다.

③ 시동 전동기의 피니온이 링 기어에 물리었다.

④ 기화기에 연료가 꽉 차 있다.

38. 100V의 전압에서 1A의 전류가 흐르는 전구를 10시간 사용하였다면 전구에서 소비되는 전력량(Wh)은?

① 60000

② 1000

③ 100

④ 10

해설 전력량$(Wh) = I \times V \times h = 100V \times 1A \times 10h$

$$= 1,000 Wh$$

39. 직류 직권 전동기의 설명 중 적합하지 않은 것은?

① 기동 회전력이 크다.

② 회전속도의 변화가 비교적 크다.

③ 회전력은 전기자 전류와 계자자속의 곱에 비례한다.

④ 직류 직권 전동기에 발생하는 역기전력은 속도에 반비례한다.

해설 직류 직권전동기에 발생하는 역기전력은 속도에 비례한다.

40. 다음 중 퓨즈 블링크의 설명으로 옳은 것은?

① 아주 미세한 전류가 흐르는데 사용한다.

② 여러 개의 퓨즈를 한군데로 모아서 연결한 것이다.

③ 전류가 역류하는 것을 방지하는 것이다.

④ 과전류가 흐를 때 단선 되도록 한 전선의 일종이다.

해설 퓨즈 블링크는 여러 개의 퓨즈를 한군데로 모아서 연결한 것이다.

41. 그림과 같은 회로에서 전류 I는?

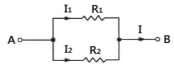

① $I = I_1 R_1 + I_2 R_2$

② $I = \dfrac{I_1}{R_1} + \dfrac{I_2}{R_2}$

③ $I = I_1 + I_2$

④ $I = I_1 - I_2$

해설 키르히호프의 법칙에 따라 전류는 입력값과 출력값은 항상 같아야 한다. 그러므로 $I = I_1 + I_2$이다.

42. 전압계를 사용하는 방법에 대한 설명으로 잘못된 것은?

① 직류전압 측정 시 전압계의 (+)단자와 (−)단자의 극성을 정확히 연결한다.

② 전압계의 다이얼을 낮은 전압 위치에 놓고 측정 후 점차 높은 전압 위치에 놓는다.

③ 측정하고자 하는 부하와 병렬로 연결한다.

④ 측정 범위에 알맞은 전압계를 선택한다.

해설 전압계의 다이얼을 높은 전압 위치에 놓고 측정 후 점차 낮은 전압으로 위치하여 측정한다.

43. 동선의 단면적을 2배, 길이를 2배로 했을 때 전기 저항의 변화는?

① 1/4로 된다.　　② 1/2로 된다.
③ 변하지 않는다.　④ 2배가 된다.

해설 전기 저항의 변화는 단면적에 반비례하고, 전선의 길이에 비례, 온도에 비례한다.

44. 단속기 접점 간극이 규정보다 클 때 옳은 것은?

① 점화 시기가 빨라진다.
② 캠 각이 커진다.
③ 점화코일에 흐르는 1차 전류가 많아진다.
④ 점화 시기가 늦어진다.

해설 단속기 접점 간극이 규정보다 클 때에는 점화 시기가 빨라진다.

45. 일반적인 전동기의 장점이 아닌 것은?

① 기동 운전이 용이하다.
② 소음 및 진동이 적다.
③ 고장이 적다.
④ 전선으로 전기를 유도하므로 이동작업에 편리하다.

해설 전동기는 전선으로 전기를 공급해야 하므로 이동작업이 불편하여 정치형으로 사용한다.

46. 모든 작업자가 안전 업무에 직접 참여하며, 안전에 관한 지식, 기술 등의 개발이 가능하며, 안전 업무의 지시 전달이 신속 정확하고, 1,000명 이상의 기업에 적용되는 안전관리의 조직은?

① 직계식 조직
② 참모식 조직
③ 수평식 조직
④ 직계 · 참모식 조직

해설 ● **직례형** : 계선식 조직으로 100인 미만 사업체에 적용

● 참모형 : 500~1,000명인 사업체에 적용
● 복합형(계선참모식) : 직계형과 참모형의 혼합형으로 1,000명 이상 업체인 대기업에 적용

47. 다음 중 가장 강한 조도를 필요로 하는 것은?

① 저속작업, 정교한 끝맺음 작업
② 포장 및 출하 작업
③ 자동기계작업 및 운전 작업
④ 정밀연마, 조정 및 조립

해설 강한 조도는 밝다는 의미이다. 정밀 연마와 조정 및 조립은 정밀한 작업이므로 밝아야 한다.

48. 원동기 운전 중 주의 사항으로 보통 25시간마다 점검해야 되는 것은?

① 흡 · 배기 밸브의 카본 제거
② 연료 및 윤활유의 유무 확인
③ 기화기 청소
④ 공기청정기 청소

해설 흡배기 밸브의 카본제거는 엔진의 분해를 해야 할 때에 점검하고 연료 및 윤활유, 냉각수 등 유무는 일상점검이다. 공기청정기 청소는 보통 25시간에 점검을 한다. 기화기 청소는 이상이 있을 시에 실시한다.

49. 작업 조건에 따른 작업과 보호구의 관계로 옳지 않은 것은?

① 물체가 떨어지거나 날아올 위험 – 안전모
② 물체의 낙하, 충격, 물체에의 끼임 등의 위험이 있는 작업 – 작업화
③ 용접 시 불꽃 또는 물체가 날아 흩어질 위험이 있는 작업 – 방진마스크
④ 감전의 위험이 있는 작업 – 절연용 보호구

해설 용접 시 불꽃 또는 물체가 날아 흩어질 위험이 있는 작업에는 가죽앞치마, 가죽 장갑, 차광안경(보호안경)을 사용한다.

50. 다음 고압가스 용기 중 수소가스 용기의 색깔은?

① 녹색　② 주황색　③ 백색　④ 황색

해설 산소 가스 호스는 청색, 아세틸린 가스 호스 적색, 수소가스 호스 주황색을 사용한다.

51. 트랙터에 로터리 작업기 탈·부착 방법의 안전사항 중 옳은 방법은?

① 작업기의 탈·부착은 15° 이내 경사지에서 실시한다.

② 작업기의 탈·부착은 반드시 3인 이상이 해야 한다.

③ 작업기는 평지에서 부착 후 수평조절을 해야 한다.

④ 작업기의 탈·부착은 기체 본체를 완전히 후진하여 상부 링크부터 연결한다.

> **해설** 작업기의 탈부착은 평평한 장소에서 실시한다.
> 작업기의 탈부착은 1인이 해야 한다.
> 작업기의 탈부착은 기체 본체를 완전히 후진하여 하부링크의 왼쪽, 오른쪽, 상부링크, 유니버셜 조인트를 연결한다. 수평 조절, 흔들림 조절 등을 실시하고 작업에 실시한다.

52. 재해로부터 인간의 생명과 재산을 보호하기 위한 계획적이고, 체계적인 활동을 무엇이라고 하는가?

① 안전 사고   ② 안전 관리

③ 재해 방지   ④ 재산 관리

> **해설** • 안전 사고 : 위험이 발생할 수 있는 장소에서 안전교육의 미비, 안전 수칙 위반, 부주의 등으로 발생할 수 있는 사람 또는 인적 피해를 주는 사고
> • 재해 방지 : 작물 또는 식물이 폭풍우, 지진, 홍수, 가뭄 등의 각종 재해로부터 회피하는 것
> • 재산관리 : 부동산의 예산수립 및 관리, 기타 수입 관리 등을 통한 부동산 자산의 운영수익을 극대화하는 제반 활동
> • 안전 관리 : 재해로부터 인간의 생명과 재산을 보호하기 위한 계획적이고, 체계적인 활동

53. 부품의 세척 작업 중 알칼리성이나 산성의 세척유가 눈에 들어갔을 경우에 가장 좋은 응급조치 방법은?

① 먼저 바람 부는 쪽을 향해 눈을 크게 뜨고 눈물을 흘린다.

② 먼저 산성 세척유로 중화시킨다.

③ 먼저 붕산수를 넣어 중화시킨다.

④ 먼저 흐르는 수돗물로 씻어낸다.

> **해설** 눈에 알칼리성이나 산성의 물질이 들어갔을 때에는 빠르게 흐르는 수돗물로 씻어낸다.

54. 스피드스프레이어(SS기)의 재해 예방 대책으로 볼 수 없는 것은?

① 분무 작업은 고속으로 주행하면서 한다.

② 야간 및 비가 오는 날에는 운전을 자제한다.

③ 점검 및 정비 시 떼어낸 덮개 등은 점검 및 정비 완료 후 모두 다시 부착한다.

④ 작업자는 기계적 위험과 화학적 위험을 동시에 방호할 수 있는 복장을 선택한다.

55. 드릴작업 시 보안경 착용은?

① 항상 반드시 착용한다.

② 저속 시에만 착용한다.

③ 고속 시에만 착용한다.

④ 목공작업에만 착용한다.

56. 근로시간 1,000시간당의 재해로 인하여 손실된 노동 손실 일수를 나타낸 것은?

① 천인율   ② 도수율

③ 강도율   ④ 연천인율

> **해설** 재해율은 나타내는 방법에는 연천인율, 도수율(빈도율), 강도율로 표현된다. 하지만 산업재해로 인한 작업 능력의 손실을 나타내는 척도로는 강도율을 사용한다.
>
> $$연천인율 = \frac{재해자수(1년간)}{평균근로자수} \times 1,000$$
>
> $$도수율(빈도율) = \frac{재해건수}{연근로시간수} \times 1,000,000$$
>
> $$강도율 = \frac{근로손실일수}{연근로시간수} \times 1,000$$

57. 전기에 의한 화재의 진화 작업 시 사용해야 할 소화기 중 가장 적합한 것은?

① 탄산가스 소화기

② 산, 알칼리 소화기

③ 포말 소화기

④ 물 소화기

> **해설** 전기화재는 C급 화재로 탄소가스 소화기를 사용한다.

58. 다음의 안전색채 중에서 "주의"에 대한 색은?

① 빨강   ② 초록
③ 노랑   ④ 파랑

해설 빨간색 : 정지, 금지
주황색 : 위험
노란색 : 주의
청색 : 임의로 조작하면 안 되는 지역 표시
녹색 : 대피장소 또는 방향을 표시, 지도표시등
흰색 : 통로의 표지, 방향 지시
흑색(검정색) : 위험표지의 글씨, 보조색 등에 사용
보라색 : 방사능 등의 표시

59. 실린더 헤드 볼트를 조일 때 마지막으로 사용하는 공구는?

① 토크 렌치
② 소켓 렌치
③ 오픈엔드 렌치(스패너)
④ 조정 렌치(몽키)

해설 적절한 회전력을 전달해야 하므로 토크 렌치를 사용해야 한다.

60. 다음 중 인화성 유해 위험물에 대한 공통적인 성질을 설명한 것으로 틀린 것은?

① 착화온도가 낮은 것은 위험하다.
② 물보다 가볍고 물에 녹기 어렵다.
③ 발생된 가스는 대부분 공기보다 가볍다.
④ 발생된 가스는 공기와 약간 혼합되어도 연소의 우려가 있다.

국가기술자격 필기시험문제

2014년도 5회 기능사 필기시험

자격종목 및 등급(선택분야)	종목코드	시험시간	문제지형별	수검번호	성 명
농기계 정비기능사	**6300**	**1시간**			

1. 3A의 전류가 2분 동안 흐를 때의 전기량(C)은?

① 6   ② 180
③ 360   ④ 900

해설 1C은 1A의 전류가 1초 동안 흐르는 전기의 량을 이야기 한다.
전기량 = 전류×시간
$$= 3A \times 120초(2분 \times 60) = 360C$$

2. 12V의 30W 전조등 1개를 동작시킬 때 흐르는 전류는?

① 2.5   ② 5.2
③ 10   ④ 36

해설 두 가지 방법으로 풀 수 있다.
① 전력$(W) = I \times V = x \times 2$
$$I = 15A$$
② 전력$(W) = I \times V = \dfrac{V^2}{R} = \dfrac{4}{R} = 30$
$$R = \dfrac{4}{30} \Omega$$
$$I = \dfrac{V}{R} = \dfrac{2}{\frac{4}{30}} = \dfrac{60}{4} = 15A$$

3. 농기계(트랙터, 콤바인)용 전장품으로 사용되는 다이오드로 가장 많이 쓰이는 것은?

① 알루미늄 다이오드
② 실리콘 다이오드
③ 셀렌 다이오드
④ 베이클라이트 다이오드

해설 다이오드는 실리콘 다이오드를 사용한다.

4. 기동 전동기의 연속 사용시간은 얼마 정도가 가장 적당한가?

① 10초 정도   ② 25초 정도
③ 35초 정도   ④ 40초 정도

해설 기동 전동기의 연속 사용 시간은 10초 정도로 한다. 그리고 시동이 안 되었을 시에는 30초에서 1분 후에 다시 시동해야 한다.

5. 크랭킹하는 동안 농용 트랙터의 모든 전기장치의 전기에너지는 무엇으로부터 공급되는가?

① 교류기   ② 축전지
③ 발전기   ④ 정류기

해설 트랙터의 시동 시 크랭킹에 소모되는 전기에너지는 모두 축전지에서 공급이 되며, 시동 후 발전이 시작되면서 사용하고자 하는 전기장치의 전원은 발전기에서 공급된다.

6. 평행판 콘덴서에서 판의 면적이 일정하고 판사이의 거리가 2배로 되면 콘덴서의 정전용량은 어떻게 되는가?

① 1/2로 된다.   ② 1/4로 된다.
③ 2배로 된다.   ④ 4배로 된다.

해설 콘덴서에서 판의 면적은 일정하게 하고 사이의 거리를 2배로하면 정전 용량은 1/2이 된다.

7. 납축전지의 방전 종지 전압으로 가장 적합한 것은?

① 0.5V   ② 0.75V
③ 1.75V   ④ 2.75V

해설 12V의 배터리의 종지 전압은 1.75V이다.

8. 납축전지의 전해액이 부족할 때 보충하는 것으로 가장 적합한 것은?

① 빗물   ② 비눗물
③ 염산   ④ 증류수

해설 납축전지의 전해액은 묽은 황산이고 보충 시에는 증류수를 보충한다.

9. 4극 50Hz, 3상 유도전동기의 동기속도는 몇 rpm인가?

① 500   ② 1000
③ 1500   ④ 2000

해설 동기속도 $= \dfrac{120 \times 주파수}{극수}$

$= \dfrac{120 \times 50}{4} = 1500rpm$

10. 임의의 폐회로에서 각 소자에서 발생하는 전압강하의 총합은 무엇의 총합과 같은가?

① 전류   ② 저항
③ 기전력   ④ 분기회로 전압

해설 전압강하의 총합은 기전력과 동일하다.

11. 3Ω과 6Ω의 저항을 직렬로 접속하고 이 회로 양단에 일정전압을 가할 때, 3Ω에 걸리는 전압은 6Ω에 걸리는 전압보다 어떻게 되는가?

① 6Ω에 걸리는 전압의 1/2이다.
② 6Ω에 걸리는 전압과 동일하다.
③ 6Ω에 걸리는 전압의 2배이다.
④ 6Ω에 걸리는 전압의 13배이다.

해설 전압은 큰 저항에는 큰 전압, 작은 저항에는 작은 전압이 공급된다. 그러므로 3Ω에 걸리는 전압은 6Ω에 걸리는 전압의 1/2이 된다.

12. 교류전압의 실효값이 100V, 전류의 실효값이 10A인 회로에서 소비되는 전력이 600W일 경우 이 회로의 역률은?

① 0.4   ② 0.6
③ 0.8   ④ 1.3

해설 출력(W) = 전압×전류×역률×효율
$= 100 \times 10 \times x = 600\,W$ $x = 0.6$

13. 전기점화장치에서 콘덴서 용량이 규정보다 클 때 나타나는 현상으로 옳지 않은 것은?

① 2차 불꽃이 약해진다.
② 1차 코일 자기유도가 미흡하다.
③ 2차 코일 전압이 약하다.
④ 진동 접점이 소손한다.

해설 콘덴서의 용량이 커지만 2차 코일에 전압 생성에 도움을 줄 수 있으므로 더욱 2차 코일의 불꽃은 더 강해진다.

14. 교류발전기의 발전원리와 관련 있는 법칙은?

① 앙페르의 오른나사법칙
② 플레밍의 왼손법칙
③ 플레밍의 오른손법칙
④ 패러데이의 법칙

해설 발전기는 플레밍의 오른손 법칙
기동기는 플레밍의 왼손 법칙

15. 축전지의 연결방법에서 같은 극끼리 상호 연결하는 방법은?

① 병렬연결   ② 직·병렬연결
③ 직렬연결   ④ 복합연결

해설 같은 극끼리의 연결은 병렬연결
다른 극끼리의 연결은 직렬연결

16. 다음 중 4행정 기관의 연소실에 윤활유가 유입하여 연소될 때 그 원인으로 가장 적합한 것은?

① 오일링의 마멸   ② 배기밸브의 마멸
③ 베어링의 마멸   ④ 오일펌프의 고장

해설 연소실에 윤활유가 유입이 되는 것은 오일링의 마멸이 원인이다.

17. 트랙터에 로터베이터를 장착할 때 작업기의 좌우 기울기는 무엇으로 조정하는가?

① 체크 체인의 턴버클
② 상부 링크의 턴버클
③ 좌측 하부 링크의 레벨링 핸들
④ 우측 하부 링크의 레벨링 핸들

해설 트랙터에 완전 장착식으로 부착이 되는 로터리, 쟁기 등의 좌우 흔들림은 체크체인으로 흔들림을 조정한다. 또한 좌우 기울기의 조절은 우측 하부링크의 레벨링 핸들로 돌려 조정한다.

18. 다음 중 변속기로부터 전달된 동력이 차륜까지 전달되는 순서를 올바르게 나타낸 것은?

① 변속기 → 차동 피니언 기어 → 링 기어 → 차동 기어 케이스 → 피니언 베벨기어 → 좌우 구동차축
② 변속기 → 링 기어 → 피니언 베벨기어 → 차동 기어 케이스 → 차동 피니언 기어 → 좌우 구동차축
③ 변속기 → 피니언 베벨기어 → 차동 피니언 기어 → 차동 기어 케이스 → 링 기어 → 좌우 구동차축
④ 변속기 → 피니언 베벨기어 → 링 기어 → 차동 기어 케이스 → 차동 피니언 기어 → 좌우 구동차축

해설 변속기의 동력 전달 순서는 변속기에서 피니언 베벨기어, 링 기어, 차동 기어 케이스, 차동 피니언 기어, 좌우 구동차축 순서로 전달된다.

19. 다음 중 경운기로 평지밭에서 경운 작업 시 조향방법으로 알맞은 것은?

① 선회하고자 하는 쪽의 조향 클러치를 잡는다.
② 선회하고자 하는 반대쪽의 조향 클러치를 잡는다.
③ 본체를 제동 후 힘으로 핸들을 조향한다.
④ PTO클러치를 작동 후 조향 클러치를 잡는다.

해설 경운 작업 시 조향 방법은 선회하고자 하는 쪽의 조향 클러치를 잡아서 선회한다.

20. 다음 중 송풍기가 부착되어 있는 곡물건조기에서 공기 압력손실이 발생되는 원인으로 볼 수 없는 것은?

① 덕트를 통한 압력손실
② 곡물 층을 통한 압력손실
③ 다공철판을 통한 압력손실
④ 스크루 컨베이어를 통한 압력손실

해설 스크루컨베이어는 송풍으로 이송하는 방식이 아니기 때문에 압력손실은 발생하지 않는다.

21. 다음 중 이앙기의 식부침의 집게 역할이나 압축 날의 왕복작동과 직접적으로 관계된 기계요소는?

① 캠
② 기어
③ 볼트
④ 크랭크축

해설 이앙기의 식부침에서 식입 포크를 밀어 모를 심게 되는데 캠의 구조로 되어 있으며, 왕복작동 또한 캠의 운동을 이용한다.

22. 다음 중 농약 살포의 조건으로 적합하지 않은 것은?

① 목적물에 대해 부착률이 높을 것
② 노동의 절감과 작업이 간편할 것
③ 예방 살포인 경우 균일성이 없을 것
④ 살포한 약제가 기상적인 방해를 받는 일이 없을 것

해설 예방 살포인 경우에도 균일성이 있어야 한다.

23. 다음 중 관리기 점검정비 요령으로 가장 적절하지 않은 것은?

① 점검할 때에는 반드시 평탄한 장소에서 기관을 정지한 후 실시한다.
② 공기청정기의 오일을 점검하여 부족한 경우 엔진오일 SAE 20을 보충한다.
③ 엔진오일이 부족하면 보충하고 오염이 심한 경우 교환한다.
④ 각 부의 볼트와 너트의 풀림상태를 점검하고 죈다.

해설 공기청정기의 오일을 점검하여 부족한 경우 기어오일을 보충한다. SAE #90을 보충한다.

24. 다음 중 급가속 하였을 때 기관의 회전속도가 상승하여도 차속이 증속되지 않는 원인과 가장 관계가 깊은 것은?

① 릴리스 포크가 마모되었다.
② 파일럿 베어링이 마모되었다.
③ 클러치 스프링의 자유고가 감소되었다.
④ 클러치 디스크 스플라인이 감소되었다.

해설 클러치 면판의 기름 유입, 클러치판 압력을 발생시키는 스프링의 자유고 감소 등이 원인이 된다.

25. 다음 중 라이너를 삽입할 때의 주의사항으로 틀린 것은?

① 너무 헐거우면 냉각 효과가 불량하다.
② 실린더에 라이너를 간극 없이 끼우면 균열이 생기기 쉽다
③ 건식 라이너를 끼울 때는 적당한 압입력이 필요하다.
④ 습식 라이너는 라이너의 외주에 경유를 칠하고 끼운다.

해설 습식 라이너는 라이너 외주에 그리스를 칠하고 끼운다.

26. 다음 중 동력경운기의 변속기에서 소리가 나는 원인과 가장 관계가 적은 것은?

① 윤활유 부족
② 클러치판의 마모
③ 갈고리의 마모나 변형
④ 카운터 기어의 손상이나 마모

해설 클러치판의 마모가 있을 시 변속을 하기위해 변속 시 소리가 나지만, 클러치판의 마모에 의해서는 변속 기내에 소리가 발생하지 않는다.

27. 다음 중 트랙터에서 사용되는 제동장치 형식이 아닌 것은?

① 외부 수축식
② 내부 확장식
③ 원판 마찰식
④ 내부 수축식

해설 트랙터에서 사용되는 제동장치의 형식은 외부 수축식, 내부 확장식, 원판 마찰식이 사용된다.

28. 다음 중 트랙터 앞바퀴 정렬에서 토인의 역할에 해당되는 것은?

① 노면의 저항을 적게 한다.
② 조향조작이 경쾌하게 된다.
③ 캠버 각을 보완하여 수정한다.
④ 차축의 구부러짐이나 비틀림을 적게 한다.

해설 •토인 : 앞바퀴를 위에서 보았을 때 뒤쪽의 간격보다 앞쪽 간격이 좁게 된다.
•캠버 : 정면에서 보았을 때 수직선에 대하여 차륜의 중심선이 경사되어 있는 상태
•캐스터 : 측면에서 보았을 때 킹핀의 중심선이 노면에 수직인 직선에 대하여 한쪽으로 기울어져 있는 상태
•킹핀 : 캠버 각을 작게 하기 위해 양쪽 륜의 각도를 잡아주기 위한 상태

29. 다음 중 동력조향장치에 있어서 동력실린더와 제어밸브의 형태 및 배치에 따라 구분되는 종류에 해당되지 않는 것은?

① 링키지형   ② 콘티형
③ 일체형   ④ 분리형

해설 •링키지형 : 동력 조향 장치 형식의 하나로 동력 실린더를 조향 링키지 중간에 둔 것
•일체형(조합형) : 조향 기어 박스 내부에 동력 실린더를 설치하여 조향 핸들의 조작을 보조하는 형식

30. 다음 중 회전식 스프링클러의 회전 속도로 가장 적절한 것은?

① 1~2rpm
② 5~10rpm
③ 20~30rpm
④ 50~60rpm

해설 스프링클러는 1분에 1~2회전 해는 것이 정상이다.

31. 잇수가 15개인 기어가 75개인 기어를 구동한다. 구동 기어의 회전수가 1600rpm이라면 피동기어의 회전수는 몇 rpm인가?

① 200   ② 213
③ 320   ④ 500

해설 기어 잇 수의 비율이 1:5로 감속하기 때문에 1,600rpm이 320rpm이 된다.

32. 쟁기의 구조 중에서 절삭 된 흙을 반전하고 파쇄 하는 부분은?

① 볏
② 보습
③ 랜드사이드
④ 브레이스

해설 쟁기의 3요소는 보습, 볏(몰드보드), 지측판(랜드사이드)이다. 흙의 반전과 파쇄하는 것은 볏의 역할이다.

33. 다음 중 피스톤과 실린더 사이의 간극이 작을 때 일어나는 현상과 가장 관계가 깊은 것은?

① 블로바이 가스가 증가한다.
② 피스톤과 실린더의 마멸이 발생한다.
③ 압축압력이 감소하여 출력이 감소한다.
④ 피스톤 슬랩(piston slap)현상이 생긴다.

해설 피스톤과 실린더 사이의 간극이 작을 때는 마멸이 발생하고 블로바이 가스는 감소한다.

34. 다음 중 동력경운기 로커암(rock arm)과 밸브 사이의 간격을 조정하는 시기로 가장 적합한 것은?

① 운전 중에 조정한다.
② 운전이 종료된 바로 직후에 조정한다.
③ 운전이 종료되기 바로 직전에 조정한다.
④ 운전 종료 후 기관이 냉각되었을 때 조정한다.

해설 로커암과 밸브의 간격을 조정하기 위해서는 운전이 종료되고 기관이 냉각되었을 때 조정해야 한다.

35. 다음 중 콤바인의 탈곡 깊이 자동제어장치가 작동되지 않을 때의 원인과 가장 관계가 적은 것은?

① 포기 센서의 작동 불량
② 이삭 센서의 배선 단선
③ 공급 깊이 모터의 단선
④ 탈곡부의 과부하

36. 기관의 회전 속도가 800rpm이고, 점화(착화)에서 최대 폭발 압력에 도달할 때까지 1/500초 걸린다고 하면 점화지연시간(착화지연시간)이 몇 도 진각 되어야 하는가?

① 9.6도
② 6.9도
③ 3.6도
④ 5.6도

해설 800rpm은 초당 15회전을 한다.
1초에 회전하는 각도 = $13.3 \times 360° = 4,788°$
최대 폭발압력에 도달하는 시간 = $\dfrac{1}{500}$ 초

∴ 점화지연시간(착화지연시간)
$= \dfrac{4,788}{500} = 9.576°$

37. 농용 트랙터 로터리의 크기는 무엇으로 표시되는가?

① 경운도의 품번
② 드라이브 방식
③ 드라이브 길이
④ 트랙터의 마력 수

해설 로터리 크기는 로터리 폭으로 표시한다.

38. 다음 중 동력 경운기 주 클러치가 전혀 끊어지지 않을 때 정비해야 할 것은?

① 조향 클러치 아암
② 주 클러치 로드
③ 브레이크 와이어
④ V벨트의 긴장도

해설 클러치가 끊어지지 않을 때에는 주 클러치 로드의 길이를 조정한다.

39. 다음 중 기관에서 냉각수의 순환 경로가 아닌 곳은?

① 정온기
② 커넥팅 로드
③ 실린더 블록
④ 실린더 헤드

해설 냉각수는 실린더 블록, 실린더 헤드, 정온기, 라디에이터 상부 호스, 라디에이터 코어, 라디에이터 하브 호스, 워터 펌프 순서로 순환한다.

40. 다음 중 동력 경운기의 브레이크에 사용되는 오일로 가장 적합한 것은?

① 유압 오일
② 기어오일
③ 엔진오일
④ 그리스

> **해설** 동력 경운기의 브레이크 오일은 미션오일(기어오일)이 적합하다.

41. 다음 중 변속 시 소음이 적고 고속주행 중에도 변속이 용이하여 농용 트랙터에 사용이 점차 증가하고 있는 변속장치는?

① 유압 무단 변속기
② 미끄럼 물림식 변속기
③ 동기 물림식 기어 변속기
④ 상시 물림식 기어 변속기

> **해설** 동기 물림식 기어 변속기는 싱크로매시 타입이라고도 하며 주행 중에 변속이 가능하다. 유압무단 변속기는 콤바인에서 사용된다.

42. 실린더의 내경이 70mm, 행정이 82mm일 때, 4행정 단기통 기관의 배기량은 얼마인가?

① 315.4cc
② 574.0cc
③ 400.0cc
④ 450.0cc

> **해설** 배기량 $= \dfrac{D(지름)^2\pi}{4} \times S(행정)$
>
> $= \dfrac{7^2 \times \pi}{4} \times 8.2 = 315.413cc$

43. 다음 중 피스톤 링의 구비 조건으로 가장 적합하지 않은 것은?

① 마멸이 적을 것
② 열전도가 좋을 것
③ 실린더 보다 재질이 강할 것
④ 고온에서 탄성을 유지할 것

> **해설** 피스톤 링의 구비 조건은 마멸이 적어야 하고 열전도가 좋아야 한다. 실린더 보다 재질이 약해야 하고 고온에서 탄성을 유지해야 한다.

44. 다음 중 동력 경운기의 조향 장치에 맞물림 클러치를 사용하는 이유로 가장 타당한 것은?

① 운반 작업 시 견인력을 높이기 위해서
② 로터리 작업 시 구동력을 높이기 위해서
③ 도로 주행 시 선회를 빠르게 하기 위해서
④ 포장 작업 시 선회를 쉽게 하기 위해서

> **해설** 동력 경운기의 조향장치는 맞물림 클러치를 사용한다. 그 이유는 포장 작업 시 선회를 쉽게 하기 위해서이다.

45. 다음 중 그림에 해당하는 동력 취출장치(PTO)의 형식으로 옳은 것은?

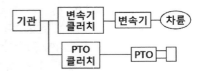

① 독립형
② 속도 비례형
③ 상시 회전형
④ 변속기 구동형

46. 동력 경운기의 사고 발생 빈도가 가장 높은 원인은?

① 설계 결함
② 정비 불량
③ 안전지식 부족
④ 운전 미숙

> **해설** 동력 경운기 등 농업기계의 사고 발생 빈도가 가장 높은 원인은 운전미숙이다. 농업기계는 사용빈도가 낮기 때문에 오랫동안 보관하는 시간이 더 많기 때문이다.

47. 안전사고에서 불안전한 행동인 것은?

① 심한 진동
② 기계의 소음
③ 보호구 미착용
④ 작업장의 어두운 조명

> **해설** 불안전한 행동은 사람에 의해 것이어야 하므로 보호구 미착용이 된다.

48. 트랙터 운행 시 주의사항으로 틀린 것은?

① 승차인원은 1명으로 한다.

② 내리막길 주행 시 변속레버는 중립으로 하지 않는다.

③ 도로 주행 시 좌우 브레이크를 분리하여 사용한다.

④ 작업기를 부착할 때는 기관을 정지한다.

해설 트랙터는 브레이크가 좌우로 나누어져 있다. 농작업 시에는 분리하여 사용하지만 도로주행 시에는 고속이므로 연결하여 사용해야 한다.

49. 산업안전보건법에 의거하여 안전보건표지의 종류로 가장 거리가 먼 것은?

① 경고표지　　　　② 안내표지

③ 방향표지　　　　④ 금지표지

해설 안전 보건 표지의 종류에는 경고 표지, 안내표지, 금지표지가 있고, 방향표지는 안내표지의 종류에 해당된다.

50. 안전보건표지의 색채 표시로 틀린 것은?

① 녹색 – 비상구 및 대피소

② 파란색 – 사실의 고지

③ 빨간색 – 위험경고, 정지신호

④ 노란색 – 특정 행위의 지시

해설 **빨간색** : 정지, 금지
주황색 : 위험
노란색 : 주의
청색 : 임의로 조작하면 안 되는 지역 표시
녹색 : 대피장소 또는 방향을 표시, 지도표시등
흰색 : 통로의 표지, 방향 지시
흑색(검정색) : 위험표지의 글씨, 보조색 등에 사용
보라색 : 방사능 등의 표시

51. 재해를 일으키는 원인 중 인적원인(불안전한 행동)에 해당되지 않는 것은?

① 허가 없이 장치를 운전한다.

② 경보 시스템이 불충분하다.

③ 잘못된 작업 자세를 취한다.

④ 결이 있는 장치를 사용한다.

해설 재해를 일으키는 원인은 인적, 기계적, 환경적 요인이 있는데 이중 경보 시스템의 불충분은 기계적 원인에 해당된다.

52. 장갑을 끼고 작업을 해도 안전하게 할 수 있는 작업은?

① 선반 작업　　　　② 드릴 작업

③ 줄 작업　　　　④ 해머 작업

해설 양수기를 장기간 사용하지 않을 때에는 양수기 내의 물을 모두 비워야 한다.

53. 가스용접 작업의 안전수칙으로 틀린 것은?

① 가스 누설은 비눗물로 점검하고 깨끗이 닦아준다.

② 가스용접 불빛을 맨눈으로 보지 않도록 하고 작업할 때는 보안경을 끼고 작업하도록 한다.

③ 산소용기를 운반할 때는 밸브를 열고 캡을 씌워서 이동한다.

④ 가스용기에 화기를 가하지 않는다.

해설 산소용기를 운반할 때에는 밸브를 닫고 캡을 씌워 이동한다.

54. 농작업기의 이동 및 운전 시 주의사항으로 틀린 것은?

① 농로의 진입 시 고저 차이가 작은 곳을 고른다.

② 자탈형 콤바인을 운반차로 내릴 경우에는 사다리를 이용해서 15° 이내의 경사로 한다.

③ 등판 시에는 전진, 내리막은 후진으로 저속 주행하는 것이 원칙이다.

④ 전륜의 분담력을 높여 핸들의 저항과 중량감을 증가시킨다.

해설 농작업기의 이동 및 운전 시에는 전륜의 하중을 적정히 하여 핸들이 정상적으로 동작하도록 해야 한다.

55. 쇠톱을 사용할 때 주의해야 할 사항으로 가장 거리가 먼 것은?

① 톱날은 전체를 사용한다.

② 톱날은 당길 때 절삭되도록 조립한다.

③ 톱날은 느슨한 상태에서 사용한다.

④ 공작물 재질이 강할수록 톱니수가 많은 것을 사용한다.

해설 톱날은 단단히 체결하고 팽팽한 상태에서 사용한다.

56. 화재의 분류에서 B급 화재는?

① 전기 화재
② 금속 화재
③ 일반 화재
④ 유류 화재

> **해설** A급 : 일반가연물의 화재
> B급 : 유류에 의한 화재
> C급 : 전기 화재
> D급 : 금속 화재

57. 전기드릴의 작업 방법으로 틀린 것은?

① 드릴의 탈부착은 회전이 완전히 멈춘 다음 행한다.
② 균열이 있는 드릴은 사용하지 않는다.
③ 작업 중 쇳가루는 불면서 작업한다.
④ 구멍을 맨 처음 뚫을 때는 적은 힘으로 천천히 뚫는다.

> **해설** 전기드릴 작업 중 쇳가루는 드릴이 멈춘 후 솔(철솔)종류로 쓸어내야 한다.

58. 양수기 정지 및 보관 시 주의사항으로 틀린 것은?

① 부식방지를 위해 토출구에 약간의 엔진오일을 주유 정지 시킨다.
② 흡입관을 물에서 꺼내고 물을 제거한다.
③ 흡입관과 배출 호스를 분리하여 보관한다.
④ 장기간 사용하지 않을 때에는 양수기의 물을 채워 놓는다.

59. 다음 그림의 안전·보건 표지는 무엇을 나타내는가?

① 위험장소 경고
② 고압전기 경고
③ 유해물질 경고
④ 독극물 경고

60. 사고예방 대책 5단계를 순서대로 나열한 것 중 옳은 것은?

① 조직 – 사실의 발견–분석 – 시정책의 선정 – 시정책의 적용
② 조직 – 사실의 발견 – 시정책의 선정 – 분석 – 시정책의 적용
③ 조직 – 사실의 발견 – 시정책의 적용 – 시정책의 선정 – 분석
④ 조직 – 시정책의 적용 – 시정책의 선정 – 사실의 발견 – 분석

> **해설** 〈하인리히의 안전사고 예방대책 5단계〉
> 1단계 : 안전관리 조직
> 2단계 : 사실의 발견
> 3단계 : 분석(분석 평가)
> 4단계 : 시정방법의 선정
> 5단계 : 시정책의 적용

국가기술자격 필기시험문제

2015년도 1회 기능사 필기시험

자격종목 및 등급(선택분야)	종목코드	시험시간	문제지형별	수검번호	성 명
농기계 정비기능사	**6300**	**1시간**			

1. 220V의 기전력으로 22J의 일을 할 때 이동한 전기량(C)은?

① 0.1 ② 10
③ 20 ④ 2400

해설 일(J) = 전압(V) × 전기량(C)
$$= 220 \times x = 22$$
$$x = 0.1C$$

2. 기동 시 발생 토크가 크므로 기동과 정지가 빈번히 반복되는 경우에 사용되는 직류전동기는?

① 복권 전동기 ② 분권 전동기
③ 직권 전동기 ④ 타여자 전동기

3. 3상 유도전동기의 극수가 4, 전원 주파수가 60Hz라면 이 전동기의 동기속도는 몇 rpm인가?

① 3600 ② 1800
③ 1200 ④ 900

해설 동기속도 $= \dfrac{120 \times 주파수}{극수}$
$$= \dfrac{120 \times 60}{4} = 1800rpm$$

4. 축전지의 방전 전류를 표시한 것은?

① 정격전압/부하용량
② 부하용량/정격전압
③ 충전전류/방전전압
④ 방전전압/충전전류

해설 "축전지의 방전 전류=부하용량/정격전압" 으로 표시된다.

5. 후미등 및 브레이크등에 관한 설명으로 틀린 것은?

① 후미등은 라이트 스위치에 의해 점멸된다.
② 브레이크등은 브레이크 스위치에 의해 점멸된다.
③ 브레이크등은 주야간 모두 점등되며, 후미등의 3배 이상 광도를 가지고 있다.
④ 브레이크등과 후미등은 각각 직렬로 접속되어 있다.

해설 브레이크등과 후미등은 병렬로 연결되어 있다.

6. 다음 중 전기의 도체에 속하는 것은?

① 고무 ② 플라스틱
③ 알루미늄 ④ 운모

해설 알루미늄은 도체이며, 고무, 플라스틱, 운모는 부도체이다.

7. 3상 유도전동기의 회전방향을 변경하는 방법으로 맞는 것은?

① 전동기의 극수를 바꾼다.
② 전원의 주파수를 바꾼다.
③ 기동 보상기를 사용한다.
④ 3상 전원 배선 중 임의의 2개 배선을 바꾸어 접속한다.

해설 3상 전원은 R, S, T선 중 R선과 T선을 바꿔 접속한다.

8. 납축전지의 공칭전압은 몇 V인가?

① 3.0 ② 2.6 ③ 2.0 ④ 1.2

해설 납축전지의 공칭전압은 2V이다.

9. 납축전지를 방전시키면 양극판과 음극판에서 모두 생성되는 것은?

① PbO_2 ② $2H_2SO_4$
③ $PbSO_4$ ④ $2H_2O$

> **해설** 납축전지의 방전 시 양극판과 음극판에는 황산화납($PbSO_4$)으로 변하고 전해액은 물(H_2O)로 변한다.

10. 12V용 5W의 전구와 10W의 전구를 서로 직렬로 연결하여 12V의 전원에 접속하면 두 전구의 밝기는?

① 5W의 전구가 더 밝다.
② 10W의 전구가 더 밝다.
③ 두 전구의 밝기가 같다.
④ 5W의 전구는 빛을 내지 못한다.

11. 8A의 전류로 12시간 사용할 수 있는 축전지의 용량은(Ah)은?

① 80 ② 96
③ 120 ④ 160

> **해설** 축전지의 용량(Ah) = 전류(A)×시간(h)
> = 8A×12h = 96Ah

12. 24V의 축전지에 2Ω, 4Ω, 6Ω의 저항을 직렬 연결할 때 회로에 흐르는 전류는 몇 A인가?

① 2 ② 3
③ 4 ④ 5

> **해설** 합성저항 = 2+4+6 = 12Ω
> 전압 = 24V
> $I(A) = \dfrac{전압}{저항} = \dfrac{24}{12} = 2A$

13. 기동전동기의 브러시는 정류자에 전류를 어떻게 흐르게 하는가?

① 전기자 철심으로
② 모든 방향으로
③ 차단 상태로
④ 일정 방향으로

> **해설** 기동전동기는 브러시에서 정류자로 일정한 방향으로 전류를 공급한다.

14. 전자유도 현상에 의해서 코일에 생기는 유도 기전력의 방향을 나타내는 법칙은?

① 뉴턴의 법칙
② 키르히호프의 법칙
③ 쿨롱의 법칙
④ 렌츠의 법칙

> **해설** • 렌츠의 법칙 : 전자유도현상에 의해서 코일을 생기는 유도 기전력의 방향을 나타냄
> • 키르히호프의 법칙 : 회로상의 들어오는 전류의 합과 나가는 전류의 합이 같음
> • 쿨롱의 법칙 : 전하의 가진 두 물체 사이에 작용하는 힘의 크기는 두전하의 곱에 비례하고 거리의 제곱에 반비례함
> • 뉴턴의 법칙 : 운동의 법칙(F=ma)

15. 전조등의 광도 측정단위는?

① cd ② W
③ lm ④ lx

> **해설** 광도 : 빛의 세기 단위는 칸델라(cd)
> 조도 : 빛의 밝기 단위 룩스(lx)
> 전력 : 소요 전력(W)

16. 다음 중 후진을 하며 작업을 하여야 하는 작업기는?

① 제초 파쇄기
② 중경 제초기
③ 비닐 피복기
④ 심경용 구굴기

> **해설** 관리기에서 비닐 피복작업과 휴립(두둑만들기)작업은 후진으로 작업한다.

17. 다음 중 트랙터용 로터리에서 안전 클러치의 역할로 옳은 것은?

① 견인력을 증대시킨다.
② 기관 출력을 증대시킨다.
③ 로터리 손상을 방지한다.
④ 로터리 회전속도를 증대시킨다.

> **해설** 로터리의 안전 클러치는 트랙터 측 PTO에서 전달되는 힘보다 로터리 구동축의 부하가 크면 슬립하게 하여 로터리 손상을 방지하는 역할을 한다.

18. 다음 중 농용 트랙터 차동장치의 구성부품에 해당되지 않는 것은?

① 밴드 브레이크
② 구동 피니언
③ 차동사이드 기어
④ 차동 피니언

해설 구동피니언, 차동사이드 기어, 차동피니언, 링 기어로 구성되어 있다.

19. 다음 중 단기통 경운기 엔진의 실린더와 피스톤을 교환할 때 반드시 검사하지 않아도 되는 것은?

① 피스톤의 무게
② 피스톤과 실린더의 간극
③ 링 홈 간극과 사이드 간극
④ 피스톤핀과 커넥팅로드 부싱의 간극

해설 실린더와 피스톤을 교환할 때 피스톤의 무게는 검사하지 않는다.

20. 다음 중 트랙터의 클러치 페달 유격은 보통 얼마 정도가 가장 적당한가?

① 5~10mm
② 20~30mm
③ 60~75mm
④ 95~110mm

해설 트랙터의 클러치 페달 유격은 20~30mm이다.

21. 다음 중 동력 살분무기의 리이드 밸브 점검으로 가장 양호한 것은?

① 리이드판은 몸체와 적당한 간극이 있어야 한다.
② 리이드판의 끝부분이 15° 각으로 굽어야 한다.
③ 리이드판의 끝부분이 45° 각으로 굽어야 한다.
④ 리이드판은 몸체와 완전히 밀착되어야 한다.

22. 다음 중 가스 흐름의 관성을 유효하게 이용하기 위하여 흡배기 밸브를 동시에 열어주는 시기를 의미하는 용어는?

① 블로우바이(blow by)
② 밸브 서징(valve surging)
③ 블로우 다운(blow-down)
④ 밸브 오버랩(valve overlap)

해설 • **블로우바이** : 피스톤링 또는 실린더의 마모에 의해 크랭크실 안쪽으로 폭발압력이 유입되는 현상
• **밸브 오버랩** : 4행정 기관의 흡배기 밸브가 동시에 열리는 시기
• **밸브 서징** : 흡배기 밸브에 진동이 발생하여 출력이 떨어지는 현상
• **블로우 다운** : 동력의 행정 끝에서 피스톤이 흡기밸브를 열면 연소가스의 압력이 배출되는 현상

23. 다음 중 동력 경운기용 로터리의 경심조절은 무엇으로 하는가?

① 미륜
② 로터리 칼날
③ 경운기 앞 웨이트
④ 갈이 축과 갈이칼 장착 폭

해설 동력 경운기용 로터리의 경심은 로터리의 미륜으로 조절한다.

24. 다음 중 기어식 변속기의 물림속도비 구하는 공식으로 옳은 것은? (단, 각각의 변수는 다음 【보기】를 따른다.

【보기】 G = 물림속도비, η = 물림효율
N_i = 입력기어 속도, η_i = 입력기어 잇수
N_o = 출력기어 속도, η_o = 출력기어 잇수
T_i = 입력토크, T_o = 출력토크

① $G = \dfrac{N_o}{N_i}$ 　② $G = \dfrac{\eta_i}{\eta_o}$

③ $G = \dfrac{T_i}{T_0 \cdot \eta}$ 　④ $G = \dfrac{T_0 \cdot \eta}{T_0}$

해설 변속기의 물림속도비$(G) = \dfrac{N_o}{N_i}$

속도비율에 사항은 출력기어 속도를 입력기어 속도로 나눈 값을 말한다.

25. 다음 중 클러치의 마찰판에서 단판과 다판의 구조상 특징을 비교한 것으로 틀린 것은?

① 소형으로 높은 토크를 요구하는 곳에서는 다판이 적당하다.
② 연결 힘이 크고 사용빈도가 많은 용도에서는 단판이 적당하다.
③ 단판은 일반적으로 가격이 고가이고, 구조가 복잡한 형식이다.
④ 단판은 고에너지형으로 많이 사용되며, 외형이 크다.

해설 단판 클러치는 일반적으로 가격이 저가이고, 구조가 간단한 형식으로 되어 있다.

26. 트랙터 유압회로 압력측정 및 조정을 위해 유압 측정 시 조건으로 옳지 않은 것은?

① 규정된 회전수에서 측정한다.
② 난기운전 없이 바로 측정한다.
③ 경사지가 아닌 평지에서 측정한다.
④ 작동유의 온도는 45℃ 전·후에 측정한다.

해설 유압회로의 압력측정 및 조정을 위해서는 난기운전(예열운전)을 실시한 후 측정해야 한다.

27. 다음 중 함수율과 관련된 설명으로 틀린 것은?

① 함수율표시법에는 습량기준함수율과 건량기준함수율이 있다.
② "습량기준 함수율"이란 물질 내에 포함되어 있는 수분을 그 물질의 총 무게로 나눈 값을 백분율로 표현한 것이다.
③ 어떤 물질의 함수율이 증가되고 있다는 것은 그 물질 내의 수분 함량이 감소된다고 말할 수 있다.
④ 함수율을 측정하는 방법으로는 오븐법, 증류법, 전기저항법, 유전법 등을 사용한다.

해설 함수율 : 전체 중량에서 물의 중량이 차지하는 비율

28. 다음 중 콤바인 작업 시 벼 이삭 아래 부분이 잘 털리지 않을 때 조절해야 하는 부분은?

① 공급 깊이 조절　② 배진판 조절
③ 반송체인 조절　④ 풍량 조절

해설 벼 이삭 아래 부분이 탈곡이 잘 안되면 공급 깊이 조절이 안 되어 탈곡부에 벼 이삭 전체가 들어가지 않는 것이다.

29. 다음 중 PTO클러치를 사용하는 경우로 가장 적절한 것은?

① 가공 시 부하를 줄 때
② 감속비를 증대시킬 때
③ 견인력을 증대시킬 때
④ 동력의 단속이나 발진할 때

해설 동력이 과대하게 투입될 때 마찰력에 의해 단속함으로써 작업기의 고장, 발진을 예방한다.

30. 다음 중 쟁기에서 마모가 가장 잘 되는 부품은?

① 원판
② 발토판
③ 보습
④ 지측판

해설 트랙터용 쟁기는 보습이 가장 마모가 심하다.
　　경운기용 쟁기는 지측판의 마모가 가장 심하다.

31. 다음 중 보행형 산파이앙기에서 식부깊이 조정 방법으로 알맞은 것은?

① 주행 속도를 조절
② 플로트의 높낮이 조절
③ 묘탑재대 높이의 조절
④ 묘탑재대의 이송 속도를 조절

해설 식부 깊이는 플로트의 높낮이를 조절함으로 해서 식부 깊이를 조정할 수 있다.

32. 동력 경운기를 변속기 내 윤활유 없이 주행을 했을 때 발생하는 고장에 대한 설명으로 틀린 것은?

① 소음이 크게 발생된다.
② 베어링과 기어류가 과열된다.
③ 주행이 점차 어려워진다.
④ 변속기 회전력이 증가된다.

해설 변속기 내에 윤활유가 없으면 열이 발생하고 소음이 커지며 주행이 점차 어려워진다.

33. 다음 중 V벨트의 종류가 아닌 것은?

① A형   ② B형
③ M형   ④ N형

> **해설** V벨트의 종류에는 M, A, B, C, D, E형이 있다.

34. 농용기관 정비 시 경합금 피스톤핀을 피스톤에서 분해조립할 때 다음 중 가장 적절한 방법은?

① 해머로 타격한다.
② 치공구를 사용한다.
③ 프레스를 이용한다.
④ 피스톤을 가열 후 조립한다.

35. 동력 경운기의 조향클러치(side clutch)로 사용되는 것은?

① 맞물림 클러치(dot clutch)
② 원판 클러치(disk clutch)
③ 유체 클러치(fluid clutch)
④ 기어 클러치(gear clutch)

> **해설** 동력 경운기와 다목적 관리기의 조향 클러치로 맞물림 클러치를 사용한다.

36. 동력 경운기에서 브레이크 드럼은 규정값과 비교하여 얼마이상 마모되면 교환하는가?

① 0.1mm이상
② 1.0mm이상
③ 5.0mm이상
④ 10.0mm이상

37. 다음 중 농용 트랙터에서 동력취출장치(PTO)축의 표준 회전수로 옳은 것은?

① 350rpm
② 540rpm
③ 780rpm
④ 1240rpm

> **해설** 트랙터의 P.T.O 표준회전수는 540rpm이다. 트랙터의 종류에 따라 540rpm, 750rpm, 1000rpm, 1200rpm 등이 변속에 의해 사용되기도 한다.

38. 다음 중 동력 경운기가 주행 중에 이상음이 발생할 때의 원인과 가장 거리가 먼 것은?

① 베어링 마모
② 발전코일 손상
③ 변속갈고리 마모 및 변형
④ 기어 이(tooth)면의 손상 및 마모

> **해설** 발전 코일의 손상에 의해서는 소음이 발생하지 않고 발전이 되지 않아 전기 장치가 동작하지 않을 수 있다.

39. 다음 중 경운기의 엔진을 분해하여 실린더 마모량을 점검하려고 할 때 가장 적절하지 않은 것은?

① 실린더별 측정개소는 6개소이다.
② 실린더 보어게이지로 내경을 측정한다.
③ 과대 마모 시 언더사이즈 수정 값으로 보링한다.
④ 최대 내경 값에 표준내경을 빼면 마모량이 된다.

> **해설** 실린더가 과대 마모 시 업사이즈 수정 값으로 보링해야 한다.

40. 다음 중 기관에서 윤활유 소비가 과대한 원인에 해당되는 것은?

① 피스톤링의 마멸
② 라디에이터의 기능 약화
③ 기관의 과열
④ 조기점화

> **해설** 피스톤링의 마멸이 되었을 때 윤활유 소비가 많아진다.

41. 다음 중 트랙터 동력취출장치(PTO)와 연결되지 않는 작업기는?

① 모워(mower)
② 쟁기(plow)
③ 로터리(rotary)
④ 브로드캐스터(broadcaster)

> **해설** 쟁기는 단순히 견인력을 요하는 작업기이므로 동력취출장치가 필요 없다.

42. 다음 중 조기점화의 원인과 가장 거리가 먼 것은?

① 과열된 밸브 ② 점화플러그의 전극
③ 퇴적된 카본 ④ 냉각된 밸브

해설 조기점화의 원인은 기준보다 높은 압력, 높은 온도일 경우에 발생한다. 과열된 밸브 온도에 의해 조기 점화가 되며, 퇴적된 카본에 의해서 압력이 높아짐에 따라 조기 점화가 될 수 있다. 점화 플러그의 전극의 이상으로 점화시기가 빨라져도 조기점화의 원인이 된다.

43. 구입한 농용 트랙터의 취급설명서를 읽어보니 앞바퀴의 표준 공기압이 2kg/cm²이었다. 타이어 게이지로 바퀴에 공기를 보충할 때 약 몇 psi로 주입하여야 하는가?

① 14psi ② 20psi
③ 28psi ④ 40psi

해설 psi는 압력의 단위로 pound는 0.4536kg, inch는 2.54cm이다.

$$2\text{kg/cm}^2 = x\left(\frac{0.4536\text{kg}}{2.54^2\text{cm}^2}\right)$$

$$x = \frac{2\text{kg/cm}^2}{0.070308} \qquad x = 28.446$$

44. 다음 중 다목적 관리기에서 50시간 사용할 때마다 분해하여 점검하여야 하는 것은?

① 밸브 간극 ② 변속 기어의 마모
③ 연료 여과망 ④ 주클러치 벨트 유격

해설 다목적 관리기에서 50시간 사용할 때마다 분해하여 점검하는 항목은 연료여과망이다.

45. 다음 중 압력식 라디에이터 캡을 사용하는 라디에이터 내부의 게이지 압력과 냉각수 온도로 가장 적당한 것은?

① 압력 : 0.3~0.9kgf/cm²,
　온도 : 110~120℃
② 압력 : 0.4~0.8kgf/cm²,
　온도 : 80~90℃
③ 압력 : 3.0~9.0kgf/cm²,
　온도 : 110~120℃
④ 압력 : 3.0~9.0kgf/cm²,
　온도 : 90~100℃

해설 라디에이터 압력 마개 작동압력은 0.4~0.8kgf/cm²이며, 온도는 80~90°, 90°에서 8mm이상 열립니다.

46. 전기용접 시 주의할 점으로 틀린 것은?

① 차광안경을 사용할 것
② 우천 시 옥외작업을 하지 말 것
③ 벗겨진 코드 선은 사용하지 말 것
④ 신체를 노출시킬 것

해설 전기 용접 시 신체 노출이 되면 광에 의한 피부질환이 생기고 열에 의한 화상을 당할 수 있다.

47. 안전모나 안전대의 용도 설명으로 적합한 것은?

① 신호기
② 작업능률 가속용
③ 추락 재해 방지용
④ 구급용구

해설 안전모와 안전대는 추락 재해 방지용이다.

48. 재해의 원인별 분류에서 인적 원인에 해당되는 것은?

① 빈약한 정비
② 작업장소의 밀집
③ 부적당한 속도로 장치를 운전
④ 지나침 소음

해설 재해의 원인은 인적, 기계적, 환경적인 원인들이 있는데 부적당한 속도로 장치를 운전하는 것은 인적 원인에 해당된다.

49. 공작기계의 안전 사용법으로 틀린 것은?

① 드릴에서 상처나 균열이 있는 것은 사용하지 않는다.
② 선반작업 시 이송을 걸은 채 기계를 정지시켜야 한다.
③ 숫돌교환은 지정된 사람만 하도록 한다.
④ 드릴 탈착은 회전이 완전히 정지한 후 행한다.

50. 전기 용접기 설치 장소로 부적절한 곳은?

① 수증기, 습도가 높지 않은 곳
② 진동이나 충격이 없는 곳
③ 유해한 부식성 가스가 없는 곳
④ 주위의 온도가 -10℃ 이하인 곳

51. 방진 안경을 착용하지 않는 작업은?

① 연삭 작업
② 선반 작업
③ 용접 작업
④ 세이퍼 작업

> **해설** 방진 안경을 착용하지 않는 작업은 용접작업이다. 용접작업을 차광안경을 착용해야 한다.

52. 운반기계에 의한 운반 작업 시 안전수칙으로 틀린 것은?

① 운반대 위에는 사람이 타지 말 것
② 미는 운반차에 화물을 실을 때에는 앞을 볼 수 있는 시야를 확보할 것
③ 운반차의 출입구는 운반차의 출입에 지장이 없는 크기로 할 것
④ 운반차에 물건을 쌓을 때 될 수 있는 대로 중심이 위로 되도록 쌓을 것

> **해설** 운반차에 물건을 쌓을 때는 중심이 아래로 되도록 쌓아야 한다.

53. 농기계의 안전사항으로 적합하지 않은 것은?

① 동력경운기 운반 작업 시 차폭은 최대로 좁히고 타이어의 공기압은 좌우가 같도록 한다.
② 양수기에서 벨트의 교환은 엔진정지 상태에서 실시한다.
③ 콤바인 포장작업 시 손으로 탈곡작업만 할 경우 공급체인에 주의해야 한다.
④ 이앙기의 점검 장비는 클러치를 끊고 실시한다.

> **해설** 차폭을 좁히게 되면 전복사고가 발생할 수 있는 확률이 높아지기 때문에 작업 시에는 차폭을 넓히는 것이 좋다.

54. 다음 용어에 관한 설명 중 틀린 것은?

① 재해란 안전사고의 결과로 일어난 인명과 재산의 손실을 말한다.
② 안전관리란 재해로부터 인간의 생명과 재산을 보호하기 위한 계획적이고 체계적인 활동을 말한다.
③ 사상(死傷)이란 어느 특정인에게 주는 피해 중에서 과실이나 타인과의 계약에 의하여 업무수행 중 입은 상해이다.
④ 안전사고란 고의성 없는 불안전한 행동이나 조건이 선행되어 일을 저해하거나 능률을 저하시키며 직간접적으로 인명이나 재산의 손실을 가져올 수 있는 사고이다.

> **해설** 사상이란 죽거나 다친 것을 이야기한다.

55. 연삭기의 안전작업 방법으로 틀린 것은?

① 연삭숫돌 설치 전 외관검사를 실시한다.
② 숫돌교환 후 사용 전에 3분 이상 시운전한다.
③ 정상 작업 전에는 최소한 1분 이상 시운전하여 이상 유무를 파악한다.
④ 작업자는 숫돌정면에 서서 작업한다.

> **해설** 연삭작업은 작업자의 숫돌대각선에 서서 작업한다.

56. 콤바인 사용 시 주의사항으로 틀린 것은?

① 운전 조작 요령을 숙달시킨 후에 운전해야 한다.
② 탈곡기 내부 확인은 엔진을 정지시킨 후 한다.
③ 언덕을 오르내릴 때는 각 레버 및 클러치 조작을 한다.
④ 급유 또는 주유 시에는 엔진의 시동을 정지한다.

> **해설** 언덕을 오르내릴 때는 각 레버 및 클러치 조작은 되도록 삼가고 꼭 필요시에만 활용한다.

ANSWER **50.**④ **51.**③ **52.**④ **53.**① **54.**③ **55.**④ **56.**③

57. 동력경운기 조작 시 안전사항으로 틀린 것은?

① 직진 주행 중에는 조향 클러치를 사용하지 말 것
② 로터리 작업 중 후진할 때는 경운 변속레버를 중립에 둘 것
③ 경사진 작업장을 오를 때 기어변속을 빠르게 실시할 것
④ 고속 주행 시에는 원칙적으로 조향 클러치 사용을 삼갈 것

해설 경사진 작업장을 오르고 내릴 때는 되도록 기어변속을 실시하지 않는다.

58. 농기계의 매일 점검 사항에 해당되는 것은?

① 연료 및 윤활유 점검
② 밸브의 간극 조정
③ 기화기의 청소
④ 소음기 청소

해설 매일 점검 사항으로는 연료, 윤활유, 에어클리너, 타이어 공기압 등이 있다.

59. 다음 중 안전관리 조직의 형태에 속하지 않는 것은?

① 감독형
② 직계형
③ 참모형
④ 복합형

해설 〈안전관리조직의 형태〉
• 직계형 : 계선식 조직으로 100인 미만 사업체에 적용
• 참모형 : 500~1000명인 사업체에 적용
• 복합형(계선참모형) : 직계형과 참모형의 혼합형으로 1000명이상 업체인 대기업에 적용

60. 컨베이어의 작업 시작 전 필수점검 사항으로 틀린 것은?

① 컨베이어 건널 다리 설치 유무
② 비상정지장치 기능의 이상 유무
③ 이탈 방지장치 기능의 이상 유무
④ 낙하물에 의한 위험 방지 장치 설치 유무

국가기술자격 필기시험문제

2015년도 4회 기능사 필기시험

자격종목 및 등급(선택분야)	종목코드	시험시간	문제지형별	수검번호	성 명
농기계 정비기능사	6300	1시간			

1. 단상 유도 전동기의 출력을 나타낸 것은?

① 출력(kW)=전압×저항×역률×효율
② 출력(kW)=전압×전류×역률×효율
③ 출력(kW)=전류×저항×역률×효율
④ 출력(kW)=전력×전류×역률×효율

해설 "출력(kW)=전압×전류×역률×효율"로 나타낸다.

2. 직류 직권 전동기의 특성으로 틀린 것은?

① 무부하 상태에서도 운전이 가능하다.
② 부하가 작아지면 회전력이 감소된다.
③ 부하를 크게 하면 흐르는 전류는 커진다.
④ 전동기에 부하가 걸렸을 때에는 회전력이 크다.

해설 직류 직권 전동기는 무부하 상태에서는 고속으로 회전하게 된다.

3. 전기 에너지를 기계 에너지로 바꾸어 주는 것은?

① 전동기
② 발전기
③ 정류기
④ 변압기

해설 축전지에서 전기에너지를 받아 기계 에너지로 전동기가 회전하게 된다.

4. 농용 트랙터에 탑재되어 있는 축전지를 분리할 때 준수해야 할 사항으로 옳은 것은?

① 양 케이블(+극, −극)을 함께 푼다.
② 접지 터미널을 먼저 푼다.
③ 절연되어 있는 케이블(+극)을 먼저 푼다.
④ 벤트 플러그를 열고 떼어 낸다.

해설 트랙터에서 축전지를 분리할 때에는 −극인 접지 터미널을 먼저 푼다.

5. 트랙터용 AC 발전기에서 3상 전파 정류에 사용되는 다이오드의 수는?

① 1개
② 3개
③ 4개
④ 6개

해설 AC발전기에서 3상 전파정류에 사용되는 다이오드는 6개이다.

6. 납축전지의 용량에 대한 설명으로 옳은 것은?

① 음극판 단면적에 비례하고 양극판 크기에 반비례한다.
② 양극판의 크기에 비례하고 음극판의 단면적에 반비례한다.
③ 극판의 표면적에 비례한다.
④ 극판의 표면적에 반비례한다.

해설 납축전지의 용량은 극판의 표면적에 비례한다.

7. 다음 용어에 대한 단위가 틀린 것은?

① 전류 : A
② 전압 : V
③ 전력량 : W
④ 저항 : Ω

해설 전력량은 Wh이다.

8. 100V, 500W 의 전열기를 90V에서 사용하면 소비전력(W)은?

① 245
② 320
③ 405
④ 500

해설 $W_{100} = I \times V = \dfrac{V^2}{R}$

$$500W = \dfrac{100^2}{R}, \ R = 20\Omega$$

$$W_{90} = \dfrac{90^2}{20} = \dfrac{8,100}{20} = 405W$$

9. 동일한 저항을 가진 세 개의 도선을 병렬로 연결할 때의 합성 저항은?

① 한 도선 저항과 같다.
② 한 도선 저항의 3배로 된다.
③ 한 도선 저항의 1/2로 된다.
④ 한 도선 저항의 1/3로 된다.

해설 병렬연결의 합성저항은
$$\dfrac{1}{R_t} = \dfrac{1}{R} + \dfrac{1}{R} + \dfrac{1}{R} = \dfrac{3}{R}$$

$R_t = \dfrac{R}{3}$ 이므로, 동일한 저항을
세개 병렬연결하면 한도선 저항의 1/3이 된다.

10. 그림과 같은 회로의 합성저항(Ω)은?

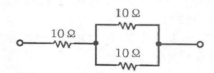

① 100
② 50
③ 30
④ 15

해설 직병렬 연결의 합성저항은 병렬의 합성저항을 구하여
직렬과 더하면 된다.
R_1 (직렬저항) $= 10\Omega$

병렬연결 $\dfrac{1}{R_t} = \dfrac{1}{R_1} + \dfrac{1}{R_2} = \dfrac{1}{10} + \dfrac{1}{10} = \dfrac{2}{10}$

$$R_t = 5\Omega$$

R_t (병렬저항) $= 5\Omega$

합성저항 $= 10\Omega + 5\Omega = 15\Omega$

11. 아날로그형 회로 시험기로 직류 전류를 측정하는 경우이다. 틀린 것은?

① 전압 측정과는 달리 직렬 접속한다.
② 회로상의 측정은 시험 점을 끊고 측정한다.
③ 적색 리드를 (+), 흑색 리드는(−)에 접속한다.
④ 측정 전류의 크기 에 따라 측정 레인지를 변화시킬 필요가 없다.

해설 측정 전류에 따라 측정 레인지를 변화시키며, 큰 레인지에서 측정하고 작은 레인지로 변화시키면서 측정한다.

12. 다음 중 점화 플러그 시험에 속하지 않는 것은?

① 기밀 시험   ② 용량 시험
③ 불꽃 시험   ④ 절연 시험

해설 점화 플러그는 1차 코일에서 저전압을 받아 2차 코일을 거치면서 고전압으로 변화하여 점화 플러그에서 방전을 하는 형태로 동작하기 때문에 용량 시험은 하지 않는다.

13. 전조등의 불이 켜지지 않을 때 점검해야 할 사항이 아닌 것은?

① 배선이 너무 길게 되어 있는 지 점검
② 퓨즈의 절단여부 상태와 접속 상태를 점검
③ 회로배선 중 고열부분에 접속되고 있는 부분이 있는지 점검
④ 각 접속 부분에 녹이 슬었거나 진동으로 단자 볼트가 풀려 있는지 점검

해설 전조등의 배선이 너무 길게 되어 있을 경우 전조등의 불이 저항에 의해 어두워질 수 있지만 불이 꺼지지는 않는다.

14. 50Ω의 저항에 100V의 전압을 가하면 흐르는 전류(A)는?

① 50   ② 4
③ 2   ④ 0.5

해설 옴의 법칙은 $I = \dfrac{V}{R} = \dfrac{100V}{50\Omega} = 2A$이 된다.

15. 충방전 시의 화학반응식을 올바르게 나타낸 것은?

① 충전 시 $PbO_2 + 2H_2SO_4 + Pb$
　　 $\leftarrow PbSO_4 + 2H_2O + PbSO_4$
② 방전 시 $PbO + 2H_2SO_4 + Pb$
　　 $\leftarrow PbO_2 + 2H_2O + PbSO_4$
③ 충전 시 $PbO_2 + 2H_2SO_4 + Pb$
　　 $\rightarrow PbSO_2 + 2H + PbSO_2$
④ 방전 시 $PbO + 2H_2SO_4 + Pb$
　　 $\rightarrow PbSO_4 + 2H_2SO_4 + PbSO_4$

해설 충전 시에는 $PbO_2 + 2H_2SO_4 + Pb$상태가 되고, 방전 시에는 $PbSO_4 + 2H_2O + PbSO_4$이 된다.

16. 다음 중 넓은 과수원 방제를 가장 능률적으로 할 수 있는 방제기는?

① 연무기　　　　　② 동력 분무기
③ 파이프 더스터　　④ 스피드 스프레이어

해설 넓은 과수원에서의 방제에는 SS기(speed sprayer, 스피드 스프레이어)를 사용한다.

17. 다음 중 시비기의 주요부가 탱크, 펌프, 흡입장치, 살포장치, 주행 장치 등으로 구성되어 있는 것은?

① 퇴비 살포기　　② 분말 시비기
③ 분뇨 살포기　　④ 브로드캐스터

해설 분뇨 살포기라고도 하고 액비 살포기라고도 한다. 분뇨 살포기는 탱크, 펌프, 흡입장치, 살포장치, 주행장치로 구성되어 있다.

18. 트랙터의 운전 중 클러치 사용 방법으로 가장 올바른 것은?

① 변속기를 조작할 때는 클러치를 사용하지 않는다.
② 길고 급한 비탈길에서는 클러치를 끊고 내려간다.
③ 운전 중에는 언제나 클러치 페달위에 발을 올려놓는다.
④ 반 클러치는 클러치 판을 상하게 하기 때문에 특히 필요한 경우를 제외하고는 사용을 자제하여야 한다.

해설 변속기 조작할 때에 클러치를 사용하고 길고 급한 비탈길에서는 엔진브레이크를 사용하고 운전 중에는 클러치 페달에서 발을 떼고 주행한다.

19. 다음 중 일반적으로 트랙터의 동력취출 축으로 많이 사용하는 축은?

① 중공 축　　　　② 크랭크 축
③ 스플라인 축　　④ 플랙시블 축

해설 트랙터의 동력취출 축은 스플라인 축으로 되어 있다.

20. 다음 중 건조기 안전 사용 요령으로 틀린 것은?

① 전원 전압을 반드시 확인한다.
② 연료 호스 또는 파이프의 막힘, 연결부의 누유 상태를 수시로 점검한다.
③ 인화성 물질을 멀리하고, 만일의 경우에 대비하여 소화기를 설치한다.
④ 운전 중에 덮개를 열어, 회전하는 부분이 원활하게 돌아가는지 확인한다.

해설 건조기는 운전 중에 덮개를 열어, 회전하는 부분이 원활하게 돌아가는지 확인하면 위험하다.

21. 트랙터에서 앞바퀴를 조립할 때, 조종성이 확실하고 안정하게 하기 위해서는 앞바퀴가 옆으로 미끄러지거나 흔들려서는 안 된다. 앞바퀴는 앞쪽에서 볼 때 아래쪽이 안쪽으로 적당한 각도로 기울어지도록 설치하는데 이것을 무엇이라 하는가?

① 캠버(Camber)
② 캐스터(Caster)
③ 토우인(Toe-in)
④ 킹핀의 각(King pin)

해설 앞바퀴 정렬에는 캠버, 캐스터, 킹 핀, 토인 값을 측정해야 한다. 앞바퀴를 앞쪽에서 볼 때 아래쪽이 안쪽으로 적당한 각도로 기울어져 있는 것은 캠버 각이라고 한다.

22. 다음 중 기어식 변속기의 종류가 아닌 것은?

① 미끄럼식　　　② 상시 물림식
③ 동기 물림식　　④ 토크 컨버터식

해설 기어식 변속기의 종류에는 미끄럼식, 상시 물림식, 동기 물림식 등이 있다. 토크 컨버터는 변속기에 동력을 전달하는 장치이다.

23. 다음 중 트랙터용 로터리를 부착할 때, 점검 조정사항이 아닌 것은?

① 히치부 점검 조정
② 3점 링크 점검 조정
③ 유압 작동 레버 점검 조정
④ 로터리 날 배열 점검 조정

해설 트랙터용 로터리를 부착할 때에는 3점 링크, 유압작동레버, 로터리날 배열 등을 점검해야 한다. 히치부는 트레일러 부착 시에 점검한다.

24. 다음 중 기관의 피스톤 핀 연결방법에 관한 설명으로 옳은 것은?

① 전 부동식 : 핀을 피스톤 보스에 고정한다.
② 고정식 : 핀을 스냅링으로 고정한다.
③ 요동식 : 핀을 피스톤 보스에 고정한다.
④ 반 부동식 : 핀을 커넥팅 로드 소단부에 고정한다.

해설 • 전 부동식 : 핀이 빠져나오지 않도록 야쪽 보스에 홈을 파고 스냅링으로 고정한다.
• 고정식 : 커넥팅로드에 동합금의 부시를 끼우고 피스톤 핀은 피스톤 보스에 고정한다.
• 요동식(반 부동식) : 커넥팅 로드의 작은 피스톤 핀을 끼워 클램프 볼트로 끼우게 한 것.

25. 다음 중 동력경운기의 엔진동력을 클러치로 전달하는 동력전달수단으로 가장 알맞은 것은?

① 평벨트   ② 유성기어
③ V벨트   ④ 베벨기어

해설 동력경운기의 엔진 동력을 클러치로 전달하는 동력 전달 수단은 V벨트이다.

26. 수랭식 냉각장치의 라디에이터 신품 용량이 20L이고, 코어의 막힘률이 20%이면 실제로 얼마의 물이 주입되는가?

① 12L   ② ML
③ 16L   ④ 18L

해설 코어의 막힘률이 20%이므로 물이 주입되는 양은 80%이다. 20L의 80%는 16L이다.

27. 다음 중 가솔린 기관의 기화기에서 스로틀 밸브의 역할로 옳은 것은?

① 공기의 량을 조절한다.
② 연료의 유면을 조절한다.
③ 혼합기의 양을 조절한다.
④ 공기의 유속을 빠르게 조절한다.

해설 • 스로틀 밸브는 혼합기의 양을 조절한다.
• 초크 밸브는 공기의 양과 유속을 조절한다.
• 체크 밸브 또는 니들 밸브 : 연료의 유면을 조절한다.

28. 농용 트랙터로 쟁기작업 시 경사지나 얕은 작업일 때, 테일 피스는 어떻게 조정하는가?

① 끝을 낮춘다.
② 끝을 높인다.
③ 끝을 그대로 둔다.
④ 끝을 운전자가 편리한 대로 둔다.

해설 트랙터로 쟁기작업 시 테일 피스는 경심을 조절하는 장치로 끝부분을 낮춰 깊게 작업을 할 수 있다.

29. 다음 중 전기 시동식 경운기의 축전지 정격 전압은 얼마인가?

① DC 6V
② DC 12V
③ DC 30V
④ DC 36V

해설 경운기, 트랙터, 콤바인, 이앙기에 사용하는 축전지 정격전압은 12V이다.

30. 다음 중 일반적으로 동력경운기 기관의 정격 회전수는?

① 1200rpm
② 2200rpm
③ 3200rpm
④ 4200rpm

해설 동력 경운기 기관의 정격 회전수는 2,200rpm이다.

31. 다음 중 조향 핸들을 한 바퀴 돌렸을 때 피트먼 암이 30도 움직였다면, 이때 조향 기어비는 얼마인가?

① 2 : 1　　　　② 12 : 1
③ 22 : 1　　　　④ 32 : 1

> **해설** 조향핸들 한 바퀴는 360도 : 피트먼 암의 회전 30도 12 : 1이 된다.

32. 동력 경운기의 밸브 스프링의 자유높이 100mm에 대하여 몇 % 이상 줄게 되면 스프링을 교환해야 하는가?

① 0.3　　　　② 3
③ 7　　　　④ 10

> **해설** 동력 경운기 밸브 스프링의 자유높이의 3% 감소하면 스프링을 교환한다.

33. 다음 중 동력 경운기 조향 클러치의 가장 적당한 유격은?

① 1.0 ~ 2.0mm
② 3.0 ~ 4.0mm
③ 4.0 ~ 5.0mm
④ 5.0 ~ 6.0mm

> **해설** 동력 경운기의 조향 클러치 유격은 1.0~2.0mm이다.

34. 다음 중 일반적인 동력 경운기의 브레이크 형식은?

① 블록 브레이크
② 원판 브레이크
③ 밴드 브레이크
④ 내부 확장식 브레이크

> **해설** 동력경운기의 브5장식 브레이크이다.

35. 농기계 디젤 기관의 압축압력을 측정하였더니 $33.6kgf/cm^2$가 나왔다. 규정 압축 압력의 몇 % 인가? (단, 규정 압축압력 $48kgf/cm^2$이다.)

① 50%　　　　② 60%
③ 70%　　　　④ 80%

> **해설** 규정압축압력율(%) $= \dfrac{측정압축압력}{규정 압축압력} \times 100$
>
> $= \dfrac{33.6}{48} \times 100 = 70\%$

36. 다음 중 커넥팅 로드 대단부 베어링이 헐거워졌을 경우 나타나는 결과에 해당하는 것은?

① 유압이 높아진다.
② 노킹이 잘 일어난다.
③ 엔진 소음이 심해진다.
④ 크랭크 케이스 블로우 바이가 심해진다.

> **해설** 커넥팅 로드 대단부 베어링이 헐거워지면 크랭크 축과 베어링의 충격으로 인해 엔진 소음이 심해진다.

37. 다음 중 유압 조절 밸브의 스프링 장력을 세게 하면 유압은 어떻게 되는가?

① 높아진다.
② 낮아진다.
③ 변화가 없다.
④ 높아졌다가 낮아진다.

> **해설** 유압조절밸브는 스프링 장력으로 유압을 조절한다. 스프링의 장력을 세게 하면 유압 또한 높아진다.

38. 다음 중 콤바인 예취칼날의 가장 알맞은 간격은?

① 0.01~0.05mm　　② 0.1~0.5mm
③ 1~5mm　　　　④ 10~15mm

> **해설** 콤바인의 예취칼날의 간격(간극)은 0.1~0.5mm이다.

39. 다음 중 트랙터에 장착되어 있는 차동잠금 장치를 사용할 농경지로서 가장 적합한 곳은?

① 가뭄으로 인한 건답 농경지
② 바퀴 침하가 심하지 않은 농경지
③ 차륜의 슬립이 심하지 않은 농경지
④ 습지에서와 같이 토양의 추진력이 약한 농경지

해설 습지나 추진력이 약한 농경지에서는 차동장치가 장착되면 부하가 적게 걸리는 차륜만 회전하기 때문에 차동장치가 작동하지 않도록 잠그는 역할을 하여 구동차륜이 같이 회전할 수 있도록 한다.

40. 다음 중 디젤 기관에서 공기 빼기 장소가 아닌 것은?

① 연료공급 펌프
② 연료탱크의 드레인 플러그
③ 분사펌프의 블리딩 스크류
④ 연료여과기 오버플로우 파이프

해설 연료탱크의 드레인 플러그는 공기를 빼는 곳이 아니라 연료를 빼는 곳이다.

41. 수도 이앙기에서 평당 주수 조절은 무엇을 조절하는가?

① 유압조절
② 주간거리 조절
③ 플로트 조절
④ 횡이송과 종이송 조절

해설 수도 이앙기의 평당 주수 조절은 주간거리 조절로 한다.

42. 다음 중 유압브레이크 구조에서 브레이크슈를 드럼에 압착하는 장치는?

① 휠 실린더
② 마스터 실린더
③ 리턴 스프링
④ 브레이크 라이닝

해설
- **마스터 실린더** : 유압유를 이용하여 압력을 만드는 역할을 한다.
- **휠 실린더** : 브레이크 슈를 드럼에 압착하는 장치
- **리턴 스프링** : 압력을 가할 때는 브레이크 슈가 드럼에 압착을 하고 압력이 해지되면 스프링에 의해 복귀하게 한다.
- **브레이크 라이닝** : 드럼과 라이닝이 접촉하여 마찰력에 의해 제동하게 된다.

43. 다음 중 다목적 관리기의 기관 성능을 나타내는 요소와 가장 거리가 먼 것은?

① 견인력
② 연료소비율
③ 정격 출력
④ 최대 출력

해설 다목적 관리기의 기관 성능을 견인력으로 표현하지 않는다. 견인력을 토양의 마찰력, 전단력에 따라 다르므로 기준을 잡기 어렵다.

44. 트랙터 유압장치 중 위치 제어 레버와 견인력 제어 레버에 대한 설명으로 옳은 것은?

① 위치 제어 레버는 쟁기 작업, 견인력제어 레버는 로터리 작업에 주로 사용한다.
② 위치제어 레버는 작업기의 속도제어, 견인력제어 레버는 작업기의 상승 및 하강 제어에 사용한다.
③ 위치 제어 레버는 작업기의 부하제어, 견인력제어 레버는 작업기의 상승 및 하강 제어에 사용한다.
④ 위치 제어 레버는 로터리 작업, 견인력제어 레버는 쟁기 작업에 주로 사용한다.

해설 위치 제어 레버는 로터리 작업에 사용하고 견인 제어 레버는 쟁기 작업에 사용한다. 위치 제어 레버는 작업기의 상승 및 하강 제어에 사용하고 견인 제어 레버는 작업기의 속도제어를 한다.

45. 다음 중 동력경운기의 주클러치가 잘 끊어지지 않을 경우의 조정 방법으로 가장 올바른 것은?

① 클러치 캠의 높이를 높인다.
② 주 클러치 링케이지(연결로드)의 길이를 조금 길게 해 준다.
③ 클러치 스프링 조정너트를 이용하여 클러치 스프링의 설치 길이를 줄인다.
④ 클러치 스프링 조정너트를 이용하여 클러치 스프링의 설치 길이를 길게 한다.

해설 클러치 캠의 높이는 조정이 안 된다. 주 클러치 링케이지(연결로드)의 길이를 길게 하면 유격이 커지므로 주 클러치가 끊어지지 않는다. 클러치 스프링 조정너트를 이용하여 클러치 스프링의 설치 길이를 길게 해야 한다.

46. 농기 계 사용 시 사고를 예방하는 방법으로 옳은 것은?

① 매년 한 번씩 기계의 점검과 정비를 게을리 하지 말 것
② 기계의 성능과 자기 기술을 초월하여 사용할 것
③ 항상 완전한 상태의 기계를 사용할 것
④ 생산 가격을 충분히 알아 둘 것

47. 농업기계의 안전사항으로 틀린 것은?

① 과열된 엔진에 손이 닿으면 화상을 입으니 주의한다.
② 운반 작업은 적재량에 준수한다.
③ 트랙터 정차 시 주차 브레이크를 사용한다.
④ 동력 경운기 운전 시 경사지를 오를 때는 기어변속을 신속하게 처리한다.

해설 동력 경운기 운전 시 경사자를 오르거나 내리막길에서는 기어변속은 하지 않는다.

48. 동력기계인 그라인더 연삭작업 안전수칙으로 옳은 것은?

① 숫돌차를 교환하기 전에 외관을 점검하고 균열을 검사 할 것
② 숫돌차와 받침대 사이의 간격은 10mm 이하로 할 것
③ 숫돌을 교환한 후 사용 전 20분 정도 시운전을 할 것
④ 시동 전 보안경은 착용하지 말 것

해설 숫돌차와 받침대 사이의 간격은 5mm이하로 할 것
숫돌을 교환한 후 사용 전 3분 정도 시운전을 할 것
시동 전 보안경을 착용할 것

49. 보호구의 관리 및 사용방법으로 틀린 것은?

① 상시 사용할 수 있도록 관리한다.
② 청결하고 습기가 없는 장소에 보관, 유지시켜야 한다.
③ 방진 마스크의 필터 등을 상시 교환할 충분한 양을 비치하여야 한다.
④ 보호구는 공동 사용하므로 개인전용 보호구는 지급하지 않는다.

해설 보호구는 개인 전용 보호구를 지급한다.

50. 재해 원인에 대한 분류 중 직접원인에 해당하는 것은?

① 기술적 원인   ② 교육적 원인
③ 인적 원인   ④ 관리적 원인

해설 재해원인은 인적원인, 기계적 원인, 환경적 원인이 있다.

51. 사고의 종류에 대한 설명 중 틀린 것은?

① 충돌현상 : 사람이 정지물에 부딪힌 경우
② 추락현상 : 사람이 건축물, 기계 등에서 떨어지는 경우
③ 협착현상 : 사람이 미끄러짐에 의해 넘어지는 경우
④ 폭발현상 : 압력의 급격한 발생 또는 개방으로 폭음을 수반한 팽창이 일어난 경우

해설 협착현상 : 기계가 움직이는 부분 사이 또는 움직이는 부분과 고정 부분 사이에 신체 또는 신체의 일부분이 끼이거나 물리는 경우

52. 농업기계 안전관리 중 운반기계의 안전수칙으로 틀린 것은?

① 규정 중량 이상은 적재하지 않는다.
② 부피가 큰 것을 적재할 때 앞을 보지 못할 정도로 쌓아 올리면 안 된다.
③ 물건이 움직이지 않도록 로프로 반드시 묶는다.
④ 물건 적재 시 가벼운 것을 밑에 두고, 무거운 것을 위에 놓는다.

해설 물건 적재 시 무거운 것을 밑에 두고, 가벼운 것을 위로 놓는다.

53. 다음 중 방진 안경을 착용해야 하는 작업이 아닌 것은?

① 선반작업   ② 용접작업
③ 목공기계작업   ④ 밀링작업

해설 용접작업에는 치광 안경을 사용해야한다.

54. 수직 휴대용 연삭기의 허용되는 덮개 최대 노출 각도는?

① 60°
② 120°
③ 180°
④ 240°

> **해설** 수직 휴대용 연삭기의 허용되는 덮개의 최대 노출 각도는 180°이다.

55. 농업기계의 보관관리 방법으로 틀린 것은?

① 기계사용 후 세척하고 기름칠하여 보관한다.
② 보관 장소는 건조한 장소를 선택한다.
③ 장기 보관 시 사용설명서에 제시된 부위에 주유한다.
④ 장기 보관 시 공기타이어의 공기 압력을 낮춘다.

> **해설** 장기 보관 시 공기 타이어의 공기 압력은 표준으로 한다.

56. 기계 정지 상태 시의 점검사항이 아닌 것은?

① 급유상태
② 힘이 걸린 부분의 흠집, 손상의 이상 유무
③ 방호장치, 동력전달장치의 점검
④ 기어의 맞물림 상태

> **해설** 기어의 맞물림 상태는 기동 중에 작동시켜 점검해야 한다.

57. 인간 활동의 근원은 일을 함으로써 물건의 가치증진을 통한 인간생활의 풍요로움을 추구하는 행위이다. 다음 중 물건을 운반하는 노동에 해당하는 것은?

① 소유가치 이전의 증진
② 시간적 효용의 증진
③ 장소적 효용의 증진
④ 형태적 효용의 증진

> **해설** 물건을 운반하는 것은 장소를 옮기는 작업과 동일하다. 운반은 장소를 옮겨 효용을 증진하는 기능을 한다.

58. 전동공구 사용에 대한 안전수칙 중 틀린 것은?

① 감전 사고에 주의한다.
② 회전하는 공구의 과부하에는 신경을 쓰지 않는다.
③ 전선코드의 취급을 안전하게 한다.
④ 물이 묻은 손으로 작업해서는 안 된다.

> **해설** 전동공구는 회전하는 공구이므로 과부하에 신경 쓰며 사용해야 한다.

59. 동력 살분무기 사용에 대한 안전사항으로 틀린 것은?

① 시동로프를 당겨 시동할 때 뒤편에 사람이 있는지를 확인할 것
② 방독 마스크를 착용할 것
③ 농약 살포 시 항상 바람을 안고 작업할 것
④ 과열된 엔진에 손이 닿으면 화상을 입으므로 주의할 것

> **해설** 살포 시에는 항상 바람을 등지고 작업해야 한다.

60. 해머 작업 시 안전사항으로 틀린 것은?

① 해머 작업 시 장갑을 끼고 할 것
② 작업에 맞는 무게의 해머를 선택할 것
③ 해머 작업 시 기름 묻은 손으로 작업하지 말 것
④ 해머로 녹슨 것을 때릴 때는 반드시 보안경을 쓸 것

> **해설** 해머작업 시에는 장갑을 끼지 않는데 그 이유는 큰 힘으로 가했을 시 망치의 손잡이와 손의 마찰력이 감소하여 미끄러질 수 있기 때문이다.

국가기술자격 필기시험문제

2016년도 1회 기능사 필기시험				수검번호	성 명
자격종목 및 등급(선택분야)	종목코드	시험시간	문제지형별		
농기계 정비기능사	**6300**	**1시간**			

1. 이앙기의 운전 조작부에 속하는 클러치 레버에 속하지 않는 것은?

① 연료 클러치 레버　② 주 클러치 레버
③ 조향 클러치 레버　④ 식부 클러치 레버

해설 이앙기는 동력을 전달하는 주 클러치 레버, 방향전환을 위한 조향 클러치 레버, 모를 심을 수 있는 식부 클러치레버로 구성되어 있다.

2. 디젤 기관에서 압축압력 측정 방법에 관한 설명 중 잘못된 것은?

① 기관 오일, 기동전동기, 배터리가 정상 상태인지 점검한다.
② 기관을 가동 시킨 후 정상 온도를 올린 다음 측정한다.
③ 측정하기 전 기관을 크랭킹시켜 실린더로부터 이물질을 배출시키고 측정한다.
④ 분사노즐 및 예열 플러그를 전부 빼고 시험한다.

해설 디젤기관의 압축압력 측정을 위해서 기관오일, 기동전동기, 배터리가 정상인지 확인한다. 기관을 가동시킨 후 정상 온도로 상승시킨다. 측정하기 전 기관을 크랭킹시켜 실린더로부터 이물질을 배출시키고 측정한다. 분사노즐을 분리하고 압력계를 끼워 고정시킨 후 측정한다.

3. 트랙터를 장기간 사용하지 않고 보관하기 위한 방법으로 거리가 먼 것은?

① 각부를 깨끗이 세차한다.
② 냉각수를 새로운 것으로 교체한다.
③ 유압기구의 리프트 암을 완전히 올려둔다.
④ 타이어에 무리가 가지 않도록 전후 차축을 받쳐둔다.

해설 장기간 보관할 때에는 냉각수를 새것으로 교체하지 않아도 된다.

4. KS에서 규정하는 트랙터의 호칭 PTO 정격 속도 2가지가 옳게 짝지어진 것은?

① 540rpm, 1000rpm
② 640rpm, 1200rpm
③ 840rpm, 1500rpm
④ 940rpm, 2000rpm

해설 트랙터 PTO의 KS 규격은 540rpm, 1,000rpm이다.

5. 로터리 경운날의 종류에 속하지 않는 것은?

① ㄷ자형　　　② 작두형
③ 나사형　　　④ 보통형

해설 로터리 경운날의 종류에는 작두형 날, 보통형 날, ㄴ자형 날, 스크루형(나사형)이 있다.

6. 조향 클러치의 베어링 부분 점검 과정에 대한 설명으로 옳지 않은 것은?

① 가솔린으로 씻고 내부의 먼지, 그리스 등을 완전히 압축공기로 불어내고 깨끗이 한 다음 점검한다.
② 베어링을 돌려보고 가볍게 회전하는가? 걸리거나 끄떡거림이 없는가? 등을 점검한다.
③ 취부할 때에는 내륜 회전을 하는 것은 외륜을, 외륜 회전을 하는 것은 내륜을 삽입하도록 한다.
④ Z, ZZ형은 회전을 하면서 걸림, 끄덕거림 이외에도 실드면 등도 점검한다.

ANSWER　**1.**①　**2.**④　**3.**②　**4.**①　**5.**①　**6.**③

7. 트랙터에서 로터베이터의 좌우 수평의 조정은 무엇으로 하는가?

① 유니버설 조인트의 길이
② 상부 리프트 로드의 길이
③ 우측 리프트 로드의 길이
④ 좌측 리프트 로드의 길이

해설 트랙터의 로터베이터의 좌우 수평은 하부링크 우측 리프트 로드의 길이로 조정한다.

8. 변속기에서 변속기의 입력속도가 1500[rpm]이고 입력토크는 20N·m일 때 출력속도가 800[rpm]이 될 경우 출력 토크는 약 몇 N·m 인가? (단 동력 전달 과정에서 손실 요소는 없다고 가정한다)

① 75
② 10.66
③ 37.5
④ 4

해설 동력 전달 과정에서 손실이 없으므로 회전이 감소했기 때문에 출력 토크는 올라간다.

$$회전비 = \frac{1,500rpm}{800rpm} = 1.875$$

$$출력토크 = 20Nm \times 1.875 = 37.5Nm$$

9. 파종기에 시비기를 장착하여 종자파종과 시비 작업을 동시에 할 수 있는 것은?

① 산파기
② 살포기
③ 구절기
④ 조파기

해설 종자 파종과 비료 시비 작업을 동시에 할 수 있는 파종기는 조파기이다.

10. 우리나라에서 사용하고 있는 일반적인 벼의 도정작업공정 순서로 옳은 것은?

① 제현 과정 → 정선 과정 → 정미 과정 → 연미 과정 → 선별 과정
② 정선 과정 → 제현 과정 → 정미 과정 → 연마 과정 → 선별 과정
③ 정선 과정 → 제현 과정 → 연미 과정 → 정미 과정 → 선별 과정
④ 정선 과정 → 제현 과정 → 정미 과정 → 선별 과정 → 연미 과정

해설 벼의 도정작업 공정 순서는 정선과정. 제현 과정, 정미 과정, 연마 과정, 선별 과정을 거치게 된다.

11. 보시형 분사펌프에서 조정심을 넣어 분사시기를 조정하는데 0.1mm 두께에 몇 도(°)의 분사시기가 조정이 되는가?

① 1°
② 2°
③ 3°
④ 4°

해설 분사시기 조정 시 분사펌프를 분리하여 조정심(얇은 철판 또는 동판)을 1장(0.1mm)를 끼우면 1°의 분사시기가 변한다.

12. 트랙터 내연기관의 냉각수에 주로 사용되는 부동액 성분으로 맞는 것은?

① 에틸렌글리콜
② 암모니아수
③ 염소
④ 칼슘

해설 부동액은 메탄올, 글리세린, 에틸렌글리콜, 알코올 등으로 구성되는데 가장 많이 사용되는 것은 에틸렌글리콜이다.

13. 3KW의 양수기를 가동하려면 최소 몇 PS의 출력을 내는 엔진이 필요한가? (단 효율은 무시한다.)

① 2.21
② 4.08
③ 5.22
④ 6.08

해설 1kW는 1.36PS이므로, 3×1.36PS=4.08PS이 된다.

14. 자탈형 콤바인에서 벨 작물을 잡아주고 쓰러진 작물을 일으켜 세우는 역할을 하는 것은?

① 전처리부
② 반송부
③ 탈곡부
④ 선별부

해설 자탈형 콤바인에서 벨 작물을 잡아주고 쓰러진 작물을 일으켜 세우는 역할을 하는 부분을 **전처리부**라고 한다.
반송부는 베어진 벼를 탈곡부로 이송하는 역할을 한다.
탈곡부는 반송부에서 전달된 벼를 탈곡하는 역할을 한다.
선별부는 탈곡된 벼를 풍압, 진동 등을 통하여 이물질 및 먼지를 제거하는 역할을 한다.

15. 동력 분무기 취급 시 상용 압력(kgf/cm^2) 범위에 속하는 것은?

① 5 ~ 10
② 25 ~ 30
③ 40 ~ 60
④ 70 ~ 100

해설 동력 분무기의 사용압력은 25~30kgf/cm^{2}이다.

16. 내연 기관에서 피스톤 링의 작용이 아닌 것은?

① 기밀 작용
② 가스 배출 작용
③ 열전도 작용
④ 오일 제어 작용

해설 피스톤 링은 가스가 새어나가지 않도록 하는 기밀작용과 열전도작용, 오일을 실린더에 적당이 도포하는 오일 제어 작용을 한다.

17. 기관에서 TDC는 무엇을 표시하는 것인가?

① 상사점
② 하사점
③ 분사 시기
④ 행정

해설 TDC는 압축 상사점을 표시한다.
BDC는 하사점을 표시한다.

18. 트랙터 작업기 부착 시 유니버셜 조인트 고정 핀의 돌출량은 약 몇 mm 이상이어야 하는가?

① 1
② 5
③ 11
④ 30

19. 동력 경운기 변속 레버가 잘 들어가지 않는 원인으로 거리가 먼 것은?

① 드럼의 유격 확대
② 주 클러치 불량
③ 기어마모
④ 변속포크 불량

해설 드럼의 유격확대는 브레이크에 해당되는 부품이므로 변속과는 상관이 없다.

20. 동력 경운기의 브레이크 드럼은 다음 중 어느 축에 고정되어 있는가?

① 차축
② 주축
③ 부 변속축
④ 조향 클러치축

해설 브레이크 드럼은 부 변속축에 고정되어 있다.

21. 일반적인 동력 경운기의 조향 클러치 형식은 무엇인가?

① 원추 클러치
② 맞물림 클러치
③ 유체 클러치
④ 원심 클러치

해설 동력 경운기와 다목적 관리기는 맞물림 클러치를 사용한다.

22. 직접 분사식 디젤 경운기에 사용해야 할 연료로 가장 알맞은 것은?

① 등유
② 중유
③ 휘발유
④ 경유

해설 디젤이기 때문에 경유를 사용한다.

23. 다음 중 가솔린 기관의 점화 장치를 구성하는 요소가 아닌 것은?

① 기화기
② 마그네토
③ 점화 플러그
④ 단속기

해설 가솔린 기관의 점화장치는 자력을 이용하여 전압을 생성하여 불꽃을 일으키는 장치이다. 마그네트, 1차 코일, 콘덴서, 2차 코일을 거쳐 점화 플러그로 전달된다. 기화기는 연료와 공기의 혼합비를 조정하는데 사용된다.

24. 트랙터에서 토-인[toe-in]이 맞지 않을 때 일어나는 현상으로 거리가 먼 것은?

① 핸들이 몹시 떨린다.
② 조향 시 핸들이 몹시 무겁다.
③ 차체에 휨이 생긴다.
④ 타이어에 편 마모가 생긴다.

해설 토인이 맞지 않더라도 차체가 휨이 발생하지 않는다.

25. 동력 경운기에서 주 클러치를 연결하여도 힘이 안 나거나 전혀 움직이지 않을 때의 원인과 거리가 먼 것은?

① 클러치의 유격이 너무 적어 미끄러지고 있다.
② 마찰판이 타서 심하게 소손되었다.
③ 압력스프링의 장력이 너무 세다.
④ 클러치 내부에 윤활유가 누유되었다.

해설 압력 스프링의 장력이 너무 세면 동력 전달이 정상적으로 이루어진다.

26. 크랭크축의 오일 베어링 간극이 작을 경우 나타나는 현상으로 거리가 먼 것은?

① 오일 공급 불량으로 유막이 파괴될 수 있다.
② 오일 소비량이 커진다.
③ 윤활 불량으로 마찰 및 마모가 증대된다.
④ 심하면 소결될 수도 있다.

해설 오일의 열에 의해 소모되는데 마찰열이 대부분이다. 오일 베어링 간극이 작을 경우에는 소비량이 감소하게 된다.

27. 트랙터에서 엔진오일 점검 시 배기가스에 의해 심하게 오염되었을 때의 색은?

① 우유 색에 가깝다.
② 붉은 색에 가깝다.
③ 회색에 가깝다.
④ 검은색에 가깝다.

해설 엔진오일에 배기가스에 의해 오염되면 검은색으로 변한다.

28. 농업기계 분야에서 유압장치의 주요 3대 요소에 해당되지 않는 것은?

① 유압 펌프
② 제어 밸브
③ 유압 실린더
④ 유압 필터

해설 유압장치의 3대 요소는 유압 펌프, 유압 밸브, 유압 실린더(유압 액추에이터)이다.

29. 트랙터의 운행 중 차동 잠금 장치를 사용하면 안 되는 경우는?

① 진흙 포장에서 주행이 곤란할 때
② 도로 주행 시 커브 길을 회전할 때
③ 미끄러운 포장에서 한쪽 바퀴가 공회전할 때
④ 쟁기 작업 시 바퀴가 고랑에서 미끄러졌을 때

해설 도로 주행 시 커브 길을 회전할 때에는 차동 잠금장치를 사용하면 회전반경이 커지므로 사용해선 안 된다.

30. 관리기에서 주요 케이블의 유격을 조정 후 주유해야 하는 부문으로 거리가 먼 것은?

① 주 클러치 와이어
② 텐션 암
③ 핸들 상하좌우 조정 와이어
④ V 벨트

해설 동력이 전달되는 V벨트에는 주유를 하지 않는다.

31. 그림과 같은 직·병렬회로의 합성저항은?

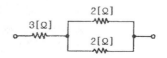

① 1[Ω]
② 2[Ω]
③ 4[Ω]
④ 7[Ω]

해설 직병렬 회로이므로 병렬의 합성저항을 구하고 직렬과 함께 더하면 합성저항이 된다.

병렬연결의 합성저항은 $\dfrac{1}{R_a} = \dfrac{1}{R_1} + \dfrac{1}{R_2} = \dfrac{1}{2} + \dfrac{1}{2} = 1$

$R_a = 1\Omega$

직렬저항 $R_b = 3\Omega$

$R_t = R_a + R_b = 1 + 3 = 4\Omega$

32. 직류 직권 전동기의 특성으로 옳지 않은 것은?

① 전동기에 부하가 걸렸을 때에는 회전속도는 빠르나 회전력이 작다.
② 부하가 작아지면 회전력이 감소되나 회전수는 점차로 커진다.
③ 전동기의 부하가 걸렸을 때에는 회전속도는 낮으나 회전력이 크다.
④ 부하를 크게 하면 회전 속도가 낮아지고 흐르는 전류는 커진다.

해설 전동기에 부하가 걸렸을 때에는 회전속도는 감소하나 회전력이 커진다.

33. 물질이 양전기나 음전기를 띠게 되는 현상을 무엇이라고 하는가?

① 접지
② 대전
③ 전기량
④ 중성자

해설 • 접지 : 전기회로 또는 전기 장비의 한 부분을 도체를 이용하여 땅에 연결하는 방법(전기의 흐름 유도)
• 대전 : 물질이 양전기나 음전기를 띠게 되는 현상

34. 축전지의 전해액의 규정량은 보통의 경우 극판 위 몇[mm] 만큼 채워져 있어야 하는가?

① 7~10 [mm] ② 10~13 [mm]
③ 15~20 [mm] ④ 20~25 [mm]

해설 축전지의 전해액은 규정량은 극판 위 10~13mm로 한다.

35. 다음 중 납축전지에서 충전 및 방전할 때의 작용은?

① 화학적 작용 ② 전기적 작용
③ 기계적 작용 ④ 물리적 작용

해설 납축전지는 화학적 작용을 하여 충방전을 한다.

36. 직류 전동기에서 외부 회로와 내부 회로를 접속하는 역할을 하는 것은?

① 계자 ② 고정자
③ 전기자 ④ 브러시

해설 외부 회로에서 브러시에 연결하여 내부 회로인 정류자와 접속하여 연결된다.

37. 4[Ω]과 6[Ω]의 저항을 직렬로 접속할 때 합성 컨덕턴스는?

① 0.5[℧] ② 0.33[℧]
③ 0.1[℧] ④ 1.0[℧]

해설 컨덕턴스는 전리회로에서 회로 저항의 역수
$4+6=10$

$$콘덕턴스 = \frac{1}{10} = 0.1$$

38. 다음 중 1[Wh]는 몇 [J]인가?

① 1[J] ② 3600[J]
③ 3.6×106[J] ④ 100[J]

해설 1J·s는 1W·s와 같으므로 시간을 초로 변환하면 1Wh=3600J·s이 된다.

39. 1.5[V]의 전위차로 3[A]의 전류가 2분 동안 흐를 경우 이는 몇 [J]에 해당되는가?

① 9[J] ② 45[J]
③ 250[J] ④ 540[J]

해설 W=I×V=1.5×3=4.5W
4.5W×120s=540J

40. 축전지를 충전할 때 충전이 완료되어 충전 한계 시에 나타나는 현상이다. 옳은 것은?

① 전해액은 거품이 나고 전해액은 회백색이 되며 두 극판은 유백색의 빛을 띤다.
② 전해액은 변하지 않으나 전해액은 증가되고 두 극판은 유백색으로 변화되며 흰 연기가 난다.
③ 축전지에서 고열이 발생되며 축전지의 윗부분이 부풀어 오른다.
④ 전해액으로부터 거품이 나고 전해액은 유백색으로 변하며 두 극판은 농갈색으로 변한다.

해설 축전지를 충전할 때 충전이 완료되어 충전 한계 시에는 전해액으로부터 거품이 나고, 전해액이 유백색으로 변하며, 두 극판은 농갈색으로 변한다.

41. 다음 중 농업용 트랙터 전조등에 주로 사용되는 전구는?

① 3[V], 12[W]
② 5[V], 15[W]
③ 12[V], 25[W]
④ 18[V], 60[W]

해설 트랙터의 전원은 12V를 사용하고 전조등은 25W를 사용한다.

42. 납축전지의 전해액이 자연 감소되었을 때 보충액으로 적합한 것은?

① 묽은황산
② 소금물
③ 산성수
④ 증류수

해설 납축전지의 전해액이 감소하면 증류수를 보충한다.

43. 아날로그형 회로 시험기의 사용법 설명 중 잘못된 것은?

① 저항, 직류 전압, 전류 및 교류 전원을 측정할 수 있다.

② 트랜지스터, 다이오드의 절연 저항을 측정할 수 있다.

③ L과 C 값은 측정할 수 없다.

④ 직류 측정 시 (+), (−) 단자의 극성에 유의한다.

해설 L은 리액턴스, C는 캐패시터 값을 측정할 수 있다.

44. 60[Hz], 3상 유도전동기 6극의 전부하 시의 회전수가 1140[rpm]이다 이 때 슬립은?

① 4[%]　　　　② 5[%]

③ 6[%]　　　　④ 7[%].

해설 동기속도를 구하고 동기속도를 회전수로 나누어 백분율 한다.

$$동기속도 = \frac{120 \times f}{극수} = \frac{120 \times 60}{6} = 1,200 rpm$$

실제 회전수 : 1,140 rpm

$$슬립율(\%) = \frac{1,200 - 1,140}{1,200} \times 100 = \frac{60}{1200} \times 100 = 5\%$$

45. 전기 저항은 단면적이 클수록 어떻게 변하는가?

① 작아진다.

② 커진다.

③ 단면적에 관계가 없다.

④ 단면적을 변화시킬 때는 항상 증가한다.

해설 단면적이 커질수록 전기저항은 작아진다.

46. 다음 중 안전보건표지의 종류와 의미가 잘못 연결된 것은?

① 녹색 – 안내

② 빨간색 – 금지

③ 노란색 – 경고

④ 파란색 – 긴급위험

해설 빨간색 : 정지, 금지

주황색 : 위험

노란색 : 주의

청색 : 임의로 조작하면 안 되는 지역 표시

녹색 : 대피장소 또는 방향을 표시, 지도표시등

흰색 : 통로의 표지, 방향 지시

흑색(검정색) : 위험표지의 글씨, 보조색 등에 사용

보라색 : 방사능 등의 표시

47. 다음 중 수공구에 의한 재해 예방을 위한 일반적인 유의사항이 아닌 것은?

① 사용 전에 이상 유무를 반드시 점검한다.

② 무리한 힘으로 공구를 취급하지 않는다.

③ 사용 전에 충분한 사용법을 숙지하고 익히도록 한다.

④ 공구를 사용하고 나면 찾기 쉬운 곳 아무 곳에나 놔둔다.

해설 공구를 사용하고 나면 찾기 쉬운 공구함에 정리 정돈한다.

48. 농업기계의 정비 시 상시적으로 정밀한 작업을 하는 장소의 작업면 조도 기준으로 옳은 것은?

① 50럭스 이상　　② 100럭스 이상

③ 150럭스 이상　　④ 300럭스 이상

해설 농업기계의 정비 시 상시적으로 정밀한 작업을 하는 장소의 조도 기준은 300lx이다.

49. 다음 중 배터리의 취급 시 안전사항으로 틀린 것은?

① 전해액 혼합 시 플라스틱 또는 고무 용기를 사용할 것

② 축전지 전해액의 온도가 급격히 높아지지 않도록 주의할 것

③ 전해액이 담긴 병을 옮길 때는 보호 상자에 넣어 안전하게 운반할 것

④ 축전지 표면에 있는 침식물이나 먼지 등을 입으로 불거나 공기호스 등을 이용하여 청소하지 말 것

해설 전해액은 강산성이기 때문에 플라스틱 또는 고무용기를 사용하면 산화되므로, 질그릇을 사용해야 한다.

50. 다음 중 자연 발화의 방지법과 가장 거리가 먼 것은?

① 습도가 낮은 곳에 저장한다.
② 저장실의 온도 상승을 방지한다.
③ 해당 물질의 표면적이 넓은 것을 모아 저장한다.
④ 통풍이나 저장법을 고려하여 열 축적을 방지한다.

해설 물질의 표면적이 넓은 것은 뛰어서 저장한다.

51. 다음 중 불안전한 상태에 해당하지 않는 것은?

① 작업장 환기 불량
② 안전장치 해체
③ 위험한 물질의 방치
④ 기계의 정비 불량

52. 다음 중 농업용 트랙터에 부착하는 안전표지의 목적과 가장 거리가 먼 것은?

① 위험을 확인하기 위하여
② 위험의 정도 및 취급요령을 설명하기 위하여
③ 현존 또는 잠재적인 위험을 경고하기 위하여
④ 위험을 피할 수 있는 방법을 알려 주기 위하여

해설 위험의 정도 및 취급요령을 설명하기 위해서는 안전표지보다는 취급설명서가 적합하다.

53. 화물을 인양하기 위해 사용되는 와이어로프를 사용 하여서는 아니 되는 것은?

① 두 개를 연결한 것
② 킹크가 발생하지 않은 것
③ 지름의 감소가 공칭지름의 5% 정도인 것
④ 한 꼬임에서 끊어진 소선(素線)의 수가 7% 정도인 것

해설 와이어로프는 두 개를 연결하여 사용하지 않는다.

54. 다음 중 드릴 작업 시 일감이 드릴과 같이 회전하여 사고가 발생하기 가장 쉬운 때는?

① 처음 시작할 때
② 절삭 저항이 적을 때
③ 구멍을 중간정도 뚫을 때
④ 거의 구멍이 다 뚫렸을 때

해설 드릴작업 시 거의 구멍을 다 뚫려 갈 때 회전력이 가장 크게 발생하므로 주의해야 한다.

55. 다음 중 사고 및 재해에 있어 가장 큰 원인이 되는 것은?

① 천재지변
② 작업자의 부주의
③ 안전 교육의 부재
④ 장비 및 공구의 방치

56. 다음 중 공구 사용 후의 정리 정돈 방법으로 가장 적합한 것은?

① 지정된 공구 상자에 보관한다.
② 작업장 재료 창고 입구에 보관한다.
③ 통풍이 좋은 임의의 장소에 보관한다.
④ 햇빛이 잘 드는 외부 장소에 보관한다.

57. 다음 중 농기계의 장기 보관 방법으로 적절하지 않은 것은?

① 벨트나 체인은 따로 분리하여 보관한다.
② 도장되어 있지 않은 부분은 기름을 발라 둔다.
③ 보관 장소는 되도록 채광이 잘 드는 곳을 택한다.
④ 실린더 내에 기관 오일을 주유하고 피스톤을 압축 상사점에 놓는다.

해설 보관 장소는 되도록 채광이 들지 않는 곳이 좋다.

58. 다음 중 보호구를 선정할 때 일반적인 주의 사항으로 틀린 것은?

① 내구성이 좋아야 한다.
② 신체의 노출이 많도록 한다.
③ 해당 작업에 적합하여야 한다.
④ 작업 중 활동에 저항을 주지 말아야 한다.

해설 보호구는 신체의 노출을 최소화해야 한다.

59. 다음 중 안전 교육 내용으로 적합하지 못한 것은?

① 안전 생활 태도에 관한 사항
② 재해의 발생원인 및 대처에 관한 사항
③ 산업재해 보상과 보험금 지급에 관한 사항
④ 안전복장 및 보호구의 착용 방법에 관한 사항

60. 다음 중 가스 용접에 있어 준수하여야 하는 안전수칙으로 틀린 것은?

① 밸브의 개폐는 서서히 할 것
② 용기의 온도를 섭씨 40도 이하로 유지할 것
③ 용해 아세틸렌의 용기는 항상 안전을 위해서 뉘여서 보관할 것
④ 작업을 중단하거나 마치고 작업장소를 떠날 경우에는 가스 등의 공급구의 밸브나 콕을 잠글 것

해설 용해 아세틸렌의 용기는 항상 안전을 위해서 세워서 보관해야 한다.

국가기술자격 필기시험문제

2016년도 2회 기능사 필기시험

자격종목 및 등급(선택분야)	종목코드	시험시간	문제지형별	수검번호	성 명
농기계 정비기능사	**6300**	**1시간**			

1. 다음 중 경운기의 조향 클러치를 나타내는 말이 아닌 것은?

① 맞물림 클러치
② 도그(dog) 클러치
③ 사이드(side) 클러치
④ 마찰 클러치

> **해설** 경운기와 다목적 관리기에 사용되는 조향 클러치의 형식은 물림 클러치 또는 맞물림 클러치를 사용하고 도그 클러치라고도 한다. 좌우 조향 클러치를 사이드 클러치라고 부른다.

2. 승용 트랙터 토인 측정 전 준비 작업에서 맞지 않는 것은?

① 적차 상태에서 측정한다.
② 타이어 공기압력을 규정 압력으로 한다.
③ 조향장치 각부 볼 조인트와 링키지의 마모를 점검한다.
④ 앞바퀴 베어링 유격을 점검하고, 필요 시 허브 너트를 조여 수정한다.

> **해설** 토인 측정 시 공차 상태에서 측정한다. 타이어 공기압력은 규정 압력으로 한다. 조향장치 각부 볼 조인트와 링키지의 마모를 점검하고 앞바퀴 베어링 유격을 점검하고 필요 시 허브 너트를 조여 수정한다.

3. 디젤 기관과 가솔린 기관을 비교하였을 때 옳은 것은?

① 디젤 기관의 압축비가 더 낮다.
② 가솔린 기관의 소음이 더 심하다.
③ 디젤 기관의 열효율이 더 높다.
④ 같은 출력일 때 가솔린 기관이 더 무겁다.

> **해설** 디젤 기관은 가솔린 기관보다 압축비가 2배가량 높다. 디젤 기관이 압축비, 폭발압력 등이 크므로 소음이 심하다. 디젤 기관의 효율이 가솔린 보다 높고 같은 출력일 때 디젤 기관이 더 무겁다.

4. 트랙터에서 변속 기어의 요구 특성으로 볼 수 없는 것은?

① 높은 응력에 견딤
② 압축 계면응력에 견딤
③ 피로 저항이 작음
④ 표면경도가 높음

> **해설** 변속 기어는 피로 저항이 커야 한다.

5. 클러치 분해 점검 사항이 아닌 것은?

① 런 아웃
② 마멸 상태
③ 스프링 장력
④ 자재이음

> **해설** 런 아웃은 클러치가 회전하면서 진동이 발생되는 현상이다. 또한 분해 점검해야하는 것은 마멸 상태, 스프링 장력이 이상이 있을 시에 점검해야 한다.

6. 바퀴형 트랙터의 동력 전달 순서를 올바르게 나열한 것은?

① 엔진 - 주행변속장치 - 주 클러치 - 최종감속장치(차동장치포함) - 차축
② 엔진 - 주 클러치 - 주행변속장치 - 차축 - 최종감속장치(차동장치포함)
③ 엔진 - 주 클러치 - 주행변속장치 - 최종감속장치(차동장치포함) - 차축
④ 엔진 - 주행변속장치 - 주 클러치 - 차축 - 최종감속장치(차동장치포함)

해설 트랙터의 동력전달 순서는 엔진에서 주 클러치를 통해 주행 변속장치로 동력이 전달된다. 그 후 최종 감속장치(차동장치 포함)를 통해 차축으로 동력이 전달된다.

7. 다음 중 농용 트랙터에서 작업기의 부착장치와 관련이 없는 것은?

① 상부링크
② 하부링크
③ 리프팅로드
④ 드래그 링크

해설 트랙터에 작업기를 연결할 때에는 하부링크, 상부링크, 리프팅로드를 활용하여 부착한다.

8. 보행관리기로 비닐피복 작업을 할 때 배토판은 디스크 차륜보다 몇 mm 위쪽에 오도록 조정하는가?

① 10mm
② 20mm
③ 30mm
④ 40mm

9. 비중이 0.72, 발열량이 10500kcal/kg인 연료를 사용하여 20분간 사용하였더니 연료소비량이 5L였다. 이 기관의 연료 마력(HP)은?

① 80HP
② 180HP
③ 280HP
④ 380HP

해설 1HP는 76kgf·m/s=175.67cal/s
연료의 중량 = 5L×0.72=3.6kg

연료의 총열량$(kcal) = 10,500(kcal/kg) \times 3.6kg$
$= 37,800kcal$

초당 발열량$(cal/s) = \dfrac{\text{연료의 총열량}(kcal) \times 1,000}{20\text{분} \times 60\text{초}}$
$= \dfrac{37,800,000}{1,200}$
$= 31,500cal/s$

$1HP = 76kgf \cdot m/s = 175.67cal/s$

이 기관의 연료 마력$(HP) = \dfrac{31,500}{175.67}$
$= 179.313HP$

10. 일반적으로 트랙터 차동 잠금장치를 사용하지 않는 경우는?

① 진흙 포장 작업할 때
② 일반 도로 주행할 때
③ 한쪽 구동륜에서 슬립이 발생할 때
④ 한쪽 구동륜의 추진력이 약해 움직일 수 없을 때

해설 차동 잠금장치를 사용하면 회전 반경이 커지므로 일반 도로 주행 시에는 사용하지 않는다.

11. 경운작업은 토양을 작물이 생육하는데 알맞은 상태로 만들어 주기 위한 것이다. 다음의 설명 중 경운작업의 목적과 효과에 부합되지 않는 것은?

① 종자의 파종이나 모종을 이식하기 위한 묘상을 준비한다.
② 토양의 구조와 성질을 개량하여 물과 공기의 보유량을 늘려 준다.
③ 잡초의 발생과 생육을 억제시킨다.
④ 토양을 단단하게 하여 잡초 뿌리의 성장을 억제한다.

해설 토양을 부드럽게 하여 잡초를 제거 매몰시켜준다.

12. 피스톤의 구비 조건으로 적당한 것은 무엇인가?

① 열전도가 되지 않을 것
② 열팽창률이 많을 것
③ 고온 고압에 잘 견딜 것
④ 중량이 무거울 것

해설 피스톤은 열팽창률이 높으면 안 된다.

13. 농용 트랙터 동력 취출 축의 구동방식이 아닌 것은?

① 변속기 구동형
② 상시 회전형
③ 위치 제어형
④ 독립형

해설 동력 취출장치는 변속기 구도형, 상시회전형, 독립형 등이 있다.

14. 트랙터 유압 펌프에 주로 사용되는 것은?

① 기어 펌프
② 플런저 펌프
③ 피스톤 펌프
④ 진공 펌프

> **해설** 트랙터의 유압 펌프는 기어펌프를 주로 사용하고 있으며, 최근 대형 트랙터에 플런저 펌프도 사용되고 있다.

15. 밸브의 편 마모 방지를 위한 내용으로 가장 옳은 것은?

① 밸브와 로커암의 틈새가 적을 때
② 밸브와 로커암의 틈새가 클 때
③ 밸브 스프링 장력이 클 때
④ 밸브 태핏에 옵셋 효과가 일어날 때

16. 보행이앙기에서 사용되는 묘취구 게이지는 어떠한 조절을 할 때 사용하는가?

① 심음 폭
② 심음 깊이
③ 가로 이송량
④ 세로 이송량

> **해설** 묘취구 게이지는 세로 이송량을 조절하기 위한 장치이다.

17. 동력분무기에서 공기의 팽창성과 압축성을 이용하여 노즐로 배출되는 약액의 양을 일정하게 유지시켜 주는 장치는?

① 플런저
② 공기실
③ 노즐 핸들
④ 압력 조절장치

> **해설** 동력분무기에서 공기의 팽창성과 압축성을 이용하여 노즐로 일정한 약액의 양을 유지시키는 장치는 **공기실**이다.
> **플런저**는 피스톤 형태로 왕복하면서 압을 만드는 기능을 한다. **노즐 핸들**은 약액의 살포기 방향을 선정할 때 손으로 쉽게 잡고 뿌리기 편하게 만든 장치이다.
> **압력 조절장치**는 분사 압력을 설정하여 분사되는 압력을 조절하게 된다.

18. 피스톤링의 플러터(flutter) 현상에 관한 설명 중 틀린 것은?

① 피스톤의 작동위치 변화에 따른 링의 떨림 현상이다.
② 피스톤 온도가 낮아진다.
③ 실린더 벽의 마모를 초래한다.
④ 블로바이 가스(blow-by gas) 증가로 인한 엔진출력이 감소한다.

> **해설** 피스톤링이 링 홈 속에서 진동하는 현상을 플러터 현상이라고 한다. 실린더 벽의 마모를 촉진하고 블로바이 가스가 증가하여 엔진 출력이 감소하게 된다.

19. 국내에서 주로 사용되고 있는 원판쟁기에 대한 설명으로 틀린 것은?

① 트랙터 견인 구동형이며, 트랙터 3점 링크 부착형이 많다.
② 1차 경운과 2차 경운에 주로 사용한다.
③ 습지경운에 적합하다.
④ 단열형과 2차 경운에 주로 사용한다.

> **해설** 양열형과 1차, 2차 경운에 주로 사용한다.

20. 다음 중 순환식 곡물건조기의 주요 구성 요소가 아닌 것은?

① 건조실
② 응축기
③ 템퍼링실
④ 송풍기

> **해설** 응축기는 냉동장치에 사용한다.

21. 우리나라에서 일반적으로 사용하고 있는 동력경운기 변속기는 어떠한 형식을 사용하고 있는가?

① 선택 미끄럼 기어 물림식
② 선택 유성치차 물림식
③ 기어 동기 물림식
④ 유체 컨버터 물림식

> **해설** 우리나라 동력경운기의 변속 방식은 선택 미끄럼 기어 물림식을 사용한다.

22. 기관에서 커넥팅 로드를 구성하는 요소가 아닌 것은?

① 소단부　　　　② 헤드부
③ 대단부　　　　④ 생크(shank)부

> **해설** 커넥팅로드는 피스톤과 연결되는 소단부, 크랭크 축과 연결되는 대단부, 생크부와 저널로 구성되어 있다.

23. 5HP는 약 몇 W인가?

① 3730　　　　② 4850
③ 746　　　　④ 2239

> **해설** 1HP는 0.74kW=740W
> 　　　 5HP=750W×5=3700

24. 동력 경운기의 제동장치에 관한 설명으로 틀린 것은?

① 마찰력으로 제동된다.
② 내부 확장식 브레이크이다.
③ 브레이크와 주 클러치는 레버가 다르다.
④ 브레이크 드럼에는 오일이 채워져 있다.

> **해설** 동력 경운기의 제동장치는 브레이크와 주 클러치가 하나의 레버로 되어 있다.

25. 브레이크 재료의 구비 조건이 아닌 것은?

① 마찰계수가 클 것
② 내열성이 클 것
③ 제동 효과가 클 것
④ 마멸성이 클 것

> **해설** 브레이크 재료의 마멸성이 크다는 것은 빨리 마모가 된다는 것이므로 구비조건에 맞지 않는다.

26. 콤바인의 급치와 수망의 간극이 기준치 이상 넓어 졌을 때 나타나는 현상은?

① 미탈곡으로 인한 손실 증가
② 낟알 손상 증가
③ 수망 손상 증가
④ 급치 손상 증가

> **해설** 이물질 및 미탈곡으로 인한 손실과 선별이 어려워진다.

27. 동력 경운기의 동력 전달 체계가 올바른 것은?

① 엔진→주축 케이스→주 클러치→조향장치→변속장치→차축
② 엔진→주축 케이스→조향장치→변속장치→차축
③ 엔진→주 클러치→변속장치→조향장치→차축
④ 엔진→주 클러치→조향장치→변속장치→차축

> **해설** 동력 경운기의 동력전달 순서는 엔진에서 주 클러치 변속장치, 조향장치, 차축으로 전달된다.

28. 가솔린 기관의 총 배기량이 1200cc이고, 연소실 체적이 200cc이라며, 이 기관의 압축비는 얼마인가?

① 7 : 1　　　　② 8 : 1
③ 9 : 1　　　　④ 10 : 1

> **해설** 압축비 $= \dfrac{\text{행정체적}+\text{연소실 체적}}{\text{연소실 체적}} = \dfrac{1,200+200}{200}$
>
> 압축비는 7이므로 7 : 1이 된다.

29. 내연기관에서 오일 희석(dilution)현상이 발생하는 원인이 아닌 것은?

① 시동불량
② 쵸크 밸브를 닫지 않을 때
③ 연료의 기화 불량
④ 고속으로 장시간 운전

30. 아래 보기는 기관의 수랭식 냉각장치에서 냉각수의 흐름을 나타낸 것이다. 괄호 안에 해당되는 것은?

> 실린더 블록 → 실린더 헤드 → (　　　　) → 라디에이터 상부 호스 → 라디에이터 코어 → 라디에이터 하부 호스 → 워터 펌프 → 실린더 블록

① 점화 플러그　　　② 수온 조절기
③ 연료분사 노즐　　④ 실린더 헤드 커버

> **해설** 실린더 헤드에서의 온도가 상승하면 수온 조절기에 의해 냉각수가 순환하기 때문에 수온 조절기가 된다.

31. 시동 전동기의 극수는 브러시 수의 몇 배인가?

① 1 　　　　　 ② 2
③ 3 　　　　　 ④ 1/2

해설 일반적으로 시동전동기의 극수는 4개이고 +극 2개, −극 2개이다. 그러므로 브러시는 4개가 있어야 한다.

32. 동일한 저항을 가진 두 개의 도선을 병렬로 연결할 때의 합성저항은?

① 한 도선 저항과 같다.
② 한 도선 저항 2배로 된다.
③ 한 도선 저항 1/2로 된다.
④ 한 도선 저항 2/3로 된다.

해설 동일한 저항을 직렬로 연결하면 저항이 2배가 되고 병렬로 연결하면 1/2이 된다.

33. 3상 유도전동기의 출력을 나타낸 것은?

① 출력[kW] $= \sqrt{3}/1000 \times$ 전압 $\times$ 저항 $\times$ 역률 $\times$ 효율
② 출력[kW] $= \sqrt{3}/1000 \times$ 전류 $\times$ 저항 $\times$ 역률 $\times$ 효율
③ 출력[kW] $= \sqrt{3}/1000 \times$ 전압 $\times$ 전류 $\times$ 역률 $\times$ 효율
④ 출력[kW] $= \sqrt{3}/1000 \times$ 전력 $\times$ 저항 $\times$ 역률 $\times$ 효율

해설 3상 유도전동기의 출력= √3/1000×전압×전류×역률×효율

34. DC 발전기의 전기자에 발생된 전류는?

① 직류 　　　 ② 맥류
③ 분류 　　　 ④ 교류

해설 발전기는 교류를 발생시켜 정류 과정을 거쳐 직류로 바뀐다.

35. 그로울러테스터로 점검할 수 있는 시험으로 옳지 않은 것은?

① 단락 시험 　　 ② 단선 시험
③ 부하 시험 　　 ④ 접지 시험

해설 그로울러테스터기로는 단락, 단선, 접지시험을 한다.

36. 축전지의 용량은 무엇에 따라 결정되는가?

① 극판의 크기, 극판의 수 및 전해액의 양
② 극판의 수, 극판의 크기 및 셀의 수
③ 극판의 수, 전해액의 비중 및 셀의 수
④ 극판의 수, 셀의 수 및 발전기의 충전 능력

해설 축전지의 용량은 극판의 크기, 극판의 수 전해액의 양에 따라 결정된다.

37. 전기 물리량 측정의 단위가 잘못 연결된 것은?

① 전류 : [A]
② 전압 : [V]
③ 저항 : [Ω]
④ 전력 : [Wh]

해설 전력은 W로 표시되며 전력량은 Wh로 표시된다.

38. 충전회로에서 레귤레이터의 주 역할은?

① 교류를 고전압으로 바꾸어 준다.
② 직류를 교류로 바꾸어 준다.
③ 기관의 동력으로부터 교류 전류를 발생시킨다.
④ 충전에 필요한 일정한 전압을 유지시켜 준다.

해설 충전회로에서의 레귤레이터는 교류를 직류로 바꾸고 충전에 필요한 일정한 전압을 유지시켜준다.

39. 다실린더 기관의 점화장치 중에서 순간적으로 10000[V] 정도 이상의 높은 전압을 유기하는 것은?

① 1차코일
② 2차코일
③ 콘덴서
④ 축전지

해설 1차 코일에서 발생된 전압을 2차 코일에서 승압시켜 전압이 유기된다.

40. 그림에서 I_4의 전류값은?

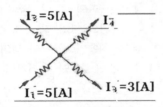

① 7[A]　　　　　② 5[A]
③ 4[A]　　　　　④ 2[A]

해설 키르히호프의 법칙에 따라 전류는 입력값과 출력값이 항상 같아야 한다. 5A+5A=3A+X 이므로 X=7A가 된다.

41. 농기계의 점화장치에 단속기를 두는 주된 이유는?

① 농기계에 사용하는 전류가 직류이기 때문에
② 점화 코일의 과열을 방지하기 위하여
③ 점화 타이밍을 정확히 맞추기 위하여
④ 캠 각을 변화시켜 주기 위해서

해설 점화장치에 단속기를 두는 이유는 전류가 직류이기 때문이다.

42. 다음 중 자석의 성질로 옳은 것은?

① 같은 극끼리는 서로 흡인한다.
② 극이 다르면 반발한다.
③ 극이 같으면 반발한다.
④ 자석 상호간은 관계가 없다.

해설 자석은 같은 극끼리는 반발하고 다른 극끼리는 흡인한다.

43. 100[V], 500[W]의 전열기를 10[V]에서 사용하면 소비전력은?

① 245[W]　　　　② 320[W]
③ 400[W]　　　　④ 600[W]

해설 전력$(W) = I \times V = \dfrac{V^2}{R}$

$$500\,W = \frac{100^2}{R}, \ R = 20\Omega$$

$$W = \frac{80^2}{20} = \frac{6400}{20} = 320\,W$$

44. 12[V]의 납축전지에 15[W]의 전구 1개를 연결할 때 흐르는 전류는?

① 0.8[A]　　　　② 1.25[A]
③ 12.5[A]　　　　④ 18.75[A]

해설 전력(W)=V×I=12×X=15, 그러므로 X=15/12=1.25A이다.

45. 납축전지의 방전 시 화학작용을 옳게 나타낸 것은?

① $PbO_2 \rightarrow PbSO_4$: 양극판
② $Pb \rightarrow PbSO_4$: 양극판
③ $2H_2SO_4 \rightarrow PbSO_4$: 전해액
④ $2H_2SO_4 \rightarrow 2H_2$: 전해액

해설 양극판은 PbO_2에서 $PbSO_4$ 작용한다. 음극판은 Pb에서 $PbSO_4$ 작용한다.

46. 안전·보건표지의 종류가 아닌 것은?

① 금지 표지　　　② 경고 표지
③ 예고 표지　　　④ 지시 표지

해설 안전 보건 표지에는 금지 표지, 경고 표지, 지시 표지, 주의 표지 등이 있다.

47. 선반작업의 안전한 작업방법으로 잘못 설명된 것은?

① 정전 시 스위치를 끈다.
② 운전 중 장비 청소는 금지한다.
③ 절삭 작업 시에는 장갑을 착용한다.
④ 절삭 작업할 때는 기계 곁을 떠나지 않는다.

해설 선반작업에는 장갑을 착용하지 않는다.

48. 다음 중 수공구의 안전사고 예방과 관계없는 것은?

① 수공구의 성능을 잘 알고 규정된 공구를 사용한다.
② 급유상태를 확인한다.
③ 높은 장소에서 작업할 때는 안전감시자를 두고 위험을 타인에게 알려야 한다.
④ 사용 후 점검, 정비하여 소정의 장소에 개수를 파악하여 보관한다.

해설 수공구에는 급유를 하지 않는다.

49. 작업장에서 안전수칙을 준수하여 얻을 수 있는 것 중 틀린 것은?

① 인간의 생명을 보호한다.
② 기업의 경비를 절감시킨다.
③ 기업의 재산을 보호한다.
④ 천인율을 증가시킨다.

해설 천인율이 증가한다는 것은 사고가 많이 발생한다는 의미이다.

50. 에어 콤프레셔의 설치 시 준수해야할 안전사항으로 틀린 것은?

① 벽에서 30cm 이상 떨어지지 않게 설치할 것
② 실온이 40℃ 이상 되는 고온장소에 설치하지 말 것
③ 타 기계 설비와의 이격 거리는 1.5m 이상 유지할 것
④ 급유 및 점검 등이 용이한 장소에 설치할 것

해설 에어 콤프레셔의 설치 시 벽에서 30cm이상 떨어뜨려야 설치해야 한다.

51. 농용엔진(가솔린) 작동 시 발생하는 배기가스에 포함된 가스 중 인체에 가장 피해가 적은 것은?

① CO_2 ② CO
③ NO_2 ④ SO_2

해설 인체에 가장 큰 피해를 주는 것은 CO(일산화탄소)로 호흡을 하면 신체에 산소를 빼앗기 때문에 두통, 어지러움 등 신체에 이상이 발생한다.

52. 양수기를 가동시킨 후의 안전사항 중 옳지 않은 것은?

① 축 받침 발열상태를 확인한다.
② 각종 볼트, 너트 풀림상태를 확인하고, 윤활부분에 충분한 급유를 한다.
③ 발열온도를 60℃ 이하로 유지시킨다.
④ 소음이 발생하면 즉시 엔진을 정지시킨다.

해설 각종 볼트, 너트 풀림 상태를 확인하고, 윤활 부분에 충분한 급유를 할 때에는 양수기 가동을 멈춘 후 실시한다.

53. 중량물의 기계 운반 작업에서 체인블록을 사용할 때 주의 사항이다. 옳지 않은 것은?

① 외부 검사를 잘하여 변형 마모 손상을 점검한다.
② 앵커 체인의 기준에 준한 체인을 사용한다.
③ 균열이 있는 것은 사용하지 않는다.
④ 폐기의 한도는 연신율 25%이다.

54. 다음은 스패너 작업이다. 바르지 못한 것은?

① 스패너를 해머 대용으로 사용한다.
② 스패너는 볼트나 너트의 크기에 맞는 것을 사용해야 한다.
③ 스패너 입이 변형된 것은 사용하지 않는다.
④ 스패너에 파이프 등을 끼워서 사용해서는 안 된다.

55. 재해를 일으키는 불안전한 동작이 일어나는 원인이다. 틀린 것은?

① 감각기능이 정상을 이탈하였을 때
② 올바른 판단에 필요한 지식이 풍부할 때
③ 착각을 일으키기 쉬운 외부 조건이 많을 때
④ 의식 동작을 필요로 할 때 까지 무의식 동작을 행할 때

56. 연삭숫돌을 설치하기 전에 일반적으로 무엇을 검사하여 설치하는가?

① 입도
② 크기
③ 기공
④ 균열

57. 안전 보호구를 연결한 것이다. 가장 옳은 것은?

① 차광 안경 - 목공기계 작업
② 보안경 - 그라인더 작업
③ 장갑 - 밀링 작업
④ 방독 마스크 - 산소 결핍 시

58. 다음 중 소음의 단위는 무엇인가?

① Lux
② dB
③ ppm
④ rpm

해설 소음 단위는 dB이다.

59. 다음 중 콤바인 도로주행 및 포장작업 시 안전사항으로 잘못된 것은?

① 포장 이동 시 운반용 차량으로 한다.
② 예취부가 내려오지 않게 조치한다.
③ 짚이나 검불이 막혔을 때 엔진 정지 후 제거한다.
④ 포장작업 시 반드시 손 장갑을 끼고 한다.

해설 콤바인 도로주행 및 포장 작업 시 반드시 손 장갑을 끼지 않아도 된다.

60. 다음 상해의 발생형태 중 사람이 평면상으로 넘어지는 것을 무엇이라고 하는가?

① 추락
② 전도
③ 비래
④ 붕괴

해설 평면상으로 넘어지는 것을 전도라고 한다.

국가기술자격 필기시험문제

2016년도 4회 기능사 필기시험

자격종목 및 등급(선택분야)	종목코드	시험시간	문제지형별	수검번호	성 명
농기계 정비기능사	**6300**	**1시간**			

1. 동력 경운기의 조향장치로 가장 많이 사용되는 형식은?

① 링키지형　　　② 일체형
③ 클러치형　　　④ 유체형

> **해설** 동력경운기의 조향장치는 물림클러치 또는 맞물림 클러치를 사용한다.

2. 트랙터가 선회하거나 혹은 좌우 차륜에 작용하는 구름 저항의 크기가 다를 때 구동차축의 속도비를 자동적으로 조절해 주는 장치는 무엇인가?

① 차동장치　　　② 토크 컨버터
③ 자동변속기　　④ 조향장치

> **해설** 차동장치는 선회 시 안쪽 바퀴와 바깥쪽 바퀴의 회전을 원활히 할 수 있도록 하는 장치이다.

3. 브레이크 드럼의 설명 중 가장 옳지 않은 것은?

① 충분한 무게를 가질 것
② 충분한 내마멸성이 있을 것
③ 정적 동적 평형이 잡혀져 있을 것
④ 방열이 잘될 것

> **해설** 브레이크 드럼의 구비조건은 충분한 내마멸성이 있고, 정적 동적 평형이 잡혀 있어야 하고 방열이 잘되어야 한다.

4. 트랙터 엔진 오일에 냉각수가 섞여 있으면 오일의 색깔은?

① 우유색　　　② 푸른색
③ 붉은색　　　④ 검은색

> **해설** 오일과 냉각수가 섞이면 기름과 물이 섞이는 형태이므로 우유색이 된다.

5. 보기는 동력 경운기의 실린더 헤드 분해과정의 일부이다. 부품을 분해하는 순서로 올바르게 된 것은?

> ① 공기 청정기와 소음기를 분해한다.
> ② 푸시로드와 실린더 헤드를 분해한다.
> ③ 연료분사밸브 조합과 로커 암을 분해한다.
> ④ 분사 파이프와 로커 암 커버를 분해한다.

① ① - ② - ③ - ④
② ① - ② - ④ - ③
③ ① - ③ - ④ - ②
④ ① - ④ - ③ - ②

6. 트랙터 PTO(Power Take Off)에 대한 설명으로 바른 것은?

① 차동 장치　　　② 변속 장치
③ 동력 취출 장치　④ 동력 제어 장치

> **해설** PTO는 동력 취출 장치이다.

7. 동력 분무기의 여수에서 기포가 나오는 원인 중 틀린 것은?

① 스트레이너가 약액 위에 떠있다.
② 흡입 호스가 꼬여 있다.
③ 흡입 호스 패킹이 절단 되었다.
④ 실린더 취부 너트가 풀어졌다.

> **해설** 스트레이너는 흡입구의 여과망이므로 약액 위에 있을 때 공기가 투입되면서 기포가 발생할 수 있다.

8. 트랙터용 심토파쇄기의 구조와 기능에 대한 설명으로 가장 잘못된 것은?

① 경반층이 발생한 토양에 투수성과 통기성을 좋게 한다.

② 깊은 부분까지 토양을 파쇄 해야 하므로 작업속도가 느리다.

③ 트랙터의 동력을 이용한다.

④ 심토파쇄 작업은 일반적으로 땅속 깊이 1m 이상에서만 실시하여야 한다.

> **해설** 심토파쇄 작업은 토양의 경반층을 깨주기 위한 작업 이며 하중에 따라 경반층이 다르지만 65cm 이하에서 만 실시하면 된다.

9. 다음 중 대형 승용 트랙터의 로터베이터에 많이 사용하는 경운날은?

① L자형 날

② 작두형 날

③ 보통형 날

④ 크랭크형 날

> **해설** 트랙터 로터베이터는 L자형 날을 사용한다.

10. 내연기관의 열역학적 사이클의 분류이다 아닌 것은?

① 정적 사이클 기관

② 복합 사이클 기관

③ 동적 사이클 기관

④ 정압 사이클 기관

> **해설** 열역학적 사이클은 정적 사이클, 정압 사이클, 복합 사이클이 있다.

11. 벼, 보리 등과 같은 곡물 건조 시에 건조온도를 너무 높게 하여 급속 건조했을 경우 곡물에는 어떠한 현상이 발생되는가?

① 곡물내부의 수분량이 증가되어 부패가 진행된다.

② 곡물에 균열이 발생되고, 동할립이 증가된다.

③ 곡물의 부피가 증가된다.

④ 싸라기의 발생이 감소된다.

> **해설** 곡물은 급격하게 건조하면 곡물이 **동할**이 생긴다. 동할이란 곡물이 깨짐을 말한다.

12. 다목적 관리기의 작업기 중 밭작물과 과수원의 제초 및 경운, 정지 작업에 많이 이용되는 것은?

① 중경제초기

② 구굴기

③ 복토기

④ 휴립피복기

> **해설** **중경제초기** : 제초, 경운, 정지 작업
> **구굴기** : 고랑 파기 작업
> **복토기** : 복토작업
> **휴립피복기** : 이랑과 비닐 피복작업

13. 트랙터의 주행 장치 중 앞바퀴 정렬이 아닌 것은?

① 캠버

② 토인

③ 캐스터

④ 섹션

> **해설** 앞바퀴 정렬은 캠버, 캐스터, 토인, 킹 핀을 조절하는 것이다.

14. 동력 경운기 타이어가 6.00-12 4PR로 표시되어있다면 바퀴가 1회전 할 때 경운기가 진행할 수 있는 거리는 대략 얼마인가? (단, 타이어의 단면은 폭과 높이가 동일한 원형으로 간주한다.)

① 약 1.8m

② 약 1.2m

③ 약 1.0m

④ 약 0.8m

> **해설** 타이어의 단면적 폭과 높이가 같으므로 높이는 6인치, 림의 지름이 12인치이므로 지름은 24인치이다. 지름 이 24인치인 원의 둘레를 구하면 된다.
> 1인치 $= 2.54cm$
>
> 지름24인치 $= 60.96cm = 0.6096m$
>
> 바퀴의 둘레 $= D \times \pi = 0.6096 \times \pi = 1.9m$

15. 축과 평행한 방향으로 작용하는 하중을 지지하는 베어링은?

① 레이디얼 베어링

② 스러스트 베어링

③ 볼 베어링

④ 롤러 베어링

> **해설** •레이디얼 베어링 : 회전축에 수직으로 작용하는 하중에 사용
> •볼 베어링 : 회전하는 축에 사용
> •롤러 베어링 : 원통, 테이퍼, 구면 등에 사용
> •스러스트 베어링 : 축과 평행한 방향으로 작용하는 하중에 사용

16. 벼 보행 이앙기의 식부본수 및 식부깊이 조절에 대한 설명 중 잘못된 것은?

① 묘 탱크 전판을 위로 올리면 식부본수는 적어진다.

② 스윙 핸들로써 식부깊이를 조절한다.

③ 연한 토양에는 식부깊이를 낮게 조정한다.

④ 플로트를 표준위치보다 높게 하면 식부는 깊어진다.

해설 식부깊이는 플로트로 조절한다.

17. 임펠러로 유체를 고속 회전시켜 유체의 운동 에너지를 이용하여 터빈을 구동하는 것은?

① 토크 컨버터

② 파워 셔틀

③ 파워 리버스

④ 유압 무단 변속기

18. 디젤기관의 압축압력 측정 시 사전조치사항으로 옳지 않은 것은?

① 소음기를 제거한다.

② 에어클리너를 제거한다.

③ 연료 콕을 닫고 조속 핸들을 멈춤 위치로 한다.

④ 연료 고압관 및 분사노즐을 분리한다.

해설 디젤 기관의 압축압력 측정 시 소음기를 제거하지 않아도 된다.

19. 국내에서 생산되고 있는 콤바인의 조향장치 작동으로 알맞은 것은?

① 조향 쪽의 동력 차단

② 조향 쪽의 브레이크 제동

③ 조향 쪽의 동력차단과 동력차동

④ 조향 쪽의 동력차단과 브레이크 제동

해설 국내에서는 자탈형 콤바인을 생산하고 있고 조향 장치는 동력을 차단하고 한쪽의 궤도를 회전하지 않도록 잡아주므로 브레이크 제동 기능도 함께 한다. 조작하는 레버를 올마이티 스티어링이라고 한다.

20. 다음 중 트랙터 작업기 부착 시 그리스를 주입하는 부위와 가장 거리가 먼 것은?

① 유니버셜 조인트 그리스 니플

② 유니버셜 조인트 미끄럼분

③ PTO축 스프라인부

④ 하부 링크 카테고리볼

해설 하부링크 카테고리볼은 이물질의 투입이 많으므로 그리스가 이물질과 섞여 연마제 역할을 한다.

21. 클러치가 잘 끊기지 않는 이유 중 틀린 것은?

① 페달유격이 과대하다.

② 페달유격이 없다.

③ 클러치 릴리스 레버의 조정이 불량하다.

④ 클러치 마스터 실린더, 릴리스 실린더의 작용이 불량하다.

해설 클러치 페달의 유격이 없으면 클러치의 끊김 없이 계속 작동한다.

22. 경운기 브레이크의 유격 조정은 무엇으로 하는가?

① 브레이크 캠축

② 브레이크 레버

③ 브레이크 드럼

④ 주 클러치 로드의 연결봉

해설 경운기의 브레이크 유격 조정은 주 클러치 레버와 함께 사용하기 때문에 주 클러치 레버 로드의 연결봉으로 조정한다.

23. 내연기관의 피스톤에 대한 설명으로 적당한 것은?

① 피스톤 헤드는 연소실의 일부가 된다.

② 피스톤 보스부는 측압을 받는다.

③ 피스톤 헤드부가 열팽창이 가장 작다.

④ 헤드부의 지름이 스커트부보다 크다.

24. 로터리의 기능 및 구조에 대한 설명으로 틀린 것은?

① PTO에서 경운 축까지의 동력전달 방식은 사이드 드라이브 방식(측방구동식) 밖에 없다.
② PTO의 동력을 이용하여 구동한다.
③ 토양을 경운 쇄토시키는 작업기이다.
④ 경운기, 트랙터 등에 장착하여 사용한다.

> **해설** 경운 축의 동력 전달 방식은 측방구동식, 양방구동식, 중앙구동식 있다.

25. 어떤 4행정 사이클 기관이 2500rpm 회전하였다면 제1번 실린더의 배기 밸브는 1분에 몇 회 열렸는가?

① 625회
② 1,250회
③ 2,500회
④ 5,000회

> **해설** 크랭크축 2회전에 1회 배기를 하므로 1,250회가 된다.

26. 기관의 냉각장치 중 라디에이터의 구비조건으로 틀린 것은?

① 소형 경량형이어야 한다.
② 공기의 흐름 저항이 적어야 한다.
③ 단위 면적당 방열량이 적어야 한다.
④ 냉각수의 흐름이 원활하여야 한다.

> **해설** 라디에이터는 단위 면적당 방열량이 높아야 빨리 냉각시킨 냉각수를 기관으로 투입시켜 엔진을 온도를 적절히 조절할 수 있다.

27. 트랙터의 유압선택에서 드래프트 컨트롤(견인력 제어)의 용도는?

① 플라우 작업
② 로터리 작업
③ 베일러 작업
④ 모어 작업

> **해설** 트랙터의 드래프트 컨트롤은 쟁기 작업에 활용되며 플라우는 쟁기 작업을 말한다.

28. 디젤기관에서 정상부하운전인데도 검은 연기의 배기가스가 발생된다. 그 원인이 아닌 것은?

① 공기 청정기가 막혔을 때
② 연료의 분사 시기가 늦을 때
③ 연료의 분사량이 너무 많을 때
④ 오일펌프가 고장 났을 때

> **해설** 배기가스에 의한 고장 진단
> 연료 분사량이 너무 많을 때 검은색
> 엔진오일이 과다 공급되었을 때 흰색
> 정상적인 연소일 때는 무색

29. 바퀴형 트랙터의 견인하중이 1,000kg이며, 차속이 8km/h이다. 견인마력은?

① 28.3PS
② 29.6PS
③ 30.5PS
④ 31.3PS

> **해설** 견인력은 마력으로 표시되며, 1PS는 75kgf·m/s이다.
>
> $$견인력(kgf·m/s) = 1,000kgf \times 8km/h$$
> $$= 1,000kgf \times \frac{8,000m}{3,600s}$$
> $$= 2222.2 kgf·m/s$$
>
> $$견인마력(PS) = \frac{견인력(kgf·m/s)}{75(kgf·m/s)} = \frac{2222.2}{75}$$
> $$= 29.629 PS$$

30. 동력경운기 주 클러치 간극이 맞지 않을 때 점검 정비할 내용이 아닌 것은?

① 조정 나사로 알맞게 조정한 후 고정나사로 견고하게 조인다.
② 조정 나사의 조임은 클러치 허브와 클러치 축의 스플라인과 일치하는 지점까지 조인다.
③ 조정 나사의 높이가 평행하여 클러치 시프트가 유동이 없도록 한다.
④ 클러치 어셈블리를 완전 분해 시 클러치 심음 볼트가 풀려도 관계없다.

31. 옴의 법칙(ohm's law)이란?

① 전류는 저항과 전압에 비례한다.

② 전류는 저항에 비례하고, 전압에 반비례한다.

③ 전류는 저항에 반비례하고, 전압에 비례한다.

④ 전류는 저항과 전압에 반비례한다.

해설 전류는 저항에 반비례하고 전압에 비례한다.

32. 직류 전동기의 속도는 무엇에 비례하는가?

① 공급 전압

② 전기자 전류

③ 자속

④ 전기자 저항

해설 직류 전동기의 속도는 공급 전압에 비례한다.

33. 120[Ah]의 축전지가 매일 2[%]의 자기 방전을 할 때, 이것을 보존하기 위하여 시간당 충전기의 충전 전류는 몇 [A]로 조정하면 되는가?

① 0.05[A]

② 0.1[A]

③ 0.2[A]

④ 0.3[A]

해설 충전전류=(120Ah×2%)/24

=(120×0.02)/24=2.4/24=0.1A

34. 100[V]의 전원 전압에 의하여 5[A]의 전류가 흐르는 전기회로가 있다. 이 회로의 저항은?

① 20[Ω]

② 25[Ω]

③ 50[Ω]

④ 500[Ω]

해설 옴의 법칙을 이해하면 된다.

$$I = \frac{V}{R}; \ V = I \times R, \ R = \frac{V}{I}$$

$$R = \frac{V}{I} = \frac{100}{5} = 20\Omega$$

35. 일반적인 아날로그 회로 시험기로 직류 전압을 측정할 경우의 설명으로 옳은 것은?

① 측정 단자의 흑색 리드를 (+)에 접속한다.

② 측정 단자의 흑색 리드를 (−)에 접속하고, 적색 리드를 이용하여 측정한다.

③ 계기 눈금 최댓값은 50[V]이다.

④ 2[V] 이하의 전압은 측정할 수 없다.

해설 측정 단자의 흑색 리드를 (−)에 접속하고, 적색 리드를 이용하여 측정한다.

36. 농용 트랙터의 시동 시 기동스위치를 ON 시켰으나, 전혀 작동 소리도 나지 않고 기동이 되지 않을 경우 제일 먼저 점검해야 할 것은?

① 고정자 코일

② 기동 코일

③ 축 및 베어링

④ 외부 접속선

해설 시동이 되지 않을 때에는 외부 접속선부터 확인한다.

37. 전압이 100[V]일 때 소비전력이 100[W]인 전등이 있다. 이때 전압이 낮아져 80[V]가 되었다면 이 전등의 소비전력[W]은?

① 80[W] ② 64[W]

③ 52[W] ④ 40[W]

해설 전력$(W) = I \times V = \frac{V}{R} \times V$

$$100W = \frac{100^2}{100\Omega}$$

$$전력(W) = \frac{80^2}{100} = 64W$$

38. 직류 발전기의 전기자가 회전할 때 전기자 코일에서 발생되는 전압은?

① 교류 전압

② 직류 전압

③ 사각파 전압

④ 정류반파 전압

해설 전기자가 회전하면서 발생되는 전압은 교류전압이다.

39. 고유저항 ρ, 길이 ℓ, 반지름 r 인 전선의 저항은?

① $\dfrac{1}{\rho} 2\pi r$ ② $\rho \dfrac{\pi r^2}{\ell}$

③ $\rho \dfrac{\ell}{\pi r^2}$ ④ $\rho \dfrac{\ell}{4\pi r^2}$

해설 저항은 전선의 길이에 비례하고 면적에 반비례한다. 그러므로 $\rho \dfrac{l}{\pi r^2}$ 으로, 고유저항은 ρ, 전선의 길이는 l, 전선의 단면적은 πr^2 로 표시하였습니다.

40. 20℃를 기준으로 할 때 배터리의 전해액 비중은 얼마 이하가 되면 보충전을 하여야 하는가?

① 1.100 이하 ② 1.150 이하
③ 1.200 이하 ④ 1.250 이하

해설 전해액 비중이 1.200이하 일 때 충전을 해야 한다.

41. 다음 중 축전지 격리판의 필요조건으로 적합하지 않은 것은?

① 전해액의 확산이 잘 안될 것
② 다공성일 것
③ 비전도성일 것
④ 기계적 강도가 있을 것

해설 축전지 전해액의 확산이 잘 되어야 한다.

42. 12[V]의 축전지는 일반적으로 몇 개의 셀로 되어 있는가?

① 2개 ② 3개
③ 4개 ④ 6개

해설 12V 축전지는 6개의 셀이 들어가 있다.

43. 납축전지의 충·방전 시 전해액 중의 수분은 어떻게 되는가?

① 주입구 마개를 통해 넘친다.
② 충전 시는 수분이 점차로 증가한다.
③ 방전 시는 전기 분해되어 기화한다.
④ 충전 시 수소와 산소가스로 방출된다.

해설 납축전지의 충전 시 전해액은 수소와 산소 가스가 발생하여 방출된다.

44. 직류 전동기의 입력과 출력을 직접 측정하는 효율(실측 효율)은?

① 효율 = (입력+손실)/출력 × 100[%]
② 효율 = 입력/출력 × 100[%]
③ 효율 = (출력+손실)/입력 × 100[%]
④ 효율 = 출력/입력 × 100[%]

45. 농기계에서 사용되는 기동 전동기의 전원은?

① 교류를 사용한다.
② 맥류를 사용한다.
③ 직류를 사용한다.
④ 직류, 교류 모두 사용한다.

해설 농기계는 기동 전동기는 직류를 사용한다.

46. 다음 중 안전관리의 3단계에 속하지 않는 것은?

① 계획 ② 실시
③ 보상 ④ 평가

해설 안전관리의 3단계는 계획, 실시, 평가이다.

47. 다음 중 산업안전보건기준에 관한 규칙에서 규정한 작업장의 조명기준으로 틀린 것은?

① 초정밀 작업 : 750럭스 이상
② 정밀 작업 : 300럭스 이상
③ 보통 작업 : 100럭스 이상
④ 그 밖의 작업 : 75럭스 이상

해설 보통 작업은 150럭스 이상이다.

48. 다음 중 보호구가 갖추어야 할 구비조건과 가장 거리가 먼 것은?

① 구조가 복잡할 것
② 제품의 품질이 우수할 것
③ 작업에 방해가 되지 않을 것
④ 유해, 위험요소에 대한 방호가 확실할 것

49. 다음 중 재해율 산정에 있어 강도율의 일반적인 산출 공식은?

① 강도율 = (근로손실일수 / 연근로시간수) × 1000

② 강도율 = (연근로시간수 × 근로손실일수) × 1000

③ 강도율 = (연근로시간수 / 근로손실일수) × 1000

④ 강도율 = (근로손실일수 × 연근로시간수) / 1000

해설 재해율은 나타내는 방법에는 연천인율, 도수율(빈도율), 강도율로 표현된다. 하지만 산업재해로 인한 작업 능력의 손실을 나타내는 척도로는 강도율을 사용한다.

$$연천인율 = \frac{재해자수(1년간)}{평균근로자수} \times 1,000$$

$$도수율(빈도율) = \frac{재해건수}{연근로시간수} \times 1,000,000$$

$$강도율 = \frac{근로손실일수}{연근로시간수} \times 1,000$$

50. 다음 중 트랙터의 운전 상태에서 확인하여야 하는 사항으로 가장 적절한 것은?

① PTO 축의 캡

② 클러치의 작동 상태

③ 타이어의 공기 압력

④ 기관 냉각수의 수면

해설 트랙터의 운전 상태에서 확인해야 하는 것은 클러치의 작동 상태를 확인할 수 있다.

51. 다음 중 동력 경운기의 취급사항으로 올바르지 못한 것은?

① 후진 시 고속은 절대로 피해야 한다.

② 시동 전 변속 레버를 중립 위치로 한다.

③ 로터리작업 시 경운날의 회전을 멈춘 다음 실시한다.

④ 작업기 부착 후 경사지에서 내려올 때에는 전진 운전을 한다.

해설 동력경운기의 작업기 부착 후 경사지를 내려갈 때에는 중량전이가 발생하므로 핸들이 들릴 수 있다. 그러므로 후진 운전하는 것이 안전하다.

52. 다음 중 그라인더 작업 시 주의사항으로 틀린 것은?

① 회전속도는 규정 속도를 넘지 않도록 한다.

② 작업을 할 때는 반드시 보호 안경을 착용한다.

③ 작업 중 진동이 심하면 즉시 작업을 중지해야 한다.

④ 공구연삭 시 받침대와 숫돌사이의 틈새는 5mm 이상이 되도록 한다.

해설 공구연삭 시 받침대와 숫돌 사이의 틈새는 5mm 이하로 한다.

53. 다음 중 안전모의 주요 역할과 가장 거리가 먼 것은?

① 추락에 의한 위험 방지

② 유해 광선으로부터 위험 방지

③ 머리 부위 감전에 의한 위험 방지

④ 물체의 낙하 또는 비래에 의한 위험 방지

해설 유해광선으로 부터의 위험은 차광안경을 사용해야 한다.

54. 다음 중 트랙터의 운전조작 시 정지요령 안전수칙으로 틀린 것은?

① 엔진 회전수를 올린다.

② 주차 브레이크를 건다.

③ 작업기를 지면에 내려놓는다.

④ 주·부 변속레버를 중립 위치로 한다.

해설 정지 시에는 엔진의 회전수를 내려야 한다.

55. 다음 중 일반적으로 장갑을 끼고 작업할 수 없는 작업은?

① 전기 작업

② 드릴 작업

③ 용접 작업

④ 화학물질 취급 작업

해설 드릴, 선반, 밀링 작업은 장갑을 착용하지 않는다.

56. 다음 중 작업장에서 작업복 착용에 관한 설명으로 틀린 것은?

① 기름 등 이물질이 묻은 작업복은 입지 않는다.
② 작업의 종류에 따라 정해진 작업복을 착용한다.
③ 규격에 적합하고, 크기에 맞는 작업복을 착용한다.
④ 땀 또는 물기 등을 닦을 수건은 허리춤 또는 목에 감는다.

해설 작업장에서는 수건을 허리 또는 목에 감지 않는다.

57. 다음 중 공구사용 시 주의사항으로 적절하지 않은 것은?

① 올바른 취급방법을 숙지한다.
② 결함이 없는 공구를 사용한다.
③ 작업에 적당한 공구를 선택한다.
④ 해머는 가능한 무겁고, 사용면이 넓어진 것을 사용한다.

58. 금속의 용접·용단 또는 가열에 사용되는 가스 등의 용기를 취급하는 방법으로 적합하지 않은 것은?

① 운반하는 경우에는 캡을 씌울 것
② 통풍이나 환기가 충분한 장소에 저장할 것
③ 용기의 온도를 섭씨 40도 이상으로 유지할 것
④ 사용 전 또는 사용 중인 용기와 그 밖의 용기를 정확히 구별하여 보관할 것

해설 주로 산소와 아세틸렌 용기를 사용하며 용기의 온도는 40°이하로 유지해야 한다.

59. 다음 중 자동차 전문 수리업을 운영할 경우 안전 관리자를 1명 이상을 두어야 하는 상시 근로자의 인원기준으로 옳은 것은?

① 5명 이상
② 10명 이상
③ 25명 이상
④ 50명 이상

60. 다음 중 인화성 가스에 해당하지 않는 것은?

① 수소
② 산소
③ 메탄
④ 아세틸렌

해설 인화성 가스는 수소, 아세틸렌, 메탄 등이 해당되고 산소는 가연성 가스이다.

국가기술자격 복원기출문제

2018년도 복원기출문제 제1회

자격종목 및 등급(선택분야)	종목코드	시험시간	문제지형별	수검번호	성 명
농기계 정비기능사	**6300**	**1시간**			

1. 농용 트랙터에서 조향 핸들의 유격을 조정하는 방법은?

① 드래그 링크를 풀고 좌우로 돌려 조정한다.

② 피트만 암의 길이를 조정한다.

③ 스티어링 기어박스의 고정너트를 풀고 조정한다.

④ 타이로드로 조정한다.

해설 농용 트랙터에서 조향핸들의 유격은 스티어링 기어박스 내에서의 마모 또는 고정너트의 풀림에 의해 발생함으로 이 부분을 조정, 정비하면 된다.

2. 동력 분무기 노즐의 배출량이 30L/min, 노즐의 유효 살포 폭이 10m, 10a 당 살포량이 167L/10a 일 경우 노즐의 살포작업 속도는?

① 0.1 m/s

② 0.2 m/s

③ 0.3 m/s

④ 0.4 m/s

해설 $10a = 1,000 \text{m}^2$

살포폭 $= 10m$

작업길이 $= 100m$

살포시간 $= \dfrac{167l}{30l} = 5.6 \text{min}/10a$

살포작업 속도 $= \dfrac{100m}{5.6\text{min}} = \dfrac{100m}{336s} \fallingdotseq 0.3 m/s$

3. 동력 경운기에 쟁기를 장착할 때 히치와 감압 볼트의 거리를 얼마로 조정해야 직진성이 좋아지는가?

① 5 ~ 6mm   ② 3 ~ 4mm

③ 1 ~ 1.5mm   ④ 2 ~ 3mm

해설 동력 경운기에 쟁기를 장착(부착)할 때 히치와 감압볼트의 거리를 1~2mm로 조정하여 직진성을 좋게 할 수 있다.

4. 동력 이앙기에서 유압 장치가 작동되지 않을 때의 점검 사항과 관계가 없는 것은?

① 유압 펌프의 점검

② 유압 케이블 레버의 점검

③ 체인 케이스의 점검

④ 센서 로드의 점검

해설 체인 케이스는 다목적 관리기에 들어가는 부품이다. 동력 이앙기의 식부암은 기어케이스로 되어 있다.

5. 함수율과 관련된 설명 중 틀린 것은?

① 함수율표시법에는 습량기준함수율과 건량기준함수율이 있다.

② 습량기준함수율이란 물질 내에 포함되어 있는 수분을 그 물질의 총무게로 나눈 값을 백분율로 표현한 것이다.

③ 어떤 물질의 함수율이 증가되고 있다는 것은 그 물질내의 수분함량이 감소된다고 말할 수 있다.

④ 함수율을 측정하는 방법으로는 오븐법, 증류법, 전기저항법, 유전법 등을 사용한다.

해설 물질의 함수율이 증가되고 있다는 것은 그 물질 내의 수분 함량이 증가된다는 말이다.

6. 다음 중 관리기의 주 클러치의 형식은?

① 건식 단판식 원판 마찰 클러치
② V벨트 클러치
③ 건식 다판식 원판 마찰 클러치
④ 원뿔 마찰클러치

해설 관리기의 주 클러치 형식은 V벨트의 장력을 이용하여 동력을 전달하는 방식이다.

7. 자탈형 콤바인의 주요 장치가 아닌 것은?

① 반송장치   ② 식부장치
③ 탈곡장치   ④ 선별장치

해설 자탈형 콤바인은 예취장치, 반송장치, 탈곡장치, 선별장치, 볏짚 절단 장치 등으로 이루어져 있다. 식부장치는 동력 이앙기의 주요 장치이다.

8. 기관의 밸브의 점검 항목이 아닌 것은?

① 밸브의 크기
② 면의 접촉 상태
③ 마멸 및 소손
④ 밸브 마진 두께

해설 기관의 밸브의 점검 항목은 면의 접촉상태, 밸브의 마진두께, 마멸 및 소손 등을 점검한다.

9. 트랙터가 습지에서 한쪽 바퀴가 슬립(slip)할 때 사용하는 장치는?

① 독립 PTO
② 차동장치
③ 차동 잠금장치
④ 최종 감속장치

해설 트랙터와 이앙기가 습지에 빠지면 차동장치 때문에 구동력이 적게 작용하는 차륜에만 동력이 전달된다. 이를 방지하기 위하여 차동 잠금장치를 사용한다.

10. 동력경운기 차축에 설치된 허브 오일 실을 자주 교환하는 이유가 아닌 것은?

① 차축의 휨이 클 때
② 허브베어링이 마모되었을 때
③ 오일 실 립 접촉부가 마모되었을 때
④ 최종구동케이스 덮개 개스킷이 불량할 때

해설 오일 실은 차축이 회전할 때 축을 통해 이물질이나 오일이 누유 되는 것을 예방하는 부품이다. 오일이 누유 된다면 차축의 휨 정도, 허브베어링이 마모되었는지, 오일 실 립 접촉부가 마모되었는지를 확인해야 한다. 최종구동케이스 덮개 개스킷이 불량할 때에는 개스킷을 교환하면 된다.

11. 기관의 냉각장치에서 라디에이터 내부 압력이 대기압보다 낮게 되면 열리는 라디에이터 캡의 밸브는?

① 서모스탯   ② 압력
③ 진공   ④ 바이패스

12. 동력경운기의 주 클러치 스프링의 점검 사항이 아닌 것은?

① 직각도   ② 자유고
③ 인장도   ④ 장력

해설 동력경운기의 주 클러치 스프링의 점검사항은 직각도, 자유고, 장력을 확인한다.

13. 트랙터 유압장치 중 위치 제어 레버와 견인력제어 레버에 대한 설명 중 옳은 것은?

① 위치제어 레버는 쟁기 작업, 견인력제어 레버는 로터리 작업에 주로 사용한다.
② 위치제어 레버는 작업기의 속도제어, 견인력제어 레버는 작업기의 상승 및 하강 제어에 사용한다.
③ 위치제어 레버는 작업기의 부하제어, 견인력제어 레버는 작업기의 상승 및 하강 제어에 사용한다.
④ 위치제어 레버는 로터리 작업, 견인력제어 레버는 쟁기작업에 주로 사용한다.

해설 트랙터 유압장치 중 위치제어 레버는 로터리 작업 시에 사용되고 견인제어 레버는 쟁기 작업에 주로 사용된다.

14. 기관분해 조립 시 피스톤 링을 끼울 때만 사용하는 공구는?

① 리지 리머   ② 피스톤링 콤프레셔
③ 플라스틱 해머   ④ 피스톤링 익스팬더

해설 피스톤링을 끼울 때는 링을 확장시킬 수 있는 피스톤 링 익스팬더를 활용하고 피스톤 링을 모두 끼워놓고 실린더에 넣어 크랭크축과 연결할 때는 피스톤 링 콤프레셔를 활용한다.

15. 제동장치에서 작동된 브레이크 슈를 안전한 공극으로 유지하도록 복원시켜주는 장치는?

① 앵커 플레이트   ② 어저스터 캠
③ 리턴 스프링   ④ 라이닝

해설 브레이크 슈는 스프링이 복원을 시켜준다. 이를 리턴 스프링이라고 한다.

16. 다음 보기에서 가솔린 기관에만 설치된 부품을 모두 선택한 것은?

① 마그네트	② 연료 분사 펌프
③ 기화기	④ 예열플러그
⑤ 점화 플러그	

① ①, ②, ③   ② ①, ③, ⑤
③ ②, ③, ④   ④ ②, ③, ⑤

해설 가솔린 기관은 연료와 공기를 혼합하는 기화기, 자장으로 점화위한 마그네트, 점화 장치인 점화 플러그가 들어간다.

17. 기어식 변속기의 물림 속도비 구하는 공식은?

$G =$ 물림 속도비, $N_i =$ 입력기어속도
$N_0 =$ 출력기어속도, $n_i =$ 입력기어잇수
$n_0 =$ 출력기어잇수, $\eta =$ 물림효율
$T_i =$ 입력토크, $T_0 =$ 출력토크

① $G = \dfrac{N_o}{N_i}$ ② $G = \dfrac{n_i}{n_0}$

③ $G = \dfrac{T_i}{T_0 \cdot \eta}$ ④ $G = \dfrac{T_0 \cdot \eta}{T_i}$

해설 변속기의 물림속도비$(G) = \dfrac{N_o}{N_i}$
속도 비율에 사항은 출력기어 속도를 입력기어 속도로 나눈 값을 말한다.

18. 동력경운기 조향 클러치의 가장 적당한 유격은?

① 1.0 ~ 2.0mm
② 3.0 ~ 4.0mm
③ 4.0 ~ 5.0mm
④ 5.0 ~ 6.0mm

해설 동력경운기와 관리기의 조향 클러치의 적정 유격은 1~2mm이다.

19. 전동기의 명판에 표시하여야 할 사항으로 맞지 않는 것은?

① 권선저항
② 정격전압
③ 사용전원의 상수
④ 회전속도

해설 전동기의 명판에는 정격전압, 전류, 주파수, 회전수, 효율, 중량, 사용전원 상수 등이 표기되어 있다.

20. 동력경운기에서 주행 중 변속기어가 빠지는 원인이 아닌 것은?

① 록킹 볼 및 스프링 마모
② 각 기어의 마모
③ 변속포크 불량
④ 시프트 레일의 힘

해설 동력경운기의 변속기어를 고정시키는 것은 록킹 볼이 스프링에 의해 고정되므로 마모 시 변속이 빠질 수 있다. 각 기어의 마모와 변속 포크가 불량이때도 기어가 빠질 수 있으므로 주의해야 한다.

21. 행정의 길이가 120mm, 기관회전수가 2000rpm인 4행정기관이 피스톤 평균속도는?

① 24m/s   ② 16m/s
③ 12m/s   ④ 8m/s

해설 행정의 길이 120mm, 기관의 회전수 2000rpm이므로 단위 환산부터 해야 한다. 행정의 길이는 0.12m으로 계산한다.

피스톤의 평균속도 $= \dfrac{0.12\text{m} \times 2{,}000\text{rpm}}{60} = 4\text{m/s}$

피스톤이 4행정을 할 때 기관의 회전은 1회전하므로 4m/s의 2배인 8m/s가 피스톤의 평균속도가 된다.

22. 트랙터용 로터리 정비에 대한 설명으로 틀린 것은?

① 로터리의 날은 C자형 날과 L자형 날 등으로 구분된다.

② 로터리의 날 조립 시 볼트는 일반볼트(강도:4T)를 사용한다.

③ 스키드는 알맞은 경심을 유지하는 역할을 하므로 마모 시 교환한다.

④ 기어박스에서 소음발생 시 작업을 멈추고 우선 기어오일을 확인한다.

해설 로터리의 날 조립 시 볼트는 일반 볼트(강도:8T)를 사용한다.

23. 디젤 기관의 직접분사식은 연소실에 직접 분사하는 형식으로 연료분사압력은 보통 얼마인가?

① 50 ~ 100kgf/㎠

② 100 ~ 150kgf/㎠

③ 150 ~ 200kgf/㎠

④ 200 ~ 300kgf/㎠

해설 직접분사식 노즐의 연료 분사압력은 200~220kgf/㎠이다.
예연소실식은 노즐의 연료 분사 압력은 150~180kgf/㎠이다.

24. 기관에서 점화 플러그의 간극은 보통 얼마인가?

① 0.6 ~ 0.9mm

② 0.1 ~ 0.5mm

③ 1.1 ~ 1.4mm

④ 1.5 ~ 1.8mm

해설 기관에서 점화 플러그는 가솔린 기관에서 주로 사용되고 있으며, 이 점화 플러그의 간극은 0.6~1mm로 한다.

25. 동력경운기에서 브레이크가 작동되는 순서로 알맞은 것은?

① 주 클러치 레버 당김→주 클러치 로드→연결봉→브레이크 레버→브레이크 캠축의 회전→브레이크 링 확장→제동

② 주 클러치 레버 당김→브레이크 링 확장→브레이크 레버→브레이크 캠축의 회전→연결봉→주 클러치 로드→제동

③ 주 클러치 레버 당김→주 클러치 로드→브레이크 링 확장→브레이크 레버→연결봉→브레이크 캠축의 회전→제동

④ 주 클러치 레버 당김→브레이크 레버→연결봉→ 주 클러치 로드→브레이크 링 확장→브레이크 캠축의 회전→제동

해설 동력경운기의 브레이크를 동작시키기 위해선 주 클러치와 동시에 사용하기 때문에 주 클러치 레버를 당기면 주 클러치 로드와 연결봉으로 힘이 전달되어 브레이크 캠축을 회전시켜 브레이크 링을 확장시켜 제동하게 된다.

26. 농용 트랙터 3점 히치는 동력취출축의 출력에 따라 4개의 카테고리로 구분이 되고, 각 카테고리는 모양은 같고, 크기에 따라 구별되는데, 동력취출축 출력이 51kW(70PS)는 카테고리 몇 번인가?

① I

② II

③ III

④ IV

27. 트랙터 장치 가운데 로터베이터, 모어, 베일러, 양수기 등 구동형 작업기에 동력을 전달하기 위한 장치는?

① 차동장치

② 토크컨버터

③ 동력취출축

④ 클러치

해설 트랙터에서 작업기에 동력을 전달하는 장치는 동력취출축(동력취출장치, P.T.O)라고 한다.

28. 동력 행정 때 얻은 운동에너지를 저장하여 각 행정 때 공급하여 회전을 원활하게 하는 것은?

① 클러치 면판　② 플라이 휠
③ 저속 기어　　④ 클러치 압력판

해설 • 플라이 휠 : 동력 행정(폭발행정) 시 얻은 운동에너지를 저장하고 각 행정이 원활하게 공급될 수 있도록 하는 장치
• 클러치 면판 : 크랭크 축의 회전력을 전달하기 위한 장치
• 저속 기어 : 회전력을 기어 비율에 맞춰 회전속도를 감소시켜 큰 회전력을 얻고자 할 때 사용
• 클러치 압력판 : 회전력을 전달할 때 면판의 슬립을 예방하기 위하여 면판의 압력을 조정하는 역할을 한다.

29. 기관에서 윤활유 소비가 과대한 원인에 해당되는 것은?

① 피스톤링의 마멸
② 라디에이터의 기능약화
③ 기관의 과열
④ 조기점화

해설 윤활유의 소모량은 피스톤링과 실린더의 마모에 의해 발생한다.

30. 트랙터를 이용한 땅속작물수확기를 선정하기 위해 필요한 사항이 아닌 것은?

① 수확하고자 하는 작물의 종류를 알아야 한다.
② 이랑의 폭을 알아야 한다.
③ 트랙터의 마력을 알아야 한다.
④ 운반거리를 알아야 한다.

31. 저항 R_1, R_2, R_3를 직렬로 연결시킬 때 합성저항은?

① $R_1 + R_2 + R_3$
② $\frac{1}{R_1} + \frac{1}{R_2} + \frac{1}{R_3}$
③ $\frac{R_1 + R_2 + R_3}{R_1 R_2 R_3}$
④ $\frac{R_1 R_2 R_3}{R_1 + R_2 + R_3}$

해설 저항의 직렬연결 $R_t = R_1 + R_2 + \cdots + R_n$
저항의 병렬연결 $\frac{1}{R_t} = \frac{1}{R_1} + \frac{1}{R_2} + \cdots + \frac{1}{R_n}$

32. 다음 중 축전지에 관한 설명으로 틀린 것은?

① 납축전지를 많이 사용한다.
② 축전지의 음극은 차체에 접지되어 있다.
③ 점화장치의 2차 회로에 전기에너지를 공급한다.
④ 화학 작용에 의하여 화학에너지를 전기에너지로 전환시킨다.

33. 옴의 법칙으로 옳은 것은? (단, R 저항, I 전류, E 전압)

① R = IE
② E = IR
③ E = IR²
④ I = RE

해설 옴의 법칙
$I = \frac{E}{R},\ E = I \times R,\ R = \frac{E}{I}$

34. 납축전지의 충·방전 시 발생되는 현상이 아닌 것은?

① 충·방전 시 화학 반응은 비가역적이다.
② 셀의 기전력은 약 2[V] 정도이다.
③ 충전으로 황산의 농도가 증가한다.
④ 기전력은 황산의 농도에 따라 달라진다.

해설 납축전지의 충·방전 시 화학 반응은 가역적이다.
※ 가역 과정이란? 시간의 방향을 반전한 역과정이 순과정과 완전히 동일하게 일어나는 과정

35. 모든 유형의 전조등 빔을 조정할 때 사용되는 것은?

① 연결가닥　　② 조준 받침
③ 필라멘트　　④ 앵커

36. 충전용 발전기의 자속 밀도가 20[Wb /m²], 도체의 길이가 120[cm]이며 자장과 직각으로 이동하는 도체의 속도가 1.5[m/s]라면 이 발전기에 유기되는 전압은? (단, 발전기의 효율은 100[%]라고 한다.)

① 36[V]
② 40[V]
③ 46[V]
④ 54[V]

해설 전압은 자속 밀도와 시간의 관계이다.
전압(V)
=자속밀도(Wb/m^2)×도체의 길이(m)×도체의 속도(m/s)
$= 20\,Wb/m^2 \times 1.2m \times 1.5m/s = 36\,V$

37. 납축전지에서 전해액이 자연 감소되었을 때 보충액으로 가장 적합한 것은?

① 묽은 황산
② 묽은 염산
③ 증류수
④ 수돗물

해설 납축전지의 전해액이 감소하면 증류수를 보충해야 한다.

38. 다음 중 농업용 트랙터에서 전기회로가 주로 접지되는 곳은?

① 프레임
② 엔진
③ 뒤 차축
④ 발전기

해설 트랙터의 축전지 전기 회로 중 접지는 프레임에 +극은 시동기동기의 B단자에 연결한다.

39. 전류의 발열작용을 응용한 기기가 아닌 것은?

① 전기히터
② 전기인두
③ 냉장고
④ 전기다리미

해설 냉장고는 모터를 회전시켜 냉매의 응축하여 냉각하는 장치이다.

40. 축전지 터미널의 부식을 방지하기 위해 사용되는 것은?

① 그리스(Grease)
② 기어오일(Gear oil)
③ 엔진오일(Engine oil)
④ 페인트(Paint)

해설 축전지는 외부 공기와 접촉을 하기 때문에 자연방전 및 터미널 부식이 발생한다. 이를 예방하기 위해서는 그리스를 터미널 단자에 발라 부식을 방지하고 방전을 예방할 수 있다.

41. 다음 중 점화코일을 시험할 때 점화코일의 알맞은 온도는?

① 25℃
② 50℃
③ 80℃
④ 105℃

해설 점화코일을 시험할 때 점화코일의 알맞은 온도는 80℃이다.

42. 가솔린 기관에서 점화시기 조정과 관계없는 것은?

① 기관의 회전 속도
② 기관의 부하
③ 옥탄가
④ 세탄가

해설 세탄가는 디젤기관에 적용되는 용어이다.

43. 다음 중 전조등의 조도가 부족한 원인이 아닌 것은?

① 축전지의 방전
② 장기 사용에 의한 전구의 열화
③ 접지의 불량
④ 굵은 배선 사용

해설 굵은 배선을 사용하면 저항이 감소하므로 조도는 밝아진다.

44. 교류 220[V], 60[Hz] 전원에 2[kW], 극수 2, 슬립 8[%]의 전동기를 운전할 때 분당 축의 회전수는?

① 2312[rpm]
② 3312[rpm]
③ 3512[rpm]
④ 3600[rpm]

해설 동기속도를 구하고 슬립율을 적용한다.

$$동기속도(N) = \frac{120 \times f(주파수)}{극수}$$
$$= \frac{120 \times 60}{2} = 3,600 rpm$$

$$전부하시회전수(N_s) = 3,600rpm \times (100\% - 8\%)$$
$$= 3,600rpm \times 0.92$$
$$= 3,312rpm$$

45. 다음 중 콘덴서의 절연도를 측정할 수 있는 시험으로 적합한 것은?

① 용량 시험   ② 누설 시험
③ 고주파 시험   ④ 직렬 시험

46. 사내 안전 규정에 따라 해당 책임자가 일정 시간마다 정기적으로 실시하는 안전 점검은?

① 임시 점검   ② 수시 점검
③ 특별 점검   ④ 정기 점검

해설 정기 점검은 일정시간마다 점검하는 방법이다.

47. 안전의 계획에서 실시에 이르기까지 모든 것을 생산계통에 따라서 시달되어 안전에 대한 지시 및 전달이 신속·정확하여 소규모기업에서 활용되는 조직은?

① 직계식 조직
② 참모식 조직
③ 직계 · 참모식 조직
④ 병렬식 조직

해설 • **직계형** : 계선식 조직으로 100인 미만 사업체에 적용 (가장 신속 정확하다)
　　• **참모형** : 500~1,000명인 사업체에 적용
　　• **복합형(계선참모형)** : 직계형과 참모형의 혼합형으로 1,000명이상 업체인 대기업에 적용

48. 아세틸렌 접촉부분에 구리의 함유량이 70% 이상의 구리합금을 사용하면 안 되는 이유는?

① 아세틸렌이 부식되므로
② 아세틸렌이 구리를 부식시키므로
③ 폭발성이 있는 화합물을 생성하므로
④ 구리가 가열되므로

해설 아세틸렌은 불활성 가스이므로 폭발 위험이 있다.

또한 그리스는 기름의 종류이므로 화재 위험이 있으므로 폭발에 유의해야 한다.

49. 다음 중 안전 관리의 목적으로 가장 거리가 먼 것은?

① 인명의 존중
② 사회복지의 증진
③ 공업의 발전
④ 생산성의 향상

해설 〈안전관리의 목적〉
　　– 산업재해의 방지 및 노동생산성향상(인명존중, 생산성 향상)
　　– 질서유지 및 직장 규율의 개선(사회복지 증진, 쾌적한 근무 환경 조성)

50. 전기아크용접 시 적절한 보호구를 모두 고른 것은?

① 용접헬멧	② 가죽장갑
③ 가죽웃옷	④ 안전화
⑤ 토치 라이터	

① ①, ②, ⑤
② ①, ②, ③
③ ②, ③, ④, ⑤
④ ①, ②, ③, ④

해설 전기 아크용접은 광선에 의한 눈을 보호하기 위하여 용접 헬멧(차광안경), 모재의 고온으로 손을 보호하기 위한 가죽장갑, 신체의 앞면을 보호하기 위한 가죽 웃옷 또는 가죽 앞치마, 발을 보호하기 위한 안전화가 필요하다. **토치 라이터**는 산소용접 시 아세틸렌가스에 점화를 위해 필요하다.

51. 동력경운기의 엔진 풀리와 주 클러치에 V벨트를 걸 때 옳은 방법은?

① 엔진이 정지된 상태에서 건다.
② 엔진이 저속으로 회전하는 상태에서 건다.
③ 주 클러치 레버로 동력을 단속하고 건다.
④ 주 클러치 레버를 브레이크 상태까지 잡아 당긴 후 건다.

해설 V벨트를 걸때는 엔진을 전지시키고 V벨트를 잡지 말고 풀리에 건 후 손바닥으로 밀면서 끼워야 한다.

52. 전기드릴을 사용할 때 잘못된 작업 방법은?

① 드릴의 탈착은 회전이 완전히 멈춘 다음 행한다.

② 균열이 있는 드릴은 사용하지 않는다.

③ 작업 중 쇳가루는 불면서 작업한다.

④ 구멍을 맨 처음 뚫을 때는 힘을 줄여 천천히 뚫는다.

> **해설** 작업 중 쇳가루(칩)가 발생되므로 쇳가루 제거는 드릴을 정지시킨 멈춘 것을 확인한 후 솔로 쓸어 제거한다.

53. 안전·보건표지의 색체에 따른 용도가 잘못 짝지어진 것은?

① 녹색 − 안내

② 노란색 − 경고

③ 검은색 − 지시

④ 빨간색 − 금지

> **해설** 빨간색 : 정지, 금지
> 주황색 : 위험
> 노란색 : 주의
> 청색 : 임의로 조작하면 안 되는 지역 표시
> 녹색 : 대피장소 또는 방향을 표시, 지도표시등
> 흰색 : 통로의 표지, 방향 지시
> 흑색(검정색) : 위험표지의 글씨, 보조색 등에 사용
> 보라색 : 방사능 등의 표시

54. 작업기의 이동 및 운전상의 주의사항 중 틀린 것은?

① 농로의 진입 시 고저(높이)차이가 작은 곳을 고른다.

② 자탈형 콤바인을 운반차로 내릴 경우에는 사다리를 이용해서 15° 이내의 경사로 한다.

③ 등판 시에는 전진으로, 내려갈 길은 후퇴로, 저속으로 주행하는 것이 원칙이다.

④ 전륜의 분담력(하중)을 높여 핸들의 저항과 중량감을 증가시킨다.

> **해설** 전륜의 하중을 증가시키면 핸들의 저항과 중량감이 증가되므로 정상적인 방향 전환이 늦어지므로 주의해야 한다.

55. 다음 중 유류 화재에 해당하는 것은?

① A급 화재

② B급 화재

③ C급 화재

④ D급 화재

> **해설** A급 화재 : 일반가연물의 화재
> B급 화재 : 유류에 의한 화재
> C급 화재 : 전기에 의한 화재
> D급 화재 : 금속에 의한 화재

56. 하인리히의 안전사고 예방대책 5단계에 해당되지 않는 것은?

① 분석

② 적용

③ 조직

④ 환경

> **해설** 〈하인리히의 안전사고 예방대책 5단계〉
> 1단계 : 안전관리 조직
> 2단계 : 사실의 발견
> 3단계 : 분석(분석 평가)
> 4단계 : 시정방법의 선정
> 5단계 : 시정책의 적용

57. 동력 경운기의 작업별 사고 빈도가 가장 높은 작업은?

① 양수 작업

② 방제 작업

③ 운반 작업

④ 경운 작업

> **해설** 동력 경운기의 작업별 사고 빈도가 가장 높은 작업은 운반 작업이며 교통 재해에도 포함된다.

58. 실린더 헤드 볼트를 조일 때 마지막으로 사용하는 공구는?

① 토크렌치

② 소켓렌치

③ 오픈엔드렌치(스패너)

④ 조정 렌치(몽키)

> **해설** 실린더 헤드 볼트를 조일 때는 규정된 회전력으로 조여야 하므로 토크렌치를 사용한다.

59. 스패너나 렌치 작업으로 올바르지 못한 것은?

① 스패너 사용은 앞으로 당겨 사용한다.
② 큰 힘이 요구될 때 렌치자루에 파이프를 끼워 사용한다.
③ 파이프 렌치는 둥근 물체에 사용한다.
④ 너트에 꼭 맞는 것을 사용한다.

해설 큰 힘이 요구될 때에는 큰 스패너 또는 큰 렌치를 사용한다.

60. 전기 화재를 일으키는 원인 중 비중이 가장 큰 것은?

① 과전류
② 단락(합선)
③ 지락
④ 절연불량

해설 전기 화재 중 가장 빈번한 사고는 단락(합선)이다.

국가기술자격 복원기출문제

2018년도 복원기출문제 제2회

자격종목 및 등급(선택분야)	종목코드	시험시간	문제지형별
농기계 정비기능사	**6300**	**1시간**	

수검번호	성 명

1. 방제기 종류 중 살포농약의 사용약제를 분제 형태로 사용되는 것은?

① 미스트기　　② 연무기
③ 살립기　　④ 살분기

> **해설** 분제는 가루 형태를 말한다. **미스트기**는 작은 물방울을 멀리 날리는 형태이고, **연무기**는 연막형태로 살포하는 방식이다. **살립기**는 알갱이를 멀리 비산시킬 때 사용하고 **살분기**는 분제형태를 살포할 때 사용한다.

2. 이앙기는 모의 종류에 따라 여러 형식으로 구분되는데 다음 중 이 형식에 해당되지 않은 것은?

① 줄묘식　　② 산파식
③ 조파식　　④ 원심식

> **해설** 이앙기의 형식에는 산파식, 조파식, 줄묘식이 있으며, 줄묘와 조파식 이앙은 최근 거의 사용하지 않고 있다.

3. 다음 건조기 중 빈(bin)이라고 불리는 용기에 곡물을 채우고, 구멍이 많이 뚫린 철판 밑으로부터 곡물이 변질되지 않을 정도의 소량의 공기를 통풍시켜 저장하면서 서서히 건조시키는 것은?

① 열풍 건조기　　② 입형 건조기
③ 평형 건조기　　④ 저장형 건조기

> **해설** • **열풍 건조기** : 열을 가하여 투입되는 공기 데워 건조하는 방식
> • **입형 건조기** : 곡물을 이동시키면서 열풍이 층의 중간을 통과하여 건조하는 방식
> • **저장형 건조기** : 빈에 곡물을 채우고 구멍이 많이 뚫린 철판 밑으로 공기를 투입시켜 건조하는 방식

4. 관리기 기관의 무접점 점화장치의 진단 방법이 틀린 것은?

① 측정 전에 각 리드선의 접속을 확인한다.
② 전기회로 테스터로 각 저항을 측정한다.
③ 측정 시 테스터의 ⊕, ⊖ 단자의 접촉에 주의한다.
④ 콘덴서 측정 시는 방전이 되기 전에 측정한다.

> **해설** 콘덴서는 방전 상태에서 콘덴서 양단을 테스터기를 용량을 측정한다.

5. 동력 경운기에서 브레이크 작동이 불량할 때 원인이 아닌 것은?

① 변속기 오일 부족
② 브레이크 캠축 손상
③ 브레이크 링의 마멸
④ 브레이크 드럼의 마멸

> **해설** 동력 경운기는 브레이크 작동이 캠축에 의해 링이 확장되고 드럼에 마찰력을 이용하기 때문에 캠축, 브레이크 링, 브레이크 드럼의 마멸과 손상에 의해 작동이 불량할 수 있다. 변속기 오일이 공급이 되지만 오일이 공급되지 않을 경우 마찰력이 증가되므로 작동이 잘된다. 하지만 오일이 공급될 때 보다 마모량이 많아지므로 주의해야 한다.

6. 디젤 기관에 사용되는 과급기의 역할은?

① 출력의 증대
② 윤활성의 증대
③ 냉각 효율의 증대
④ 배기의 정화

> **해설** 과급기는 공기의 흡입량을 증대시켜 폭발압력을 향상시켜 출력을 증대시키는 역할을 한다.

---

7. 다음 중 변속장치 형식에서 회전하는 상태에서 기어의 물림이 용이하도록 주 속도를 맞추어 물리는 방식은?

① 섭동 물림식
② 상시 물림식
③ 동기 물림식
④ 위성 기어식

해설 축이 같은 속도로 회전하면서 같이 기어가 물리는 방식을 동기물림식이라고 한다. 또는 싱크로메시 타입이라고도 한다.

8. 기관에서 실린더 벽과 피스톤사이의 틈새로 혼합기(가스)가 크랭크 케이스로 빠져나오는 현상은?

① 블로다운
② 블로백
③ 블로바이
④ 베이퍼록

해설 기관에서 실린더 벽과 피스톤 사이의 틈새로 혼합기(가스)가 크랭크 케이스로 빠져나오는 현상은 블로바이라고 한다.

9. 경운기에 주로 사용되고 있는 조향 클러치의 형식은?

① 원판 클러치
② 원추 클러치
③ 물림 클러치
④ 유압 클러치

해설 경운기와 관리기에 사용되는 조향 클러치의 형식은 물림 클러치를 사용한다.

10. 트랙터기관 윤활장치에서 유압이 낮아지는 원인이 아닌 것은?

① 베어링의 오일간극이 클 때
② 윤활유의 점도가 낮을 때
③ 유압조절 밸브 스프링 장력이 약할 때
④ 유압회로의 일부가 막혔을 때

해설 유압회로의 일부가 막히면 유압은 상승하게 된다.

11. 트랙터 로터리의 경운피치에 대한 설명으로 맞는 것은?

① 경운피치는 30cm 정도로 작업한다.
② 경운피치는 전진속도를 느리게 하면 커진다.
③ 경운피치는 경운 날 1회전 할 때마다의 경운간격이다.
④ 경운축의 회전수가 빨라야 경운피치가 커진다.

해설 경운피치는 트랙터가 전진하고 로터리 날이 회전할 때 날과 날사이 흙을 자르거나 부수는 간격을 이야기한다. 그러므로 전진속도가 느리면 경운피치는 작아지고 경운된 흙은 고와진다. 또한 회전수가 빨라지면 경운피치는 작아진다.

12. 동력경운기의 V벨트 긴장도를 조절하는 부품명은?

① 플라이 휠   ② 기화기
③ 텐션 풀리   ④ 작업 풀리

해설 동력경운기의 V벨트의 긴장도(텐션)은 텐션 풀리를 이용하여 조절한다.

13. 다음 중 동력경운기의 작업조건에 따라 윤거(tread) 조절방법에 해당되지 않은 것은?

① 차륜의 허브로 차축을 섭동하는 방법
② 조향 클러치의 스프링을 교체하는 방법
③ 조절 칼라를 차축에 교체하는 방법
④ 좌우차륜을 서로 교체하는 방법

해설 조향 클러치의 스프링을 교체하는 방법은 윤거와는 상관이 없다. 조향 클러치의 스프링을 교체하는 이유는 클러치를 잡고 놓았을 때 정상적으로 클러치가 풀리지 않을 때 교체해야 한다.

14. 디젤기관의 연료분사노즐의 종류에 속하지 않는 것은?

① 단공형 노즐
② 핀틀형 노즐
③ 상시형 노즐
④ 스로틀형 노즐

해설 디젤기관의 연료분사노즐은 핀틀형 노즐을 주로 사용한다.

15. 일반적으로 트랙터 후륜 차축의 뒷면에 돌출되어 로터베이터, 모어, 비료살포기 등 구동형 작업기에 동력을 전달하는 장치는 무엇인가?

① 동력취출장치　　② 토크 컨버터
③ 차동장치　　　　④ 클러치

해설 트랙터에서 작업기에 동력을 전달하는 장치는 동력취출축(동력취출장치, P.T.O)라고 한다.

16. 트랙터의 차동장치에서 선회 시 오른쪽과 왼쪽의 바퀴의 관계식으로 맞는 것은? (단, N 링기어 회전속도, L 좌측바퀴회전수, R 우측바퀴회전수 이다.)

① $N = L/R$　　　② $N = (L+R)/2$
③ $N = 2/(L+R)$　④ $N = L \times N$

17. 트랙터 앞 차륜 정렬과 거리가 먼 것은?

① 토인 측정
② 캐스터 측정
③ 캠버 측정
④ 핸들의 상하 유동 측정

해설 앞 차륜 정렬은 토인, 캠버, 캐스터, 킹 핀 각을 측정해야 한다.

18. 농용기관의 라디에이터 과열원인으로 거리가 먼 것은?

① 라디에이터 코어 일부가 막힘
② 밸브 간극이 맞지 않음
③ 냉각수가 부족함
④ 팬벨트 파손

해설 밸브 간극이 맞지 않을 경우 출력이 저하되며 시동이 안 될 수도 있기 때문에 과열과는 관련이 없다.

19. 트랙터 배속 턴(Quick Turn) 기능을 잘못 설명한 것은?

① 회전반경을 최소화하기 위한 장치이다.
② 좁은 경작지에서 방향 전환을 쉽게 한다.
③ 흙 밀림 현상을 방지 한다.
④ 배속 턴 기능은 고속에서 작동된다.

해설 배속 턴은 전륜 조향 시 회전 반경의 안쪽은 천천히 회전하고 바깥쪽 바퀴는 빠르게 회전함으로써 회전 반경을 최소화하고 좁은 경작지에서 방향 전환을 쉽게 한다. 흙의 밀림을 방지할 수도 있다. 배속 턴 기능을 사용할 때에는 저속에서 실시한다.

20. 기관의 성능 곡선도 상에 표현되지 않는 것은?

① 기관 출력
② 피스톤 평균속도
③ 기관 토크
④ 연료소비율

해설 기관의 성능 곡선도에는 기관의 출력, 기관의 회전수, 기관의 토크, 연료 소비율을 나타낸다.

21. 트랙터에서 토인을 조정하는 것은?

① 앞바퀴 타이어　　② 핸들
③ 타이로드　　　　④ 허브 베어링

해설 토인 값을 조정하는 것은 타이로드이다.

22. 트랙터의 주요제원에서 좌우 바퀴의 접지면 중심 사이의 거리를 무엇이라고 하는가?

① 윤거　　　　　　② 축거
③ 전폭　　　　　　④ 전고

해설 윤거 : 좌우 바퀴의 접지면 중심 사이의 거리
축거 : 축과 축사이의 거리
전폭 : 좌우 바퀴의 접지면 바깥쪽 사이의 거리
전고 : 바닥에서 트랙터의 전체 높이

23. 농기계 디젤기관의 압축압력을 측정하였더니 33.6kgf/cm²가 나왔다. 규정 압축 압력의 몇 %인가? (단, 규정 압축압력 48kgf/cm²이다.)

① 50%　　　　　　② 60%
③ 70%　　　　　　④ 80%

해설 압축율(%) $= \dfrac{\text{측정 압축압력}}{\text{규정압축 압력}} \times 100$

$= \dfrac{33.6}{48} \times 100$

$= 70\%$

24. 4사이클 4기통 기관의 점화 순서가 1-3-4-2 이다. 4번 실린더가 압축 행정을 하고 있을 때, 다음 중 맞는 것은?

① 2번 실린더 배기 행정
② 2번 실린더 흡입 행정
③ 3번 실린더 배기 행정
④ 3번 실린더 흡입 행정

해설

실린더	1번	2번	3번	4번
같은 시기 다른 행정	폭발	배기	압축	흡입
	배기	흡입	폭발	압축
	흡입	압축	배기	폭발
	압축	폭발	흡입	배기

25. 기관의 회전 속도가 800 rpm 이고, 점화(착화)에서 최대 폭발 압력에 도달할 때까지 1/500초 걸린다고 하면 점화지연시간(착화지연시간)이 몇 도 진각 되어야 하는가?

① 9.6도
② 6.9도
③ 3.6도
④ 5.6도

해설 800rpm은 초당 15회전을 한다.
1초에 회전하는 각도 = 13.3×360°
=4,788°

최대폭발압력에 도달하는 시간 = $\frac{1}{500}$ 초

∴점화지연시간(착화지연시간) = $\frac{4,788}{500}$ = 9.576°

26. 트랙터의 견인력에 영향을 미치는 인자와 거리가 먼 것은?

① 중량
② 주행 장치 종류
③ 토양 상태
④ PTO 회전수

해설 견인력은 중량, 토양의 상태, 토질, 주행 장치의 종류와 트레이드(타이어 러그 모양)등에 따라 달라진다.

27. 자탈 형 콤바인에서 탈곡 선별부에서 선별된 낟알은 몇 번구에 모이는가?

① 1번구
② 2번구
③ 3번구
④ 4번구

해설 선별된 낟알은 1번구, 선별이 불확실한 낟알, 검불 등은 2번구로 이동한다.

28. 전기시동식 경운기에서 시동키를 돌려도 시동모터가 작동되지 않을 때 점검사항이 아닌 것은?

① 퓨즈 상태
② 시동모터 배선 연결 상태
③ 축전지 전압
④ 발전기 배선 상태

해설 발전기 배선 상태는 충전이 안 될 경우 점검한다.

29. 디젤 기관의 노킹 방지책이 아닌 것은?

① 세탄가가 높은 연료를 사용한다.
② 연소실의 온도를 높인다.
③ 흡입공기의 온도를 높인다.
④ 압축비를 낮춘다.

해설 디젤 기관의 노킹은 흡입공기의 온도가 낮거나 압축비가 낮을 때 발생하므로 이에 주의해야 한다. 또한 세탄가가 높은 연료를 사용해야 노킹을 방지할 수 있다.

30. 동력 경운기의 로터리에 흙과 폐비닐이 부착되었을 때 적절한 조치법은?

① 저속으로 운전한다.
② 토치램프로 연소시킨다.
③ 후진한다.
④ 기관정지 후 제거한다.

31. 다음 중 축전지 케이블 단자(터미널) 청소에 가장 적당한 것은?

① 탄산가스
② 그리스
③ 전해액
④ 탄산수소나트륨

해설 축전지 케이블 단자(터미널)를 청소할 때에는 탄산수소나트륨으로 하고 장기 보관 시에는 그리스를 발라 준다.

32. 축전지의 용량 산정의 요소가 아닌 것은?

① 방전 전류
② 방전 시간
③ 축전지 구조
④ 부하 특성

해설 축전지의 용량 산정 요소에는 방전전류, 방전시간, 부하특성이 포함된다.

33. 충전기 계기판에 있는 전류계의 눈금이 "O"을 지시하고 있을 때는 어떤 상태인가?

① 충전되고 있다.
② 방전되고 있다.
③ 전류계의 고장이다.
④ 충전상태도, 방전 상태도 아니다.

34. 퓨즈에 과전류가 흐르면 어떤 현상이 일어나는가?

① 연결이 좋아진다.
② 연결이 나빠진다.
③ 연결부가 끊어진다.
④ 아무런 관계가 없다.

해설 퓨즈는 보호 장치중 하나로 과전류가 흐르면 연결부가 끊어진다.

35. 다음 중 기동전동기에 대한 시험과 관계없는 것은?

① 저항 시험
② 회전력 시험
③ 누설 시험
④ 무부하 시험

해설 기동전동기는 무부하 시험, 저항시험, 회전력 시험을 한다.

36. 다음 중 점화장치에서 무접점식 마그네트 방식의 특징으로 옳지 않은 것은?

① 접점오손에 의한 고장이 없다.
② 2차 발생 전압이 안정되어 있다.
③ 전기적 고장이 적어 수명이 길다.
④ 점화시기가 매우 불안정하다.

해설 무접점식 마그네트 방식의 점화 시기는 매우 안정적이다.

37. 가솔린 기관에 사용되는 점화 코일은 몇 개의 코일로 구성되어 있는가?

점화 코일 구조
1차코일   2차코일
코어

① 1개
② 2개
③ 3개
④ 4개

해설 1차 코일과 2차 코일 2개의 코일로 구성되어 있다.

38. 콘덴서는 단속기 접점과 어떻게 연결되는가?

① 병렬로 연결
② 직렬로 연결
③ 직병렬로 연결
④ 아무렇게나 연결해도 작용은 변함없다.

해설 단속기의 접점에서 병렬 접촉하여 접점이 떨어졌을 때 전원을 공급하는 방식으로 되어 있다.

39. 트랙터의 배터리 전압이 24[V]가 필요할 때 6[V] 배터리 4개를 연결 방법은?

① 직렬 연결
② 병렬 연결
③ 직병렬 연결
④ 좌우 병렬 연결

해설 전압을 직렬로 연결했을 때는 전압이 상승하지만 용량은 변화가 없고, 병렬로 연결되었을 때에는 전압은 그대로이며 용량만 커진다.

40. 다음 중 축전지 전해액의 액량은 극판 위 몇 [mm]가 적당하며, 부족 시 보충액으로 적합한 것은?

① 극판 위 13~15[mm], 액이 부족할 시 전해액 보충
② 극판 위 13~15[mm], 액이 부족할 시 묽은 황산 보충
③ 극판 위 10~13[mm], 액이 부족할 시 질산 보충
④ 극판 위 10~13[mm], 액이 부족할 시 증류수 보충

해설 축전지의 전해액 액량은 극판 위 10~13mm로 하며 부족할 시에는 증류수를 보충한다.

ANSWER 33.④ 34.③ 35.③ 36.④ 37.② 38.① 39.① 40.④

41. 다음 중 광원으로부터 충분한 거리로 떨어진 빛과 수직한 면의 조도와의 관계는?

① 거리에 비례
② 거리에 반비례
③ 거리의 제곱에 비례
④ 거리의 제곱에 반비례

해설 거리의 제곱에 반비례한다.

$$조도 = \frac{광원}{거리^2}$$

42. 다음 중 직류 발전기의 구성 요소에서 회전하면서 자속을 끊어 기전력을 유도하는 것은?

① 전기자
② 계자
③ 정류자
④ 브러시

해설 직류발전기는 전기자를 회전하면서 자속을 끊으면 코일에 전압이 유도된다. 코일이 1회전하는 동안 코일이 회전함에 따라 코일을 관통하는 자속의 방향이 변화하므로 유도기전력이 방향도 변하게 되는 방식으로 발전한다.

43. 다음 중 전기저항이 가장 큰 전구는?

① 12[V]용 6[W]
② 12[V]용 12[W]
③ 12[V]용 24[W]
④ 12[V]용 36[W]

해설 전력$(W) = I \times V = \frac{V^2}{R}$ 이므로, 저항이 작으면 전력이 커지고, 저항이 크면 전력이 약해진다.

44. 아래 그림에서 합성저항 R의 크기는?

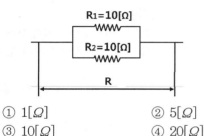

① 1[Ω]
② 5[Ω]
③ 10[Ω]
④ 20[Ω]

해설 병렬연결이다.

$$합성저항(R_t) \rightarrow \frac{1}{R_t} = \frac{1}{R_1} + \frac{1}{R_2}$$
$$= \frac{1}{10} + \frac{1}{10}$$
$$= \frac{2}{10} = \frac{1}{5} \qquad R_t = 5\Omega$$

45. 길이 0.2[m]의 도체가 자속 밀도 1.0 [Wb/m²] 되는 자계 안에서 자계와 직각 방향으로 10[m/sec] 속도로 이동할 경우 도체에 유기되는 전압[V]은?

① 1
② 2
③ 3
④ 4

해설 전압은 자속 밀도와 시간의 관계이다.
전압(V)
=자속밀도(Wb/m^2)×도체의 길이(m)×도체의 속도(m/s)
$= 1\,Wb/m^2 \times 0.2m \times 10m/s = 2\,V$

46. 농용 트랙터의 안전수칙에 해당하지 않은 것은?

① 밀폐된 실내에서 가동을 금지한다.
② 도로 주행 시 교통법규를 철저히 지킨다.
③ 경사지를 내려갈 때 변속을 중립 위치에 두고 운전을 하지 않는다.
④ 운전 중에 오일표시등, 충전표시등에 불이 켜져 있어야 정상이다.

해설 운전 중에 오일표시등, 충전표시등에 불이 꺼져 있어야 정상이다.

47. 작업현장의 안전표지에 사용되는 색채 중 비상구 및 피난소, 사람의 통행표지는?

① 빨간색
② 노란색
③ 파란색
④ 녹색

해설 **빨간색** : 정지, 금지
주황색 : 위험
노란색 : 주의
청색 : 임의로 조작하면 안 되는 지역 표시
녹색 : 대피장소 또는 방향을 표시, 지도표시등
흰색 : 통로의 표지, 방향 지시
흑색(검정색) : 위험표지의 글씨, 보조색 등에 사용
보라색 : 방사능 등의 표시

48. 소형 농업기계의 장기간 보관 방법으로 적당하지 않은 것은?

① 팬벨트를 느슨하게 보관

② 실린더 안에 소량의 오일을 넣고 5~6회 공회전 시켜 압축 상사점의 위치로 보관

③ 건조하고 통풍이 잘 되는 장소에 보관

④ 비닐 포장을 씌워 사용 장소에 보관

> **해설** 비닐포장을 씌워 놓기보다 밀폐된 곳에 건조하고 통풍이 잘 되고 햇빛이 가려지는 곳에 보관하는 것이 좋다.

49. 납땜 작업도중 염산이 몸에 묻으면 어떻게 응급조치를 해야 하는가?

① 황산을 바른다.

② 물로 빨리 세척한다.

③ 손으로 문지른다.

④ 그냥 두어도 상관없다.

> **해설** 염산은 강산성이므로 물로 빨리 세척하는 것이 가장 좋다.

50. 다음 중 안전관리의 목적으로 거리가 먼 것은?

① 생산성을 향상시킨다.

② 경제성을 향상시킨다.

③ 기업 경비가 증가된다.

④ 사회복지를 증진시킨다.

> **해설** 안전관리의 목적
> – 산업재해의 방지 및 노동생산성향상(인명존중, 생산성 향상
> – 질서유지 및 직장 규율의 개선(사회복지 증진, 쾌적한 근무 환경 조성)

51. 수공구의 사용 전 안전취급에 관한 사항에 해당하지 않는 것은?

① 해당 작업에 적합한 공구인가?

② 결함이 없는 공구인가?

③ 기름이 묻어 있지 않는 공구인가?

④ 땅바닥에 보관한 공구인가?

> **해설** 수공구는 공구함에 보관해야 한다.

52. 다음 중 사고 예방 대책의 기본 원리 5단계에 해당하지 않은 것은?

① 작업 책임자의 지정

② 사실의 발견

③ 안전 관리 조직의 편성

④ 시정책의 선정

> **해설** 〈하인리히의 안전사고 예방대책 5단계〉
> 1단계 : 안전관리 조직
> 2단계 : 사실의 발견
> 3단계 : 분석(분석 평가)
> 4단계 : 시정방법의 선정
> 5단계 : 시정책의 적용

53. 회전 중인 연삭숫돌에 덮개를 설치해야 하는 직경의 크기 한도는?

① 5cm 이상   ② 10cm 이상

③ 15cm 이상   ④ 20cm 이상

> **해설** 회전중인 연삭숫돌에 덮개를 설치해야 하는 직경의 크기는 5cm 이상으로 해야 한다.

54. 전기 안전 작업 중 틀린 것은?

① 정전기가 발생하는 부분은 접지한다.

② 물기가 있는 손으로 전기 스위치를 조작하여도 무방하다.

③ 전기장치수리는 담당자가 아니면 하지 않는다.

④ 변전실 고전압의 스위치를 조작할 때는 절연판 위에서 한다.

> **해설** 물기가 묻은 손으로 전기 스위치를 조작하면 감전위험이 있으므로 주의해야 한다.

55. 농산물 운반용 지게차 운전자의 준수 사항으로 맞지 않는 것은?

① 운전 중 급선회를 피한다.

② 물건을 높이 들어 올린 상태로 주행한다.

③ 운전자 이외의 근로자를 탑승시키지 않는다.

④ 안전 작업을 위하여 시간을 재촉하지 않는다.

> **해설** 물건을 낮게 한 상태로 주행한다.

56. 방진 마스크의 구비조건이 아닌 것은?

① 여과효율이 좋을 것
② 안면 밀착성이 좋을 것
③ 중량이 가벼울 것
④ 시야가 좁을 것

해설 시야가 넓을 것

57. 다음 중 분진에서 오는 직업병이 아닌 것은?

① 진폐증 　　　② 열중증
③ 결막염 　　　④ 폐수종

해설 분진에 의해 오는 직업병으로는 진폐증, 결막염, 폐수증이 있다.

58. 작업장의 안전사항 중 잘못된 것은?

① 작업장 주위 안전 사항은 항상 확인하여야 한다.
② 작업장의 제반 규칙을 준수한다.
③ 공구 및 장구의 정돈은 필요시에만 한다.
④ 인화물은 격리시켜 사용한다.

해설 공구 및 장구의 정돈은 항상 한다.

59. 정비 작업복에 대한 일반 수칙으로 틀린 것은?

① 몸에 맞는 것을 입는다.
② 수건을 허리춤에 차고 작업한다.
③ 기름이 밴 정비복을 입지 않는다.
④ 상의의 옷자락이 밖으로 나오지 않게 한다.

60. 사다리식 통로의 설치 요령 중 옳지 않은 것은?

① 이동식 사다리 통로의 기울기는 75도 이하로 할 것
② 발판과 벽과의 사이는 15센티미터 이상의 간격을 유지할 것
③ 발판의 간격은 위로 올라갈수록 좁게 할 것
④ 사다리가 넘어지거나 미끄러지는 것을 방지하기 위한 조치를 할 것

국가기술자격 복원기출문제

2018년도 복원기출문제 제3회

자격종목 및 등급(선택분야)	종목코드	시험시간	문제지형별	수검번호	성 명
농기계 정비기능사	**6300**	**1시간**			

1. 기관의 실린더 헤드를 연삭하면 압축비는?

① 낮아진다.

② 높아진다.

③ 변하지 않는다.

④ 기관에 따라 커지는 것도 있고, 작아지는 것도 있다.

> **해설** 실린더 헤드를 연삭(깍아면)하면 연소실이 작아지므로 압축비가 높아진다.

2. 트랙터에서 브레이크 페달을 밟아도 제동이 잘되지 않은 원인으로 틀린 것은?

① 페달 유격이 적을 때

② 디스크가 마멸 또는 소손되었을 때

③ 브레이크 드럼과 라이닝 사이의 간격이 클 때

④ 유압식 브레이크에서 유압호스에 공기가 유입되었을 때

> **해설** 페달 유격이 적을 때는 조금만 밟아도 제동이 시작되기 때문에 제동이 더 잘되는 것으로 볼 수 있다.

3. 농기계기관에서 오일 량의 점검시기를 가장 적당한 것은?

① 운전 전

② 난기 운전 후

③ 운전 중

④ 운전 종료 후

> **해설** 오일 량을 점검할 때에는 운전 전에 실시한다.

4. 동력 경운기의 V벨트 장력이 너무 약할 때 일어나는 현상 중 맞는 것은?

① 점화시기가 빨라진다.

② 동력 전달 효율이 떨어진다.

③ 엔진 과열의 원인이 된다.

④ 클러치 축 베어링을 손상시킨다.

> **해설** 동력 경운기의 V벨트 장력이 약할 때 동력 전달의 효일이 떨어진다. V벨트의 슬립이 원인이다.

5. 농약 살포기가 갖추어야 할 조건으로서 틀린 것은?

① 도달성과 부착률

② 불균일성과 분산성

③ 피복면적비

④ 노력의 절감과 살포능력

> **해설** 농약 살포기의 성능중 도달성과 부착률이 높아야 하며 균일성, 분산성이 좋고 피복면적비가 높아야 하며, 노력의 절감, 살포능력이 좋아야 한다.

6. 동력 분무기에서 약액의 압력을 일정하게 유지시키는 장치는?

① 압력 조절 밸브

② 공기실

③ 감속기어장치

④ 밸브와 밸브 시트

> **해설** 동력 분무기는 압력을 만들기 위해서는 맥동이 생기는데 이를 예방하는 방법으로 공기실을 두어 일정한 압력을 만든다.

ANSWER   **1.**② **2.**① **3.**① **4.**② **5.**② **6.**①

7. 회전 구동력을 얻어서 경운 작업을 수행하는 동력 경운기의 구동 방식으로 가장 널리 이용되는 것은?

① 로터리식　　　② 크랭크식
③ 스크루식　　　④ 스로틀식

8. 트랙터 타이어의 호칭 치수가 "8.00−16 −4PR"이다. 알맞게 표기한 것은?

① 타이어의 내경−타이어의 폭−플라이 수
② 타이어의 폭−타이어의 외경−플라이 수
③ 타이어의 폭−림의 지름−플라이 수
④ 타이어의 외경−타이어의 내경−플라이 수

> **해설** 8는 8인치 타이어 폭
> 16은 16인치 림의 지름
> 4PR은 플라이 수

9. 동기물림 기어식 변속기에 대한 설명 중 틀린 것은?

① 원추형 마찰 클러치를 이용한다.
② 동기 장치가 설치되어 있다.
③ 고속 주행할 때 변속이 용이하다.
④ 변속할 때 정지하여야 한다.

> **해설** 동기물림 기어 방식의 변속기는 변속할 때 정지하지 않아도 된다. 트랙터의 주변속기어가 이런 방식을 사용한다.

10. 다음 중 관리기 주요 장치 중 해당이 없는 것은?

① 주 클러치　　　② 변속장치
③ 조향장치　　　④ 제동장치

> **해설** 관리기는 제동장치가 없으므로 더욱 주의해야 한다.

11. 캠축의 휨과 기어의 백 래시를 측정하기에 가장 적당한 것은?

① 다이얼 게이지
② 버니어 캘리퍼스
③ 마이크로미터
④ 텔레스코핑 게이지

> **해설** 캠축의 휨과 기어의 백 래시는 아주 민감한 부위이므로 정밀하게 측정해야 한다. 0.001mm를 기준으로 하는 다이얼 게이지를 활용하는데 캠축의 휨은 V블록에 축을 올려놓고 회전하여 측정한다.

12. 기관의 크랭크 축 베어링 저널의 표준값이 58.00mm, 측정한 결과 최대 마멸량이 57.755mm일 때 수정(언더사이즈)값은?

① 57.75mm　　　② 57.25mm
③ 57.50mm　　　④ 57.00mm

> **해설** 크랭크 축의 언더사이즈 측정은 50mm를 기준으로 크면 0.2, 작으면 0.15를 빼준다.
> 최대마멸량− 02 = 57.755−0.2 = 57.555mm
> 표준값 0.25, 0.50, 0.75, 1.00 중 가장 근사값을 선택하면 된다.
> ∴ 57.50mm

13. 동력 경운기의 조향클러치는 보통 어떠한 형식을 사용하고 있는가?

① 마찰 클러치　　　② 유체 클러치
③ 전자 클러치　　　④ 맞물림 클러치

> **해설** 동력 경운기와 다목적 관리기의 조향 클러치는 물림 클러치 또는 맞물림 클러치를 사용한다.

14. 디젤 엔진 분사 노즐에 대한 시험 항목이 아닌 것은?

① 연료의 분사 각도
② 연료의 분무 상태
③ 연료의 분사 압력
④ 연료의 분사량

> **해설** 디젤 기관의 분사 노즐을 시험할 때에는 연료의 분사 각도, 분무 상태, 분사압력을 확인해야 한다.

15. 건조기를 1회 통과한 곡물을 밀폐된 용기에 일정시간 동안 저장하면 곡립 내부의 수분이 표면으로 확산되어 균형을 이루고 온도로 균일하게 되는 과정은?

① 노멀라이징　　　② 템퍼링
③ 평형 함수율　　　④ 어넬링

> **해설** 템퍼링 : 곡립 내부의 수분이 표면으로 확산되어 균형을 이루는 온도로 균일하게 하는 과정

Ⓐnswer **7.**① **8.**③ **9.**④ **10.**④ **11.**① **12.**③ **13.**④ **14.**④ **15.**②

16. 트랙터 작업기의 유압 제어 장치와 관계없는 것은?

① 위치 제어
② 견인력 제어
③ 혼합 제어
④ 변속 제어

해설 트랙터에서 변속 제어는 사람이 제어한다.

17. 기관의 밸브 스프링 자유길이가 10mm일 때 기울기(직각도)가 몇 mm 이상이면 밸브 스프링을 교환해야 하는가?

① 30mm
② 3mm
③ 0.3mm
④ 0.03mm

해설 자유 길이의 3% 이내로 사용해야 한다. 그러므로 0.3mm이상이면 교환해야 한다.

18. 가솔린 기관의 노킹방지법이 아닌 것은?

① 압축비를 높게 한다.
② 옥탄가가 높은 연료를 사용한다.
③ 흡기온도 및 실린더 벽 온도를 낮게 한다.
④ 점화시기를 늦게 한다.

해설 가솔린 기관의 노킹과 디젤 기관의 노킹은 반대이다. 디젤 기관은 압축비를 높게 하고 가솔린 기관은 낮게 해야 한다.

19. 기관의 압축 압력을 측정한 결과 측정값이 기준값보다 높을 때 원인으로 가장 타당한 것은?

① 밸브 개폐 시기 불량
② 헤드 개스킷의 파손
③ 연소실의 카본 퇴적
④ 실린더의 마모

해설 연소실 자체의 용적이 줄어들었을 경우 압축압력이 높아질 수 있으므로 이에 해당되는 것은 연소실의 카본 퇴적이다.

20. 산파모 이앙기에서 한 포기당 심어지는 모의 개수를 조절하는 것과 관계가 깊은 것은?

① 이앙기의 전진 속도
② 플로트의 높낮이
③ 모 탑재판의 횡이송 속도
④ 식부침 작동 캠의 작동시기

해설 산파모 이앙기에서 한포기당 심어지는 모의 개수를 조절하는 방법은 두 가지가 있다. 첫 번째는 모 탑재판의 높이를 조절하여 모의 떼기량을 조절하는 방법, 두 번째는 모 탑재판의 횡이송 속도를 조절하는 방법이다.

21. 동력경운기에서 브레이크 드럼은 변속기의 어느 축에 고정되어 있는가?

① 주변속 축
② 부변속 축
③ 갈이구동 축
④ PTO 축

해설 동력경운기에서 브레이크 드럼 변속기중 부변속 축에 고정되어 있다.

22. 농용트랙터의 PTO(동력취출축)장치가 필요 없는 작업은?

① 플라우 작업
② 로터리 작업
③ 퇴비살포 작업
④ 베일러 작업

해설 플라우 작업은 농용 트랙터의 견인력만으로 끌고 가는 형태이므로 PTO가 필요 없다.

23. 트랙터 엔진에서 냉각장치인 라디에이터 코어 막힘률은 몇 % 이상일 때 정비해야 하는가?

① 10%
② 20%
③ 30%
④ 50%

해설 트랙터 엔진에서 냉각장치인 라디에이터 코어 막힘률은 20%이상일 때 정비를 실시한다.

24. 고속 디젤 기관의 열역학적 사이클은?

① 정압 사이클
② 복합 사이클
③ 정적 사이클
④ 오토 사이클

> 해설 **정압** 사이클 : 디젤 기관
> **복합** 사이클 : 고속 디젤 기관
> **정적** 사이클 : 가솔린 기관
> **오토** 사이클 : 가솔린 기관

25. 동력 경운기 부품 중 변속기 내부에 설치되어 있지 않는 것은?

① PTO축
② 조향 포크
③ 조향 클러치
④ 조향 클러치 레버

> 해설 동력경운기의 변속기 내부에는 P.T.O, 조향 포크, 조향 클러치, 부변속기어, 주변속기어가 설치되어 있다. 조향 클러치 레버는 동력경운기 핸들 아래쪽 좌우에 설치되어 있다.

26. 브레이크 드럼의 지름이 40㎜이고, 드럼에 작용하는 힘이 150kgf인 경우 드럼에 작용하는 토크는? (단, 마찰계수는 0.2이다.)

① 6kgf · m
② 12kgf · m
③ 60kgf · m
④ 120kgf · m

> 해설 토크=작용하는 힘×작용 길이(드럼의 지름)
> 토크=150kgf×0.04m=6kgf·m

27. 4사이클 기관이 1사이클을 마치려면 크랭크축은 몇 회전해야 하는가?

① 1회전
② 2회전
③ 4회전
④ 6회전

> 해설 4행정(4사이클)기관은 흡입, 압축 행정 시 1회전, 압축, 폭발 행정 시 1회전하여 1사이클을 마치면 크랭크축은 2회전한다.

28. 자탈형 콤바인의 전처리부에 해당되지 않은 장치는?

① 곡립처리장치
② 디바인더
③ 픽업 장치
④ 가이드 바

> 해설 자탈형 콤바인의 전처리부는 탈곡하기 전까지의 장치들을 **전처리부**라고 한다. 전처리부에는 디바이더로 쓰러진 벼를 세우고, 픽업 장치로 일으킨다. 가이드 바로 벼를 일정량을 잡고 예취부로 벼를 벤다. 베고 난 벼는 포기체인 이송 체인을 통하여 탈곡부로 이동하여 탈곡하게 된다.

29. 로터리의 경운날 종류가 아닌 것은?

① 보통날
② 작두형 날
③ L형 날
④ A형 날

> 해설 로터리의 경운날의 종류에는 경운기에 활용되는 작두형 날, 소형트랙터에 활용되는 보통날, 대형트랙터에 활용되는 L형 날이 있다.

30. 경운기 시동 시 감압 레버를 당겨주는 이유로 가장 적합한 것은?

① 연료 펌프의 압력을 낮추어 연료 분사가 되지 않도록 하기 위해
② 압축 시 연소실 내의 압력을 낮추어 기관의 회전을 쉽게 하기 위해
③ 급기 공기압을 낮추어 조기 착화를 방지하기 위해
④ 시동 시 이상 폭발에 의해 실린더 내의 압력이 과도하게 상승하는 것을 방지하기 위해

> 해설 감압 레버를 당겨주는 이유는 압축 시 연소실 내의 압력을 낮춰 기관의 회전을 쉽게 하여 회전속도를 빠르게 하여 감압레버를 놓았을 때 압축압력이 순간 발생하여 압축압력을 높여 시동하게 하기 위함이다.

31. 4극 3상 유도전동기의 실제 회전수가 1710[rpm]이었다. 이때의 슬립은?

① 5[%]　　　　　② 7[%]
③ 9[%]　　　　　④ 12[%]

해설 동기속도$(N_t) = \dfrac{120 \times f}{극수} = \dfrac{120 \times 60}{4} = 1,800rpm$

실제회전수$(N_s) = 1,710rpm$

슬립 $= 1,800 - 1,710 = 90rpm$

슬립율 $= \dfrac{슬립}{동기속도} \times 100 = \dfrac{90}{1,800} \times 100 = 5\%$

32. 납축전지에 대한 설명 중 옳은 것은?

① 양극 터미널보다 음극 터미널이 크다.
② 극판 수는 음극판 보다 양극판 수가 많다.
③ 전해액의 비중은 20℃일 때 1.80~2.04이다.
④ 축전지를 오래 동안 방전 상태로 두면 극판이 영구 황산납으로 된다.

해설 양극터미널이 음극터미널보다 크다. 극판 수는 음극판이 양극판보다 한 개 더 많다. 축전지를 오랫동안 방전 상태로 두면 극판이 영구 황산납으로 변한다. 전해액의 비중은 20℃기준에서 1.28이다.

33. 다음 중 축전지에서 비중이 얼마 이하이면 보충전을 하고 충전장치에 대해 점검할 필요가 있는가?

① 1.200 이하
② 1.240 이하
③ 1.260 이하
④ 1.280 이하

해설 축전지의 비중이 1.200이하이면 보충전을 하고 충전장치에 대해 점검할 필요가 있다.

34. 병렬회로에서 저항값을 알 수 없을 때, 전압을 무엇으로 나누면 분기회로의 저항을 구할 수 있는가?

① 분기회로의 전류
② 분기회로의 컨덕턴스
③ 분기회로의 전압 강하
④ 전력

해설 옴의 법칙을 이해하면 된다.
$I = \dfrac{V}{R}, \ V = I \times R, \ R = \dfrac{V}{I}$

35. 다음 중 변압기의 원리에 적용되는 법칙은?

① 옴의 법칙
② 전자유도의 법칙
③ 줄의 법칙
④ 앙페르의 법칙

해설 변압기는 전자기 유도를 이용하여 승압, 감압을 한다.

36. 1[A]의 전류를 흐르게 하는데 2[V]의 전압이 필요하다. 이 도체의 저항은?

① 4 [Ω]
② 3 [Ω]
③ 2 [Ω]
④ 1 [Ω]

해설 옴의 법칙을 이용하면 된다.
$I = \dfrac{V}{R}, \ V = I \times R, \ R = \dfrac{V}{I}$

$R = \dfrac{2V}{1A} = 2\Omega$

37. 2[kg·m]의 토크로 매분 2000회 전하는 기동전동기의 출력은?

① 약 0.25[kW]
② 약 2.05[kW]
③ 약 3.66[kW]
④ 약 4.11[kW]

해설 기동기 출력(kW)
$= \dfrac{T \times N}{974} = \dfrac{2kgf \times 2,000}{974} = 4.107kW$

38. 단속기 접점에 관한 설명이다. 틀린 것은?

① 접점 간극이 좁으면 점화시기가 빨라진다.
② 접점의 재질은 백금이나 텅스텐강이 적합하다.
③ 접점이 개폐될 때 오존(O_3)가스가 발생한다.
④ 접점 간극을 측정하는 계기는 피일러 게이지이다.

해설 접점 감극이 좁아지더라도 점화시기에는 변화가 없다.

39. 내연 기관의 전기점화 방식에서 불꽃을 일으키는 1차 유도전류를 일시적으로 흡수 저장하는 역할을 하는 것은?

① 진각장치
② 단속기
③ 배전자
④ 콘덴스

> **해설** 1차 유도전류를 일시적으로 흡수 저장하는 장치는 콘덴서 이다.

40. 농업기계 기동 전동기에 주로 사용되는 전동기의 종류는?

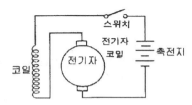

① 교류식 정류자 전동기
② 분권식 직류 전동기
③ 직권식 직류 전동기
④ 복권식 직류 전동기

> **해설** 직권식 직류 전동기이다.

41. 다음 중 전기 관련 단위로 옳지 않은 것은?

① 전류 : [A]
② 저항 : [Ω]
③ 전력량 : [W]
④ 무효전력 : [Var]

> **해설** 전력량은 Wh로 표현한다. W는 전력이다.

42. 0.02[A]는 몇 [μA]인가?

① 2×10^{-4} [μ A]
② 2×10^{4} [μ A]
③ 2×10^{-6} [μ A]
④ 2×10^{8} [μ A]

> **해설** 1μA=1×10⁻⁶=0.0000001A이므로
> 0.02A=2×10-2A이고 μA 단위로 표현하면
> 2×104μA로 표현이 가능하다.

43. 농기계의 AC 발전기의 다이오드에 관한 내용으로 틀린 것은?

① 교류를 정류한다.
② 역류를 방지한다.
③ 발전전압을 승압시킨다.
④ 3상 AC 발전기의 다이오드는 보통 6개이다.

> **해설** 다이오드의 역할은 역류를 방지하는 역할이다. 하지만 이를 이용하여 교류를 정류하는 역할도 한다. 3상 AC 발전기의 다이오드는 보통 6개가 들어간다.

44. 납축전지의 충·방전 작용에 해당되는 것은?

① 자기 작용
② 화학 작용
③ 물리 작용
④ 확산 작용

> **해설** 납축전지는 화학작용을 하여 화학에너지를 전기 에너지로 바꾸는 역할을 한다. 또한 기계적인 힘을 받아 화학적인 에너지로 변하기도 한다.

45. 그림의 전지 접속에서 A점의 전위는?

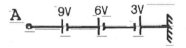

① 9[V]
② 12[V]
③ 15[V]
④ 18[V]

> **해설** 9V와 6V는 직렬연결이기 때문에 15V가되고 3V는 극이 반대로 연결되었기 때문에 −3V가 된다. 그러므로 A지점의 전압은 12V가 된다.

46. 일반적으로 가스용접 시 아세틸렌 용접기에서 사용하는 아세틸렌 고무호스의 색깔은?

① 백색
② 적색
③ 노란색
④ 청색

> **해설** 아세틸렌 용접기에는 아세틸렌 호스와 산소 호스가 같이 사용된다. 아세틸렌 호스는 **적색**, 산소 호스는 **녹색**을 사용하는 것이 일반적이다.

47. 연삭기를 사용할 때 안전사항이 아닌 것은?

① 연삭숫돌은 설치 전에 가볍게 두드려 균열 여부를 점검할 것

② 연삭숫돌은 축에 끼울 때 강제로 압인하지 말 것

③ 소형 숫돌은 측압에 약하므로 측면사용을 금지할 것

④ 공작물과 받침대 간격은 5mm 이상으로 유지할 것

해설 연삭기는 공작물과 받침대 간격을 5mm이하를 유지 해야 한다.

48. 안전 작업이 필요한 이유에 해당되지 않는 것은?

① 인명 피해를 예방할 수 있다.

② 생산품 불량이 감소될 수 있다.

③ 산업설비의 손실을 감소할 수 있다.

④ 생산재의 손실이 증가할 수 있다.

49. 재해의 원인별 분류에서 인적 원인에 해당되는 것은?

① 빈약한 정비

② 작업장소의 밀집

③ 부적당한 속도로 장치를 운전

④ 지나친 소음

50. 하인리히의 사고예방 원리 5단계 중 1단계는 무엇인가?

① 안전관리조직

② 평가분석

③ 시정책의 선정

④ 시정책의 적용

해설 〈하인리히의 안전사고 예방대책 5단계〉
1단계 : 안전관리 조직
2단계 : 사실의 발견
3단계 : 분석(분석 평가)
4단계 : 시정방법의 선정
5단계 : 시정책의 적용

51. 납산축전지 충전 중 화기를 가까이 하면 축전지가 폭발할 위험이 있는데 무엇 때문인가?

① 황산　　　　② 수증기

③ 산소　　　　④ 수소

해설 납산축전지를 충전할 때에는 수소가스가 발생하고 방전 시에는 산소가스가 발생하기 때문에 폭발이 일 어날 수 있으므로 주의해야 한다.

52. 아크 용접기의 감전 방지를 위해 사용되는 장치는?

① 중성점 접지

② 2차 권선 방지기

③ 리미트 스위치

④ 전격방지기

해설 아크 용접기의 감전 방지를 위해 사용하는 장치는 전격방지기이다.

53. 각종 농기계의 도로 주행 시 유의사항으로 틀린 것은?

① 트랙터로 도로 주행 시는 좌우 브레이크를 연결한다.

② 이앙기는 농로 면이 나쁜 곳에서는 차량을 이용하여 운반한다.

③ 콤바인으로 도로 주행 시 디바이더에 범퍼를 부착한다.

④ 부득이하게 내리막길에서 동력 경운기의 조향 클러치를 사용할 때에는 평지에서와 같이 사용한다.

해설 동력 경운기를 내리막길에서 운전할 때 되도록 핸들을 이용하여 방향 전환을 하고 부득이하게 사용할 때에는 동력을 차단한 쪽이 더 빨리 회전하므로 평지와는 반대 방향의 조향 클러치를 동작시켜야 한다.

54. 농업기계 안전점검의 종류에 속하지 않는 것은?

① 별도 점검　　　② 정기 점검

③ 수시 점검　　　④ 특별 점검

해설 안전점검의 종류에는 수시 점검, 정기 점검, 특별 점검이 있다.

55. 정 작업 중 안전사항으로 틀린 것은?

① 정의 머리 부분에 기름이 묻지 않도록 한다.
② 정 잡은 손의 힘을 뺀다.
③ 쪼아내기 작업은 방진 안경을 착용한다.
④ 열처리한 재료는 반드시 정으로 작업한다.

해설 열처리한 재료는 표면이 단단하여 깨질 수 있으므로 정을 사용하면 안 된다.

56. 농업기계의 안전사고 요인이 아닌 것은?

① 기계적 요소 ② 환경적 요소
③ 미적 요소   ④ 인적 요소

해설 농업기계의 안전사고 요소로는 환경적 요소, 기계적 요소, 인적 요소가 있다.

57. 드릴 작업의 안전수칙 중 올바르지 못한 것은?

① 안전을 위해져 장갑을 끼고 작업한다.
② 머리가 긴 사람은 안전모를 쓴다.
③ 작업 중 쇳가루를 입으로 불어서는 안 된다.
④ 공작물을 단단히 고정시켜 따라 돌지 않게 한다.

해설 드릴 작업, 밀링 작업, 선반작업 등은 가공물이 회전하거나 날이 회전하기 때문에 장갑을 착용하면 손이 빨려 들어갈 수 있기 때문에 장갑을 착용하지 않는다.

58. 안전관리자의 직무가 아닌 것은?

① 사업장 순회점검 · 지도 및 조치의 건의
② 안전 교육 계획의 수립 및 실시
③ 안전에 관한 전반적인 책임
④ 산업재해발생의 원인 조사 및 대책 수립

해설 안전에 관한 전반적인 책임은 회사 대표에게 있다.

59. 보호구의 관리로 부적당한 것은?

① 서늘한 곳에 보관할 것
② 산, 기름 등에 넣어 변질을 막을 것
③ 발열성 물질을 보관하는 주변에 두지 말 것
④ 모래, 땀, 진흙 등으로 오염된 경우는 세척 후 말려서 보관할 것

해설 보호구에는 산이나 기름에 넣어 보관해서는 안 된다.

60. 수공구 사용 시 주의해야 할 사항이 아닌 것은?

① 손이나 공구에 기름을 바른 다음 작업할 것
② 주위 환경에 주의해서 작업을 할 것
③ 정 작업 시는 보안경을 쓸 것
④ 강한 충격을 가하지 말 것

해설 수공구 사용 시 손이나 공구에 기름이 묻으면 미끄러지므로 절대 기름을 바르지 않는다.

MEMO

사단법인
한국과학기술출판협회 회원사
Korea Science & Technology Publishers Association

저자약력 및 Q&A

강 진 석 (kangjs36@korea.kr)
한경대학교 농업기계학과 졸업, 석사, 박사과정 재학
농업기계기사, 안전교육 강사자격 보유
농촌진흥청, 한국농수산대학, 농협대학 등 강의
경기도농업기술원 농업기계분야 교관, 용인시농업기술센터 농업기계 교관

농기계 정비기능사 필기

초 판 발 행 | 2019년 01월 28일
제2판4쇄발행 | 2024년 04월 15일

지 은 이 | 강진석
발 행 인 | 김길현
발 행 처 | ㈜골든벨
등   록 | 제 1987—000018 호   ⓒ 2019 Golden Bell
I S B N | 979-11-5806-362-7
가   격 | 20,000원

이 책을 만든 사람들

교 정 및 교 열 | 이상호   본 문 디 자 인 | 조경미, 박은경, 권정숙
제 작 진 행 | 최병석   웹 매 니 지 먼 트 | 안재명, 김경희
오 프 마 케 팅 | 우병춘, 이대권, 이강연   공 급 관 리 | 오민석, 정복순, 김봉식
회 계 관 리 | 김경아

㉿04316 서울특별시 용산구 원효로 245(원효로1개) 골든벨빌딩 5~6F
• TEL : 도서 주문 및 발송 02-713-4135 / 회계 경리 02-713-4137
     내용 관련 문의 02-713-7452 / 해외 오퍼 및 광고 02-713-7453
• FAX : 02-718-5510   • http : // www.gbbook.co.kr   • E-mail : 7134135@ naver.com